第一次全国污染源普查资料文集（之七）

污染源普查产排污系数手册

（中 册）

第一次全国污染源普查资料编纂委员会 编

中国环境科学出版社·北京

图书在版编目（CIP）数据

污染源普查产排污系数手册. 中/第一次全国污染源普查资料编纂委员会编. —北京：中国环境科学出版社，2011.9

（第一次全国污染源普查资料文集）

ISBN 978-7-5111-0282-9

Ⅰ. ①污… Ⅱ. ①第… Ⅲ. ①污染源—总排污量控制—普查—中国—手册 Ⅳ. ①X501-62

中国版本图书馆 CIP 数据核字（2011）第 091524 号

责任编辑 张 杰
责任校对 扣志红
封面设计 张 杰 金 喆

出版发行 中国环境科学出版社
（100062 北京东城区广渠门内大街 16 号）
网　　址：http://www.cesp.com.cn
联系电话：010-67112765（总编室）
发行热线：010-67125803，010-67113405（传真）

印　　刷 北京中科印刷有限公司
经　　销 各地新华书店
版　　次 2011 年 9 月第 1 版
印　　次 2011 年 9 月第 1 次印刷
开　　本 889×1194 1/16
印　　张 35.25
字　　数 855 千字
定　　价 184.00 元

【版权所有。未经许可请勿翻印、转载，侵权必究】
如有缺页、破损、倒装等印装质量问题，请寄回本社更换

序　　言

应用第一次全国污染源普查成果
积极探索中国环境保护新道路

污染源普查是关系环保事业长远发展的重要基础性工作。“求木之长者，必固其根本；欲流之远者，必浚其泉源”。第一次全国污染源普查从 2006 年 10 月开始，历时三年多，圆满完成各项预定任务，获得大量翔实数据，为全面判断我国环境形势、提高环保监管水平打下坚实基础。要开发应用好普查成果，进一步加强环境保护和污染治理工作，探索走出一条代价小、效益好、排放低、可持续的环境保护新道路，促进经济社会全面协调可持续发展。

一、第一次污染源普查取得丰硕成果

全国污染源普查是新时期一项重大的国情调查。在党中央、国务院的领导下，各级普查机构从环保、农业系统及有关单位抽调精兵强将和业务骨干，组成有 57 万多名普查员和普查指导员的普查队伍，对 157.6 万家工业源、289.9 万家农业源、144.6 万家生活源和 4 790 家集中式污染治理设施，进行规模空前的入户登记、调查、核实，获得各类污染源第一手环境污染数据 11 亿个，总信息量 310 万兆字节，建立全国污染源普查数据库，形成以数据为主、文字为辅、形象图表三位一体的普查技术报告，综合反映各类污染源的污染现状和污染防治情况。

经国务院批准，2010 年 2 月，环境保护部、国家统计局、农业部联合发布第一次全国污染源普查公报，得到社会各界的关注和认可。污染源普查取得的成果，主要体现在以下五个方面。

（一）全面掌握了我国污染源排放的基本情况。查清了全国工业、农业、生活以及集

中式污染处理设施四大类污染源的数量、行业和地区分布，主要污染物种类及其排放量、排放去向、污染治理等情况，较为全面准确地反映了现阶段我国环境污染状况、污染对环境影响范围和程度、污染变化趋势，以及污染的治理能力和现状。

（二）初步建立了统一的全国污染源信息数据库。全国590多万家有污染源的单位和个体经营户与环境保护有关的基本数据，已录入污染源普查信息数据库，建立起全国污染源基本单位台账和国家、省、市、县四级数据库。可根据需求，按行业、地区、指标等不同类型分组，进行数据检索和查询。这是目前全国污染源最全面、最准确、最权威的信息数据。

（三）逐步完善了环境统计方式方法。普查的组织方式、技术方法以及新编制的产排污系数，有助于更加客观真实地反映各类污染源主要污染物排放的实际情况。普查获得的污染源信息，弥补了以往常规抽样调查的不足。这些为改革原有环境统计调查体系、建立新的环境统计制度、提高环境统计数据质量提供了难得契机。

（四）培养锻炼了人才队伍。普查工作者通过系统的实用培训、经历普查现场的实际操作，在把握环境政策、掌握监管手段、熟悉监测技术规范、了解主要产污生产工艺以及获取污染源信息方法等方面，得到全面学习和提高。普查工作培养了一批有高度责任心、熟悉政策、精通业务的综合型人才。

（五）进一步提高了全民环境意识。通过各类媒体、多种方式的普查宣传，广泛动员社会各界关心、参与普查和环境保护，全社会的环境意识大大提高，创造了更好的社会氛围。

二、第一次污染源普查的经验十分宝贵

这次污染源普查规模之大、调查项目之多、涉及范围之广、组织之复杂、工作难度之大前所未有，且无任何经验可以借鉴。这项工作既是检验能力的挑战，更是探索创新的过程。第一次全国污染源普查积累了许多宝贵经验。

（一）党中央、国务院的正确领导，是引领普查工作顺利开展的根本指针。开展污染源普查，是党中央、国务院立足我国经济社会发展全局作出的一项重大决策。温家宝总理签署第508号国务院令，公布施行《全国污染源普查条例》，国务院办公厅印发《第一次全国污染源普查方案》。国务院成立了普查领导小组，李克强副总理、曾培炎副总理担任组长，领导普查的组织和实施工作。普查实施期间，国务院多次召开会议进行研究部署。

2010年1月，温家宝总理主持召开国务院第99次常务会议，专门听取第一次全国污染源普查情况汇报，对普查工作和成果给予充分肯定。党中央、国务院的正确领导，始终为普查工作顺利有序开展指明了方向。

（二）坚持统一领导、共同参与的原则，是推动普查任务全面完成的重要保障。按照“全国统一领导、部门分工协作、地方分级负责、各方共同参与”的原则，各部门各地方主动开展工作，群策群力，通力协作。各级环保部门担当了普查工作的主力军，有效发挥日常组织和综合协调的作用；财政、发展改革等部门在财力和物力上给予保障；统计、工商部门提供大量的基础信息和经验；农业、军队、公安、住房建设等部门很好地完成了本部门、本单位的普查任务；宣传部门和新闻单位广泛深入开展社会宣传动员。地方各级党政领导高度重视，纷纷成立普查工作领导机构和协调办事机构，结合本地实际，抓紧制定本地区普查工作方案。一些分管负责同志深入一线，现场调研、指导，及时解决实际问题，保证了污染源普查的顺利实施。

（三）推行尊重科学、求真务实的工作方法，是确保普查取得实效的基本要求。这次普查在方案设计上，立足中国国情，借鉴国际经验，广泛征求各部门、地方的意见，经过专家严密论证，并在试点检验的基础上加以修改完善。在普查实施过程中，结合地方实践，建立了五级数据审核与逐级质量核查制度；各地也结合实际从组织动员、入户普查、质量把关等方面建章立制，将严格执行规章制度贯穿整个普查过程。在普查手段上，运用现代信息技术，统一开发数据处理软件，对数据录入、审核、汇总、传输和存储，全部进行电子化处理。普查工作体现的科学性，应当成为今后各项环保工作的立足之本。

（四）强化精益求精、注重质量的扎实作风，是普查成功的关键所在。数据质量是污染源普查的生命，是衡量普查成功与否的标准。各级普查机构始终把质量控制贯穿于全过程。建立健全普查数据质量控制的岗位责任制，对每个阶段和每个环节，实行严格的质量控制和检查验收，层层审核把关，确保普查数据真实可靠、经得起实践和历史检验。广大普查人员坚持质量第一的方针，严格执行普查技术规范，依照法律法规的规定和普查的具体要求，按时、如实填报普查数据，不虚报、不瞒报、不拒报、不迟报，不伪造、不篡改，保证了普查数据的质量。

（五）弘扬中国环保精神，是凝聚力量攻坚克难的强大动力。人是要有一点精神的。在妥善应对处置2005年松花江重大水环境污染事件中，环保系统广大干部职工形成了“忠于职守、造福人民，科学严谨、求实创新，不畏艰难、无私奉献，团结协作、众志成城”的中国环保精神，一直激励着环保人迎接各种挑战。

这次污染源普查，环保和有关部门广泛动员各方力量，组建了一支经过系统培训、熟悉业务、有战斗力的队伍，走过了不平凡历程。特别是 2008 年，广大普查工作人员克服年初雨雪冰冻灾害对普查工作的影响，经历了 5 · 12 汶川大地震的洗礼，勇敢面对各种挑战与考验，主动出击，迎难而上，兢兢业业，始终奋战在普查第一线，做了大量卓有成效的工作，出色地完成了普查任务。正是有这样一支队伍作为坚强后盾，正是有这样一股精神作为力量源泉，才赢得了污染源普查任务的圆满完成。

三、进一步做好污染源普查成果开发转化应用工作

污染源普查成果来之不易，凝聚着几十万参与人员的智慧和心血，是全社会共同的宝贵财富。要切实把普查成果开发好、转化好、应用好，全面掌握环境污染的新情况和新特征，准确把握环境状况的新变化和新趋势，统筹处理好经济发展与环境保护、全面推进与重点突破的关系，探寻新思路，谋划新举措，积极探索中国环境保护新道路，不断开创环保工作新局面。

第一，全面分析普查数据，综合判断我国面临的环境形势。这次污染源普查，对全国污染源的数量和区域分布情况进行了全面摸底，有利于准确把握环境形势。我们不能满足于对污染源数据的简单汇总，不能停留在对数据的感性认识，要对普查数据进行认真梳理、全面分析、深入研究，从经济社会全面协调可持续发展的战略高度，分析后金融危机时代面临的环境形势，分析各地环境承载力和目前的环境质量，分析各类产业、企业对环境状况的影响，在新的起点上进一步推进环保工作。

第二，牢牢抓住普查反映的突出问题，集中力量加以解决。污染源普查更加清晰地凸显当前我国突出的环境问题，要出台一批有针对性的污染防治措施，切实有效地加以解决，赢得人民群众的理解、信任与支持。一是集中整治重金属污染。目前全国重金属（镉、总铬、砷、汞、铅）排放量 0.09 万吨，绝大部分为工业源排放，主要集中在湖南、浙江等 10 个省区，占排放总量的 74.4%。要把防治重金属污染摆上环境保护的突出位置，确定重金属污染的行业、重点企业和地区，制定重金属污染综合防治规划，有计划、分步骤地推动解决。二是深化农业源污染防治。目前全国主要水污染物排放量已有 4 成以上来自农业污染源。从根本上解决水污染问题，必须把农业源污染防治列入环境保护的重要议程。要加大畜禽、水产养殖污染控制力度，加强对农业生产的环境监管和土壤污染防治。落实好“以奖促治”、“以奖代补”政策措施，推进农村环境综合整治。三是加强饮用水水源地环境保

护。结合污染源普查成果地理信息系统的应用和各地水源地保护区划定以及核查工作，对各地特别是城市的集中式饮用水水源地，进行污染源及污染物排放情况的排查，确保人民群众的饮水安全。四是研究潜在环境风险防范预案。根据部分污染物的区域和行业分布特点，研究提出潜在环境风险的应对方案，更加自觉主动地化解一些突发环境事件。

第三，深入研究运用普查成果反映出的客观规律，谋划好“十二五”环保工作。今年是“十一五”环保规划的收官之年，也是谋划“十二五”环保思路的关键之年。必须以解决影响可持续发展和危害群众健康的突出环境问题为重点，再接再厉，常抓不懈，确保全面完成“十一五”环保任务，确保年初全国环保工作会议确定的十项重点任务全面完成。在实现“两个确保”的基础上，要充分吸收利用普查成果，扎实谋划好“十二五”环境保护规划，进一步完善、强化环境保护政策和措施。重点包括：科学评估节能减排潜力，适当增加实施总量控制的污染因子，制定可行的节能减排方案，合理确定区域减排目标与排污总量控制计划；分析当前污染排放和污染治理设施运行状况及污染治理水平，加快转变经济发展方式，加大环保基础设施建设力度，推进工程减排、结构减排和管理减排；正确判断主要行业产能与能耗水平，制定完善有利于推动绿色发展、清洁生产、关停淘汰落后工艺的政策和产业准入制度。

周生贤

2010年11月2日

第一次全国污染源普查资料编纂委员会

主 任 委 员：周生贤

副主任委员：张力军　周　建　李干杰　王玉庆　胡保林

委　　　员：舒　庆　陈　亮　赵英民　赵华林　魏山峰　翟　青
庄国泰　刘　华　邹首民　陶德田　陈　斌　孟　伟
罗　毅　田佳树　洪亚雄　宋铁栋

第一次全国污染源普查资料文集编写人员名单

主　编：王玉庆

副主编：陈　斌　赵建中　陈善荣　朱建平

编　委：（按姓氏笔画排序）

马晓溪　孔益民　王利强　叶　琛　刘艳青　安海蓉

佟　羽　吴彩霞　张　珺　张治忠　张战胜　沈　鹏

周　涛　罗建军　高　嵘　曹　东　隋筱婵　景立新

潘　文

第一次全国污染源普查组织领导和工作机构

国务院第一次全国污染源普查领导小组人员名单

（国发[2006]36号文，2006年10月12日）

组　长：曾培炎　国务院副总理

副组长：张　平　国务院副秘书长

周生贤　国家环保总局局长

谢伏瞻　国家统计局局长

成　员：李东生　中宣部副部长

姜伟新　国家发展改革委副主任

朱志刚　财政部副部长

仇保兴　建设部副部长

危朝安　农业部副部长

刘玉亭　国家工商总局副局长

王玉庆　国家环保总局副局长兼领导小组办公室主任

李买富　总后勤部副部长

国务院第一次全国污染源普查领导小组组成人员

（国办函[2008]41号文，2008年4月17日）

组　长：李克强　国务院副总理

副组长：周生贤　环境保护部部长
张　勇　国务院副秘书长
谢伏瞻　国家统计局局长

成　员：李东生　中央宣传部副部长
解振华　国家发展改革委副主任
刘金国　公安部副部长
张少春　财政部副部长
仇保兴　住房和城乡建设部副部长
危朝安　农业部副部长
刘玉亭　国家工商总局副局长
王玉庆　原国家环保总局副局长兼领导小组办公室主任
李买富　总后勤部副部长

国务院第一次全国污染源普查领导小组办公室成员及联络员名单

主　任：王玉庆　原国家环境保护总局副局长

副主任：舒　庆　环境保护部规财司司长

马京奎　国家统计局社科司司长

（联络员：李锁强处长）

成　员：葛　玮　中宣部新闻局副局长

（联络员：唐献文副处长）

王善成　国家发展改革委环资司副司长

（联络员：陆冬森副处长）

李江平　公安部交管局副局长

（联络员：李晓东处长）

李敬辉　财政部经建司副司长

（联络员：姚劲松处长）

张　悦　住房和城乡建设部城建司副司长

（联络员：章林伟处长）

杨雄年　农业部科教司副司长

（联络员：方放副处长）

王树燕　国家工商总局企业注册局副局长

（联络员：吴力明调研员）

黄开荣　中国人民解放军环保局局长

（联络员：刘彪助理）

陈　斌　环境保护部第一次全国污染源普查工作办公室主任

环境保护部第一次全国污染源普查协调小组人员名单

组　长：周生贤　环境保护部部长

副组长：张力军　环境保护部副部长（2009 年 1 月至今）
　　　　周　建　环境保护部副部长（2007 年 7 月至 2008 年 12 月）
　　　　李干杰　环境保护部副部长（2007 年 2 月至 2007 年 7 月）
　　　　王玉庆　国务院第一次全国污染源普查领导小组办公室主任

成　员：胡保林　办公厅主任
　　　　舒　庆　规财司司长
　　　　赵英民　科技司司长
　　　　樊元生　污防司司长（2007 年 2 月至 2009 年 2 月）
　　　　翟　青　污防司司长（2009 年 3 月至今）
　　　　万本太　生态司司长（2007 年 2 月至 2008 年 8 月）
　　　　庄国泰　生态司司长（2008 年 9 月至今）
　　　　刘　华　核安全司司长
　　　　陆新元　环监局局长（2007 年 2 月至 2009 年 6 月）
　　　　邹首民　环监局局长（2009 年 6 月至今）
　　　　陶德田　宣教司司长
　　　　陈　斌　第一次全国污染源普查工作办公室主任
　　　　孟　伟　中国环境科学研究院院长
　　　　魏山峰　中国环境监测总站站长（2007 年 2 月至 2008 年 8 月）
　　　　罗　毅　中国环境监测总站站长（2008 年 9 月至今）
　　　　陈金元　核安全中心主任（2007 年 2 月至 2009 年 2 月）
　　　　田佳树　核安全中心主任（2009 年 2 月至今）
　　　　邹首民　环境规划院院长（2007 年 2 月至 2009 年 6 月）
　　　　洪亚雄　环境规划院院长（2009 年 6 月至今）
　　　　宋铁栋　信息中心主任

第一次全国污染源普查工作办公室人员名单

主　　任：陈　斌

副 主 任：赵建中　陈善荣　朱建平

综合协调组：佟　羽　张治忠　周　涛　姬　钢　高　嵘　吴彩霞　刘艳青　林　红

监测与技术组：景立新　毛玉如　罗建军　安海蓉　骆　红　付军华　谢依民　陈志良

现场调查组：隋筱婵　马晓溪　张　珺　叶　琛

数据处理组：曹　东　孔益民　潘　文　沈　鹏　王利强　张战胜

农 业 组：刘宏斌　李　峰　江希流　成振华　刘东生　高月香　黄宏坤　陈永杏

污染源普查
产排污系数手册

《污染源普查产排污系数手册》(上、中、下)

编 写 说 明

为顺利开展第一次全国污染源普查工作，确保普查数据质量，根据国务院办公厅印发的《第一次全国污染源普查方案》，国务院第一次全国污染源普查领导小组办公室牵头协调国家统计局、公安部、财政部、住房城乡建设部、农业部、工商总局等部门，领导第一次全国污染源普查工作办公室，组织相关行业联合会及中央、地方科研院所，在财政部的大力支持下，启动了“全国污染源普查污染源产排污系数核算”项目。

委托中国环境科学研究院牵头负责“全国污染源普查工业污染源产排污系数核算”项目，全国 26 家行业联合会及中央科研单位承担 32 个工业大类的子项目；委托中国农业科学研究院、环境保护部南京环境保护科学研究所牵头负责“全国污染源普查农业源产排污系数核算”项目，农业环境与可持续发展研究所等 100 多家农业科研单位、大专院校参与了监测及研究工作；委托环境保护部华南环境科学研究所牵头负责“全国污染源普查城镇生活污染源与集中式污染治理设施产排污系数核算”项目，全国 30 多家大学、地方环保科研院所、环境监测站分别承担各自的监测科研任务。

在历时一年多的辛勤研究工作中，自始至终得到了环境保护部（原国家环境保护总局）、国家统计局、农业部等部门主要领导和业务司办的积极指导及地方相关单位、企业的鼎力支持。为加强污染源监管、进一步推动环境保护科学研究，引导全社会关注、支持环境保护事业，我们在“全国污染源普查污染源产排污系数核算”项目的基础上，组织编写了这套手册。

农业部组织编写的《农业污染源产排污系数手册》已先期出版，故本手册只包括:《工业污染源产排污系数》、《城镇生活污染源产排污系数》和《集中式污染治理设施污染源产排污系数》三部分。

在手册付印之际，谨向所有支持、参与本工作的部门、单位和个人表示衷心的感谢。

国务院第一次全国污染源普查领导小组办公室

二〇一一年四月

目　录

上　册

第一篇　工业污染源产排污系数

中 册

下 册

第二篇 城镇生活源产排污系数

第三篇 集中式污染治理设施产排污系数

《工业污染源产排污系数》使用说明

《工业污染源产排污系数》（以下简称“工业源”），涵盖了占我国工业污染物产排量绝大部分的 362 个小类行业（以中华人民共和国国家标准 GB/T 4754—2002 中的行业代码和行业名称为准）。其中，271 个小类行业的产排污系数通过实测核算得出，91 个小类行业的产排污系数采用类比方法获得。

《污染源普查产排污系数手册（上、中、下）》（以下简称“手册”）一书中，工业源在手册中所占篇幅很重，在手册（上）中包括：

0610 烟煤和无烟煤的开采洗选，0620 褐煤的开采洗选，0690 其他煤炭采选，0710 天然原油和天然气开采，0790 与石油和天然气开采有关的服务活动，0810 铁矿采选，0890 其他黑色金属矿采选，0911 铜矿采选，0912 铅锌矿采选，0913 镍钴矿采选，0914 锡矿采选，0915 锑矿采选，0916 铝矿采选，0917 镁矿采选，0921 金矿采选，0931 钨钼矿采选，0932 稀土金属矿采选，1011 石灰石和石膏开采，1012 建筑装饰用石开采，1013 耐火黏土石开采，1019 黏土及其他土砂石开采，1020 化学矿采选，1030 采盐，1091 石棉和云母矿采选，1092 石墨和滑石采选，1093 宝石和玉石开采，1310 谷物磨制，1320 饲料加工，1331 食用植物油加工，1332 非食用植物油加工，1340 制糖，1351 畜禽屠宰，1352 肉制品及副产品加工，1361 水产品冷冻加工，1362 鱼糜制品及水产品干腌制加工，1363 水产饲料制造，1364 鱼油提取及制品的制造，1369 其他水产品加工，1370 蔬菜、水果和坚果加工，1391 淀粉及淀粉制品的制造，1392 豆制品制造，1393 蛋品加工，1411 糕点、面包制造，1419 饼干及其他焙烤食品制造，1421 糖果、巧克力制造，1422 蜜饯制造，1431 米、面制品制造，1432 速冻食品制造，1439 方便面及其他方便食品制造，1440 液体乳及乳制品制造，1451 肉、禽类罐头制造，1452 水产品罐头制造，1453 蔬菜、水果罐头制造，1461 味精制造，1462 酱油、食醋及类似制品的制造，1469 其他调味品、发酵制品制造，1492 冷冻饮品及食用冰制造，1493 盐加工，1494 食品及饲料添加剂制造，1510 酒精制造，1521 白酒制造，1522 啤酒制造，1523 黄酒制造，1524 葡萄酒制造，1531 碳酸饮料制造，1533 果菜汁及果菜汁饮料制造，1534 含乳饮料和植物蛋白饮料制造，1535 固体饮料制造，1539 茶饮料及其他软饮料制造，1711 棉、化纤纺织加工，1712 棉、化纤印染精加工，1721 毛条加工，1722 毛纺织，1723 毛染整精加工，1730 麻纺织，1741 缫丝加工，1742 绢纺和丝织加工，1743 丝印染精加工，1751 棉及化纤制品制造，1752 毛制品制造，1753 麻制品制造，1755 绳、索、缆的制造业，1754 丝制品制造，1756 纺织带和帘子布制造，1757 无纺布制造，1761 棉，化纤针织品及编织品制造，1762 毛针织及其编织品制造，1810 纺织服装制造，1910 皮革鞣制加工，1931 毛皮鞣制加工，1941 羽毛（绒）加工，2011 锯材加工，2021 胶合板制造，2022 纤维板制造，2023 刨花板制造，2029 其他人造板、材制造，2210 纸浆制造，2221 机制纸及纸板制造，2222 手工纸制造，2223 加工纸制造，2511 原油加工及石油制品制造，2520 炼焦，等 100 余个小类行业的工业源产排污系数。

在手册（中）包括：

2611 无机酸制造，2612 无机碱制造，2613 无机盐制造，2614 有机化学原料制造，2621 氮肥制造，2622 磷肥制造，2623 钾肥制造，2624 复混肥料制造，2631 化学农药制造，2632 生物化学农药及微生物农药制造，2641 涂料制造，2642 油墨及类似产品制造，2643 颜料制造，2644 染料制造，2651 初级形态的塑料及合成树脂制造，2652 合成橡胶制造，2653 合成纤维单（聚合）体的制造，2661 化学试剂和助剂制造，2663 活性炭制造，2665 信息化学品制造，2666 环境污染处理专用药剂材料制造，2667 动物胶制造，2671 肥皂及合成洗涤剂制造，2672 化妆品制造，2673 口腔清洁用品制造，2674 香料、香精制造，2710 化学药品原药制造，2720 化学药品制剂，2730 中药饮片加工，2740 中成药制造，2750

兽用药品制造，2760 生物、生化制品的制造，2770 卫生材料及医药用品制造，2811 化纤浆粕制造，2812 人造纤维（纤维素纤维）制造，2821 锦纶纤维制造，2822 涤纶纤维制造，2823 腈纶纤维制造，2824 维纶纤维制造，2829 其他合成纤维制造，2911 车辆、飞机及工程机械轮胎制造，2912 力车胎制造，2913 轮胎翻新加工，2940 再生橡胶制造，3050 塑料人造革、合成革制造，3111 水泥制造，3112 石灰和石膏制造，3121 水泥制品制造业，3122 混凝土结构构件，3123 石棉水泥制品制造，3129 其他水泥制品业，3131 黏土砖瓦及建筑砌块制造，3132 建筑陶瓷制品制造，3133 建筑用石加工，3134 防水建筑材料制造，3135 隔热和隔音材料制造，3141 平板玻璃制造，3142 技术玻璃制品制造，3143 光学玻璃制造，3144 玻璃仪器制造，3145 日用玻璃制品及玻璃包装容器制造，3146 玻璃保温容器制造，3147 玻璃纤维及制品制造，3148 玻璃纤维增强塑料制品制造，3151 卫生陶瓷制品制造，3152 特种陶瓷制品制造，3153 日用陶瓷制品制造，3159 园林，陈设艺术及其他陶瓷制品制造，3161 石棉制品制造，3169 耐火陶瓷制品及其他耐火材料制造，3191 石墨及碳素制品制造，3210 炼铁，3220 炼钢，3230 钢压延加工，3240 铁合金冶炼，3311 铜冶炼，3312 铅锌冶炼，3313 镍钴冶炼，3314 锡冶炼，3315 锑冶炼，3316 铝冶炼，3317 镁冶炼，3321 金冶炼，3331 钨钼冶炼，3332 稀土金属冶炼，3340 有色金属合金制造，3351 常用有色金属压延加工，3352 贵金属压延加工，3353 稀有稀土金属压延加工，等 80 余个小类行业的工业源产排污系数。

在手册（下）中包括：

3411 金属结构制造，3431 集装箱制造，3440 金属丝绳及其制品的制造，3460 金属表面处理及热处理加工，3511 锅炉及辅助设备制造，3512 内燃机及配件制造，3513 汽轮机及辅机制造，3514 水轮机及辅机制造，3521 金属切削机床制造，3522 金属成型机床制造，3523 铸造机械制造，3524 金属切割及焊接设备制造，3530 起重运输设备制造，3541 泵及真空设备制造，3543 阀门和旋塞的制造，3551 轴承制造，3573 制冷、空调设备制造，3574 风动和电动工具制造，3581 金属密封件制造，3582 紧固件、弹簧制造，3591 钢铁铸件制造，3592 锻件及粉末冶金制品制造，3611 采矿、采石设备制造，3625 模具制造，3671 拖拉机制造，3691 环境污染防治专用设备制造，3711 铁路机车车辆及动车组制造，3712 工矿有轨专用车辆制造，3713 铁路机车车辆配件制造，3714 铁路专用设备及器材、配件制造，3721 汽车整车制造，3722 改装汽车制造，3723 电车制造，3724 汽车车身、挂车制造，3725 汽车零部件及配件制造，3731 摩托车整车制造，3732 摩托车零部件及配件制造，3741 脚踏自行车及残疾人座车制造，3742 助动自行车制造，3751 金属船舶制造，3755 船舶修理及拆船，3912 电动机制造，3921 变压器、整流器和电感器制造，3922 电容器及其配套设备制造，3940 电池制造，3951 家用制冷电器具制造，3952 家用空调器制造，4011 通信传输设备制造，4012 通信交换设备制造，4013 通信终端设备制造，4014 移动通信及终端设备制造，4019 其他通信设备制造，4031 广播电视节目制作及发射设备制造，4032 广播电视接收设备及器材制造，4039 应用电视设备及其他广播电视设备制造，4041 电子计算机整机制造，4042 计算机网络设备制造，4043 电子计算机外部设备制造，4051 电子真空器件制造，4052 半导体分立器件制造，4053 集成电路制造，4059 光电子器件及其他电子器件制造，4061 电子元件及组件制造，4062 印制电路板制造，4071 家用影视设备制造，4072 家用音响设备制造，4090 其他电子设备制造，4310 金属废料和碎屑的加工处理，4320 非金属废料和碎屑的加工处理，4411 火力发电，4430 热力生产和供应（包括工业锅炉），4500 燃气生产和供应业，4610 自来水的生产和供应，4690 其他水处理、利用与分配等 70 余个小类行业的工业源产排污系数及采用类比方法行业的工业源产排污系数。

名词解释

产污系数，即污染物产生系数，指在典型工况生产条件下，生产单位产品（或使用单位原料等）所产生的污染物量。

排污系数，即污染物排放系数，指在典型工况生产条件下，生产单位产品（或使用单位原料）所产生的污染物量经末端治理设施削减后的残余量，或生产单位产品（或使用单位原料）直接排放到环境中的污染物量。当污染物直排时，排污系数与产污系数相同。

使用方法

首先，确定需要查找小类行业代码和行业名称（以中华人民共和国国家标准 GB/T 4754—2002 中的行业代码和行业名称为准），根据手册目录，翻查到相关行业。

其次，根据相关产品名称、原料名称、生产工艺、生产规模，细读相关注意事项，确定产污系数。

最后，根据相关末端处理技术，细读相关注意事项，确定排污系数。

示例

示例 1　煤炭采选行业产排污系数法核算示例

（本示例由中国煤炭加工利用协会提供）

位于山西省晋南地区的某煤矿年生产烟煤 30 万吨，其生产工艺为井工开采、炮采，其产品全部进入配套选煤厂进行洗选加工，该选煤厂的洗水达到三级闭路循环。

第一步：首先明确以下基本信息：（1）翻查到 0610 烟煤和无烟煤的开采洗选业中“煤矿开采区域条件分类表”，确定山西晋南地区属于二类地区，但该煤矿生产能力为年产 30 万吨为小型矿，应选用一类地区的系数；（2）该煤矿选煤厂洗煤废水的处理利用达到三级闭路循环；（3）该企业属于煤炭开采-洗选联合企业，其污染物产生量和排放量包括煤矿煤炭开采和选煤厂煤炭洗选加工两部分产、排污量之和。

第二步：企业填表人根据本企业产品、原料、工艺、规模和污染物末端处理技术，分别计算煤矿和选煤厂的产排污量。

对于煤矿，基本类型为“烟煤+无烟煤+井工炮采+≤30 万吨/年+沉淀分离法”。在手册“0610 烟煤无烟煤开采业产排污系数表”找到一类地区对应的污染物产污系数：工业废水量 0.8 吨/吨产品、化学需氧量 130 克/吨产品、石油类 5.37 克/吨产品、工业固体废物（煤矸石）0.08 吨/吨产品；排污系数为工业废水量 0.12 吨/吨产品、化学需氧量 7.5 克/吨产品、石油类 0.507 克/吨产品，工业固体废物（煤矸石）没有排污系数。

表 1　烟煤和无烟煤洗选业产排污系数表（摘录）

产品名称	原料名称	工艺名称	规模等级	污染物指标	单位	产污系数	末端治理技术名称	排污系数
烟煤和无烟煤	烟煤和无烟煤	井工开采炮采	≤30 万吨/年	工业废水量	吨/吨产品	0.8③	沉淀分离	0.12③
				化学需氧量	克/吨产品	130③	沉淀分离	7.5③
				石油类	克/吨产品	5.37③	沉淀分离	0.507③
				工业固体废物（煤矸石）	吨/吨产品	0.08	—	—

对于选煤厂，基本类型为“洗精煤+烟煤+块煤末煤全入选+≤30 万吨/年+‘物理+化学’”。查“0610 烟煤无烟煤洗选业产排污系数表”找到与三级闭路循环对应的污染物产污系数：工业废水量 0.3 吨/吨原料、化学需氧量 44 克/吨原料、石油类 2.25 克/吨原料、工业固体废物（煤矸石）0.18 吨/吨原料、工业固体废物（浮选尾矿）0.05 吨/吨原料；排污系数为工业废水量 0.05 吨/吨原料、化学需氧量 4.2 克/吨原料、石油类 0.32 克/吨原料，工业固体废物（煤矸石和浮选尾矿）没有排污系数。

表 2　烟煤和无烟煤洗选业产排污系数表（摘录）

产品名称	原料名称	工艺名称	规模等级	污染物指标	单位	产污系数	末端治理技术名称	排污系数
洗精煤	烟煤和无烟煤	块煤、末煤全入选	≤30 万吨/年	工业废水量	吨/吨原料	0.30⑤	物理+化学	0.05⑤
				化学需氧量	克/吨原料	44⑤	物理+化学	4.2⑤
				石油类	克/吨原料	2.25⑤	物理+化学	0.32⑤
				工业固体废物（煤矸石）	吨/吨原料	0.18	—	—
				工业固体废物（浮选尾矿）	吨/吨原料	0.05	—	—

第三步：根据企业生产能力分别计算煤矿和选煤厂污染物产生和排放量。

① 煤矿废水中石油类的产生量：30 万吨×5.37 克/吨=1.611 吨

排放量：30 万吨×0.507 克/吨=0.152 1 吨

其余污染物产生量和排放量同此方法计算。

② 选煤厂废水中石油类的产生量为：30 万吨×2.25 克/吨=0.675 吨

排放量为：30 万吨×0.32 克/吨=0.096 吨

其余污染物产生量和排放量同此方法计算。

第四步：计算该煤炭采选联合企业各污染物的产生和排放总量。如废水中石油类产生总量为：1.611 吨+0.675 吨=2.286 吨；废水中石油类排放总量为：0.152 1 吨+0.096 吨=0.248 1 吨。其余污染物的产生量和排放量同此方法计算。

第五步：填表

① 将工业废水量和各类水污染物产生量和排放量分别填入表 G105-1；

② 将工业废水量汇总填入表 G103；

③ 各类水污染物汇总后填入表 G105；

④ 将固体废物产生量和排放量填入表 G110。

其他说明：当企业为单一煤矿和独立选煤厂，或煤矿有部分生产煤炭不洗选，或煤矿选煤厂接受部分外来煤炭洗选加工时，只计算实际生产部分的产排污量。

示例 2　啤酒行业产排污系数法核算示例

（本示例由中国轻工业联合会提供）

某啤酒生产企业，以麦芽和大米为原料，生产过程中回收了冷却水和废酵母，年产量为 200 000 千升，末端处理技术采用厌氧/好氧组合工艺，涉及的污染物包括：工业废水量、化学需氧量、五日生化需氧量、氨氮。

具体计算方法如下：

第一步：通过表 G101，获知该企业属于“1522 啤酒制造业”。

第二步：确定啤酒酿造所产生的污染物的产生量和排放量。

① 根据表 G105-1，获知此企业的产品为啤酒，原料为麦芽和大米，生产过程中回收了冷却水和废酵母，年产量为 200 000 千升/年。确定此生产线的末端治理技术为“UASB+SBR 处理工艺”。

② 根据以上信息查“1522 啤酒制造业产排污系数表”，得出该企业生产啤酒的产排污系数。

表 3　啤酒制造业产排污系数表（摘录）

产品名称	原料名称	工艺名称	规模等级	污染物指标	单位	产污系数	末端治理技术名称	排污系数
啤酒	麦芽+大米（或玉米、小麦）	回收中间废弃物	10 万～50 万千升/年	工业废水量	吨/千升产品	5	厌氧/好氧组合工艺	5
				化学需氧量	克/千升产品	8 000	厌氧/好氧组合工艺	400
				五日生化需氧量	克/千升产品	4 800	厌氧/好氧组合工艺	100
				氨氮	克/千升产品	600	厌氧/好氧组合工艺	100

③ 以企业实际生产量，计算得出污染物的产生量和排放量。

污染物产生量 ＝ 产污系数×产品产量

污染物排放量 ＝ 排污系数×产品产量

由：产品产量 ＝200 000 千升/年

得出各种污染物量分别为：

工业废水量产生量 ＝5×200 000＝1 000 000 吨/年

排放量 ＝5×200 000＝1 000 000 吨/年

废水中化学需氧量产生量 ＝8 000 克/千升×200 000 千升/年 ＝1 600 吨/年

排放量 ＝400 克/千升×200 000＝80 吨/年

废水中五日生化需氧量产生量 ＝4 800 克/千升×200 000 千升/年 ＝960 吨/年

排放量 ＝100 克/千升×200 000 千升/年 =20 吨/年

废水中氨氮产生量 ＝600 克/千升×200 000 千升/年 ＝120 吨/年

排放量 ＝100 克/千升×200 000 千升/年 ＝20 吨/年

第三步：填表

① 将工业废水量和各类水污染物产生量和排放量分别填入表 G105-1；

② 将生产过程中产生和排放的工业废水量汇总填入表 G103；

③ 各类水污染物汇总后填入表 G105。

26

化学原料及化学制品制造业

2611
无机酸制造业

1 适用范围

本手册给出了《统计上使用的产品分类目录》中无机酸制造业的硫酸、硝酸、盐酸的产污系数和排污系数，可用于第一次全国污染源普查无机酸制造业工业污染源污染物产生量和排放量的核算。

硫酸涉及的污染物包括：工业废水量、化学需氧量、砷、铅、汞、镉、工业废气量（指折算成标准状态的体积）、二氧化硫、工业固体废物（硫黄渣、矿渣、酸泥）等。

硝酸涉及的污染物包括：工业废水量、化学需氧量、氨氮、工业废气量、氮氧化物等。

盐酸硝酸涉及的污染物包括：工业废水量、化学需氧量、工业废气量等。

2 注意事项

2.1 系数表中未涉及的产品产排污系数说明

（1）使用硫化氢制取硫酸与使用硫黄制取硫酸的生产工艺、末端治理技术以及工况条件基本相同，可以完全套用硫黄制酸的产排污系数。

（2）本次产排污系数核算未列出直硝法浓硝酸产品的产排污系数。直硝法浓硝酸产品的产排污系数，根据吸收压力的不同（常压、加压）分别按常压法、综合法选取。

（3）合成盐酸是指以氯气、氢气为原料直接合成的盐酸，不含其他工艺方法副产的盐酸。

2.2 生产非单一产品企业污染物产排量的核算

（1）部分企业采用了多种原料生产硫酸，普查时需要通过装置来分别统计，并根据该装置的产量计算污染物的产生量和排放量。

（2）硝酸生产企业的产品有稀硝酸（中间产品）、浓硝酸。在有脱水剂的情况下，将稀硝酸蒸馏制得浓硝酸（间接法）。蒸馏过程产生的废水回用于稀硝酸生产。计算硝酸生产的产排污量，按全部稀硝酸产品产量计算。

（3）部分硝酸企业有多套生产装置，采用不同的生产工艺，普查时应分装置进行统计，各套装置产排污量之和即为企业总的产排污量。

2.3 其他需要说明的问题

（1）对于硫黄制酸的企业，硫酸余热锅炉配备脱盐水站，正常条件下按手册中系数记录废水量。脱盐水装置增配反渗透设备，工业废水产生量和排放量均按照 0.01 吨/吨硫酸来核算，废水中化学需氧量的产生量和排放量均按照0.6克/吨硫酸来核算。

（2）采用其他含硫原料制酸的企业如无除尘净化工序可参照硫黄制酸，如有除尘净化工序参照硫铁矿制酸。

（3）硝酸产品的产排污系数，指原料氨被加工成硝酸的产排污系数，不包括原料氨生产过程中的产排污量。

（4）合成盐酸产品中有 31%、36%等多个品种；按合成盐酸中杂质含量进行分类，合成盐酸产品又有普通合成盐酸、精制合成盐酸和高纯合成盐酸等多个品种。在本次合成盐酸的污染源普查中，不同品种的合成盐酸产品产量，一律按实际产量进行计算，不作标准产量折算。

（5）系数表单中的规模均为单套装置的生产能力，在统计产排污量时用单套装置的产量乘以相应的系数得到该套装置的污染物产生量和排放量。

2611 无机酸制造业（硫酸）产排污系数表

产品名称	原料名称	工艺名称	规模等级	污染物指标	单位	产污系数	末端治理技术名称	排污系数
硫酸	硫磺	两转两吸	≥40 万吨/年	工业废水量	吨/吨产品	0.24	物理＋化学	0.22
				化学需氧量	克/吨产品	9.0	物理＋化学	5.6
				工业废气量	米 ^{3}/吨产品	1 920	直排	1 920
				二氧化硫	千克/吨产品	1.47	直排	1.47①
				工业固体废物（尾矿）	吨/吨产品	0.002	—	—
			20 万～40 万吨/年	工业废水量	吨/吨产品	0.24	物理＋化学	0.21
				化学需氧量	克/吨产品	9.9	物理＋化学	6.2
				工业废气量	米 ^{3}/吨产品	2 012	直排	2 012
				二氧化硫	千克/吨产品	1.64	直排	1.64①
				工业固体废物（尾矿）	吨/吨产品	0.002	—	—
			≤20 万吨/年	工业废水量	吨/吨产品	0.26	物理＋化学	0.22
				化学需氧量	克/吨产品	11.6	物理＋化学	9.5
				工业废气量	米 ^{3}/吨产品	2 248	直排	2 248
				二氧化硫	千克/吨产品	1.81	吸收法	1.81①
				工业固体废物（尾矿）	吨/吨产品	0.002	—	—
	硫铁矿	酸洗	≥20 万吨/年	工业废水量	吨/吨产品	0.43	物理＋化学	0.46
				化学需氧量	克/吨产品	16.0	物理＋化学	15.0
				砷	克/吨产品	200.9	化学沉淀法＋沉淀分离	0.13
						301.4		0.15
						401.8		0.23
				工业废气量	米 ^{3}/吨产品	2 287	吸收法	2 287
				二氧化硫	千克/吨产品	1.99	直排	1.99①
							吸收法	1.31
				工业固体废物（尾矿）	吨/吨产品	0.63～1.14★	—	—

注：① 工艺与末端治理技术结合；
★：见注表 1。

注表 1：硫铁矿含硫量与吨酸产渣量对照表

硫铁矿含硫量/%	25	30	35	37	40
产渣量/（吨/吨产品）	1.14	0.92	0.75	0.69	0.63

2611 无机酸制造业（硫酸）产排污系数表（续 1）

产品名称	原料名称	工艺名称	规模等级	污染物指标	单位	产污系数	末端治理技术名称	排污系数
硫酸	硫铁矿	酸洗	10 万～20 万吨/年	工业废水量	吨/吨产品	0.72	物理＋化学	0.74
				化学需氧量	克/吨产品	38.0	物理＋化学	25.2
				砷	克/吨产品	213.2	化学沉淀法＋沉淀分离	0.19②
						312.4		0.22③
						436.1		0.37④
				工业废气量	米 ^{3}/吨产品	2 311	直排	2 311
				二氧化硫	千克/吨产品	2.26	直排	2.26①
							吸收法	1.51
				工业固体废物（尾矿）	吨/吨产品	0.63～1.14★	—	—
			≤10 万吨/年	工业废水量	吨/吨产品	0.97	物理＋化学	0.98
				化学需氧量	克/吨产品	97.0	物理＋化学	64.0
				砷	克/吨产品	220.5	化学沉淀法＋沉淀分离	0.27②
						334.4		0.28③
						450.8		0.49④
				工业废气量	米 ^{3}/吨产品	2 418	直排	2 418
				二氧化硫	千克/吨产品	2.59	直排	2.59①
							吸收法	1.71
				工业固体废物（尾矿）	吨/吨产品	0.63～1.14★	—	—

注：① 工艺与末端治理技术结合；② 入炉硫铁矿含砷量小于 0.05%；③ 入炉硫铁矿含砷量 0.05%～0.1%；④ 入炉硫铁矿含砷量大于 0.1%。★见注表 1。

2611 无机酸制造业（硫酸）产排污系数表（续 2）

产品名称	原料名称	工艺名称	规模等级	污染物指标	单位	产污系数	末端治理技术名称	排污系数
硫酸	硫铁矿	水洗	≥10 万吨/年	工业废水量	吨/吨产品	9.60	物理＋化学	9.90
				化学需氧量	克/吨产品	301.0	物理＋化学	255.6
				砷	克/吨产品	401.8	化学沉淀法＋过滤＋沉淀分离	1.04②
						602.0		1.05③
						803.6		1.60④
				工业废气量	米 ^{3}/吨产品	2 250	直排	2 250
				二氧化硫	千克/吨产品	2.04	直排	2.04①
							吸收法	1.59
				工业固体废物（尾矿）	吨/吨产品	0.63～1.14★	—	—
			<10 万吨/年	工业废水量	吨/吨产品	10.47	物理＋化学	10.70
				化学需氧量	克/吨产品	878.3	物理＋化学	377.8
				砷	克/吨产品	441.0	化学沉淀法＋过滤＋沉淀分离	0.96②
						668.9		1.07③
						901.6		1.60④
				工业废气量	米 ^{3}/吨产品	2 380	直排	2 380
				二氧化硫	千克/吨产品	2.30	直排	2.30①
							吸收法	1.62
				工业固体废物（尾矿）	吨/吨产品	0.630 8～1.144★	—	—

注：① 工艺与末端治理技术结合；② 入炉硫铁矿含砷量小于 0.1%；③ 入炉硫铁矿含砷量 0.1%～0.2%；④ 入炉硫铁矿含砷量大于 0.2%。★见注表 1。

2611　无机酸制造业（硫酸）产排污系数表（续 3）

产品名称	原料名称	工艺名称	规模等级	污染物指标	单位	产污系数	末端治理技术名称	排污系数
硫酸	硫铁矿	水洗半循环	所有规模	工业废水量	吨/吨产品	8.90	物理＋化学	4.05
				化学需氧量	克/吨产品	360.0	物理＋化学	160.0
				砷	克/吨产品	426.3	化学沉淀法＋沉淀分离	0.55②
						624.8		0.66③
						872.2		1.13④
				工业废气量	米 ^{3}/吨产品	2 436	直排	2 436
				二氧化硫	千克/吨产品	2.09	直排	2.09①
							吸收法	1.89
				工业固体废物（尾矿）	吨/吨产品	0.63～1.14★	—	—

注：① 工艺与末端治理技术结合；② 入炉硫铁矿含砷量小于 0.1%；③ 入炉硫铁矿含砷量 0.1%～0.2%；④ 入炉硫铁矿含砷量大于 0.2%。★见注表 1。

2611　无机酸制造业（硫酸）产排污系数表（续 4）

产品名称	原料名称	工艺名称	规模等级	污染物指标	单位	产污系数	末端治理技术名称	排污系数
硫酸	冶炼烟气	两转两吸	≥40 万吨/年	工业废水量	吨/吨产品	0.80	物理＋化学	0.87
				化学需氧量	克/吨产品	279.5	物理＋化学	156.9
				汞	毫克/吨产品	169.1	化学混凝沉淀＋过滤＋沉淀分离	17.4①
						835.0		26.0②
						2 388		30.4③
						1 722		27.8④
				镉	克/吨产品	295.6	化学混凝沉淀＋过滤＋沉淀分离	0.02⑤
						221.7		0.08⑥
						258.6		0.05⑦
				铅	克/吨产品	670.4	化学混凝沉淀＋过滤＋沉淀分离	0.56⑧
						351.3		0.21⑨
						510.9		0.39⑦
				砷	克/吨产品	75.25	化学混凝沉淀＋过滤＋沉淀分离	0.20⑩
						620.7		0.43①
						348.0		0.39⑦

注：① 铜矿、镍矿冶炼；② 铜矿、镍矿冶炼为主，其他金属为辅；③ 铅矿、锌矿、金矿冶炼；④ 铅矿、锌矿、金矿冶炼为主，其他金属冶炼为辅；⑤ 铜矿、镍矿、铅矿、锌矿冶炼；⑥ 金矿与其他金属冶炼；⑦ 多种金属冶炼；⑧ 铅矿、锌矿冶炼；⑨ 铜矿、镍矿、金矿与其他金属冶炼；⑩ 铅矿、锌矿、金矿冶炼。

2611 无机酸制造业（硫酸）产排污系数表（续 5）

产品名称	原料名称	工艺名称	规模等级	污染物指标	单位	产污系数	末端治理技术名称	排污系数
硫酸	冶炼烟气	两转两吸	≥40 万吨/年	工业废气量	米 ^{3}/吨产品	2 191	直排	2 191
				二氧化硫	千克/吨产品	1.73	直排	1.73①
				工业固体废物（酸泥）	吨/吨产品	0.07	—	—
			20 万～40 万吨/年	工业废水量	吨/吨产品	2.14	物理＋化学	2.40
				化学需氧量	克/吨产品	414.0	物理＋化学	240.0
				汞	毫克/吨产品	202.9	化学混凝沉淀＋过滤＋沉淀分离	57.4②
						960.3		60.0③
						2 627		103.2④
						1 894		72.2⑤
				镉	克/吨产品	325.2	化学混凝沉淀＋过滤＋沉淀分离	0.23⑥
						288.2		0.24⑦
						310.3		0.23⑧
				铅	克/吨产品	737.4	化学混凝沉淀＋过滤＋沉淀分离	1.61⑨
						456.7		0.76⑩
						613.1		1.18⑧

注：① 工艺与末端治理技术结合；② 铜矿、镍矿冶炼；③ 铜矿、镍矿冶炼为主，其他金属冶炼为辅；④ 铅矿、锌矿、金矿冶炼；⑤ 铅矿、锌矿、金矿冶炼为主，其他金属冶炼为辅；⑥ 铜矿、镍矿、铅矿、锌矿冶炼；⑦ 金矿与其他金属冶炼；⑧ 多种金属冶炼；⑨ 铅矿、锌矿冶炼；⑩ 铜矿、镍矿、金矿冶炼。

2611 无机酸制造业（硫酸）产排污系数表（续 6）

产品名称	原料名称	工艺名称	规模等级	污染物指标	单位	产污系数	末端治理技术名称	排污系数
硫酸	冶炼烟气	两转两吸	20 万～40 万吨/年	砷	克/吨产品	82.78	化学混凝沉淀＋过滤＋沉淀分离	0.84④
						651.7		1.12②
						382.8		0.98⑧
				工业废气量	米^3/吨产品	3 885	直排	3 885
				二氧化硫	千克/吨产品	2.96	直排	2.96①
							吸收法	1.18
				工业固体废物（酸泥）	吨/吨产品	0.067	—	—
			≤20 万吨/年	工业废水量	吨/吨产品	3.42	物理＋化学	3.84
				化学需氧量	克/吨产品	662.4	物理＋化学	403.2
				汞	毫克/吨产品	254.0	化学混凝沉淀＋过滤＋沉淀分离	115.2②
						1 086		153.6③
						2 627		183.7④
						2 066		147.0⑤
				镉	克/吨产品	384.3	化学混凝沉淀＋过滤＋沉淀分离	0.37⑥
						310.4		0.23⑦
						310.3		0.29⑧

注：① 工艺与末端治理技术结合；② 铜矿、镍矿冶炼；③ 铜矿、镍矿冶炼为主，其他金属冶炼为辅；④ 铅矿、锌矿、金矿冶炼；⑤ 铅矿、锌矿、金矿冶炼为主，其他金属冶炼为辅；⑥ 铜矿、镍矿、铅矿、锌矿冶炼；⑦ 金矿与其他金属冶炼；⑧ 多种金属冶炼。

2611 无机酸制造业（硫酸）产排污系数表（续 7）

产品名称	原料名称	工艺名称	规模等级	污染物指标	单位	产污系数	末端治理技术名称	排污系数
硫酸	冶炼烟气	两转两吸	≤20 万吨/年	铅	克/吨产品	804.5	化学混凝沉淀＋过滤＋沉淀分离	3.67①
						456.7		2.11②
						613.1		2.89③
				砷	克/吨产品	105.4	化学混凝沉淀＋过滤＋沉淀分离	1.15④
						744.8		1.84⑤
						452.4		1.49③
				工业废气量	米 ^{3}/吨产品	4 200	直排	4 200
				二氧化硫	千克/吨产品	3.99	直排	3.95⑥
				工业固体废物（酸泥）	吨/吨产品	0.084	—	—
	磷石膏	两转两吸	所有规模	工业废水量	吨/吨产品	2.65	物理＋化学	1.27⑦
				化学需氧量	克/吨产品	291.0	物理＋化学	135.6
				工业废气量	米 ^{3}/吨产品	4 323	吸收法	3 451
				二氧化硫	千克/吨产品	1.67	吸收法	0.09

注：① 铅矿、锌矿冶炼；② 铜矿、镍矿、金矿与其他金属冶炼；③ 多种金属冶炼；④ 铅矿、锌矿、金矿冶炼；⑤ 铜矿、镍矿冶炼；⑥ 工艺与末端治理技术结合；⑦ 部分循环利用。

2611 无机酸制造业（硝酸）产排污系数表（续 8）

产品名称	原料名称	工艺名称	规模等级	污染物指标	单位	产污系数	末端治理技术名称	排污系数
硝酸	氨	常压法	所有规模	工业废水量	吨/吨产品	1.7～5.5	直排	1.7～5.5①
				化学需氧量	克/吨产品	200～400	直排	200～400①
				氨氮	克/吨产品	100～400	直排	100～400①
				工业废气量	米^3/吨产品	3 100～4 500	吸收法	3 100～4 500②
				氮氧化物	千克/吨产品	30～50	吸收法	6.5～10②
		综合法	所有规模	工业废水量	吨/吨产品	1.7～5.5	直排	1.7～5.5①
				化学需氧量	克/吨产品	200～400	直排	200～400①
				氨氮	克/吨产品	100～400	直排	100～400①
				工业废气量	米^3/吨产品	3 100～4 500	催化还原法	3 100～4 500②
				氮氧化物	千克/吨产品	8～13	催化还原法	2～3②
		中压法	所有规模	工业废水量	吨/吨产品	1.7～5.5	直排	1.7～5.5①
				化学需氧量	克/吨产品	200～400	直排	200～400①
				氨氮	克/吨产品	100～400	直排	100～400①
				工业废气量	米^3/吨产品	3 100～3 400	催化还原法、吸收法	3 100～3 400③
				氮氧化物	千克/吨产品	8～10	催化还原法	2～3③
							吸收法	3～5③

2611 无机酸制造业（硝酸）产排污系数表（续 9）

产品名称	原料名称	工艺名称	规模等级	污染物指标	单位	产污系数	末端治理技术名称	排污系数
硝酸	氨	高压法	所有规模	工业废水量	吨/吨产品	1～5.5	直排	1～5.5①
				化学需氧量	克/吨产品	100～400	直排	100～400①
				氨氮	克/吨产品	100～400	直排	100～400①
				工业废气量	米 ^{3}/吨产品	3 300～3 500	催化还原法	3 300～3 500③
				氮氧化物	千克/吨产品	4～14	催化还原法	2～3③
		双加压法	所有规模	工业废水量	吨/吨产品	0.9～2	直排	0.9～2①
				化学需氧量	克/吨产品	50～400	直排	50～400①
				氨氮	克/吨产品	20～60	直排	20～60①
				工业废气量	米 ^{3}/吨产品	3 200～3 400	直排	3 200～3 400③
				氮氧化物	千克/吨产品	0.7～1.1	直排	0.7～1.1③
合成盐酸	氢气 氯气 原料水	合成	≥7 万吨/年	工业废水量	吨/吨产品	15.0	中和法＋沉淀分离法＋循环利用	0.5
				化学需氧量	克/吨产品	83	中和法＋沉淀分离法	15
				工业废气量	米 ^{3}/吨产品	400	吸收法	400
			3 万～7 万吨/年（含 3 万吨/年）	工业废水量	吨/吨产品	15.43	中和法＋沉淀分离法＋循环利用	0.54
				化学需氧量	克/吨产品	85	中和法＋沉淀分离法	16
				工业废气量	米 ^{3}/吨产品	484	吸收法	484
			＜3 万吨/年	工业废水量	吨/吨产品	16.18	中和法＋沉淀分离法＋循环利用	0.56
				化学需氧量	克/吨产品	86	中和法＋沉淀分离法	16
				工业废气量	米 ^{3}/吨产品	491	吸收法	491

注：① 根据硝酸生产废水的回收利用情况确定废水污染物的产排污系数，或取中间值。② 采用常压法、综合法生产工艺，单套装置生产能力 1 万吨/年及以下的企业各项废气污染物产排污系数值取高限，5 万吨/年及以上的取低限，其他取中间值。③ 废气各污染物产排污系数可取中间值。

2612
无机碱制造业

1 适用范围

本手册给出了《统计上使用的产品分类目录》中无机碱制造业纯碱和烧碱的产污系数和排污系数，可用于第一次全国污染源普查无机碱制造业工业污染源污染物产生量和排放量的核算。

纯碱涉及的污染物包括：工业废水量、化学需氧量、氨氮、石油类、挥发酚、工业废气量、工业粉尘、工业固体废物（蒸氨废渣及盐泥）等。

烧碱涉及的污染物包括：工业废水量、化学需氧量、工业废气量（指折算成标准状态的体积）、工业固体废物（盐泥）、HW36 危险废物（石棉废物）等。

2 注意事项

2.1 工况未达到 75% 负荷的企业污染物产排污量核算

工况未达到 75%负荷的企业，也按实际产量核算产排污量。

2.2 生产非单一产品企业污染物产排量核算

纯碱中的联碱企业往往还生产合成氨，在计算企业的总产排污量时应分别计算纯碱部分的和合成氨部分的，再合计。

2.3 其他需要说明的问题

（1）纯碱部分，在计算氨碱法工艺生产企业水污染物的排放量时，分以下两种情况：

① 无氯化钙产品，根据待查企业实际纯碱产品产量，计算水污染物排放量；

② 有氯化钙产品按下列计算公式计算：$Cn=(A-kB)Cn'$

其中：Cn 为水污染物指标；A 为待查企业实际纯碱产品产量；B 为该企业氯化钙产品产量；k 为氯化钙生产系数，取 1.3；Cn'为水污染物的排污系数，查纯碱产排污系数表可得。

（2）按离子膜烧碱浓度进行分类，产品中有≥30.0%、≥45.0%、≥98.0%、≥98.5%、≥99.0%等多个品种；在本次离子膜烧碱的污染源普查中，不同品种的离子膜烧碱产量，一律按产量统计规则（折 100%）进行计算，不作标准产量折算。

（3）按隔膜烧碱浓度进行分类，产品中有≥30.0%、≥42%、≥95.0%、≥96.0%等多个品种；在本次隔膜烧碱的污染源普查中，不同品种的隔膜烧碱产量，一律按产量统计规则（折 100%）进行计算，不作标准产量折算。

（4）离子膜烧碱、隔膜烧碱的盐泥的产污系数按照以下原则确定：离子膜烧碱、隔膜烧碱的盐泥产污系数基准值分别为 56 千克/吨、50 千克/吨，在实际普查中使用海盐、卤水、湖盐、井盐企业盐泥的产污系数可适当上浮 20%左右，使用进口盐、精盐企业盐泥的产污系数可适当下浮 10%左右。

2612 无机碱制造业（纯碱）产排污系数表

<table>
<tr><th>产品名称</th><th>原料名称</th><th>工艺名称</th><th>规模等级</th><th>污染物指标</th><th>单位</th><th>产污系数</th><th>末端治理
技术名称</th><th colspan="2">排污系数</th></tr>
<tr><td rowspan="13">纯碱</td><td rowspan="13">原盐
氨
石灰石</td><td rowspan="13">氨碱法</td><td rowspan="6">≥80
万吨/年</td><td>工业废水量</td><td>吨/吨产品</td><td>12.6</td><td>沉淀分离</td><td>12.0（无氯化钙）</td><td rowspan="3">有氯化钙见手册使用说明</td></tr>
<tr><td>化学需氧量</td><td>克/吨产品</td><td>720</td><td>沉淀分离</td><td>680（无氯化钙）</td></tr>
<tr><td>氨氮</td><td>克/吨产品</td><td>770</td><td>沉淀分离</td><td>730（无氯化钙）</td></tr>
<tr><td>工业废气量</td><td>米 ^{3}/吨产品</td><td>1 800</td><td>吸收法[①]
过滤式除尘法[①]</td><td colspan="2">1 710</td></tr>
<tr><td>工业粉尘</td><td>千克/吨产品</td><td>1.49</td><td>过滤式除尘法</td><td colspan="2">0.027</td></tr>
<tr><td>工业固体废物
（蒸氨废渣及盐泥）</td><td>吨/吨产品</td><td>0.35</td><td>—</td><td colspan="2">—</td></tr>
<tr><td rowspan="7">40 万～80
万吨/年</td><td rowspan="2">工业废水量</td><td rowspan="2">吨/吨产品</td><td>9.0（干法加灰）[②]</td><td>沉淀分离</td><td>8.6（无氯化钙）</td><td rowspan="4">有氯化钙见手册使用说明</td></tr>
<tr><td>13.0（非干法加灰）</td><td>沉淀分离</td><td>12.4（无氯化钙）</td></tr>
<tr><td>化学需氧量</td><td>克/吨产品</td><td>770</td><td>沉淀分离</td><td>730（无氯化钙）</td></tr>
<tr><td>氨氮</td><td>克/吨产品</td><td>770</td><td>沉淀分离</td><td>450（无氯化钙）</td></tr>
<tr><td>工业废气量</td><td>米 ^{3}/吨产品</td><td>1 760</td><td>吸收法
过滤式除尘法</td><td colspan="2">1 670</td></tr>
<tr><td>工业粉尘</td><td>千克/吨产品</td><td>1.5</td><td>过滤式除尘法</td><td colspan="2">0.028</td></tr>
<tr><td>工业固体废物
（蒸氨废渣及盐泥）</td><td>吨/吨产品</td><td>0.35</td><td>—</td><td colspan="2">—</td></tr>
</table>

注：① 工业废气量中吸收法用于处理含氨尾气，过滤式除尘用于处理含粉尘废气。

② 干法加灰工艺介绍：“母液蒸氨”工序有一种工艺是“干法加灰”：其加入的用于与氯化铵反应的，是干燥的氧化钙灰粉，而不是氢氧化钙乳液。这种工艺由于加入系统的水分少而产生的蒸氨废液体积量也明显减少。

2612 无机碱制造业（纯碱）产排污系数表（续 1）

产品名称	原料名称	工艺名称	规模等级	污染物指标	单位	产污系数	末端治理技术名称	排污系数	
纯碱	原盐 氨 石灰石	氨碱法	≤40 万吨/年	工业废水量	吨/吨产品	13.0	沉淀分离	12.4（无氯化钙）	有氯化钙见手册使用说明
				化学需氧量	克/吨产品	700	沉淀分离	660（无氯化钙）	
				氨氮	克/吨产品	760	沉淀分离	720（无氯化钙）	
				工业废气量	米 ^{3}/吨产品	1 620	吸收法 过滤式除尘法	1 540	
				工业粉尘	千克/吨产品	1.2	过滤式除尘法	0.022	
				工业固体废物 （蒸氨废渣及盐泥）	吨/吨产品	0.35	—	—	
	原盐 氨 二氧化碳	联碱法	≥40 万吨/年	工业废水量	吨/吨产品	8.5	直排	8.5	
				化学需氧量	克/吨产品	800	直排	800	
				氨氮	克/吨产品	1 470	直排	1 470	
				石油类	克/吨产品	15	直排	15	
				工业废气量①	米 ^{3}/吨产品	2 350	吸收法 过滤式除尘法	2 210	
				工业粉尘①	千克/吨产品	0.21	过滤式除尘法	0.018	
				工业固体废物（氨 II 泥）	吨/吨产品	0.013	—	—	

注：① 大型联碱厂由于干铵（干燥氯化铵）产量大，所以废气量大，粉尘量大。

2612　无机碱制造业（纯碱）产排污系数表（续 2）

产品名称	原料名称	工艺名称	规模等级	污染物指标	单位	产污系数	末端治理技术名称	排污系数
纯碱	原盐 氨 二氧化碳	联碱法	20 万～40 万吨/年	工业废水量	吨/吨产品	9.0	直排	9.0
				化学需氧量	克/吨产品	800	直排	800
				氨氮	克/吨产品	1 490	直排	1 490
				石油类	克/吨产品	15	直排	15
				工业废气量	米 ^{3}/吨产品	1 350	吸收法 过滤式除尘法	1 302
				工业粉尘	千克/吨产品	0.23	过滤式除尘法	0.019
				工业固体废物（氨Ⅱ泥）	吨/吨产品	0.013	—	—
			≤20 万吨/年	工业废水量	吨/吨产品	10.0	直排	10.0
				化学需氧量	克/吨产品	870	直排	870
				氨氮	克/吨产品	1 500	直排	1 500
				石油类	千克/吨产品	15	直排	15
				工业废气量	米 ^{3}/吨产品	1 540	吸收法 过滤式除尘法	1 490
				工业粉尘	千克/吨产品	0.24	过滤式除尘法	0.019
				工业固体废物（氨Ⅱ泥）	吨/吨产品	0.013	—	—
纯碱	天然碱矿	天然碱法	≥60 万吨/年	工业废水量	吨/吨产品	10.0	①	0
				化学需氧量	克/吨产品	600	①	0
				工业废气量	米 ^{3}/吨产品	500	过滤式除尘法	450
				工业粉尘	千克/吨产品	0.85	过滤式除尘法	0.043
			30 万～60 万吨/年	工业废水量	吨/吨产品	10.0	①	0
				化学需氧量	克/吨产品	600	①	0
				工业废气量	米 ^{3}/吨产品	530	过滤式除尘法	480
				工业粉尘	千克/吨产品	0.81	过滤式除尘法	0.033
			≤30 万吨/年	工业废水量	吨/吨产品	10.0	①	0
				化学需氧量	克/吨产品	600	①	0
				工业废气量	米 ^{3}/吨产品	540	过滤式除尘法	490
				工业粉尘	千克/吨产品	0.84	过滤式除尘法	0.038

注：① 天然碱生产中，工艺水全部回用。

2612 无机碱制造业（烧碱）产排污系数表

产品名称	原料名称	工艺名称	规模等级	污染物指标	单位	产污系数	末端治理技术名称	排污系数
烧碱	工业盐 原料水 原料电	离子膜电解法	≥18 万吨/年	工业废水量	吨/吨产品	6.0	循环利用+沉淀分离+中和法	1.3
				工业废气量	米 ^{3}/吨产品	230	吸收法	230
				工业固体废物（盐泥）	吨/吨产品	0.056（干基）	—	—
				工业固体废物（废硫酸）	吨/吨产品	0.025 58（80%）	—	—
			8 万～18 万吨/年（含 8 万吨/年）	工业废水量	吨/吨产品	6.4	循环利用+沉淀分离+中和法	1.48
				工业废气量	米 ^{3}/吨产品	250	吸收法	250
				工业固体废物	吨/吨产品	0.056（干基）	—	—
				工业固体废物（废硫酸）	吨/吨产品	0.025 98（80%）	—	—
			<8 万吨/年	工业废水量	吨/吨产品	7.5	循环利用+沉淀分离+中和法	1.5
				工业废气量	米 ^{3}/吨产品	260	吸收法	260
				工业固体废物（盐泥）	吨/吨产品	0.056（干基）	—	—
				工业固体废物（废硫酸）	吨/吨产品	0.026 1（80%）	—	—
		隔膜电解法	≥12 万吨/年	工业废水量	吨/吨产品	164	循环利用+沉淀分离+中和法	5.6
				化学需氧量	克/吨产品	13 080	化学混凝沉淀法	551
烧碱	工业盐 原料水 原料电	隔膜电解法	≥12 万吨/年	工业废气量	米 ^{3}/吨产品	300	吸收法	300
				工业固体废物（盐泥）	吨/吨产品	0.05（干基）	填埋+作建筑材料	—
				工业固体废物（废硫酸）	吨/吨产品	0.026 9（80%）	—	—
				HW36 危险废物（石棉废物）	吨/吨产品	0.000 13	—	—
			6 万～12 万吨/年（含 6 万吨/年）	工业废水量	吨/吨产品	182	沉淀分离+中和法+循环利用	6.9
				化学需氧量	克/吨产品	15 500	化学混凝沉淀法	680
				工业废气量	米 ^{3}/吨产品	340	吸收法	340
				工业固体废物（盐泥）	吨/吨产品	0.050（干基）	—	—
				工业固体废物（废硫酸）	吨/吨产品	0.027（80%）	—	—
				HW36 危险废物（石棉废物）	吨/吨产品	0.000 13	—	—
			<6 万吨/年	工业废水量	吨/吨产品	195	沉淀分离+中和法+循环利用	7.0
				化学需氧量	克/吨产品	15 810	化学混凝沉淀法	690
				工业废气量	米 ^{3}/吨产品	352	吸收法	352
				工业固体废物（盐泥）	吨/吨产品	0.05（干基）	—	—
				工业固体废物（废硫酸）	吨/吨产品	0.028（80%）	—	—
				HW36 危险废物（石棉废物）	吨/吨产品	0.000 14	—	—

2613 无机盐制造业

1 适用范围

本手册给出了《统计上使用的产品分类目录》中无机盐制造业的氧化铅、氧化锌、氰化钠、重铬酸钠、碳酸钡、碳酸钙、饲料磷酸氢钙、无水硫酸钠、硅酸钠、黄磷等产品的产污系数和排污系数，可用于第一次全国污染源普查无机盐制造业工业污染源污染物产生量和排放量的核算。

涉及的污染物包括：工业废水量、化学需氧量、总磷、铅、氰化物、六价铬、工业废气量（指折算成标准状态的体积）、工业粉尘、二氧化硫、危险废物（铅渣、锌渣、铬渣、钡渣）及工业固体废物（无水硫酸钠废渣、磷渣、磷铁、磷石膏）等。

2 注意事项

2.1 系数表中未涉及的产品产排污系数说明

无机盐制造业与有色工业、无机酸制造业、无机碱制造业、颜料制造业、涂料制造业、磷肥制造业、钾肥制造业有交叉，且无机盐制造业产品多，其制造工艺、原材料、生产规模既有相同之处，又有差异；产污和排污情况有类同，也有差异。其中氧化铅、氧化锌、氰化钠、重铬酸钠、碳酸钡、碳酸钙、饲料磷酸氢钙、无水硫酸钠、硅酸钠、黄磷等是无机盐制造业中典型的主要产品，同时也是无机盐制造业中产能和产量较大的产品，据统计，10 种产品产能和产量均占无机盐总产能和总产量的 60% 左右。

由于生产工艺类似，表 1、表 2 分别给出了可参照类比的无机盐系列产品。

表 1　可参照使用 10 个产品产排污系数的其他无机盐产品及使用条件

可参照的无机盐产品	未涉及的无机盐产品	使用条件
氧化铅	砷、汞、铊、镉等氧化物、卤化物、氟化物和氢氧化物	有毒、有害类产品（如砷、汞、铊、镉等）
氧化锌（直接法）	部分金属氧化物、金属过氧化物，部分 2613 类产品如氯化物、氟化物、氢氧化物	以矿物为原料，生产过程中产生污染物较少的产品
氧化锌（间接法）	以基础产品为原料的金属氧化物、金属氢氧化物、钨、钼、钒、钛、锆等化合物及其盐	以基础产品为原料，产排污系数小，对环境影响较小
氰化钠（轻油裂解法）	亚铁氰化物、铁氰化物	有 CN^- 产生的氰化物产品
红矾钠（重铬酸钠）	铬盐产品如铬酸酐、红矾钾、红矾铵等	废水、废气及废渣中有 Cr^{6+} 产生的产品

可参照的无机盐产品	未涉及的无机盐产品	使用条件
碳酸钡	碳酸锶、碳酸锰、碳酸锂等碳酸盐类产品	需要高温焙烧（或煅烧）的产品，产排污系数较大，对环境影响较大
碳酸钙	碳酸镁、碳酸钾等	有碳酸化生产过程。产排污系数小的产品
饲料磷酸氢钙	磷酸二氢钙等磷酸盐类产品	生产过程有含磷废水产生
无水硫酸钠	以矿物质为原料，常温反应生产的产品或母体产品后加工且污染物产生和排放量极小的不同类型的无机盐产品	仅有少量废水、废渣产生，或基本无污染物产生的产品，对环境影响很小
硅酸钠（湿法）		
硅酸钠（干法）	原料纯度较高、电热处理的产品，如部分单质	产排污系数小，对环境影响小

表 2　可参照使用无机碱制造业产排污系数的其他无机盐产品及使用条件

可参照的产品	未涉及的产品	使用条件
烧碱	氢氧化钾	生产过程类同烧碱
纯碱	小苏打、氯化钙	多在纯碱厂内生产，或为其副产

2.2　生产非单一产品企业污染物产排量核算

无机盐行业各企业往往生产系列产品，所包含的产品品种不尽相同，每种产品原料、工艺、装置规模及末端治理技术不同，普查时须按产品为依据，按照产品的生产工艺和装置规模、末端治理技术分别进行统计，一种产品可能有几套生产装置，每套装置的规模和生产工艺也不尽相同，统计时须严格区分，分装置统计污染物的产生量和排放量。

2.3　无组织排放的说明

本手册只给出本行业工业废气量、二氧化硫、工业粉尘污染物的有组织排放的产排污系数，不包括无组织排放的产排污系数。

2.4　其他需要说明的问题

（1）黄磷按变压器容量核查；红矾钠、碳酸钡按企业生产规模核查；其他产品不分装置（企业）规模大小进行核查。

（2）采用磷矿烧结处理的黄磷电炉，其变压器容量大于 2 万 kV·A（千伏安），由于采用黄磷生产尾气作磷矿烧结热源，黄磷电炉尾气排放量减少，烧结后废气中污染物与黄磷尾气相同，其组成有变化，主要污染物二氧化硫、粉尘量会增加，其废气污染物组成及排放可参照 0.5 万 kV·A（千伏安）电炉废气产排污情况。

（3）对于采用钙芒硝为原料的无水硫酸钠生产企业，其生产工艺与采用水硝为原料的类似，仅产渣量稍大，其废水量相同。其渣量取 0.5 吨/吨产品。

2613 无机盐制造业产排污系数表

产品名称	原料名称	工艺名称	规模等级	污染物指标	单位	产污系数	末端治理技术名称	排污系数
氧化铅	铅锭	氧化法	所有规模	工业废气量	米³/吨产品	8 752	过滤式除尘法	7 923
				工业粉尘	千克/吨产品	0.013	过滤式除尘法	0.005
				HW31 危险废物（含铅废物）	吨/吨产品	0.002 3	—	—
氧化锌	锌矿	直接法	所有规模	工业废水量	吨/吨产品	28.13	物理＋化学法	28.13
				化学需氧量	克/吨产品	1 411	物理＋化学法	201.5
				铅	克/吨产品	1 378	物理＋化学法	28
				工业废气量	米³/吨产品	16 628	过滤式除尘法	16 628
				工业粉尘	千克/吨产品	0.164	过滤式除尘法	0.033
				HW23 危险废物（含锌废物）	吨/吨产品	0.337	—	—
	锌锭	间接法	所有规模	工业废气量	米³/吨产品	2 223	直排	2 223
				工业粉尘	千克/吨产品	0.015	直排	0.015
				HW23 危险废物（含锌废物）	吨/吨产品	0.001	—	—
氰化钠	轻油烧碱	轻油裂解法	所有规模	工业废水量	吨/吨产品	0.2	物理处理法	0①
							物理＋化学法	0.2②
				化学需氧量	克/吨产品	17.5	物理处理法	0①
							物理＋化学法	10②
				氰化物	克/吨产品	10	物理处理法	0
							物理＋化学法	0
				工业废气量	米³/吨产品	8 900	直排	8 900
	氢氰酸烧碱	氢氰酸法	所有规模	工业废水量	吨/吨产品	13.0	直排	13.0
				化学需氧量	克/吨产品	4 750	物理＋化学法	500
							物理化学处理法	1 520
				氰化物	克/吨产品	1 361	物理＋化学法	13.6
							物理化学处理法	10
				工业废气量	米³/吨产品	6 235	直排	6 235

注：① 含氰废水全部回用；② 清净下水。

2613 无机盐制造业产排污系数表（续 1）

产品名称	原料名称	工艺名称	规模等级	污染物指标	单位	产污系数	末端治理技术名称	排污系数
红矾钠（重铬酸钠）	铬铁矿 纯碱 硫酸	有钙焙烧	≥4 万吨/年	工业废水量	吨/吨产品	3.7	氧化还原法	1.5①
				化学需氧量	克/吨产品	41	氧化还原法	10
				六价铬	克/吨产品	210	氧化还原法	0.5
				工业废气量	米 ^{3}/吨产品	17 575	静电除尘＋吸收	17 575
				烟尘	千克/吨产品	15.9	静电除尘＋吸收	1.33
				HW21 危险废物（含铬废物）	吨/吨产品	1.337	—	—
			<4 万吨/年	工业废水量	吨/吨产品	3.97	氧化还原法	2.0①
				化学需氧量	克/吨产品	41	氧化还原法	10
				六价铬	克/吨产品	253	氧化还原法	0.5
				工业废气量	米 ^{3}/吨产品	20 563	沉降＋旋风＋静电除尘	20 563
				烟尘	千克/吨产品	14.39	沉降＋旋风＋静电除尘	1.499
				HW21 危险废物（含铬废物）	吨/吨产品	1.499	—	—
红矾钠（重铬酸钠）	铬铁矿 纯碱 硫酸	无钙焙烧	所有规模	工业废水量	吨/吨产品	0.662	直排	0.662
				化学需氧量	克/吨产品	15.9	直排	15.9
				六价铬	克/吨产品	0.5	直排	0.5
				工业废气量	米 ^{3}/吨产品	22 000	沉降＋旋风	22 000
				烟尘	千克/吨产品	15.2	沉降＋旋风	1.52
				HW21 危险废物（含铬废物）	吨/吨产品	0.83	—	—
碳酸钡	重晶石 煤粉	焙烧碳化	≥5 万吨/年	工业废水量	吨/吨产品	4.93	沉淀分离	0.23①
							化学＋物化	0.021
				化学需氧量	克/吨产品	40.3	物理沉淀	10
							化学＋物化	7.5
				工业废气量	米 ^{3}/吨产品	5 800	直排	5 800
				二氧化硫	千克/吨产品	16.1	静电＋湿式除尘	3.0
							湿法除法＋烟气脱硫	3.23
				工业粉尘	千克/吨产品	16.8	静电＋湿法除尘	0.68
							湿法除法＋烟气脱硫	0.58
				HW21 危险废物（含钡废物）	吨/吨产品	0.97	—	—

注：① 工艺废水回用。

2613　无机盐制造业产排污系数表（续 2）

产品名称	原料名称	工艺名称	规模等级	污染物指标	单位	产污系数	末端治理技术名称	排污系数
碳酸钡	重晶石 煤粉	焙烧碳化	<5 万吨/年	工业废水量	吨/吨产品	5.11	物理＋化学	5.0①
							化学＋物化	0.23
				化学需氧量	克/吨产品	42	物理＋化学	10
							化学＋物化	8.5
				工业废气量	米 ^{3}/吨产品	6 257	湿法除尘	6 257
				二氧化硫	千克/吨产品	18.9	湿法除尘	3.51
				工业粉尘	千克/吨产品	19.2	湿法除尘	0.91
				HW47 危险废物（含钡废物）	吨/吨产品	1.13	—	—
碳酸钙	石灰石	碳酸化法	所有规模	工业废水量	吨/吨产品	8.36	—	3.0①
				工业废气量	米 ^{3}/吨产品	1 125	湿法除尘	1 125
				工业粉尘	千克/吨产品	33.5	湿法除尘	1.1
				工业固体废物（废渣）	吨/吨产品	0.11	—	—
饲料磷酸氢钙	磷矿 硫酸 石灰乳	中和法	所有规模	工业废水量	吨/吨产品	8.36	化学沉淀法	3.0①
				工业废气量	米 ^{3}/吨产品	35 000	旋风＋过滤式除尘	35 000②
				工业粉尘	千克/吨产品	22.7	旋风＋过滤式除尘	0.225
				工业固体废物（废渣）	吨/吨产品	2.79	—	—
无水硫酸钠	水硝	脱水法	所有规模	工业废水量	吨/吨产品	0.074	—	0.07
				工业废气量	米 ^{3}/吨产品	600	湿式除尘	600
				工业粉尘	千克/吨产品	20.0	湿式除尘	0.199
				工业固体废物（废渣）	吨/吨产品	0.012	—	—
硅酸钠	石英砂 纯碱（烧碱）	干法	所有规模	工业废气量	米 ^{3}/吨产品	3 600	直排	3 600
				烟尘	千克/吨产品	0.08	直排	0.08
		湿法	所有规模	工业废气量	米 ^{3}/吨产品	0	—	0
				烟尘	千克/吨产品	0	—	0
黄磷	磷矿	电炉	≥2 万 kV·A	工业废水量	吨/吨产品	115	物理＋化学法	5.0①
							物理＋化学法	105②
				化学需氧量	克/吨产品	2 850	物理＋化学法	20①
							物理＋化学法	28②

注：① 间接冷却水循环使用；② 间接冷却水直排。

2613 无机盐制造业产排污系数表（续 3）

产品名称	原料名称	工艺名称	规模等级	污染物指标	单位	产污系数	末端治理技术名称	排污系数
黄磷	磷矿	电炉	≥2 万 kV·A	总磷	克/吨产品	215	物理＋化学法	0.5①
							物理＋化学法	2②
				工业废气量	米 ³/吨产品	2 800	湿法除尘	282③
							直排	2 800
				工业粉尘	千克/吨产品	0.3	湿法除尘＋其他除尘法	0.029
							直排	0.30
				二氧化硫	千克/吨产品	0.265	湿法除尘＋其他除尘法	0.027
							直排	0.265
				工业固体废物（炉渣）	吨/吨产品	9.6	—	—
				工业固体废物（磷铁）	吨/吨产品	0.10	—	—
			1 万～2 万 kV·A（含 1 万 kV·A）	工业废水量	吨/吨产品	169	物理＋化学法	5.0①
							物理＋化学法	22.7②
				化学需氧量	克/吨产品	2 627	物理＋化学法	20①
			1 万～2 万 kV·A（含 1 万 kV·A）	化学需氧量	克/吨产品	2 627	物理＋化学法	26②
				总磷	克/吨产品	470	物理＋化学法	1.2①
							物理＋化学法	3②
				工业废气量	米 ³/吨产品	3 000	湿法除尘	312③
							直排	3 000
				工业粉尘	千克/吨产品	0.229	湿法除尘	0.023
							直排	0.229
				二氧化硫	千克/吨产品	0.337	湿法除尘	0.033
							直排	0.337
				工业固体废物（炉渣）	吨/吨产品	9.75	—	—
				工业固体废物（磷铁）	吨/吨产品	0.146	—	—
			0.5 万～1 万 kV·A	工业废水量	吨/吨产品	144	物理＋化学法	5.0①
							物理＋化学法	22.8②
				化学需氧量	克/吨产品	3 000	物理＋化学法	30①

注：① 间接冷却水循环使用；② 间接冷却水直排；③ 尾气部分利用。

2613 无机盐制造业产排污系数表（续 4）

产品名称	原料名称	工艺名称	规模等级	污染物指标	单位	产污系数	末端治理技术名称	排污系数
黄磷	磷矿	电炉	0.5 万～1 万 kV·A	化学需氧量	克/吨产品	3 000	物理＋化学法	30②
				总磷	克/吨产品	468	物理＋化学法	2①
							物理＋化学法	3②
				工业废气量	米 ^{3}/吨产品	2 717	湿法除尘	275③
							直排	2 717
				工业粉尘	千克/吨产品	0.36	湿法除尘	0.013
							直排	0.36
				二氧化硫	千克/吨产品	0.36	湿法除尘	0.023
							直排	0.36
				工业固体废物（炉渣）	吨/吨产品	9.75	—	—
				工业固体废物（磷铁）	吨/吨产品	0.151	—	—
			≤0.5 万 kV·A	工业废水量	吨/吨产品	167	物理＋化学法	5.0
				化学需氧量	克/吨产品	3 000	物理＋化学法	30
				总磷	克/吨产品	470	物理＋化学法	3
				工业废气量	米 ^{3}/吨产品	2 993	湿法＋其他除尘法	302③
							直排	2 993
				工业粉尘	千克/吨产品	0.371	湿法除尘	0.037
							直排	0.371
				二氧化硫	千克/吨产品	0.783	湿法除尘	0.08
							直排	0.783
				工业固体废物（炉渣）	吨/吨产品	9.75	—	—
				工业固体废物（磷铁）	吨/吨产品	0.146	—	—

注：① 间接冷却水循环使用；② 间接冷却水直排；③ 尾气部分利用。

2613
无机盐（电石）制造业

1 适用范围

本手册给出了《统计上使用的产品分类目录》中无机盐制造业电石的产污系数和排污系数，可用于第一次全国污染源普查电石行业工业污染源污染物产生量和排放量的核算。

涉及的污染物包括：工业废气量（指折算成标准状态的体积）、二氧化硫、烟尘、工业粉尘、固体废物等。

2 注意事项

（1）电石行业按炉型分为内燃炉和密闭炉，在统计一个企业的污染物产排量时要分炉型进行统计，然后合计。

（2）工业废气量、二氧化硫、烟尘污染物指标为电石炉（属工业窑炉）产生；工业粉尘为产品破碎、筛分、运输过程产生。

（3）密闭炉产生的废气主要成分为一氧化碳，送往锅炉燃烧利用热能，因此密闭炉部分无废气排放。

2613 无机盐（电石）制造业产排污系数表

产品名称	原料名称	工艺名称	规模等级	污染物指标	单位	产污系数	末端治理技术名称	排污系数
电石	碳素材料、石灰	内燃炉	所有规模	工业废气量①	米 ^{3}/吨产品	14 000	过滤式除尘法	14 000
				二氧化硫①	千克/吨产品	1.5	过滤式除尘法	1.5
				烟尘①	千克/吨产品	74.54	过滤式除尘法	1.73
				工业粉尘②	千克/吨产品	11.88	过滤式除尘法	0.12
				工业固体废物	吨/吨产品	0.23	—	—
		密闭炉	所有规模	工业废气量①	米 ^{3}/吨产品	400	过滤式除尘法	0
				二氧化硫①	千克/吨产品	1.5	过滤式除尘法	0
				烟尘①	千克/吨产品	30.7	过滤式除尘法	0
				工业粉尘②	千克/吨产品	11.4	过滤式除尘法	0.11
				工业固体废物	吨/吨产品	0.21	—	—
		内燃炉	所有规模	工业废气量①	米 ^{3}/吨产品	14 000	过滤式除尘法	14 000
				二氧化硫①	千克/吨产品	1.5	过滤式除尘法	1.5
				烟尘①	千克/吨产品	74.54	过滤式除尘法	1.73
				工业粉尘②	千克/吨产品	11.88	过滤式除尘法	0.12
				工业固体废物	吨/吨产品	0.23	—	—
		密闭炉	所有规模	工业废气量①	米 ^{3}/吨产品	400	过滤式除尘法	0
				二氧化硫①	千克/吨产品	1.5	过滤式除尘法	0
				烟尘①	千克/吨产品	30.7	过滤式除尘法	0
				工业粉尘②	千克/吨产品	11.4	过滤式除尘法	0.11
				工业固体废物	吨/吨产品	0.21	—	—

注：① 工业废气量、二氧化硫、烟尘污染物指标为电石炉产生；② 工业粉尘为产品破碎、筛分、运输过程产生。

2614
有机化学原料（甲醇、二甲醚、以石油馏分为原料）制造业

1 适用范围

本手册给出了《统计上使用的产品分类目录》中有机化学原料（以石油馏分为原料）制造业的乙烯、丁二烯、苯、环氧丙烷、醋酸、甲醇、苯酚/丙酮、丙烯酸、丙烯酸甲酯、丙烯酸丁酯、醋酸乙烯、醋酸乙酯/醋酸丁酯、氯乙烯、丁辛醇等的产污系数和排污系数，可用于第一次全国污染源普查有机化学原料（以石油馏分为原料）制造业工业污染源污染物产生量和排放量的核算。

涉及的污染物包括：工业废水量、化学需氧量、石油类、工业废气量（指折算成标准状态的体积）、二氧化硫、工业固体废物、危险废物等。

2 注意事项

2.1 系数表中未涉及的产品产排污系数说明

本手册已基本涵盖有机化学原料（以石油馏分为原料）的各种生产工艺、规模的产品。但有机化学原料（以石油馏分为原料）产品众多，且工艺复杂，对可能遇到的系数表单中未涉及的产品，可咨询当地行业组织或石油化工行业专家、其他石油化工企业技术人员，选取近似的原料、工艺、规模、末端治理技术代替。如间二甲苯、邻二甲苯可选取对二甲苯的产排污系数进行计算。

2.2 工况未达到 75% 负荷的企业污染物产排量核算

本手册产排污系数是在≥75%负荷的工况下核算出来的。对于工况未达到 75%负荷的装置，其污染物产生和排放量不适合用本手册核算。一般可根据原辅材料消耗，采用物料衡算方法计算污染物产生量，有条件企业可开展现场监测工作或根据相应工况下的历史监测数据核算。

2.3 生产非单一产品企业污染物产排量核算

当同一企业生产非单一产品，普查时需对单个产品的产、排污量分别进行统计，然后对所有产品的产、排污量统计数据进行累加，即为该企业全部的产、排污量。

2.4 其他需要说明的问题

（1）本手册只需考虑企业产品的原料、工艺、末端治理技术，力求简单、清楚，易于使用。制定

本手册时已充分考虑全国的平均水平，使用本手册计算得出的产排污量可能与单个调查企业有一定出入，但总体符合全行业水平。

（2）当对应生产线的排水经过处理或未经处理后全部回用或用于其他生产线时，该情况下只计算产污系数，不计算排污系数。

（3）有机化学原料（以石油馏分为原料）制造行业末端治理技术说明，仅隔油后即排放的企业，采用隔油处理后排放系数。对于多套生产装置合用一套末端治理设施的，排污系数是按各装置水量、水质反推其排污系数，普查时如可直接计算出企业总的排放量，则不需用装置排污系数分别计算。

（4）各生产装置产排污量以各单套装置年（产品）实际生产量为基准计算。

（5）本手册提供的排污系数的计算方法，由于石油化工企业均为多套生产装置合用一套末端治理设施，因此，排污系数是按各装置水量、水质反推计算得出排污系数，与实际情况有一定的出入。

2614　有机化学原料制造业（甲醇）产排污系数表

产品名称	原料名称	工艺名称	规模等级	污染物指标	单位	产污系数	末端治理技术名称	排污系数
甲醇	天然气	一段蒸汽转化法	所有规模	工业废水量	吨/吨产品	8.5①～20②	物化+生物	8.5① 20②
				化学需氧量	克/吨产品	12 570①～16 340②	物化+生物	710① 1 930②
				氨氮	克/吨产品	90①～170②	物化+生物	30① 70②
				工业废气量	米 ^{3}/吨产品	3 320①～4 460②	直排	3 320① 4 460②
				HW06 危险废物（废催化剂）	吨/吨产品	0.000 4	—	—
		二段蒸汽转化法		工业废水量	吨/吨产品	9①～22②	物化+生物	9① 22②
				化学需氧量	克/吨产品	13 620①～17 100②	物化+生物	820① 2 010②
				氨氮	克/吨产品	80①～190②	物化+生物	30① 80②
				工业废气量	米 ^{3}/吨产品	3 570①～5 020②	直排	3 570① 5 020②
				HW06 危险废物（废催化剂）	吨/吨产品	0.000 3	—	—

注：① 规模大于等于 10 万吨；② 规模小于 10 万吨。

2614 有机化学原料制造业（甲醇）产排污系数表（续 1）

产品名称	原料名称	工艺名称	规模等级	污染物指标	单位	产污系数	末端治理技术名称	排污系数
甲醇	煤	固定床气化（单醇）	所有规模	工业废水量	吨/吨产品	5.3①～12②	物化+生物	5.3①
								12②
				化学需氧量	克/吨产品	25 540①～26 120②	物化+生物	520③
								860④
							直排	1 540③
								2 120④
				氨氮	克/吨产品	370①～1 060②	物化+生物	160①
								360②
							直排	370①
								1 060②
				石油类	克/吨产品	31.9①～112②	物化+生物	12.7①
								44.1②
							直排	31.9①
								112②
				挥发酚	克/吨产品	0.6①～2.1②	物化+生物	0.3①
								1.0②
							直排	0.6①
								2.1②
				氰化物	克/吨产品	3.5①～11.1②	物化+生物	1.3①
								3.1②
							直排	3.5①
								11.1②
				工业废气量	米 ^{3}/吨产品	2 800⑤～3 500⑥	直排	2 800⑤
								3 500⑥
				二氧化硫	千克/吨产品	1.38⑤～3.19⑥	直排	1.38⑤
								3.19⑥
				工业固体废物（炉渣）	吨/吨产品	0.18⑤～0.50⑥	—	—
				HW06 危险废物（废催化剂）	吨/吨产品	0.000 8	—	—

注：① 工艺废水回用；② 工艺废水无回用；③ 工艺废水回用（甲醇精馏残液利用）；④ 工艺废水无回用（甲醇精馏残液利用）；⑤ 采用优质煤为原料；⑥ 采用劣质煤或型煤为原料。

2614 有机化学原料制造业（甲醇）产排污系数表（续2）

产品名称	原料名称	工艺名称	规模等级	污染物指标	单位	产污系数	末端治理技术名称	排污系数
甲醇	煤	固定床气化（联醇）	所有规模	工业废水量	吨/吨产品	11①～25②	物化+生物	11①
								25②
				化学需氧量	克/吨产品	26 070①～31 300②	物化+生物	880③
								1 500④
							直排	2 070③
								7 300④
				氨氮	克/吨产品	590①～2 200②	物化+生物	240①
								880②
							直排	590①
								2 200②
				石油类	克/吨产品	63.6①～340②	物化+生物	28.6①
								123②
							直排	63.6①
								340②
				挥发酚	克/吨产品	8.74①～35②	物化+生物	3.5①
								10.5②
							直排	8.74①
								35②
				氰化物	克/吨产品	6.36①～25.5②	物化+生物	3.1①
								10.6②

注：① 采用闭路循环节水技术；② 未实现完全闭路循环；③ 采用闭路循环节水技术（甲醇精馏残液利用）；④ 未实现完全闭路循环（甲醇精馏残液利用）。

2614 有机化学原料制造业（甲醇）产排污系数表（续3）

产品名称	原料名称	工艺名称	规模等级	污染物指标	单位	产污系数	末端治理技术名称	排污系数
甲醇	煤	固定床气化（联醇）	所有规模	氰化物	克/吨产品	6.36①～25.5②	直排	6.36① 25.5②
				工业废气量	米³/吨产品	3 200⑤～3 500⑥	直排	3 200⑤ 3 500⑥
				二氧化硫	千克/吨产品	1.40⑤～3.01⑥	直排	1.40⑤ 3.01⑥
				工业固体废物（炉渣）	吨/吨产品	0.18⑤～0.52⑥	—	—
				HW06 危险废物（废催化剂）	吨/吨产品	0.000 7	—	—
		水煤浆气化	所有规模	工业废水量	吨/吨产品	2.25①～4.49②	物化+生物	2.24① 4.49②
				化学需氧量	克/吨产品	25 370①～26 790②	物化+生物	200③ 370④
				氨氮	克/吨产品	220①～790②	物化+生物	45① 110②
				石油类	克/吨产品	2.02①～35.97②	物化+生物	1.24① 8.46②
				挥发酚	克/吨产品	0.02①～0.07②	物化+生物	0.018① 0.061②
				氰化物	克/吨产品	0.41①～0.81②	物化+生物	0.21① 0.42②
				工业废气量	米³/吨产品	48⑤～63⑥	直排	48⑤ 63⑥
				二氧化硫	千克/吨产品	0.08⑤～0.21⑥	直排	0.08⑤ 0.21⑥
				工业固体废物（炉渣）	吨/吨产品	0.20⑤～0.57⑥	—	—
				HW06 危险废物（废催化剂）	吨/吨产品	0.000 4	—	—

注：① 采用闭路循环节水技术；② 未实现完全闭路循环；③ 采用闭路循环节水技术（甲醇精馏残液利用）；④ 未实现完全闭路循环（甲醇精馏残液利用）；⑤ 采用优质煤为原料；⑥ 采用劣质煤或型煤为原料。

2614 有机化学原料制造业（甲醇）产排污系数表（续 4）

产品名称	原料名称	工艺名称	规模等级	污染物指标	单位	产污系数	末端治理技术名称	排污系数
甲醇	焦炉气	催化部分氧化	所有规模	工业废水量	吨/吨产品	0.28①～2.8②	物化+生物	0.28①
								2.8②
				化学需氧量	克/吨产品	18 940①～21 320②	物化+生物	30③
								320④
				氨氮	克/吨产品	70①～710②	物化+生物	4.1①
								40②
				工业废气量	米 ^{3}/吨产品	3 900⑤～9 500⑥	直排	3 900⑤
								9 500⑥
				二氧化硫	千克/吨产品	0.34⑤～0.98⑥	直排	0.34⑤
								0.98⑥
				HW06 危险废物（废催化剂）	吨/吨产品	0.002	—	—
二甲醚	甲醇	甲醇脱水制二甲醚	所有规模	工业废水量	吨/吨产品	0.72	物化+生物	0.72
				化学需氧量	克/吨产品	970	物化+生物	70
				工业废气量	米 ^{3}/吨产品	5.49	直排	5.41
				HW06 危险废物（废催化剂）	吨/吨产品	0.000 06	—	—

注：① 工艺废水回用；② 工艺废水无回用；③ 工艺废水回用（甲醇精馏残液利用）；④ 工艺废水无回用（甲醇精馏残液利用）；⑤ 燃料煤中含硫量低；⑥ 燃料煤中含硫量高。

2614 有机化学原料制造业（以石油馏分为原料）产排污系数表

产品名称	原料名称	工艺名称	规模等级	污染物指标	单位	产污系数	末端治理技术名称	排污系数
乙烯	加氢汽油、轻烃、石脑油、加氢尾油	Lummus 管式炉蒸汽裂解，顺序分离	所有规模	工业废水量	吨/吨产品	1.431	隔油	1.431
							物理＋生物处理法	1.431
				化学需氧量	克/吨产品	1 348	隔油	1 146
							物理＋生物处理法	91.03
				石油类	克/吨产品	171	隔油	100
							物理＋生物处理法	2.242
				工业废气量	米 ^{3}/吨产品	11 900	直排	11 900
				二氧化硫	千克/吨产品	0.064 6	直排	0.064 6
				HW06 危险废物（废催化剂）	吨/吨产品	0.000 086 5	—	—
苯	加氢汽油	*N*-甲酰吗啉抽提	所有规模	工业废水量	吨/吨产品	1.068	物理＋生物处理法	1.068
				化学需氧量	克/吨产品	967.7	物理＋生物处理法	49.13
				石油类	克/吨产品	250.2	物理＋生物处理法	0.961
				工业废气量	米 ^{3}/吨产品	368.6	直排	368.6
	重整生成油、加氢汽油、环丁砜	环丁砜抽提	所有规模	工业废水量	吨/吨产品	0.981	物理＋生物处理法	0.981
				化学需氧量	克/吨产品	630.7	物理＋生物处理法	62.08
				石油类	克/吨产品	324	物理＋生物处理法	1.538
				工业废气量	米 ^{3}/吨产品	2 064	直排	2 064
对二甲苯	石脑油 C8+A 混合二甲苯、对二乙基苯	吸附分离法	所有规模	工业废水量	吨/吨产品	0.244	物理＋生物处理法	0.244
				化学需氧量	克/吨产品	42.72	物理＋生物处理法	18.72
				石油类	克/吨产品	7.402	物理＋生物处理法	0.251
				工业废气量	米 ^{3}/吨产品	3 946	直排	3 946
混苯	加氢、裂解汽油和轻、重质重整液	液液抽提	所有规模	工业废水量	吨/吨产品	0.042 8	物理＋生物处理法	0.042 8
				化学需氧量	克/吨产品	26.37	物理＋生物处理法	4.328
				石油类	克/吨产品	10.07	物理＋生物处理法	0.237
				工业废气量	米 ^{3}/吨产品	4 666	直排	4 666

2614　有机化学原料制造业（以石油馏分为原料）产排污系数表（续 1）

产品名称	原料名称	工艺名称	规模等级	污染物指标	单位	产污系数	末端治理技术名称	排污系数
醋酸	甲醇、一氧化碳	甲醇羰基合成法	所有规模	工业废水量	吨/吨产品	0.626	物理＋生物处理法	0.626
				化学需氧量	克/吨产品	622.6	物理＋生物处理法	49.84
				工业废气量	米 ^{3}/吨产品	45.05	直排	45.05
	乙醛、氧气	乙醛直接氧化法	所有规模	工业废水量	吨/吨产品	1.167	物理＋生物处理法	1.167
				化学需氧量	克/吨产品	554.5	物理＋生物处理法	73.89
	乙醛、氧气	乙烯直接氧化法	所有规模	工业废水量	吨/吨产品	5.066	物理＋生物处理法	5.066
				化学需氧量	克/吨产品	28 410	物理＋生物处理法	339
甲醇	乙炔尾气	加氢转化	所有规模	工业废水量	吨/吨产品	1.205	物理＋生物处理法	1.205
				化学需氧量	克/吨产品	1 176	物理＋生物处理法	89.24
				工业废气量	米 ^{3}/吨产品	8.696	直排	8.696
环氧丙烷	丙烯、氯气	氯醇法	所有规模	工业废水量	吨/吨产品	60.97	物理＋生物处理法	60.97
				化学需氧量	克/吨产品	85 220	物理＋生物处理法	5 853
				工业固体废物（废渣）	吨/吨产品	0.541	—	—
丁二烯	混合碳四	乙腈抽提	所有规模	工业废水量	吨/吨产品	1.27	物理＋生物处理法	1.27
				化学需氧量	克/吨产品	438	物理＋生物处理法	90.18
		DMF 抽提	所有规模	工业废水量	吨/吨产品	0.475	物理＋生物处理法	0.475
				化学需氧量	克/吨产品	531.9	物理＋生物处理法	25.54
		N-甲基吡咯烷酮萃取精馏	所有规模	工业废水量	吨/吨产品	0.005 39	物理＋生物处理法	0.005 39
				化学需氧量	克/吨产品	126.9	物理＋生物处理法	0.269
丙烯酸	丙烯、醋酸异丁酯、对苯二酚	丙烯两段氧化法	所有规模	工业废水量	吨/吨产品	2.112	物理＋生物处理法	2.112
				化学需氧量	克/吨产品	121.2	物理＋生物处理法	105.6
				工业废气量	米 ^{3}/吨产品	3 756	直排	3 756
				HW06　危险废物（废催化剂）	吨/吨产品	0.001 04	—	—
丙烯酸甲酯	丙烯酸、甲醇、对苯二酚	丙烯酸和甲醇酯化法	所有规模	工业废水量	吨/吨产品	3.72	物理＋生物处理法	3.72
				化学需氧量	克/吨产品	7 992	物理＋生物处理法	186
				工业废气量	米 ^{3}/吨产品	7.2	直排	7.2
				HW06　危险废物（废树脂）	吨/吨产品	0.001 53	—	—

2614　有机化学原料制造业（以石油馏分为原料）产排污系数表（续 2）

产品名称	原料名称	工艺名称	规模等级	污染物指标	单位	产污系数	末端治理技术名称	排污系数
丙烯酸丁酯	丙烯酸、丁醇、浓硫酸（98 %）	丙烯酸和丁醇酯化法	所有规模	工业废水量	吨/吨产品	2.263	物理＋生物处理法	2.263
				化学需氧量	克/吨产品	5 186	物理＋生物处理法	113.2
				工业废气量	米 ^{3}/吨产品	12.86	直排	12.86
苯酚/丙酮	苯、烯	异丙苯法	所有规模	工业废水量	吨/吨产品	1.475	物理＋生物处理法	1.475
				化学需氧量	克/吨产品	5 402	物理＋生物处理法	113.6
				工业废气量	米 ^{3}/吨产品	939.5	直排	939.5
				HW06　危险废物（废树脂）	吨/吨产品	0.000 454	—	—
醋酸乙烯	乙烯、醋酸、氧气	乙烯气相-拜耳法合成法	所有规模	工业废水量	吨/吨产品	0.732	物理＋生物处理法	0.732
				化学需氧量	克/吨产品	240	物理＋生物处理法	58.6
				工业废气量	米 ^{3}/吨产品	38.98	直排	38.98
				HW06　危险废物（有机溶剂）	吨/吨产品	0.018 2	—	—
醋酸乙酯/醋酸丁酯	醋酸、乙醇、丁醇	直接酯化法	所有规模	工业废水量	吨/吨产品	0.329	物理＋生物处理法	0.329
				化学需氧量	克/吨产品	263.9	物理＋生物处理法	23.6
				工业废气量	米 ^{3}/吨产品	10.95	直排	10.95
氯乙烯	乙烯、氯气	氧氯化法	所有规模	工业废水量	吨/吨产品	1.643	物理＋生物处理法	1.643
				化学需氧量	克/吨产品	675	物理＋生物处理法	82.13
				工业废气量	米 ^{3}/吨产品	732	直排	732
				HW41　危险废物（废卤化有机溶剂）	吨/吨产品	0.059 7	—	—
丁辛醇	羰基合成气、丙烯、氢气	低压羰基合成法	所有规模	工业废水量	吨/吨产品	1.815	物理＋生物处理法	1.815
				化学需氧量	克/吨产品	6 229	物理＋生物处理法	90.75
				工业废气量	米 ^{3}/吨产品	236.5	直排	236.5
				HW06　危险废物（废催化剂）	吨/吨产品	0.001 04	—	—

2621
氮肥制造业

1 适用范围

本手册给出了《统计上使用的产品分类目录》中氮肥制造业以天然气、煤为原料生产合成氨、尿素、硝酸铵的产污系数和排污系数，可用于第一次全国污染源普查氮肥制造业工业污染源污染物产生量和排放量的核算。

涉及的污染物包括：合成氨产品：工业废水量、化学需氧量、氨氮、石油类、氰化物、挥发酚，工业废气量（指折算成标准状态的体积）、工业粉尘、二氧化硫、氮氧化物，工业固体废物（造气炉渣、废脱硫剂）、危险废物（废催化剂）。

尿素产品：工业废气量、工业粉尘，工业废水量、化学需氧量、氨氮，工业固体废物（脱硫剂）。

硝酸铵产品：工业废气量、工业粉尘，工业废水量、氨氮。

2 注意事项

2.1 系数表中未涉及的产品产排污系数说明

本次产排污系数核算未列出碳酸氢铵产品的产排污系数。碳酸氢铵生产实质上可看做是合成氨生产的一个净化工段，以生产该数量碳酸氢铵产品需对应的合成氨统计产量为计算基准，按合成氨产品统计其污染物产排量。回收废氨水副产的碳酸氢铵不计算污染物产排。

2.2 工况未达到 75% 负荷的企业污染物产排量核算

氮肥生产装置产排污量与采用的工艺技术及装置的生产能力有关。一般情况下，低负荷状态下的产排污量要小于正常生产负荷状态下的产排污量。工况未达到 75%负荷的企业污染物产排量核算按正常生产工况取值。

2.3 生产非单一产品企业污染物产排量核算

氮肥生产企业产品一般包括合成氨、尿素、碳铵、硝酸、硝铵等数种产品。各企业所包含的产品品种不尽相同，每种产品的装置生产能力不同，普查时须以产品为依据，然后按照产品的生产工艺和规模分别统计，一种产品可能有几套生产装置，每套装置的规模和生产工艺可能不尽相同，统计时须严格区分，分装置统计污染物的产生量和排放量。对拥有多套装置的氮肥企业应分产品、分装置统计污染物的产生量和排放量。各类产品、各套装置的产排污量之和即为企业的总产排污量。

碳铵企业、商品液氨生产企业的产排污量即为合成氨产品生产的产排污量。

尿素企业的产排污量为全部合成氨产品的产排污量，加上全部尿素产品的产排污量。

硝酸铵生产企业的产排污量为对应的合成氨、硝酸的产排污量，加上硝酸铵生产的产排污量。

2.4 其他需要说明的问题

（1）产品产量的确定

① 合成氨：合成氨产量指单套生产装置的合成氨产量，包括厂内各用氨单位的使用量，合成氨生产过程中的自用量（净化与脱硫用）以及氨罐弛放气、合成放空气、中间槽解析气等气体回收的氨水含氨量，销售的商品液氨量，即企业生产统计的合成氨产量。

② 尿素：尿素产量指单套生产装置的尿素产量，为企业生产的符合国家质量标准要求或订货合同规定的技术条件的尿素实物量和不符合国家质量标准要求或订货合同规定的技术条件的尿素实物量之和，即为企业的尿素总产量。包括用于销售的和本厂自用的数量。其数值大于或等于企业生产统计的尿素产量。

③ 硝酸铵：硝酸铵产量指单套生产装置的硝酸铵产量，为企业生产的符合国家质量标准要求或订货合同规定的技术条件的硝酸铵实物量和不符合国家质量标准要求或订货合同规定的技术条件的硝酸铵实物量之和，即为企业的硝酸铵总产量。包括用于销售的和本厂自用的数量。其数值大于或等于企业生产统计的硝酸铵产量。

（2）以焦炭、蓝炭、半焦为原料采用固定床间歇煤气化工艺生产合成氨的企业，按无烟块煤（型煤）原料查取产排污系数。

（3）无烟块煤（型煤）制氨企业废气污染物指固定床间歇气化工艺制气的全部吹风气、氨合成弛放气放空气经回收氢后的气体，经余热回收装置燃烧后的烟气。无吹风气余热回收装置或装置不健全的按吹风气全部回收计算废气污染物产排污系数。

（4）合成氨生产废水污染物产污系数是指合成氨生产界区出口未经终端处理的污染物产生量。合成氨生产废水污染物排污系数是指合成氨生产界区出口污水经终端处理后的污染物产生量，或不经终端处理直接排出界区的污染物量。

2621 氮肥制造业（合成氨）产排污系数表

产品名称	原料名称	工艺名称	规模等级	污染物指标	单位	产污系数	末端治理技术名称	排污系数
合成氨	天然气	连续加压天然气制氨	所有规模	工业废水量	吨/吨产品	5～10	直排或物理法＋生物法	5～10①
						10～20	直排或物理法＋生物法	10～20②
						20～30	直排或物理法＋生物法	20～30③
				化学需氧量	克/吨产品	600～1 000	直排	600～1 000①
							物理法＋生物法	60～700①④
						1 010～4 500	直排	1 010～4 500②
							物理法＋生物法	710～1 750②④
				氨氮	克/吨产品	300～1 000	直排	300～1 000①
							物理法＋生物法	100～400①④
						1 010～3 000	直排	1 010～3 000②
							物理法＋生物法	410～1 000②④
				工业废气量	米^3/吨产品	3 650～5 350	直排	3 650～5 350⑤
				二氧化硫	千克/吨产品	0.029～0.043	直排	0.029～0.043⑥
				氮氧化物	千克/吨产品	0.077～0.535	直排	0.077～0.54⑥
				工业固体废物（废催化剂）	千克/吨产品	0.50～0.75	—	—⑦

注：① 单套装置生产能力≥18 万吨合成氨/年的企业，循环冷却水实现了完全闭路循环、含氨废水全部提浓回用、废油水全部分离回收的企业取中间值；其他取高限。

② 单套装置生产能力 8 万～18 万吨（含 8 万吨）合成氨/年的企业，循环冷却水浓缩倍数 3.0 左右及以上、含氨废水全部提浓回用、废油水全部分离回收、采用了醇烃化（或甲烷化）替代铜洗工艺技术的企业取低限；其他取中间值。

③ 单套装置生产能力＜8 万吨合成氨/年的企业，循环水装置不健全，存在冷却水（部分）直接外排不循环使用的企业，取高限；其他取中间值。

④ 根据各污染物产污系数与末端治理装置对各污染物的去除率综合确定各污染物排污系数取值，或取中间值。

⑤ 废气指连续加压转化工艺制氨的一段炉烟气（不包括单独设置的蒸汽锅炉烟气）。采用换热式转化工艺、部分氧化工艺的不计算废气排放；采用双一段转化流程、改进型一二段加压转化工艺的取低限；在对流段设置高压辅锅或采用燃气透平的取高限；其他取中间值（4 300）。

⑥ 废气污染物指标二氧化硫、氮氧化物达标排放，无须治理，其产排放数值可根据废气产排放量的多少取低限、高限或中间值。

⑦ 合成氨生产能力 8 万吨/年以上的企业取低限；8 万吨/年以下的企业取中间值。

2621 氮肥制造业（合成氨）产排污系数表（续 1）

产品名称	原料名称	工艺名称	规模等级	污染物指标	单位	产污系数	末端治理技术名称	排污系数
合成氨	天然气	常压间歇转化工艺制氨	所有规模	工业废水量	吨/吨产品	10～30	直排或物理法＋生物法	10～30①
				化学需氧量	克/吨产品	600～6 000	直排	600～6 000②
							物理法＋生物法	60～2 100②③
				氨氮	克/吨产品	300～3 000	直排	300～3 000②
							物理法＋生物法	200～1 200②③
				工业废气量	米^3/吨产品	4 600～5 600	直排	4 600～5 600④
				二氧化硫	千克/吨产品	0.037～0.045	直排	0.037～0.045⑤
				氮氧化物	千克/吨产品	0.097～0.56	直排	0.097～0.56⑤
				工业固体废物（废催化剂）	千克/吨产品	0.55～0.75	—	—⑥

注：① 循环冷却水浓缩倍数 3.0 左右及以上、含氨废水全部提浓回用、废油水全部分离回收、采用了醇烃化（或甲烷化）替代铜洗工艺技术的企业取低限；存在工艺冷却水（部分）不循环使用，而直接排放的企业，取高限；其他取中间值。

② 含氨废水全部提浓回用、废油水全部分离回收、采用了醇烃化（或甲烷化）替代铜洗工艺技术的企业取低限；其他取中间值。

③ 根据各污染物产污系数与末端治理装置对各污染物的去除率综合确定各污染物排污系数取值，或取中间值。

④ 废气指常压间歇转化工艺制氨的吹风气。废气产排放量视燃烧效率和系统的保温情况由企业给出，或取中间值。

⑤ 废气污染物指标二氧化硫、氮氧化物达标排放，无须治理，其产排放数值可根据废气产排放量的多少取低限、高限或中间值。

⑥ 由企业给出，或取中间值。

2621 氮肥制造业（合成氨）产排污系数表（续 2）

产品名称	原料名称	工艺名称	规模等级	污染物指标	单位	产污系数	末端治理技术名称	排污系数
合成氨	烟煤	水煤浆加压气化制氨	所有规模	工业废水量	吨/吨产品	1.3～5.0	物理法＋生物法	1.3～5.0①
				化学需氧量	克/吨产品	250～1 100	物理法＋生物法	180～250①
				氨氮	克/吨产品	150～480	物理法＋生物法	20～150①
				石油类	克/吨产品	1～26	物理法＋生物法	0.3～8.0①
				挥发酚	克/吨产品	0.006～0.06	物理法＋生物法	0.003～0.03①
				氰化物	克/吨产品	0.4～0.7	物理法＋生物法	0.008～0.4①
				工业废气量	米 ^{3}/吨产品	20～64	经火炬放空	20～64②
				二氧化硫	千克/吨产品	0.05～0.2	经火炬放空	0.05～0.2②
				工业固体废物（气化炉渣）	吨/吨产品	0.16～0.4	—	—③
				工业固体废物（废催化剂）	千克/吨产品	0.50～0.70	—	—④

注：① 废水量及废水中各污染物产排污系数取高限；或根据末端处理装置各污染物实际去除率确定排污系数数值。

② 废气污染物指气化闪蒸气，送火炬放空，各污染物产排污系数值取高限。

③ 根据气化原料情况由企业给出，或取中间值。

④ 取中间值或由企业给出。

2621　氮肥制造业（合成氨）产排污系数表（续 3）

产品名称	原料名称	工艺名称	规模等级	污染物指标	单位	产污系数	末端治理技术名称	排污系数
合成氨	无烟块煤（型煤）	固定床间歇煤气化	≥18 万吨/年	工业废水量	吨/吨产品	5～10	直排或物理法＋生物法	5～10[①]
				化学需氧量	克/吨产品	500～1 500	直排	500～1 500[③]
							物理法＋生物法	50～700[③④]
				氨氮	克/吨产品	350～1 000	直排	350～1 000[⑤]
							物理法＋生物法	100～400[⑤④]
				石油类	克/吨产品	30～100	直排	30～100[③]
							物理法＋生物法	0
				挥发酚	克/吨产品	0.5～2.0	直排	0.5～2.0[⑥]
							物理法＋生物法	0
				氰化物	克/吨产品	5～10	直排	5～10[⑥]
							物理法＋生物法	0
				工业废气量	米 ^{3}/吨产品	2 650～3 000	直排	2 650～3 000[⑦]
				工业粉尘	千克/吨产品	0.15～0.6	直排	0.15～0.6[⑧]
				二氧化硫	千克/吨产品	1.3～3.0	直排	1.3～3.0[⑨]
				工业固体废物（造气炉渣）	吨/吨产品	0.17～0.39	—	—[⑩]
				工业固体废物（脱硫剂）	千克/吨产品	0.18～0.31	—	—[⑩]
				工业固体废物（废催化剂）	千克/吨产品	0.50～0.70	—	—[⑩]

2621 氮肥制造业（合成氨）产排污系数表（续4）

产品名称	原料名称	工艺名称	规模等级	污染物指标	单位	产污系数	末端治理技术名称	排污系数
合成氨	无烟块煤（型煤）	固定床间歇煤气化	8万～18万吨/年（含8万吨/年）	工业废水量	吨/吨产品	5～20	直排或物理法＋生物法	5～20[①]
				化学需氧量	克/吨产品	500～3 000	直排	500～3 000[③]
							物理法＋生物法	50～1 400[③④]
				氨氮	克/吨产品	350～2 000	直排	350～2 000[⑤]
							物理法＋生物法	100～800[⑤④]
				石油类	克/吨产品	30～200	直排	30～200[③]
							物理法＋生物法	0
				挥发酚	克/吨产品	0.5～4.0	直排	0.5～4.0[⑥]
							物理法＋生物法	0
				氰化物	克/吨产品	5～20	直排	5～20[⑥]
							物理法＋生物法	0
				工业废气量	米^3/吨产品	2 650～3 000	直排	2 650～3 000[⑦]
				工业粉尘	千克/吨产品	0.15～0.6	直排	0.15～0.6[⑧]
				二氧化硫	千克/吨产品	1.3～3.0	直排	1.3～3.0[⑨]
				工业固体废物（造气炉渣）	吨/吨产品	0.17～0.39	—	—[⑩]
				工业固体废物（脱硫剂）	千克/吨产品	0.18～0.31	—	—
				工业固体废物（废催化剂）	千克/吨产品	0.50～0.70	—	—

2621 氮肥制造业（合成氨）产排污系数表（续 5）

产品名称	原料名称	工艺名称	规模等级	污染物指标	单位	产污系数	末端治理技术名称	排污系数
合成氨	无烟块煤（型煤）	固定床间歇煤气化	<8 万吨/年	工业废水量	吨/吨产品	10～20	直排或物理法＋生物法	10～20①
						20～40	直排或物理法＋生物法	20～40②
				化学需氧量	克/吨产品	1 000～6 000	直排	1 000～6 000③
							物理法＋生物法	100～2 800③④
				氨氮	克/吨产品	400～3 500	直排	400～3 500⑤
							物理法＋生物法	200～1 600⑤④
				石油类	克/吨产品	50～400	直排	50～400③
							物理法＋生物法	0
				挥发酚	克/吨产品	0.5～8.0	直排	0.5～8.0⑥
							物理法＋生物法	0
				氰化物	克/吨产品	5～40	直排	5～40⑥
							物理法＋生物法	0
				工业废气量	米^3/吨产品	2 650～3 000	直排	2 650～3 000⑦
				工业粉尘	千克/吨产品	0.15～0.6	直排	0.15～0.6⑧
				二氧化硫	千克/吨产品	1.3～3.0	直排	1.3～3.0⑨
				工业固体废物（造气炉渣）	吨/吨产品	0.17～0.39	—	—⑩
				工业固体废物（脱硫剂）	千克/吨产品	0.18～2.05	—	—⑩
				工业固体废物（催化剂）	千克/吨产品	0.51～0.85	—	—⑩

注：① a）造气循环冷却洗涤水未实现完全闭路循环的企业取高限；b）取中间值，或按以下原则取值：全部或大部分采用了氮肥生产污水零排放技术的企业取低限，反之取高限。主要技术内容有：造气、脱硫系统冷却、洗涤水闭路循环技术；锅炉系统除尘水闭路循环技术；碱液脱硫替代氨水液相催化半水煤气变换气脱硫技术，连续熔硫工艺技术；含氨废水提浓回用技术；废油水分离回收技术；"一套三"浅除盐或除盐工艺制脱盐水或膜渗透制脱盐水；循环冷却水浓缩倍数 3.0 左右及以上；醇烃化（或甲烷化）替代铜洗工艺技术。

② 存在工艺冷却水（部分）不循环使用，而直接排放的企业，根据排放量多少取值，或由企业给出。

③ 造气循环冷却水实现完全闭路循环，采用了废油水分离回收技术、实现了废油完全回收的企业取低限；其他取中间值。

④ 根据各污染物产污系数与末端治理装置对各污染物的去除率综合确定各污染物排污系数取值。

⑤ 完全采用了碱液脱硫、含氨废水提浓回用、醇烃化（或甲烷化）替代铜洗工艺技术的取低限；其他取中间值。

⑥ 造气循环冷却水实现完全闭路循环的取低限，部分时段存在排放的取中间值，存在连续排放的取高限。

⑦ 采用山西晋城无烟块煤等优质原料的企业取低限，采用本地劣质无烟块煤或型煤为原料的企业取高限，其他取中间值。

⑧ 达标排放，无须治理，产排污系数取中间值。

⑨ 绝大多数企业达标排放，无须治理。按普查企业半水煤气中 H_2S 含量 0.5～2.0 毫克/米^3 对应选择废气中 SO_2 产排污系数的取值范围，或取中间值。

⑩ 废催化剂：单套装置生产能力≥18 万吨/年的取低限，8 万～18 万吨/年（含 8 万吨/年）的取中间值，<8 万吨/年的取高限。

造气炉渣：取值 0.21；或按照原料灰分低（如晋城优质无烟块煤）的企业取低限，原料灰分高的企业取高限。

废脱硫剂：有变脱的取低限、无变脱的取高限；半水煤气中硫化氢含量≤2 克/米^3 的企业取低限，半水煤气中硫化氢含量 3～5 克/米^3 的企业取高限。

2621 氮肥制造业（尿素）产排污系数表（续 6）

产品名称	原料名称	工艺名称	规模等级	污染物指标	单位	产污系数	末端治理技术名称	排污系数
尿素	液氨 二氧化碳	二氧化碳汽提法、氨汽提法	所有规模	工业废水量	吨/吨产品	0.6～1.0	深度水解解吸	0.6～1.0①
				化学需氧量	克/吨产品	5 200～8 700	深度水解解吸	40～100②③
				氨氮	克/吨产品	25 000～45 000	深度水解解吸	10～100②③
				工业废气量	米 ^{3}/吨产品	8 000～10 000	（自然通风造粒塔工艺）	8 000～10 000④
						4 900～6 300	（大颗粒尿素）	4 900～6 300⑤
				工业粉尘	千克/吨产品	0.29～1.78	（自然通风造粒塔工艺）	0.06～1.78④
						0.10～0.19	（大颗粒尿素）	0.10～0.19⑤
				工业固体废物（脱硫剂）	千克/吨产品	0.35～0.55	—	—⑥

注：① 无其他界区产氨水送入用于尿素生产的，取低限；有其他界区产氨水送入经回收氨后用于尿素生产的，视送入量多少取中、高限。

② 装置生产能力与设计能力接近的产污系数取中间值，增产 30%以上的取高限。

③ 根据水解装置运行情况，确定排污系数。水解装置实际运行负荷与设计能力相近、运行效果较好的取低限；实际运行负荷超过设计能力 30%以上的取高限。

④ 工业废气量产排污系数可取中间值。自然通风造粒塔有粉尘回收装置的企业，工业粉尘排污系数值取低限。

⑤ 大颗粒尿素生产的废气、工业粉尘产排污系数取中间值。

⑥ 配套的合成氨生产装置有变脱的取低限、无变脱的取高限；半水煤气中硫化氢含量≤2 克/米 ^{3} 的企业取低限，半水煤气中硫化氢含量 3～5 克/米 ^{3} 的企业取高限。

2621 氮肥制造业（尿素）产排污系数表（续 7）

产品名称	原料名称	工艺名称	规模等级	污染物指标	单位	产污系数	末端治理技术名称	排污系数
尿素	液氨 二氧化碳	水溶液全循环法	≥15 吨/年	工业废水量	吨/吨产品	0.6～1.0	深度水解解吸	0.6～1.0①
				化学需氧量	克/吨产品	5 200～8 700	深度水解解吸	40～100②③
				氨氮	克/吨产品	25 000～45 000	深度水解解吸	10～100②③
				工业废气量	米 ^{3}/吨产品	8 000～10 000	（自然通风造粒塔工艺）	8 000～10 000④
				工业粉尘	千克/吨产品	0.29～3.5	（自然通风造粒塔工艺）	0.06～3.5④
				工业固体废物（脱硫剂）	吨/吨产品	0.35～0.55	—	—⑤
			10 万～15 万吨/年	工业废水量	吨/吨产品	0.6～1.0	解吸、深度水解解吸	0.6～1.0①
				化学需氧量	克/吨产品	5 200～8 700	深度水解解吸	40～100②③
							解吸	200～600②③
				氨氮	克/吨产品	25 000～45 000	深度水解解吸	10～100②③
							解吸	200～800②③
				工业废气量	米 ^{3}/吨产品	8 000～10 000	（自然通风造粒塔工艺）	8 000～10 000④
				工业粉尘	千克/吨产品	0.29～3.5	（自然通风造粒塔工艺）	0.06～3.5④
				工业固体废物（脱硫剂）	千克/吨产品	0.35～0.55	—	—⑤

2621 氮肥制造业（尿素）产排污系数表（续 8）

产品名称	原料名称	工艺名称	规模等级	污染物指标	单位	产污系数	末端治理技术名称	排污系数
尿素	液氨 二氧化碳	水溶液全循环法	＜10 万吨/年	工业废水量	吨/吨产品	0.6～1.0	解吸	0.6～1.0①
				化学需氧量	克/吨产品	5 200～8 700	解吸	200～600②③
				氨氮	克/吨产品	25 000～45 000	解吸	2 000～8 000②③
				工业废气量	米 ^{3}/吨产品	8 000～10 000	（自然通风造粒塔工艺）	8 000～10 000④
				工业粉尘	千克/吨产品	0.29～1.78	（自然通风造粒塔工艺）	0.29～1.78④
				工业固体废物（脱硫剂）	千克/吨产品	0.35～4.60	—	—⑤

注：① 无其他界区产氨水送入用于尿素生产的，取低限；有其他界区产氨水送入经回收氨后用于尿素生产的，视送入量多少取中、高限。

② 有蒸发洗涤装置、产量与设计能力相近的企业氨氮、COD 产污系数取低限；无蒸发洗涤装置、产量与设计能力相近的企业，或有蒸发洗涤装置、比设计能力增产较多的企业氨氮、COD 产污系数取中间值；无蒸发洗涤装置、增产较多的企业氨氮、COD 产污系数取高限。

③ 根据产污系数及水解或解吸装置的运行情况，确定排污系数。取中间值，或按照水解或解吸装置实际运行负荷与设计能力相近、运行效果较好的取低限，实际运行负荷超过设计能力 50%以上的取高限。

④ 自然通风造粒工艺的工业废气量、工业粉尘与造粒塔的生产负荷有关，生产能力与设计能力接近时工业废气量产排污系数值取中高限、工业粉尘产排污系数值取中低限，生产能力超过设计能力较多时工业废气量产排污系数值取低限、工业粉尘产排污系数值取高限（塔内径与对应的设计尿素产量为：9～11 米/＜300 吨/天，12～13 米/370～440 吨/天，14 米/440～560 吨/天，16 米/600～900 吨/天，18 米/1 000～1 500 吨/天）。造粒塔有粉尘回收装置的企业，工业粉尘排污系数值取低限。水溶液全循环法尿素装置配套建设的大颗粒尿素装置，其工艺废气、工业粉尘产排污系数同二氧化碳汽提法、氨汽提法尿素装置。

⑤ 取中间值。或按照配套的合成氨生产装置有变脱的取低限、无变脱的取高限；半水煤气中硫化氢含量≤2 克/米 ^{3} 的企业取低限，半水煤气中硫化氢含量 3～5 克/米 ^{3} 的企业取高限。

2621 氮肥制造业（硝铵）产排污系数表（续 9）

产品名称	原料名称	工艺名称	规模等级	污染物指标	单位	产污系数	末端治理技术名称	排污系数
硝铵	硝酸 氨	常压中和工艺	所有规模	工业废水量	吨/吨产品	0.93	回用于硝酸生产	0～0.5①
				氨氮	克/吨产品	30～180	回用于硝酸生产	0～100①
				工业废气量	米 ^{3}/吨产品	12 000～19 000	（自然通风造粒塔工艺）	12 000～19 000②
				工业粉尘	千克/吨产品	0.27～1.00	（自然通风造粒塔工艺）	0.27～1.00②
		管式反应器工艺（含加压中和工艺）	所有规模	工业废水量	吨/吨产品	0.55	回用于硝酸生产	0～0.3①
				氨氮	克/吨产品	20～110	回用于硝酸生产	0～50①
				工业废气量	米 ^{3}/吨产品	12 000～19 000	（自然通风造粒塔工艺）	12 000～19 000②
				工业粉尘	千克/吨产品	0.27～1.0	（自然通风造粒塔工艺）	0.27～1.0②

注：① 取中间值，或根据硝铵生产废水的回收利用情况确定废水污染物的排污系数。

② 自然通风造粒工艺的工业废气量、工业粉尘与造粒塔的生产负荷有关。取中间值，或按照生产能力与设计能力接近时工业废气量产排污系数取中高限、工业粉尘产排污系数取中低限，生产能力超过设计能力较多时工业废气量产排污系数取低限、工业粉尘产排污系数取高限（内径为 12 米、16 米的造粒塔的生产能力分别为 360 吨/天和 600 吨/天，其他塔径参照计算）。造粒塔有粉尘回收装置的企业，工业粉尘排污系数值取低限。采用结晶法造粒的硝酸铵生产企业，不计算废气、粉尘污染物产排量。

2622
磷肥制造业

1 适用范围

本手册给出了《统计上使用的产品分类目录》中磷肥制造业磷酸二铵、磷酸一铵、重钙、硝酸磷肥、过磷酸钙、钙镁磷肥等的产污系数和排污系数，可用于第一次全国污染源普查磷肥制造业工业污染源污染物产生量和排放量的核算。

涉及的污染物包括：工业废水量、化学需氧量、氨氮、总磷、工业废气量（指折算成标准状态的体积）、工业粉尘、工业固体废物[磷石膏（干基）、碳酸钙、镍铁、氟化钙]等。

2 注意事项

2.1 系数表中未涉及的产品产排污系数说明

料浆法磷酸二铵参照一铵产品的产排污系数。

2.2 生产非单一产品企业污染物产排量核算

磷肥行业各企业所包含的产品品种不尽相同，每种产品的装置生产能力不同，普查时须以产品为依据，然后按照产品的生产工艺和规模分别统计，一种产品可能有几套生产装置，每套装置的规模和生产工艺可能不尽相同，普查时须严格区分，分装置统计污染物的产生量和排放量。

2.3 无组织排放的说明

本手册只给出本行业污染物的有组织排放的产排污系数，不包括无组织排放的产排污系数。

2.4 其他需要说明的问题

（1）磷酸二铵、磷酸一铵和重钙三种产品的产排污系数中均已包含磷酸产品的产排污量，在核算时不需另外计算。

磷酸属中间产品，是以上三种产品的生产原料，而磷酸又是一个单独的生产装置，故在产排污系数统计时同时统计了磷酸装置的产排污量。当几种产品同时消耗磷酸时，核算时则把磷酸的产排污量按吨产品消耗量分摊到各产品。

（2）在核算磷酸产品的污染物时，废气指标是在磷酸采用真空闪蒸冷却工艺的情况下核算的，如果采用空气鼓风冷却工艺，则废气指标有大幅提高，普查时须分清工艺，区别核算。

（3）料浆法生产磷酸一铵分粒状和粉状两种。

（4）重钙生产企业较少，未分规模大小，只按料浆法和传统法两种生产工艺划分。重钙生产过程不涉及合成氨，无氨氮指标。

（5）用稀酸矿粉法生产过磷酸钙的装置，磷矿采用干法磨矿，有粉尘产生；用浓酸矿浆法生产过磷酸钙的装置，磷矿则采用湿磨工艺，无粉尘。

2622 磷肥制造业产排污系数表

产品名称	原料名称	工艺名称	规模等级	污染物指标	单位	产污系数	末端治理技术名称	排污系数
磷酸二铵	磷矿 硫酸 合成氨	传统法	≥40 万吨/年	工业废水量	吨/吨产品	1.83	物理＋化学	0.28①
				化学需氧量	克/吨产品	108.4	中和法＋沉淀分离	7.14①
				氨氮	克/吨产品	63.59	中和法＋沉淀分离	4.51①
				总磷	克/吨产品	187.0	中和法＋沉淀分离	8.48①
				工业废气量	米 ^{3}/吨产品	6 876	直排	6 876②
						7 930	直排	7 930③
				工业粉尘	千克/吨产品	0.58	直排	0.58
				工业固体废物 [磷石膏（干基）]	吨/吨产品	2.59	—	—
			12 万～40 万吨/年	工业废水量	吨/吨产品	1.93	物理＋化学	0.33①
				化学需氧量	克/吨产品	145.4	中和法＋沉淀分离	14.30①
				氨氮	克/吨产品	66.71	中和法＋沉淀分离	5.15①
				总磷	克/吨产品	233.2	中和法＋沉淀分离	9.83①
				工业废气量	米 ^{3}/吨产品	7 215	直排	7 215②
						8 270	直排	8 270③
				工业粉尘	千克/吨产品	0.70	直排	0.70
				工业固体废物 [磷石膏（干基）]	吨/吨产品	2.69	—	—

注：①废水循环利用；② 磷酸装置为闪蒸冷却；③ 磷酸装置为空气冷却。

2622 磷肥制造业产排污系数表（续 1）

产品名称	原料名称	工艺名称	规模等级	污染物指标	单位	产污系数	末端治理技术名称	排污系数
磷酸二铵	磷矿 硫酸 合成氨	传统法	≤12 万吨/年	工业废水量	吨/吨产品	2.04	物理＋化学	0.36①
				化学需氧量	克/吨产品	194.3	中和法＋沉淀分离	21.59①
				氨氮	克/吨产品	69.28	中和法＋沉淀分离	6.47①
				总磷	克/吨产品	308.9	中和法＋沉淀分离	13.12①
				工业废气量	米 ^{3}/吨产品	7 522	直排	7 522②
						8 570	直排	8 570③
				工业粉尘	千克/吨产品	0.85	直排	0.85
				工业固体废物 [磷石膏（干基）]	吨/吨产品	2.78	—	—
磷酸一铵	磷矿 硫酸 合成氨	料浆法（粉状）	≥30 万吨/年	工业废水量	吨/吨产品	1.95	物理＋化学	0.26①
				化学需氧量	克/吨产品	145.1	中和法＋沉淀分离	13.23①
				氨氮	克/吨产品	51.63	中和法＋沉淀分离	3.30①
				总磷	克/吨产品	178.8	中和法＋沉淀分离	4.65①
				工业废气量	米 ^{3}/吨产品	6 122	直排	6 122②
						7 120	直排	7 120③
				工业粉尘	千克/吨产品	0.51	直排	0.51
				工业固体废物 [磷石膏（干基）]	吨/吨产品	2.75	—	—

注：① 废水循环利用；② 磷酸装置为闪蒸冷却；③ 磷酸装置为空气冷却。

2622　磷肥制造业产排污系数表（续 2）

产品名称	原料名称	工艺名称	规模等级	污染物指标	单位	产污系数	末端治理技术名称	排污系数
磷酸一铵	磷矿 硫酸 合成氨	料浆法（粉状）	10 万～30 万吨/年	工业废水量	吨/吨产品	2.06	物理＋化学	0.29①
				化学需氧量	克/吨产品	185.9	中和法＋沉淀分离	14.53①
				氨氮	克/吨产品	53.91	中和法＋沉淀分离	4.02①
				总磷	克/吨产品	210.5	中和法＋沉淀分离	7.16①
				工业废气量	米 ^{3}/吨产品	6 678	直排	6 678②
						7 680	直排	7 680③
				工业粉尘	千克/吨产品	0.67	直排	0.67
				工业固体废物 [磷石膏（干基）]	吨/吨产品	2.58	—	—
			≤10 万吨/年	工业废水量	吨/吨产品	2.23	物理＋化学	0.34①
				化学需氧量	克/吨产品	205.3	中和法＋沉淀分离	16.73①
				氨氮	克/吨产品	58.36	中和法＋沉淀分离	5.42①
				总磷	克/吨产品	251.6	中和法＋沉淀分离	9.10①

注：① 废水循环利用；② 磷酸装置为闪蒸冷却；③ 磷酸装置为空气冷却。

2622 磷肥制造业产排污系数表（续 3）

产品名称	原料名称	工艺名称	规模等级	污染物指标	单位	产污系数	末端治理技术名称	排污系数
磷酸一铵	磷矿 硫酸 合成氨	料浆法（粉状）	≤10 万吨/年	工业废气量	米 ^{3}/吨产品	7 304	直排	7 304②
						8 300	直排	8 300③
				工业粉尘	千克/吨产品	0.80	直排	0.80
				工业固体废物 [磷石膏（干基）]	吨/吨产品	2.67	—	—
磷酸一铵	磷矿 硫酸 合成氨	料浆法（粒状）	所有规模	工业废水量	吨/吨产品	2.23	物理＋化学	0.32①
				化学需氧量	克/吨产品	206.1	中和法＋沉淀分离	15.26①
				氨氮	克/吨产品	58.00	中和法＋沉淀分离	4.42①
				总磷	克/吨产品	266.2	中和法＋沉淀分离	9.27①
				工业废气量	米 ^{3}/吨产品	6 425	直排	6 425②
						7 430	直排	7 430③
				工业粉尘	千克/吨产品	0.64	直排	0.64
				工业固体废物 [磷石膏（干基）]	吨/吨产品	2.67	—	—
重过磷酸钙	磷矿 硫酸	料浆法	所有规模	工业废水量	吨/吨产品	1.77	物理＋化学	0.26①
				化学需氧量	克/吨产品	158.5	中和法＋沉淀分离	11.92①
				总磷	克/吨产品	208.4	中和法＋沉淀分离	8.24①

注：① 废水循环利用；② 磷酸装置为闪蒸冷却；③ 磷酸装置为空气冷却。

2622 磷肥制造业产排污系数表（续4）

产品名称	原料名称	工艺名称	规模等级	污染物指标	单位	产污系数	末端治理技术名称	排污系数
重过磷酸钙	磷矿 硫酸	料浆法	所有规模	工业废气量	米³/吨产品	8 531	直排	8 531②
						9 330	直排	9 330③
				工业粉尘	千克/吨产品	0.64	直排	0.64
				工业固体废物 [磷石膏（干基）]	吨/吨产品	2.09	—	—
重过磷酸钙	磷矿 硫酸	化成法	所有规模	工业废水量	吨/吨产品	1.84	物理＋化学	0.31①
				化学需氧量	克/吨产品	165.6	中和法＋沉淀分离	18.83①
				总磷	克/吨产品	222.7	中和法＋沉淀分离	10.15①
				工业废气量	米³/吨产品	5 707	直排	5 707②
						6 500	直排	6 500③
				工业粉尘	千克/吨产品	0.52	直排	0.52
				工业固体废物 [磷石膏（干基）]	吨/吨产品	2.09	—	—
硝酸磷肥	磷矿 硝酸 合成氨	冷冻法	所有规模	工业废水量	吨/吨产品	0.89	汽提脱氨	0.84①
				化学需氧量	克/吨产品	107.0	汽提脱氨	79.58①
				氨氮	克/吨产品	4 880	汽提脱氨	37.96①
				总磷	克/吨产品	6.63	汽提脱氨	3.52①

注：① 废水循环利用；② 磷酸装置为闪蒸冷却；③ 磷酸装置为空气冷却。

2622　磷肥制造业产排污系数表（续 5）

产品名称	原料名称	工艺名称	规模等级	污染物指标	单位	产污系数	末端治理技术名称	排污系数
硝酸磷肥	磷矿 硝酸 合成氨	冷冻法	所有规模	工业废气量	米 ^{3}/吨产品	6 061	直排	6 061
				工业粉尘	千克/吨产品	0.32	直排	0.32
				工业固体废物（碳酸钙）	吨/吨产品	0.25	—	—
过磷酸钙	磷矿 硫酸	稀酸矿粉法	所有规模	工业废气量	米 ^{3}/吨产品	1 028	直排	1 028
				工业粉尘	千克/吨产品	0.02	直排	0.02
		浓酸矿浆法	＞10 万吨/年	工业废气量	米 ^{3}/吨产品	1 033	直排	1 033
			≤10 万吨/年	工业废气量	米 ^{3}/吨产品	1 047	直排	1 047
钙镁磷肥	磷矿 焦炭 镁硅矿	高炉法	≥20 万吨/年	工业废气量	米 ^{3}/吨产品	1 324	直排	1 324
				工业粉尘	千克/吨产品	0.08	直排	0.08
				工业固体废物（镍铁）	千克/吨产品	17	—	—
				工业固体废物（氟化钙）	千克/吨产品	12.9	—	—
			＜20 万吨/年	工业废气量	米 ^{3}/吨产品	1 461	直排	1 461
				工业粉尘	千克/吨产品	0.21	直排	0.21
				工业固体废物（镍铁）	吨/吨产品	0.017	—	—
				工业固体废物（氟化钙）	吨/吨产品	0.013	—	—

2623
钾肥制造业

1 适用范围

本手册给出了《统计上使用的产品分类目录》中钾肥制造业氯化钾、硫酸钾、硝酸钾等的产污系数和排污系数，可用于第一次全国污染源普查钾肥制造业工业污染源污染物产生量和排放量的核算。

涉及的污染物包括：工业废水量、化学需氧量、氨氮、工业废气量、烟尘、二氧化硫、氮氧化物、工业粉尘、工业固体废物（老卤、尾矿、炉渣）等。

2 注意事项

2.1 系数表中未涉及的产品产排污系数说明

氯化钾、硫酸钾、硝酸钾生产均有许多不同的生产工艺，但产排污均产生在产品干燥工序，污染物种类和产排污量变化不大，不同工艺可参照相同产品表列系数核算。氯化钾生产其他工艺可参照冷分解浮选工艺产排污系数进行核算；硝酸钾离子膜法可参照复分解法进行核算。

2.2 工况未达到 75% 负荷的企业污染物产排量核算

工况未达到 75%负荷的企业，也按实际产量核算排污量。

2.3 生产非单一产品企业污染物产排量核算

硫酸钾、硝酸钾生产中产生副产品盐酸和氯化铵，钾肥制造业产排污系数包含了副产品产生的污染物量，因此计算钾肥企业的污染物产排量时副产品不单独计算。

2623 钾肥制造业产排污系数表

产品名称	原料名称	工艺名称	规模等级	污染物指标	单位	产污系数	末端治理技术名称	排污系数
氯化钾	含钾卤水	反浮选冷结晶	所有规模	工业废气量	米^3/吨产品	168	直排	168
				烟尘	千克/吨产品	0.005	多管旋风除尘法	0.002
				工业粉尘	千克/吨产品	1.173	多管旋风除尘法	0.176
				二氧化硫	千克/吨产品	0.01	直排	0.01
				氮氧化物	千克/吨产品	0.052	直排	0.052
				工业固体废物（尾矿）	吨/吨产品	1.174	—	—
				工业固体废物（老卤）	吨/吨产品	50.161	—	—
		冷分解浮选法	所有规模	工业废气量	米^3/吨产品	101①	直排	101①
						210②	直排	210②
				烟尘	千克/吨产品	0.003①	多管旋风除尘法	0.001①
						0.905②	多管旋风除尘法	0.136②
				工业粉尘	千克/吨产品	0.673	多管旋风除尘法	0.101
				二氧化硫	千克/吨产品	0.006①	直排	0.006①
						0.339②	直排	0.339②
				氮氧化物	千克/吨产品	0.031①	直排	0.031①
		冷分解浮选法	所有规模	氮氧化物	千克/吨产品	0.213②	直排	0.213②
				工业固体废物（炉渣）	吨/吨产品	0.007②	—	—
				工业固体废物（尾矿）	吨/吨产品	1.632	—	—
				工业固体废物（老卤）	吨/吨产品	73.187	—	—
硫酸钾	含钾卤水	混合转化结晶法	所有规模	工业废气量	米^3/吨产品	1 431	直排	1 431
				烟尘	千克/吨产品	2.677	旋风除尘法	0.193
				二氧化硫	千克/吨产品	0.312	直排	0.312
				氮氧化物	千克/吨产品	0.12	直排	0.12
				工业固体废物（炉渣）	吨/吨产品	0.008	—	—
				工业固体废物（尾矿）	吨/吨产品	2.8	—	—
				工业固体废物（老卤）	吨/吨产品	10.67	—	—
	氯化钾	曼海姆法	所有规模	工业废气量	米^3/吨产品	2 989①	直排	2 989①
						2 822③	直排	2 822③
				烟尘	千克/吨产品	0.008①	直排	0.008①

注：① 燃料用天然气；② 燃料用煤；③ 燃料用重油或煤气。

2623　钾肥制造业产排污系数表（续 1）

产品名称	原料名称	工艺名称	规模等级	污染物指标	单位	产污系数	末端治理技术名称	排污系数
硫酸钾	氯化钾	曼海姆法	所有规模	烟尘	千克/吨产品	0.014③	直排	0.014③
				工业粉尘	千克/吨产品	3.294	过滤式除尘法	0.015
				二氧化硫	千克/吨产品	0.019①	直排	0.019①
						0.274③	直排	0.274③
				氮氧化物	千克/吨产品	0.189①	直排	0.189①
						0.288③	直排	0.288③
硝酸钾	氯化钾	复分解法	所有规模	工业废水量	吨/吨产品	2.012	直排	1.141④
				化学需氧量	克/吨产品	60	直排	60
				氨氮	克/吨产品	40	直排	40
				工业废气量	米^3/吨产品	3 874	直排	3 874
				烟尘	千克/吨产品	26.026	多管旋风除尘法	0.121
				二氧化硫	千克/吨产品	12.999	烟气脱硫法	0.749
				氮氧化物	千克/吨产品	6.561	直排	6.561
				工业固体废物（炉渣）	吨/吨产品	0.018	—	—

注：① 燃料用天然气；② 燃料用煤；③ 燃料用重油或煤气；④ 水循环使用。

2624
复混肥料制造业

1 适用范围

本手册给出了《统计上使用的产品分类目录》中复混肥料制造业复合肥料和掺合肥料的产污系数和排污系数，可用于第一次全国污染源普查复混肥料制造业工业污染源污染物产生量和排放量的核算。

涉及的污染物包括：工业废水量、化学需氧量、氨氮、总磷、工业废气量（指折算成标准状态的体积）、工业粉尘、工业固体废物[磷石膏（干基）]等。

2 注意事项

2.1 系数表中未涉及的产品产排污系数说明

如企业外购磷酸用来生产复合肥，则无废水产生，废气量需除去磷酸部分的气量，吨产品约减少 340 米^3，也无废渣产生。

2.2 生产非单一产品企业污染物产排量核算

复混肥料行业各企业所包含的产品品种不尽相同，每种产品的装置生产能力不同，普查时须以产品为依据，然后按照产品的生产工艺和规模分别进行统计，一种产品可能有几套生产装置，每套装置的规模和生产工艺可能不尽相同，统计时须严格区分，分装置统计污染物的产生量和排放量。

2.3 无组织排放的说明

本手册只给出本行业污染物的有组织排放的产排污系数，不包括无组织排放的产排污系数。

2.4 其他需要说明的问题

（1）复合肥产品的产排污量中包含磷酸产品的产排污量。磷酸属中间产品，是复合肥产品的生产原料之一，在复合肥生产中有独立的生产装置，在产排污系数统计时应同时统计磷酸装置的产排污量。如有几种产品（指其他磷肥产品）共同消耗磷酸，则磷酸的产排污量按吨产品消耗量分摊到几种产品上。

（2）在核算磷酸产品的污染物时，废气指标是在磷酸采用真空闪蒸冷却工艺的情况下核算的，如果采用空气鼓风冷却工艺，则废气指标有大幅提高，普查时须分清工艺，区别核算。

2624 复混肥料制造业产排污系数表

产品名称	原料名称	工艺名称	规模等级	污染物指标	单位	产污系数	末端治理技术名称	排污系数
复合肥料	硫酸 磷矿 合成氨 钾肥	一般料浆法	≥30 万吨/年	工业废水量	吨/吨产品	0.52	物理＋化学	0.14①
				化学需氧量	克/吨产品	31.0	中和法＋沉淀分离	4.28①
				氨氮	克/吨产品	13.54	中和法＋沉淀分离	1.68①
				总磷	克/吨产品	32.35	中和法＋沉淀分离	1.35①
				工业废气量	米 ^{3}/吨产品	6 450	直排	6 450②
						6 820	直排	6 820③
				工业粉尘	千克/吨产品	0.44	直排	0.44
				工业固体废物 [磷石膏（干基）]	吨/吨产品	0.92	—	—
			<30 万吨/年	工业废水量	吨/吨产品	0.58	物理＋化学	0.16①
				化学需氧量	克/吨产品	36.56	中和法＋沉淀分离	6.04①
				氨氮	克/吨产品	15.47	中和法＋沉淀分离	1.90①
				总磷	克/吨产品	34.94	中和法＋沉淀分离	1.50①
				工业废气量	米 ^{3}/吨产品	6 979	直排	6 979②
						7 350	直排	7 350③
				工业粉尘	千克/吨产品	0.56	直排	0.56
				工业固体废物 [磷石膏（干基）]	吨/吨产品	0.95	—	—

注：① 废水循环利用；② 磷酸装置为闪蒸冷却；③ 磷酸装置为空气冷却。

2624 复混肥料制造业产排污系数表（续 1）

产品名称	原料名称	工艺名称	规模等级	污染物指标	单位	产污系数	末端治理技术名称	排污系数
复合肥料	硫酸 磷矿 合成氨 钾肥	硫基型料浆法	＞15 万吨/年	工业废水量	吨/吨产品	0.77	物理＋化学	0.23①
				化学需氧量	克/吨产品	69.77	中和法＋沉淀分离	10.17①
				氨氮	克/吨产品	15.64	中和法＋沉淀分离	1.95①
				总磷	克/吨产品	34.60	中和法＋沉淀分离	1.67①
				工业废气量	米 ^{3}/吨产品	7 951	直排	7 951②
						8 320	直排	8 320③
				工业粉尘	千克/吨产品	0.54	直排	0.54
				工业固体废物 [磷石膏（干基）]	吨/吨产品	0.95	—	—
			≤15 万吨/年	工业废水量	吨/吨产品	0.83	物理＋化学	0.25①
							化学＋生物	0.19①
				化学需氧量	克/吨产品	77.48	中和法＋沉淀分离	14.96①
							化学＋生物	2.65①
复合肥料	硫酸 磷矿 合成氨 钾肥	硫基型料浆法	复合肥料	氨氮	克/吨产品	33.77	中和法＋沉淀分离	3.90①
							化学＋生物	1.41①
				总磷	克/吨产品	43.51	中和法＋沉淀分离	3.70①
							化学＋生物	2.73①
				工业废气量	米 ^{3}/吨产品	8 417	直排	8 417②
						8 790	直排	8 790③
				工业粉尘	千克/吨产品	0.78	直排	0.78
				工业固体废物 [磷石膏（干基）]	吨/吨产品	0.98	—	—
掺合肥料	氮肥 磷肥 钾肥	物理法	＞10 万吨/年	工业废气量	米 ^{3}/吨产品	5 287	直排	5 287
				工业粉尘	千克/吨产品	0.39	直排	0.39
			≤10 万吨/年	工业废气量	米 ^{3}/吨产品	6 056	直排	6 056
				工业粉尘	千克/吨产品	0.66	直排	0.66

注：① 废水大部分循环利用；② 磷酸装置为闪蒸冷却；③ 磷酸装置为空气冷却。

2631
化学农药制造业

1 适用范围

本手册给出了《统计上使用的产品分类目录》中化学农药制造行业的产污系数和排污系数，可用于第一次全国污染源普查化学农药制造行业工业污染源污染物产生量和排放量的核算。

涉及的污染物包括：工业废水量、化学需氧量、氨氮、挥发酚、氰化物、总磷等；工业废气量（指折算成标准状态的体积）、二氧化硫等；固体废物、污盐、污泥、危险废物等。

2 注意事项

2.1 系数表中未涉及的产品产排污系数说明

本《手册》共包括了化学农药制造业内有机磷类、杂环类、酰胺类、氨基甲酸酯类、均三嗪类、有机硫类、杀蚕毒素类、菊酯类、三唑类、磺酰脲类和其他化学农药类等 11 个小类原药产品。

本手册已基本涵盖各种原料、工艺及规模的化学农药产品。但由于农药品种种类繁多，所使用的原辅材料种类繁杂、生产工艺和产排污情况复杂，对可能遇到的系数表单中未涉及的化学农药产品，可咨询当地行业组织的专家或相关技术人员，或选取系数表单中相似的产品来代替。

当被调查的企业末端治理技术不在《废水处理方法名称及代码表》规定的废水处理方法和设施之内时，可用与其相近的末端治理技术替代。如果企业无任何治理设施和技术时，排污系数等于产污系数。

2.2 生产非单一产品企业污染物产排量核算

当同一化学农药制造企业有多种农药品种生产线时，每条生产线单独对应本手册相应的表单。企业总排污量为各生产线之和。

2.3 工况未达到负荷的企业污染物产排量核算

由于现有化学农药生产企业多为季节性间歇生产特征，故在调查生产工况中产量未达到 75%负荷或超负荷时，均属正常。实际可按农药企业的当年计划（或上一年）年产量来进行污染物产排量核算。

2.4 其他需要说明的问题

（1）由于农药品种种类繁多，生产工艺和产排污情况复杂，对遇到系数表单中未涉及的农药品种，可按结构相似原理选取系数表单中其他类农药品种来代替。

（2）由于大多数农药生产企业的品种生产规模差别不大，故企业规模不再进行细分，在本手册表中合并为一个等级即所有规模，以方便核算。

（3）由于化学农药制造企业和产能大多集中在江、浙等经济较发达地区，该地区农药企业的环保处理能力较强。在使用本手册时，计算得出的产排污量可能与单个调查企业有一定出入，但总体符合行业发展水平。

（4）由于大多数化学农药制造企业还在企业内加工相应产品的农药制剂。制剂生产属物理加工生产技术，仅产生少量清洗设备废水和卫生下水，与生产相比，其产污量可忽略不计。同时，这些废水均已入企业的废水处理系统，其排污量已包含在相应产品的排污系数中。故无必要再单独列表核算。

2631 化学农药行业（有机磷类）产排污系数表

产品名称	原料名称	工艺名称	规模等级	污染物指标	单位	产污系数	末端治理技术名称	排污系数
草甘膦	多聚甲醛 甘氨酸 亚磷酸二甲酯	甘氨酸工艺	所有规模	工业废水量①	吨/吨产品	25.93	物化+生物	50.00
				化学需氧量	克/吨产品	48 410	物化+生物	5 970
				氨氮	克/吨产品	690.0	物化+生物	430.0
				总磷	克/吨产品	5 770	物化+生物	5 650
							物化+生物+沉淀除磷	1 600
				工业废气量	米³/吨产品	207.3	压缩回收	20.70
				HW04 危险废物（农药废物）	吨/吨产品	1.00	—	—
	二乙醇胺 亚磷酸 多聚甲醛	二乙醇胺氧化、双甘膦工艺	所有规模	工业废水量	吨/吨产品	39.19	物化+生物	39.19
				化学需氧量	克/吨产品	90 990		9 970
				氨氮	克/吨产品	7 160		160.0
				总磷	克/吨产品	24 570		23 300
				工业废气量	米³/吨产品	9 833	吸收法+催化氧化法	241.4
				HW04 危险废物（农药废物）	吨/吨产品	0.013	—	—

注：① 表中的工业废水量中，产污系数只是反应过程分离排出的废水，不包括洗涤水、真空泵水和废气洗涤用水等。大多数废水中主要的污染物是磷酸酯、硫代磷酸酯类化合物和低级醇，需要稀释后才能进行生化处理，因此排污系数大于产污系数。

2631 化学农药行业（有机磷类）产排污系数表（续1）

产品名称	原料名称	工艺名称	规模等级	污染物指标	单位	产污系数	末端治理技术名称	排污系数
草甘膦[②]	亚氨基二乙腈 三氯化磷 多聚甲醛	亚氨基二乙腈 碱解 双甘膦工艺	所有规模	工业废水量[①]	吨/吨产品	10.42	物化＋生物	174.0
				化学需氧量	克/吨产品	124 400		24 890
				氨氮	克/吨产品	7 160		2 060
				总磷	克/吨产品	24 570		23 300
				HW04 危险废物（农药废物）	吨/吨产品	1.00	—	—
敌百虫	三氯化磷 三氯乙醛 甲醇	三氯乙醛工艺	所有规模	工业废水量[①]	吨/吨产品	2.394	碱解＋生物处理	22.50
				化学需氧量	克/吨产品	6 920	物化＋生物处理	853.0
				氨氮	克/吨产品	1 501	物化＋生物处理	185.0
				总磷	克/吨产品	15.00	物化＋生物处理	13.00
				工业废气量	米 ^{3}/吨产品	686.0	压缩回收	68.60
敌敌畏	敌百虫 烧碱	双碱两步法	所有规模	工业废水量[①]	吨/吨产品	6.648	物化＋生物	208.9
				化学需氧量	克/吨产品	200 200		32 900
				总磷	克/吨产品	33 790		30 230
	亚磷酸三甲酯 三氯化磷 三氯乙醛 甲醇	三甲酯一步法	所有规模	工业废水量	吨/吨产品	14.77	物化＋生物	14.77
				化学需氧量	克/吨产品	212 300	物化＋生物	22 100
				总磷	克/吨产品	3 564	物化＋生物	2 018

注：① 表中的工业废水量中，产污系数只是反应过程分离排出的废水，不包括洗涤水、真空泵水和废气洗涤用水等。大多数废水中主要的污染物是磷酸酯、硫代磷酸酯类化合物和低级醇，需要稀释后才能进行生化处理，因此排污系数大于产污系数。

② 草甘膦（双甘膦工艺）正处于工业化起步阶段，几套年产 4 万吨的装置刚开始建设，或正在做环评，两年后将形成较大的生产规模。目前只有规模不大的带有工业试验性的生产装置，因此配套的除磷装置还没有建设。

2631 化学农药行业（有机磷类）产排污系数表（续2）

产品名称	原料名称	工艺名称	规模等级	污染物指标	单位	产污系数	末端治理技术名称	排污系数
辛硫磷	乙基氯化物 苯乙腈	合成	所有规模	工业废水量①	吨/吨产品	10.26	物化＋生物	280
				化学需氧量	克/吨产品	211 600	物化＋生物	41 440
				氨氮	克/吨产品	1 520	物化＋生物	40.00
				总磷	克/吨产品	12 900	物化＋生物	11 330
				HW04 危险废物（农药废物）	吨/吨产品	0.18	—	—
三唑磷	乙基氯化物 苯肼	缩合	所有规模	工业废水量①	吨/吨产品	16.50	物化＋生物	106.0
				化学需氧量	克/吨产品	63 580	物化＋生物	15 810
				氨氮	克/吨产品	20.00	物化＋生物	20.00
				总磷	克/吨产品	10 080	物化＋生物	210.8
				工业废气量	米^3/吨产品	48 960	吸收法	48 480
				HW04 危险废物（农药废物）	吨/吨产品	0.013	—	—
毒死蜱	三氯乙酰氯 丙烯腈 乙基氯化物	环合＋缩合	所有规模	工业废水量	吨/吨产品	27.28	氧化还原＋化学混凝法	27.28
				化学需氧量	克/吨产品	1 011 000		406 700
				氨氮	克/吨产品	51 810		21 620
				总磷	克/吨产品	9 600		8 900
				工业废气量	米^3/吨产品	49 584	冷凝法＋吸收法	46 343
				HW04 危险废物（农药废物）	吨/吨产品	0.31	—	—

注：① 表中的工业废水量中，产污系数只是反应过程分离排出的废水，不包括洗涤水、真空泵水和废气洗涤用水等。大多数废水中主要的污染物是磷酸酯、硫代磷酸酯类化合物和低级醇，需要稀释后才能进行生化处理，因此排污系数大于产污系数。

2631 化学农药行业（有机磷类）产排污系数表（续 3）

产品名称	原料名称	工艺名称	规模等级	污染物指标	单位	产污系数	末端治理技术名称	排污系数
毒死蜱	三氯吡啶醇钠乙基氯化物	缩合	所有规模	工业废水量①④	吨/吨产品	3.370	物化＋生物	135.2
				化学需氧量	克/吨产品	78 370	物化＋生物	18 500
				氨氮	克/吨产品	140.0	物化＋生物	38.00
				总磷③	克/吨产品	9 600	物化＋生物	8 900
				HW04 危险废物（农药废物）	吨/吨产品	0.176 6	—	—
其他有机磷类农药③	含磷原料	合成	所有规模	工业废水量①④	吨/吨产品	30.00	物化＋生物	300.0
				化学需氧量	克/吨产品	200 000	物化＋生物	35 000
				氨氮	克/吨产品	4 000		100.0
				总磷⑤	克/吨产品	12 000		11 500
				工业废气量	米^3/吨产品	5 000	吸收法	5 000
				HW04 危险废物（农药废物）	吨/吨产品	0.20	—	—

注：① 表中的工业废水量中，产污系数只是反应过程分离排出的废水，不包括洗涤水、真空泵水和废气洗涤用水等。大多数废水中主要的污染物是磷酸酯、硫代磷酸酯类化合物和低级醇，需要稀释后才能进行生化处理，因此排污系数大于产污系数。

③ 其他有机磷农药如下：倍硫磷、拌种灵、丙溴磷、草铵磷、虫胺磷、哒嗪硫磷、稻丰散、二嗪磷、二溴磷、伏杀硫磷、甲拌磷、甲基吡噁磷、甲基毒死蜱、甲基嘧啶磷、甲基异柳磷、喹硫磷、乐果、氯胺磷、马拉硫磷、嘧啶磷、灭线磷、三乙膦酸铝、杀螟腈、杀螟硫磷、杀扑磷、莎稗磷、水胺硫磷、双硫磷、特丁硫磷、硝虫硫磷、亚胺硫磷、氧乐果、乙酰甲胺磷、异稻瘟净、苯线磷。

④ 各企业排放废水量与受纳水体有关。排往工业园区或城市污水处理系统的废水量是表中系数的 0.35 倍，COD 排放浓度限值≤100 毫克/升时，废水量是表中系数的 1.5 倍。其他污染物排放量相差不多。

⑤ 个别企业在生化处理装置后建有沉淀磷酸盐的装置，总磷的排污系数按表中产污系数的 35%计。

2631 化学农药行业（杂环类）产排污系数表

产品名称	原料名称	工艺名称	规模等级	污染物指标	单位	产污系数	末端治理技术名称	排污系数
吡虫啉	双环戊二烯 2 氯-5 氯甲基吡啶 咪唑烷	双环戊二烯法	所有规模	工业废水量①	吨/吨产品	30.45	物化＋生物	616.8
				化学需氧量	克/吨产品	1 039 000	物化＋生物	111 800
				氨氮	克/吨产品	10 480	物化＋生物	4 454
				总磷	克/吨产品	1 463	物化＋生物	126.0
				工业废气量①	米 ^{3}/吨产品	69 725	吸收法	69 725
				HW04 危险废物（农药废物）	吨/吨产品	1.43	—	—
吡虫啉	丙醛 吗啉 丙烯酸甲酯	丙醛一吗啉法	所有规模	工业废水量	吨/吨产品	347.5	物化＋生物	729.1
				化学需氧量	克/吨产品	900 400	物化＋生物	135 100
				氨氮	克/吨产品	27 500	物化＋生物	9 343
				总磷	克/吨产品	13 940	物化＋生物	2 681
				工业废气量	米 ^{3}/吨产品	22.70	吸收法	22.70
				HW04 危险废物（农药废物）	吨/吨产品	1.40	—	—

注：① 表中的双环戊二烯法吡虫啉的工业废水量，产污系数只是反应过程分离排出的废水，不包括洗涤水、真空泵水和废气洗涤用水等。生产废水先用物理、化学方法处理，除去难生物降解物后，再稀释进行生化处理后排放。排往工业园区或城市污水处理系统的废水排放量是表中系数的 0.3 倍。

2631 化学农药行业（杂环类）产排污系数表（续表）

产品名称	原料名称	工艺名称	规模等级	污染物指标	单位	产污系数	末端治理技术名称	排污系数
多菌灵	石灰氮 邻苯二胺 光气 甲醇	水解、缩合	所有规模	工业废水量①	吨/吨产品	8.120	物化＋生物	205.0
				化学需氧量	克/吨产品	409 400	物化＋生物	29 080
				氨氮	克/吨产品	89 680	物化＋生物	8 350
				工业废气量	米^3/吨产品	344.0	催化水解法（回收）	39.20
				HW04 危险废物（农药废物）	吨/吨产品	0.60	—	—
其他杂环类农药②	含氮原料	合成	所有规模	工业废水量	吨/吨产品	400.0	物化＋生物	800.0
				化学需氧量	克/吨产品	800 000		100 000
				氨氮	克/吨产品	100 000		10 000
				工业废气量	米^3/吨产品	1 000	吸收法	1 000
				HW04 危险废物（农药废物）	吨/吨产品	1.50	—	—

注：① 表中的多菌灵的工业废水量，产污系数只是反应过程分离排出的废水，不包括洗涤水、真空泵水和废气洗涤用水等。生产废水先用物理、化学方法处理，除去难生物降解物后，再稀释进行生化处理后排放。排往工业园区或城市污水处理系统的废水排放量是表中系数的 0.3 倍。

② 其他杂环农药如下：百草枯、苯菌灵、吡嗪酮、草除灵、稻瘟灵、敌草快、啶虫脒、噁草酮、噁霉灵、噁唑禾草灵、二氯吡啶酸、氟菌唑、氟吗啉、环嗪酮、氯吡脲、氟氯吡氧乙酸、氯噻啉、咪唑喹啉酸、咪草烟、咪唑乙烟酸、嗪草酮、嗪草酸、噻菌灵、噻菌铜、噻霉酮、噻嗪酮、噻森铜、噻唑锌、噻苯隆、三氯吡氧乙酸、十三吗啉、四螨嗪、烯丙苯噻唑、烯啶虫胺、烯禾啶、烯酰吗啉、异霉唑、呋喃虫酰肼、吡丙醚、高效氟吡甲禾灵、高效吡氟甲禾灵、啶菌噁唑、精吡氟禾草灵、精噁唑禾草灵、精氟吡甲禾灵、喹禾灵、精喹禾灵、喹啉铜、嘧霉胺、异噁草松。

2631 化学农药行业（酰胺类）产排污系数表

产品名称	原料名称	工艺名称	规模等级	污染物指标	单位	产污系数	末端治理技术名称	排污系数
乙草胺[2]	2，6-甲乙基苯胺 氯乙酰氯 多聚甲醛 乙醇	酰胺法/甲叉法	所有规模	工业废水量	吨/吨产品	5.054	物化+生物	16.50
				化学需氧量	克/吨产品	18 940	物化+生物	2 318
				氨氮	克/吨产品	332.0	物化+生物	155.0
				工业废气量	米^3/吨产品	172.8	吸收法	172.8
				HW35 危险废物（废碱）	吨/吨产品	1.764	—	—
其他酰胺类农药[1]	原料	合成	所有规模	工业废水量	吨/吨产品	8.00	物化+生物	48.00
				化学需氧量	克/吨产品	44 000		5 720
				氨氮	克/吨产品	830.0	物化+生物	500.0
				总磷	克/吨产品	2.00		1.00
				工业废气量	米^3/吨产品	173.0	吸收法	173.0
				HW35 危险废物（废碱）	吨/吨产品	1.70	—	—

注：① 其他酰胺类农药如下：苯噻酰草胺、吡氟酰草胺、丙草胺、敌稗、毒草胺、克草胺、丁草胺、异丙草胺、异丙甲草胺。

② 甲草胺按乙草胺的产排污系数计。排往工业园区或城市处理系统的废水排放量是表中系数的1/3。

2631 化学农药行业（氨基甲酸酯类）产排污系数表

产品名称	原料名称	工艺名称	规模等级	污染物指标	单位	产污系数	末端治理技术名称	排污系数
克百威	呋喃酚 甲基异氰酸酯 一甲胺 光气	合成	所有规模	工业废水量	吨/吨产品	42.85	物化＋生物	40.42
				化学需氧量	克/吨产品	39 010		10 460
				挥发酚	克/吨产品	96.00		3.00
				工业废气量	米 ^{3}/吨产品	131 900	催化水解法	110 000
异丙威、混灭威、速灭威	邻异丙基酚	甲异氰酸酯合成法	所有规模	工业废水量	吨/吨产品	8.196	物化或物化＋生物	8.196
				化学需氧量	克/吨产品	3 861	物化＋生物	768.8
							物化法	1 950
				氨氮	克/吨产品	199.0	物化法	77.00
				挥发酚	克/吨产品	141.0	物化＋生物	2.80
							物化法	70.50
				工业废气量	米 ^{3}/吨产品	10 000	催化水解法	9 000
其他氨基甲酸酯类农药①			所有规模	工业废水量	吨/吨产品	40.00	物化＋生物	39.00
				化学需氧量	克/吨产品	35 000		10 000
				氨氮	克/吨产品	200.0		100.0
				挥发酚	克/吨产品	200.0		40.00
				工业废气量	米 ^{3}/吨产品	10 000	催化水解法	9 000

注：① 其他氨基甲酸酯类农药如下：残杀威、丁硫克百威、甲萘威、抗蚜威、硫双威、灭多威、双氧威、涕灭威、仲丁威、唑蚜威。

② 排往工业园区或城市污水处理系统的废水排放量是表中系数的 1/2。其他污染物排放量差异不大。

2631 化学农药行业（均三嗪类）产排污系数表

产品名称	原料名称	工艺名称	规模等级	污染物指标	单位	产污系数	末端治理技术名称	排污系数
莠去津	三聚氯氰	二取代法	所有规模	工业废水量	吨/吨产品	5.15	过滤＋浓缩焚烧	3.049
							物化＋生物	48.00
				化学需氧量	克/吨产品	13 930	过滤＋浓缩焚烧	433.0
							物化＋生物	6 869
				氨氮	克/吨产品	840.0	过滤＋浓缩焚烧	11.00
							物化＋生物	84.4
				HW04 危险废物（农药废物）	吨/吨产品	0.009 7	—	—
其他均三嗪类农药[①]			所有规模	工业废水量	吨/吨产品	7.00	物化＋生物	35.00
				化学需氧量	克/吨产品	11 000		5 100
				氨氮	克/吨产品	1 000		20.0
				HW04 危险废物（农药废物）	吨/吨产品	0.003	—	—

注：① 其他均三嗪类农药如下：扑草净、扑灭津、西草净、西玛津、莠灭净、莠去津、氰草津。

2631 化学农药行业（有机硫类[①]）产排污系数表

产品名称	原料名称	工艺名称	规模等级	污染物指标	单位	产污系数	末端治理技术名称	排污系数
代森锰锌	硫酸锰	合成	所有规模	工业废水量	吨/吨产品	12.96	物化＋生物	20.31
							氧化还原法＋吸附＋蒸发	14.05
							物理＋化学氧化	12.64
				化学需氧量	克/吨产品	36 580	物化＋生物	5 300
							氧化还原法＋吸附＋蒸发	3 660
							物理＋化学氧化	960.0
				氨氮	克/吨产品	60 600	氧化还原法＋吸附＋蒸发	1 080
							物理＋化学氧化	130.0
				工业废气量	米^3/吨产品	3 000	过滤式除尘法	3 000
				HW04 危险废物（农药废物）	吨/吨产品	0.004 3	—	—

注：① 其他有机硫类农药如下：丙森锌、代森锌、福美双、福美锌、代森联；该类品种的产排污系数同代森锰锌。

2631 化学农药行业（沙蚕毒素类）产排污系数表

产品名称	原料名称	工艺名称	规模等级	污染物指标	单位	产污系数	末端治理技术名称	排污系数
杀虫双	氯丙烯 液氯 二甲胺 二氯乙烷	氯丙烯溶剂法	所有规模	工业废水量	吨/吨产品	10.30	物化+生物	31.61
				化学需氧量	克/吨产品	19 070	物化+生物	4 130
				氨氮	克/吨产品	12.00	物化+生物	7.00
				工业废气量	米^3/吨产品	95.77	吸收法	34.97
				工业固体废物（磺化盐渣）	吨/吨产品	1.219	—	—
				HW04 危险废物（农药废物）	吨/吨产品	0.09	—	—
其他沙蚕毒素类农药①	原料	合成	所有规模	工业废水量	吨/吨产品	10.00	物化+生物	30.00
				化学需氧量	克/吨产品	20 000		4 500
				氨氮	克/吨产品	20.00		20.00
				工业废气量	米^3/吨产品	100.0	吸收法	50.00
				HW04 危险废物（农药废物）	吨/吨产品	1.200	—	—

注：① 其他沙蚕毒类农药如下：杀虫单、杀虫环、杀螟丹、杀虫安。

2631 化学农药行业（拟除虫菊酯类）产排污系数表

产品名称	原料名称	工艺名称	规模等级	污染物指标	单位	产污系数	末端治理技术名称	排污系数
氯氰菊酯	DV 菊酸甲酯 菊酰氯 醚醛 氰化钠	全合成	所有规模	工业废水量	吨/吨产品	26.74	物化+生物	540.1
				化学需氧量	克/吨产品	356 700		6 926
				氨氮	克/吨产品	1 285		4.80
				氰化物	克/吨产品	1 213		100.0
				HW04 危险废物（农药废物）	吨/吨产品	0.014 4	—	—
	二氯菊酰氯 醚醛 氰化钠	缩合	所有规模	工业废水量	吨/吨产品	6.184	物化+生物	100.4
				化学需氧量	克/吨产品	60 340		8 935
				氨氮	克/吨产品	9 177		800.6
				氰化物	克/吨产品	2 121		92.00
三氟氯氰菊酯	贲亭酸甲酯 氯化亚砜 氰化钠	全合成	所有规模	工业废水量	吨/吨产品	34.28	物化+生物	890.2
				化学需氧量	克/吨产品	957 300		178 600
				氨氮	克/吨产品	7 036		965.0
				氰化物	克/吨产品	4 582	物化+生物	330.0

2631 化学农药行业（拟除虫菊酯类）产排污系数表（续表）

产品名称	原料名称	工艺名称	规模等级	污染物指标	单位	产污系数	末端治理技术名称	排污系数
三氟氯氰菊酯	贲亭酸甲酯 氯化亚砜 氰化钠	全合成	所有规模	二氧化硫	千克/吨产品	183.7	吸收	6.303
				HW04 危险废物（农药废物）	吨/吨产品	0.049 3	—	—
富右旋反式烯丙菊酯	DE 菊酰氯 丙烯醇酮 吡啶	半合成（酯化）	所有规模	工业废水量	吨/吨产品	31.20	物化＋生物	750
				化学需氧量	克/吨产品	567 000		90 700
				氨氮	克/吨产品	1 835		283.5
				二氧化硫	千克/吨产品	325.7	碱吸收	9.76
				HW04 危险废物（农药废物）	吨/吨产品	0.018	—	—
其他拟除虫菊酯类农药①	原料	全合成	所有规模	工业废水量	吨/吨产品	24.60	物化处理	24.60
							物化＋生物	477.0
				化学需氧量	克/吨产品	485 300	物化处理	242 700
							物化＋生物	69 120
				氨氮	克/吨产品	4 833	物化处理	2 417
							物化＋生物	2 274
				氰化物	克/吨产品	1 753	物化＋生物	30.10
				二氧化硫	千克/吨产品	127.4	吸收	3.15
				HW04 危险废物（农药废物）	吨/吨产品	0.020 4	—	—

注：废水先用物化法除去部分难生物降解物后，稀释、进行生化处理。工业废水量因排入水域而异。排入工业园区或城市污水系统时，排水量是表中数值的 0.3 倍，排放浓度要求≤100mg/L 时，排水量是表中数值的 1.5 倍。其他污染物差异不大。

① 其他拟除虫菊酯类农药如下：氯菊酯、高效反式氯氰菊酯、高效氯氰菊酯、顺式氯氰菊酯、富右旋反式苯醚菊酯、右旋苯醚菊酯、溴氰菊酯、溴氟菊酯、甲氰菊酯、富右旋反式炔丙菊酯、富右旋反式烯炔菊酯、右旋烯炔菊酯、氯烯炔菊酯、胺菊酯、富右旋反式胺菊酯、右旋胺菊酯、甲醚菊酯、氟氯氰菊酯、氰戊菊酯、醚菊酯、氟氯苯菊酯、富右旋反式苯氰菊酯、右旋苯氰菊酯、环戊烯丙菊酯、联苯菊酯、炔丙菊酯、炔咪菊酯、生物烯丙菊酯、右旋烯丁菊酯、戊烯氰氯菊酯、右旋苯醚氰菊酯、右旋反式氯丙炔菊酯、驱蚊菊酯。

2631 化学农药行业（三唑类）产排污系数表

产品名称	原料名称	工艺名称	规模等级	污染物指标	单位	产污系数	末端治理技术名称	排污系数
三唑酮	一氯频那酮 水合肼 异戊烯 对氯苯酚	全合成	所有规模	工业废水量	吨/吨产品	2.184	物化＋生物	15.35
							物化处理＋吸附	10.78
				化学需氧量	克/吨产品	38 600	物化＋生物	1 320
							物化处理＋吸附	1 131
				氨氮	克/吨产品	5 997	物化＋生物	188.3
							物化处理＋吸附	136.8
				挥发酚	克/吨产品	11 280	物化＋生物	5.10
							物化处理＋吸附	5.00
				二氧化硫	千克/吨产品	302.3	吸收法	3.18
				HW04 危险废物（农药废物）	吨/吨产品	0.463 9	—	—
三环唑	邻甲苯胺 硫氰酸铵 水合肼	全合成	所有规模	工业废水量	吨/吨产品	46.21	物化＋生物	180.4
				化学需氧量	克/吨产品	660 500	物化＋生物	12 450
				氨氮	克/吨产品	13 060	物化＋生物	2 176
				挥发酚	克/吨产品	17 360	物化＋生物	9.30
				HW04 危险废物（农药废物）	吨/吨产品	0.1128	—	—
其他三唑类农药①	原料	全合成	所有规模	工业废水量	吨/吨产品	24.20	物化处理	24.20
							物化＋生物	68.90
				化学需氧量	克/吨产品	349 600	物化处理	174 780
							物化＋生物	4 842
				氨氮	克/吨产品	9 528	物化处理	4 764
							物化＋生物	738.1
				挥发酚	克/吨产品	14 320	物化处理	7 159
							物化＋生物	4.90
				二氧化硫	千克/吨产品	151.2	吸收＋中和法	1.59
				HW04 危险废物（农药废物）	吨/吨产品	0.2883	—	—

注：此类农药中，大多数品种的废水先蒸发浓缩，大部分有机物留在残渣或残液中，进行焚烧处理。蒸出水与洗涤水等稀废水混合进行生化处理。

此类农药大多数生产吨位在 100 吨至 500 吨之间，多数小企业废水只经简单物化处理后排往园区污水处理站或城市污水处理系统，污染物排放量按产污系数的 80%计算。

① 其他三唑类农药如下：三唑醇、腈菌唑、烯唑醇、联苯三唑醇、苯醚甲环唑、氟环唑、己唑醇、丙环唑、戊唑醇、多效唑、烯效唑、氟菌唑、氟硅唑。

2631 化学农药行业（磺酰脲类）产排污系数表

产品名称	原料名称	工艺名称	规模等级	污染物指标	单位	产污系数	末端治理技术名称	排污系数
苯磺隆	糖精、乙腈、氯气、甲醇、甲胺	全合成法	所有规模	工业废水量	吨/吨产品	122.8	物化+生物	191.6
				化学需氧量	克/吨产品	621 000	物化+生物	91 990
				氨氮	克/吨产品	2 479	物化+生物	248
				HW04 危险废物（农药废物）	吨/吨产品	0.254 7	—	—
	糖精、甲醇、光气、甲基三嗪	半合成法	所有规模	工业废水量	吨/吨产品	—	物化+生物	—
				化学需氧量	克/吨产品	—	物化+生物	—
				氨氮	克/吨产品	—	物化+生物	—
				工业废气量	米^3/吨产品	13 000	吸收法	13 000
				HW04 危险废物（农药废物）	吨/吨产品	0.254 7	—	—
苄嘧磺隆	邻甲基苯甲酸、光气、氯气、硝酸胍、丙酯、甲醇、三氯氧磷	全合成法	所有规模	工业废水量	吨/吨产品	21.10	物化+生物	456.3
				化学需氧量	克/吨产品	1 052 000	物化+生物	210 600
				氨氮	克/吨产品	57 870	物化+生物	6 510
				工业废气量	米^3/吨产品	17 000	催化水解法	17 000
				HW04 危险废物（农药废物）	吨/吨产品	1.263	—	—
	苄磺胺，光气、2-氨基-4,6-二甲氧基嘧啶	半合成法	所有规模	工业废水量	吨/吨产品	1.021	物理处理	1.021
				化学需氧量	克/吨产品	514.6	物理处理	460.0
				工业废气量	米^3/吨产品	48 000	催化水解法	48 000
				HW04 危险废物（农药废物）	吨/吨产品	0.003	—	—
其他磺酰脲类	糖精、甲醇、光气、异氰酸丁酯、二羟基嘧啶、三氯氧磷	全合成	所有规模	工业废水量	吨/吨产品	82.13	物化+生物	297.5
				化学需氧量	克/吨产品	793 400		65 540
				氨氮	克/吨产品	24 630		6 283
				工业废气量	米^3/吨产品	8 500	催化水解法	8 500
				HW04 危险废物（农药废物）	吨/吨产品	0.505 2	—	—
其他磺酰脲类①	原料	半合成	所有规模	工业废水量	吨/吨产品	0.408 6	物化+生物	0.408 6
				化学需氧量	克/吨产品	205.9		205.9
				工业废气量	米^3/吨产品	30 000	催化水解法	30 000
				HW04 危险废物（农药废物）	吨/吨产品	0.154	—	—

注：① 其他磺酰脲类农药如下：氯磺隆、甲磺隆、甲嘧磺隆、苯磺隆、苄嘧磺隆、吡嘧磺隆、单嘧磺隆、氯嘧磺隆、胺苯磺隆、烟嘧磺隆、醚磺隆、噻吩磺隆、醚苯磺隆、乙氧磺隆。

2631 化学农药行业（其他类化学农药）产排污系数表

产品名称	原料名称	工艺名称	规模等级	污染物指标	单位	产污系数	末端治理技术名称	排污系数
其他类化学农药①	原料	全合成	所有规模	工业废水量	吨/吨产品	74.49	物化处理	74.49
							物化+生物	344.9
				化学需氧量	克/吨产品	317 300	物化处理	158 600
							物化+生物	46 730
				氨氮	克/吨产品	17 630	物化处理	8 820
							物化+生物	1 760
				HW04 危险废物（农药废物）	吨/吨产品	0.56	—	—

注：① 其他类化学农药如下：2,4-滴、2,4-滴丁酯、2,4-滴钠、2,4-滴异辛酯、2 甲 4 氯、2 甲 4 氯异辛酯、α-萘乙酸、胺鲜酯、百菌清、苯丁锡、苯霜灵、苯氧威、避蚊胺、丙酯草醚、虫酰肼、除虫脲、哒螨灵、单甲脒、敌草胺、敌草隆、敌磺钠、丁醚脲、对二氯苯、二甲戊灵、二硫氰基甲烷、二氰蒽醌、呋苯硫脲、伏虫隆、氟虫胺、氟虫腈、氟啶脲、氟磺胺草醚、氟节胺、氟乐灵、氟铃脲、氟酰胺、腐霉利、复硝酚钠、硅丰环、禾草敌、禾草灵、磺草灵、磺草酮、己酸二乙氨基乙醇酯、甲氨基阿维菌苯甲酸盐、甲基硫菌灵、甲哌鎓、甲霜灵、精甲霜灵、菌核净、克菌丹、克菌壮、利谷隆、磷化铝、硫丹、硫酰氟、绿麦隆、敌鼠钠盐、氯硝柳胺乙醇胺盐、麦草畏、咪鲜胺、咪鲜胺锰盐、醚菌酯、棉隆、灭草松、灭锈胺、灭蝇胺、灭幼脲、氰氟草酯、炔螨特、驱蚊酯、壬菌铜、乳氟禾草灵、三苯基醋酸锡、三氟羧草醚、三氯杀虫酯、杀铃脲、杀螺胺乙醇胺盐、杀螨隆、杀鼠灵、杀鼠醚、虱螨脲、双甲脒、霜霉威、霜脲氰、水杨菌胺、四氯苯酞、萎锈灵、蜗牛敌、五氯硝基苯、烯草酮、烯肟菌胺、烯肟菌酯、辛酰溴苯腈、溴苯腈、溴敌隆、溴鼠灵、溴硝醇、野燕枯、乙蒜素、乙霉威、乙羧氟草醚、乙烯利、乙氧氟草醚、异丙隆、异丙酯草醚、异菌脲、抑食肼、仲丁灵、甜菜宁、甜菜安、磷化铝、稻瘟酰。

2632

生物农药及微生物农药制造业

1 适用范围

本手册给出了《统计上使用的产品分类目录》中生物农药及微生物农药制造行业的产污系数和排污系数，可用于第一次全国污染源普查生物农药及微生物农药制造行业工业污染源污染物产生量和排放量的核算。

涉及的污染物包括：工业废水量、化学需氧量、氨氮、工业废气量（指折算成标准状态的体积）、固体废物等。

2 注意事项

2.1 系数表中未涉及的产品产排污系数

本手册已基本涵盖了微生物活体农药、微生物代谢产物农药、植物源农药和动物源农药等生物农药产品。

生物农药主要包括生物化学农药（信息素、激素、植物调节剂、昆虫生长调节剂）和微生物农药（真菌、细菌、昆虫病毒、原生动物，或经遗传改造的微生物）两个部分。生物农药泛指可以进行大规模工业化生产的微生物源农药，主要以 Bt 制剂、井冈霉素和阿维菌素为主。

除采用发酵工艺生产的生物农药之外，还有一些动、植物源生物农药，它们的种类较多，生产规模较小，所使用的原辅材料繁杂。对可能遇到的系数表单中未涉及的生物农药及微生物农药产品，可咨询当地行业组织的专家或相关技术人员，或选取系数表单中相似的产品来代替。

当被调查的企业末端治理技术不在《废水处理方法名称及代码表》规定的废水处理方法和设施之内，可用与其相近的末端治理技术替代。如果企业无任何治理设施和技术时，排污系数等于产污系数。

2.2 生产非单一产品企业污染物产排量核算

当同一生物农药制造企业有多种农药品种生产线时，每条生产线单独对应手册中相应的表单。企业的产污总量为各生产线产污量之和。

2.3 工况未达到负荷的企业污染物产排量核算

由于农药生产企业多为季节性间歇生产特征，故在调查生产工况中产量未达到 75%负荷或超负荷时，均属正常。实际可按农药企业的当年计划（或上一年）年产量来进行污染物产排量核算。

2.4 其他需要说明的问题

（1）生物农药工业生产一般采用液体深层发酵，所用设备主要包括：种子罐、发酵罐、浓缩、过滤系统、有效成分的分离提取和干燥装置等。由于生物农药种类较多，对遇到系数表单中未涉及的生物农药品种，可选取系数表单中其他类似工艺的农药品种来代替。

（2）由于大多数农药生产企业的品种生产规模差别不大，故对企业规模不再进行细分，在本手册表中合并为一个等级即所有规模，以方便核算。

（3）由于农药生产企业的技术水平和地区经济发展差异，在使用本手册时，计算得出的产排污量可能与单个调查企业有一定出入，但总体符合行业发展水平。

2632 生物农药及微生物农药制造业产排污系数表

产品名称	原料名称	工艺名称	规模等级	污染物指标	单位	产污系数	末端治理技术名称	排污系数
阿维菌素[①]	淀粉 黄豆饼粉	生物发酵	所有规模	工业废水量	吨/吨产品	1 023	物化＋组合生物处理	1 661
				化学需氧量	克/吨产品	21 141 000		767 200
				氨氮	克/吨产品	103 900		45 170
				工业废气量	米 ^{3}/吨产品	6 802 000	直排	6 802 000
				HW04 危险废物 （农药废物）	吨/吨产品	18.00	—	—
苏云金杆菌 （Bt）	豆粕 淀粉 玉米浆等	生物发酵	所有规模	工业废水量	吨/吨产品	2.00	吸附	2.00
				化学需氧量	克/吨产品	396.0		66.00
				氨氮	克/吨产品	16.00		10.00
				工业废气量	米 ^{3}/吨产品	0.297 0	直排	0.297 0
井冈霉素	淀粉 葡萄糖	生物发酵	所有规模	工业废水量	吨/吨产品	170.1	上流式厌氧污泥床工艺	170.1
				化学需氧量	克/吨产品	436 800		66 810
				HW04 危险废物 （农药废物）	吨/吨产品	6.0	—	—

注：① 阿维菌素、井冈霉素等是被培养的菌株的代谢产物，需要经过提取才能得到产品，所以排污量非常大。苏云金杆菌是将培养基直接稀释作为农药使用，所以排污量比较小。因此在其他生物农药中，杆菌类农药的排污系数可以参考苏云金杆菌取值。

2632 生物农药及微生物农药制造业产排污系数表（续 1）

产品名称	原料名称	工艺名称	规模等级	污染物指标	单位	产污系数	末端治理技术名称	排污系数
其他类生物农药①	淀粉等原料	发酵/提取等	所有规模	工业废水量	吨/吨产品	180.0	物化＋生物	180.0
				化学需氧量	克/吨产品	1 000 000		150 000
				氨氮	克/吨产品	100 000		50 000
				工业废气量	米 ^{3}/吨产品	1 000 000	直排	1 000 000
				HW04 危险废物（农药废物）	吨/吨产品	6.0	—	—

注：① 采用发酵工艺生产的其他生物农药如下：赤霉素、赤霉素 A4，A7、申嗪霉素、水合霉素、春雷霉素、多抗霉素、枯草芽孢杆菌、多黏类芽孢杆菌、金核霉素、长川霉素、武夷霉素、中生菌素等。

2632 生物农药及微生物农药制造业产排污系数表（续 2）

产品名称	原料名称	工艺名称	规模等级	污染物指标	单位	产污系数	末端治理技术名称	排污系数
其他类生物农药①	动、植物原料	染毒活体或培养基粉碎 植物粉碎、萃取等	所有规模	工业废水量	吨/吨产品	10.0	物化＋生物	10.0
				化学需氧量	克/吨产品	2 000		300
				氨氮	克/吨产品	1 000		500
				工业废气量	米 ^{3}/吨产品	10 000		10 000
				HW04 危险废物（农药废物）	吨/吨产品	5.0	—	—

注：① 除采用发酵工艺生产的生物农药之外，还有一些动、植物源生物农药，它们的生产规模较小，生产过程产生少量清洗废水和生活废水。这部分农药如下：

a）利用细菌或病毒饲养，然后染毒活体或培养基粉碎制得产品，除少量清洗废水和生活废水外，没有其他污染物排放。此类农药有：棉铃虫核型多角体病毒、草原毛虫核多角体病毒、茶尺蠖核多角体病毒、苜蓿斜纹夜蛾核多角体病毒、甜菜夜蛾核多角体病毒、油桐尺蠖核多角体病毒、斜纹夜蛾核多角体病毒、小菜蛾颗粒体病毒、黏虫颗粒体病毒、放射土壤杆菌、枯草芽孢杆菌、地衣芽孢杆菌、荧光假单胞杆菌、厚垣孢轮枝菌、块状耳霉菌、绿僵菌、球孢白僵菌、耳霉菌等。

b）利用植物种子、枝叶或花粉碎、萃取，萃取液直接配制成产品，提取残余物可直接制成堆肥。此类农药有：除虫菊素、烟碱、苦参剑、苦豆子碱、狼毒素、马钱子碱、印楝素、血根碱、藜芦碱、小檗碱、百部碱、鱼藤酮、葡聚糖、腐植酸钠、腐植酸铜、姑类蛋白多糖、琥胶肥酸铜、茴蒿素、蛇床子素等。

2641
涂料制造业

1 适用范围

本手册给出了《统计上使用的产品分类目录》中涂料行业的水性涂料、水性涂料用树脂、溶剂型涂料、溶剂型树脂和涂料、溶剂型涂料用树脂的产污系数和排污系数，可用于第一次全国污染源普查涂料制造业工业污染源污染物产生量和排放量的核算。

涉及的污染物包括：工业废水量、化学需氧量、氨氮、石油类、挥发酚、镉、铅、砷、六价铬、总磷、工业废气量（指折算成标准状态的体积）、工业粉尘、固体废物。

2 注意事项

2.1 系数表中未涉及的产品产排污系数说明

本手册已基本涵盖涂料制造业的所有产品，对可能遇到的使用较少或特殊的涂料品种或涂料生产线，或系数表单中未涉及的处理方法，可咨询当地行业组织或涂料行业专家、其他涂料生产企业的相关技术人员，选取近似的污染物处理方法代替。

当被抽查的涂料生产企业没有《废水处理方法名称代码表》规定的废水处理方法，但有其他非传统治理方法（《废水处理方法名称代码表》以外的方法），首先调查是否有当地环保部门的监测报告，如果有，可以以监测报告为准；如果没有环保部门的监测报告，按表中无治理设施处理，排污系数等于产污系数。

2.2 生产非单一产品企业污染物产排量核算

对于同一企业，如果同时生产溶剂型涂料和水性涂料，并且废水是分开处理的，可分别采用溶剂型涂料和水性涂料的产排污系数计算，再合计。如果废水是混合后处理，那就看溶剂型涂料和水性涂料二者中哪个产量大，如前者产量大，就采用溶剂型涂料的产排污系数计算；如果是后者的产量大，就用水性涂料的产排污系数计算。如果同时生产溶剂型树脂、溶剂型涂料和水性涂料，可采用溶剂型树脂和涂料企业的产排污系数计算。

2.3 其他需要说明的问题

（1）生产固态无溶剂涂料，如粉末涂料，可采用水性涂料的产排污系数。

（2）无溶剂的环氧涂料、光固化涂料的生产企业可采用溶剂型涂料的产排污系数。

（3）在生产溶剂型树脂和涂料的综合性企业中，涂料规模接近 10 万吨/年，工业废水产污系数用 0.25

吨/吨；规模接近 4 万吨/年企业的废水产污系数采用 1.81 吨/吨，涂料规模介于二者之间的产污系数采用平均值 1.03 吨/吨。

（4）废水中重金属含量极低，是在制漆中冲洗色漆设备时产生的，从管理上可以减少，甚至避免产生。

（5）涂料企业有下面几种类型：

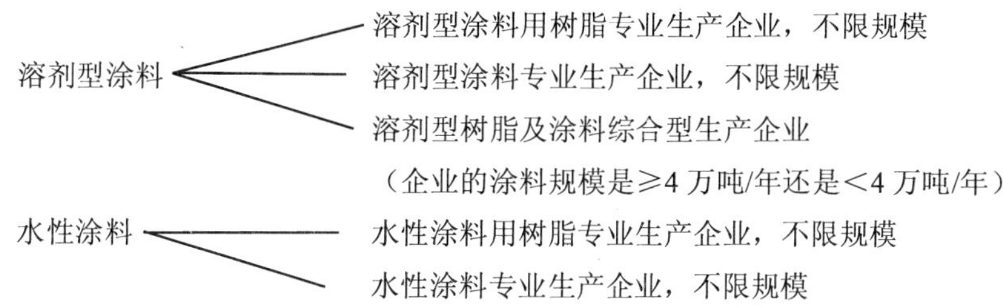

2641 涂料制造业产排污系数表

产品名称	原料名称	工艺名称	规模等级	污染物指标	单位	产污系数	末端处理技术名称	排污系数
水性涂料	化工原料 颜填料 助剂	间歇式生产涂料	所有规模	工业废水量	吨/吨产品	0.3[①]	活性污泥法	0.3[①]
				化学需氧量	克/吨产品	670	活性污泥法	37
				氨氮	克/吨产品	13	活性污泥法	8
				石油类	克/吨产品	4.5	活性污泥法	0.8
				总磷	克/吨产品	1.5	活性污泥法	1.5
				工业废气量	米 ^{3}/吨产品	1 100	过滤式除尘法	1 100
				工业粉尘	千克/吨产品	0.031	过滤式除尘法	0.002 2
				HW12 危险废物（涂料废物）	吨/吨产品	0.065	—	—
水性涂料用树脂	化工原料	间歇式合成树脂	所有规模	工业废水量	吨/吨产品	0.355[①]	活性污泥法	0.355[①]
				化学需氧量	克/吨产品	545	活性污泥法	70
				氨氮	克/吨产品	0.925	活性污泥法	0.65
				工业废气量	米 ^{3}/吨产品	550	—	550
溶剂型涂料	涂料用树脂 颜填料 溶剂 助剂	间歇式生产涂料	所有规模	工业废水量	吨/吨产品	1.6[①]	活性污泥法	1.6[①]
				化学需氧量	克/吨产品料	70	活性污泥法	35
				氨氮	克/吨产品	5.5	活性污泥法	0.115
				石油类	克/吨产品	1.36	活性污泥法	0.34
				挥发酚	克/吨产品	0.175	活性污泥法	0.115
				六价铬	克/吨产品	0.014 5	活性污泥法	0.009 5
				总磷	克/吨产品	0.1	活性污泥法	0.051
				工业废气量	米 ^{3}/吨产品	83 000	过滤式除尘法	83 000
				工业粉尘	千克/吨产品	0.053	过滤式除尘法	0.004 5
				HW12 危险废物（涂料废物）	吨/吨产品	0.011	—	—

注：① 部分回用。

2641 涂料制造业产排污系数表（续 1）

产品名称	原料名称	工艺名称	规模等级	污染物指标	单位	产污系数	末端处理技术名称	排污系数
溶剂型树脂和涂料	化工单体 化工原料 颜填料 溶剂 助剂	间歇式合成树脂、生产涂料	≥4 万吨/年（以涂料的规模为基准）	工业废水量	吨/吨产品	0.91②	活性污泥法	0.91②
					吨/吨产品	2.0③	活性污泥法	2.0③
				化学需氧量	克/吨产品	1 200②	活性污泥法	98②
					克/吨产品	2 300③	活性污泥法	190③
				氨氮	克/吨产品	60	活性污泥法	8.6
				石油类	克/吨产品	210	活性污泥法	105
				挥发酚	克/吨产品	0.46	活性污泥法	0.035
				镉	克/吨产品	0.015 3	活性污泥法	0.015 3
				铅	克/吨产品	2.07	活性污泥法	2.07
				砷	克/吨产品	3.66	活性污泥法	3.66
				六价铬	克/吨产品	0.039 5	活性污泥法	0.039 5
				总磷	克/吨产品	5.25	活性污泥法	5.25
				工业废气量	米³/吨产品	850	过滤式除尘法	850
				工业粉尘	千克/吨产品	0.002 2	过滤式除尘法	0.000 025
				HW12 危险废物（涂料废物）	吨/吨产品	0.04	—	—

注：② 适用于规模≥10 万吨/年；③ 适用于 4 万吨/年≤规模＜10 万吨/年。

2641　涂料制造业产排污系数表（续 2）

产品名称	原料名称	工艺名称	规模等级	污染物指标	单位	产污系数	末端处理技术名称	排污系数
溶剂型树脂和涂料	化工单体 化工原料 颜填料 溶剂 助剂	间歇式合成树脂、生产涂料	<4 万吨/年（以涂料的规模为基准）	工业废水量	吨/吨产品	4.88①	活性污泥法	4.88①
				化学需氧量	克/吨产品	3 410	活性污泥法	2 310
				氨氮	克/吨产品	45	活性污泥法	8.5
				石油类	克/吨产品	144.5	活性污泥法	71.5
				挥发酚	克/吨产品	1.45	活性污泥法	1.2
				镉	克/吨产品	0.068	活性污泥法	0.068
				铅	克/吨产品	0.153	活性污泥法	0.153
				砷	克/吨产品	0.337	活性污泥法	0.337
				六价铬	克/吨产品	0.169	活性污泥法	0.134
				总磷	克/吨产品	0.775	活性污泥法	0.775
				工业废气量	米 ^{3}/吨产品	2 200	过滤式除尘法	2 200
				工业粉尘	千克/吨产品	0.152	过滤式除尘法	0.011 9
				HW12 危险废物（涂料废物）	吨/吨产品	0.025	—	—
溶剂型涂料用树脂	化工单体 化工原料 溶剂	间歇式合成树脂	所有规模	工业废水量	吨/吨产品	1.63①	活性污泥法	1.63①
				化学需氧量	克/吨产品	24 900	活性污泥法	380

注：① 部分回用。

2642

油墨及类似产品制造业

1 适用范围

本手册给出了《统计上使用的产品分类目录》中油墨及类似产品制造行业的平版油墨、凹版油墨、柔性版油墨、调墨油的产污系数和排污系数，可用于第一次全国污染源普查油墨及类似产品制造业工业污染源污染物产生量和排放量的核算。

涉及的污染物包括：工业废水量、化学需氧量、石油类和 HW12 危险废物（染料、涂料废物）。

2 注意事项

（1）系数表中未涉及的产品产排污系数说明

根据统计分类，油墨及类似产品制造业还应包括凸版油墨、网印油墨和专用油墨三种油墨。其中凸版油墨、网印油墨的产排污系数可以按胶印油墨规模为≤0.3 万吨/年的系数进行统计；专用油墨中水性墨水可以参考柔板水基油墨＜0.5 万吨/年规模的产排污统计；专用油墨中油性墨水可以参考凹版油墨的产排污统计；其他印刷用助剂和油的产排污系数按调墨油的产排污系数进行统计。

（2）生产非单一产品企业污染物产排量核算

油墨及类似产品制造行业各企业所包含的产品品种不尽相同，每种产品的装置生产能力不同，普查时须以产品为依据，然后按照产品的生产工艺和规模分别统计污染物的产生量和排放量。

2642 油墨及类似产品制造行业产排污系数表

产品名称	原料名称	工艺名称	规模等级	污染物指标	单位	产污系数	末端治理技术名称	排污系数
平版油墨	松香改性酚醛树脂、溶剂油、有机颜料	胶印油墨湿法	≥0.5 万吨/年	工业废水量	吨/吨产品	0.381	化学+组合生物处理	0.316
				化学需氧量	克/吨产品	1 105.5	化学+组合生物处理	65.9
				石油类	克/吨产品	45.4	化学+组合生物处理	4.7
				HW12 危险废物（染料、涂料废物）	吨/吨产品	0.005	—	—
			＜0.5 万吨/年	工业废水量	吨/吨产品	0.732	化学+组合生物处理	0.593
							物理+化学	0.623
				化学需氧量	克/吨产品	1 365	化学+组合生物处理	158.3
							物理+化学	36.5
				石油类	克/吨产品	208.9	化学+组合生物处理	16.1
							物理+化学	31.7
				HW12 危险废物（染料、涂料废物）	吨/吨产品	0.02	—	—
		胶印油墨干法	≥0.5 万吨/年	工业废水量	吨/吨产品	0.058	化学+组合生物处理	0.05
							物理+化学	0.046
				化学需氧量	克/吨产品	520.7	化学+组合生物处理	13.3
							物理+化学	2.7
				石油类	克/吨产品	26.9	化学+组合生物处理	0.1
							物理+化学	2.3
				HW12 危险废物（染料、涂料废物）	吨/吨产品	0.02	—	—

2642　油墨及类似产品制造行业产排污系数表（续表）

产品名称	原料名称	工艺名称	规模等级	污染物指标	单位	产污系数	末端治理技术名称	排污系数
平版油墨	松香改性酚醛树脂、溶剂油、有机颜料	胶印油墨干法	0.3 万～0.5 万吨/年	工业废水量	吨/吨产品	0.057	化学+组合生物处理	0.05
							厌氧/好氧生物组合工艺	0.045
				化学需氧量	克/吨产品	604.4	化学+组合生物处理	10.8
							厌氧/好氧生物组合工艺	1.7
				石油类	克/吨产品	16.2	化学+组合生物处理	1.6
							厌氧/好氧生物组合工艺	0.5
				HW12 危险废物（染料、涂料废物）	吨/吨产品	0.003	—	—
			≤0.3 万吨/年	工业废水量	吨/吨产品	0.119	直排	0.119①
				化学需氧量	克/吨产品	962.9	直排	962.9①
				石油类	克/吨产品	63	直排	63①
				HW12 危险废物（染料、涂料废物）	吨/吨产品	0.000 3	—	—
凹版油墨	聚酰胺树脂、有机颜料、有机溶剂	液体墨工艺	所有规模	工业废水量	吨/吨产品	0.033	化学+生物	0.028
				化学需氧量	克/吨产品	9.9	化学+生物	2.5
				石油类	克/吨产品	6.5	化学+生物	0.3
				HW12 危险废物（染料、涂料废物）	吨/吨产品	0.002	—	—
柔性版油墨	丙烯酸树脂、丙烯酸乳液、有机颜料	液体墨工艺	≥0.5 万吨/年	工业废水量	吨/吨产品	0.086	化学+生物	0.072
				化学需氧量	克/吨产品	562.2	化学+生物	13.7
				石油类	克/吨产品	82	化学+生物	3
				HW12 危险废物（染料、涂料废物）	吨/吨产品	0.004	—	—
			<0.5 万吨/年	工业废水量	吨/吨产品	0.161	化学+生物	0.134
				化学需氧量	克/吨产品	550.13	化学+生物	28.1
柔性版油墨	丙烯酸树脂、丙烯酸乳液、有机颜料	液体墨工艺	<0.5 万吨/年	石油类	克/吨产品	55.6	化学+生物	6.1
				HW12 危险废物（染料、涂料废物）	吨/吨产品	0.003	—	—
调墨油	酚、醇、酸	高分子合成	所有规模	工业废水量	吨/吨产品	0.962	化学+组合生物处理	0.798
				化学需氧量	克/吨产品	16 273	化学+组合生物处理	169.3
				石油类	克/吨产品	301.5	化学+组合生物处理	25.7
				HW12 危险废物（染料、涂料废物）	吨/吨产品	0.000 8	—	—

注：① 此系数是胶印油墨规模≤0.3 万吨/年未处理的排污系数。如果是委托处理，则其排污系数可以参考工艺为胶印油墨干法≥0.5 万吨/年规模等级对应的排污系数统计。

2643
颜料制造业

1 适用范围

本手册给出了《统计上使用的产品分类目录》中颜料制造业的偶氮类有机颜料、酞菁类有机颜料、其他类有机颜料、钛白粉、氧化铁颜料、铅铬颜料等产品的产污系数和排污系数，可用于第一次全国污染源普查颜料制造业污染源污染物产生量和排放量的核算。

涉及的污染物包括：工业废水量、化学需氧量、氨氮、铅、六价铬，工业废气量（指折算成标准状态的体积）、工业粉尘，HW21、31 危险废物（含铬废物、含铅废物）等。

2 注意事项

（1）有机颜料制造行业系数表中未涉及的产品可参照其他类有机颜料系数进行核算。

（2）工况未达到 75%负荷的企业污染物产排量核算，计算结果乘以系数 1.1 处理。

（3）生产非单一产品企业污染物产排量核算，分类别计算污染物产排量，然后分别加和得出该企业污染物的产排量。

（4）有机颜料产品产量的确定：指普查期内生产的商品有机颜料的产量，并按有机颜料的结构分类统计。分为偶氮类有机颜料、酞菁类有机颜料和其他类有机颜料。

（5）其他类有机颜料包括除偶氮类有机颜料和酞菁类有机颜料之外的所有高性能有机颜料。

（6）钛白粉产品的说明：

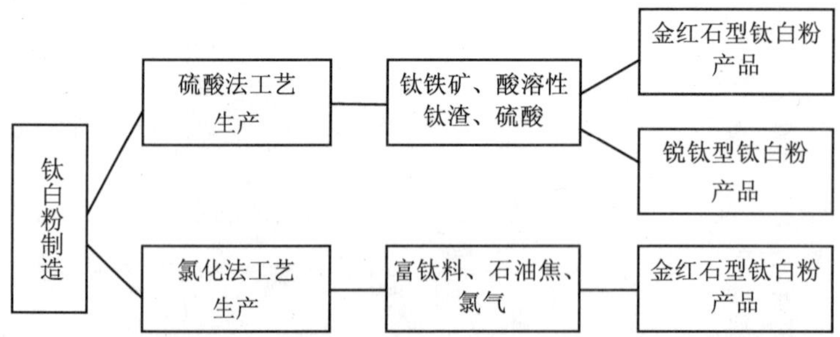

（7）氯化法钛白粉生产，由于废气稀释后排放，工业废气量排污系数比产污系数大。

（8）铅铬颜料生产，由于废气稀释后排放，工业废气量排污系数比产污系数大。

（9）氧化铁颜料分为“红黑”与“黄”两类，两者的区别在于：

① 原料路线有所区别，铁红、铁黑用硝酸和硫酸；铁黄用硫酸和氢氧化钠；

② 硝酸和铁反应生成硝酸亚铁，故铁红生产过程中产生的工业废水氨氮浓度较高；而铁黄不用硝酸，故氨氮指标可以忽略不计；

③ 氧化铁颜料生产中产生的烟尘、二氧化硫和氮氧化物均来自工业锅炉。

2643 颜料制造业（有机颜料）产排污系数表

产品名称	原料名称	工艺名称	规模等级	污染物指标	单位	产污系数	末端治理技术名称	排污系数
偶氮类有机颜料	有机化工原料	有机化工合成	所有规模	工业废水量	吨/吨产品	86	化学＋组合生物处理	86①
							化学＋组合生物处理	86②
							化学＋组合生物处理	86③
							直排	86
				化学需氧量	克/吨产品	220 000	化学＋组合生物处理	75 000①
							化学＋组合生物处理	40 000②
							化学＋组合生物处理	24 000③
							直排	220 000
				氨氮	克/吨产品	3 600	化学＋组合生物处理	1 200①
							化学＋组合生物处理	400②
							化学＋组合生物处理	400③
							直排	3 600
				工业废气量	米 ^{3}/吨产品	380	吸收法	380
				氮氧化物	千克/吨产品	2.3	吸收法	0.7
				工业固体废物（中和污泥）	吨/吨产品	0.18	—	—
				HW12 危险废物（颜料废物）	吨/吨产品	0.025	—	—

注：① 工业园区纳管标准化学需氧量小于 1 000 毫克/升；② 受纳水体纳管标准化学需氧量小于 500 毫克/升；③ 废水排往自然水体。

2643　颜料制造业（有机颜料）产排污系数表（续 1）

产品名称	原料名称	工艺名称	规模等级	污染物指标	单位	产污系数	末端治理技术名称	排污系数
酞菁类有机颜料	有机化工原料	有机化工合成	所有规模	工业废水量	吨/吨产品	120	化学＋组合生物处理	120①
							化学＋组合生物处理	120②
							化学＋组合生物处理	120③
							直排	120
				化学需氧量	克/吨产品	140 000	化学＋组合生物处理	70 000①
							化学＋组合生物处理	40 000②
							化学＋组合生物处理	25 000③
							直排	140 000
				氨氮	克/吨产品	20 000	化学＋组合生物处理	12 000①
							化学＋组合生物处理	8 000②
							化学＋组合生物处理	4 000③
							直排	20 000
				工业废气量	米³/吨产品	380	吸收法	380
				氮氧化物	千克/吨产品	3	吸收法	0.9
				工业固体废物（中和污泥）	吨/吨产品	0.195	—	—
				HW12 危险废物（颜料废物）	吨/吨产品	0.026	—	—

注：① 工业园区纳管标准化学需氧量小于 1 000 毫克/升；② 受纳水体纳管标准化学需氧量小于 500 毫克/升；③ 废水排往自然水体。

2643 颜料制造业（有机颜料）产排污系数表（续 2）

产品名称	原料名称	工艺名称	规模等级	污染物指标	单位	产污系数	末端治理技术名称	排污系数
其他类有机颜料	有机化工原料	有机化工合成	所有规模	工业废水量	吨/吨产品	500	化学＋组合生物处理	500①
							化学＋组合生物处理	500②
							化学＋组合生物处理	500③
							直排	500
				化学需氧量	克/吨产品	900 000	化学＋组合生物处理	200 000①
							化学＋组合生物处理	100 000②
							化学＋组合生物处理	70 000③
							直排	900 000
				氨氮	克/吨产品	40 000	化学＋组合生物处理	15 000①
							化学＋组合生物处理	8 000②
							化学＋组合生物处理	5 000③
							直排	40 000
				工业废气量	米^3/吨产品	600	吸收法	600
				氮氧化物	千克/吨产品	3	吸收法	1
				工业固体废物（中和污泥）	吨/吨产品	0.2	—	—
				HW12 危险废物（颜料废物）	吨/吨产品	0.5	—	—

注：① 工业园区纳管标准化学需氧量小于 1 000 毫克/升；② 受纳水体纳管标准化学需氧量小于 500 毫克/升；③ 废水排往自然水体。

2643 颜料制造业（无机颜料）产排污系数表（续 3）

产品名称	原料名称	工艺名称	规模等级	污染物指标	单位	产污系数	末端治理技术名称	排污系数
钛白粉	钛铁矿 硫酸	硫酸法	≥10 000 吨/年	工业废水量	吨/吨产品	85.0①	中和＋曝气＋浓缩回收	78.0①
						82.0②		76.0②
				化学需氧量	克/吨产品	40 000①	中和＋曝气＋浓缩回收	10 000①
						38 000②		9 000②
				氨氮	克/吨产品	1 000①	中和＋曝气＋浓缩回收	600①
						965②		585②
				工业废气量	米 ^{3}/吨产品	40 000①	尾气喷淋	30 000①
						40 000②		30 000②
				工业粉尘	千克/吨产品	113①	静电除雾 过滤式除尘法	20.0①
						102.5②		18.13②
				烟尘	千克/吨产品	20.0①	静电除雾	2.0①
						20.0②		2.0②
				二氧化硫	千克/吨产品	30.0①	静电除雾	7.0①
						30.0②		7.0②
				工业固体废物 （钛液泥浆、亚铁）	吨/吨产品	3.5①	—	—
						3.5②	—	—

注：① 指金红石型钛白粉产品的系数；② 指锐钛型钛白粉产品的系数。

2643 颜料制造业（无机颜料）产排污系数表（续4）

产品名称	原料名称	工艺名称	规模等级	污染物指标	单位	产污系数	末端治理技术名称	排污系数
钛白粉	钛铁矿 硫酸	硫酸法	＜10 000 吨/年	工业废水量	吨/吨产品	95.0①	中和＋曝气＋浓缩回收	87.0①
						93.0②		85.0②
				化学需氧量	克/吨产品	44 000①	中和＋曝气＋浓缩回收	11 000①
						43 000②		10 000②
				氨氮	克/吨产品	1 000①	中和＋曝气＋浓缩回收	600①
						965②		585②
				工业废气量	米^3/吨产品	30 000①	静电除雾 过滤式除尘法	30 000①
						30 000②		30 000②
				工业粉尘	千克/吨产品	113①	静电除雾 过滤式除尘法	20.0①
						102②		18.0②
				烟尘	千克/吨产品	20.0①	静电除雾	2.0①
						20.0②		2.0②
				二氧化硫	千克/吨产品	30.0①	静电除雾	7.0①
						30.0②		7.0②
				工业固体废物 （钛液泥浆、亚铁）	吨/吨产品	3.5①	—	—
						3.5②		—

注：① 指金红石型钛白粉产品的系数；② 指锐钛型钛白粉产品的系数。

2643 颜料制造业（无机颜料）产排污系数表（续5）

产品名称	原料名称	工艺名称	规模等级	污染物指标	单位	产污系数	末端治理技术名称	排污系数
钛白粉	富钛料 石油焦 氯气	氯化法	所有规模	工业废水量	吨/吨产品	80	中和＋沉降＋过滤＋生物	70
				化学需氧量	克/吨产品	10 000	中和＋沉降＋过滤＋生物	4 800
				氨氮	克/吨产品	100	中和＋沉降＋过滤＋生物	50
				石油类	克/吨产品	450	中和＋沉降＋过滤＋生物	330
				工业废气量	米^3/吨产品	8 000	淋洗净化	10 000①
				HW32 危险废物 （无机氯化物废物）	吨/吨产品	0.45	—	—
氧化铁颜料	废铁皮 硫酸亚铁 硝酸 硫酸	混酸湿法 （红、黑）	≥10 000 吨/年	工业废水量	吨/吨产品	40.0	中和—沉淀—曝气—斜塔板沉淀	40.0
				化学需氧量	克/吨产品	13 500	中和—沉淀—曝气—斜塔板沉淀	4 000
				氨氮	克/吨产品	21 000	中和—沉淀—曝气—斜塔板沉淀	6 700
				工业废气量	米^3/吨产品	10 800	过滤式除尘法	10 800
				工业粉尘	千克/吨产品	50.0	过滤式除尘法	5.0

注：① 废气中的污染物经末端稀释处理后，浓度降低，但排气量加大。

2643　颜料制造业（无机颜料）产排污系数表（续 6）

产品名称	原料名称	工艺名称	规模等级	污染物指标	单位	产污系数	末端治理技术名称	排污系数
氧化铁颜料	废铁皮 硫酸亚铁 硝酸 硫酸	混酸湿法（红、黑）	所有规模	工业废水量	吨/吨产品	45.0	中和—沉淀—曝气—斜塔板沉淀	45.0
				化学需氧量	克/吨产品	13 500	中和—沉淀—曝气—斜塔板沉淀	4 500
				氨氮	克/吨产品	20 000	中和—沉淀—曝气—斜塔板沉淀	6 000
				工业废气量	米 ^{3}/吨产品	10 800	过滤式除尘法	10 800
				工业粉尘	千克/吨产品	50.0	过滤式除尘法	5.0
		混酸湿法（黄）	所有规模	工业废水量	吨/吨产品	45.0	中和—沉淀—曝气—斜塔板沉淀	45.0
				化学需氧量	克/吨产品	13 500	中和—沉淀—曝气—斜塔板沉淀	4 500
				工业废气量	米 ^{3}/吨产品	10 800	过滤式除尘法	10 800
				工业粉尘	千克/吨产品	50.0	过滤式除尘法	5.0

2643　颜料制造业（无机颜料）产排污系数表（续 7）

产品名称	原料名称	工艺名称	规模等级	污染物指标	单位	产污系数	末端治理技术名称	排污系数
铅铬颜料	重铬酸钠 硝酸铅 液碱	合成法	≥10 000 吨/年	工业废水量	吨/吨产品	31.94	物化	31.86
				化学需氧量	克/吨产品	4 810	物化	2 107
				氨氮	克/吨产品	586	物化	463
				铅	克/吨产品	253	物化	25.0
				六价铬	克/吨产品	538	物化	10.0
				工业废气量	米 ^{3}/吨产品	5 145	水膜除尘＋过滤式除尘	5 225①
				工业粉尘	千克/吨产品	28.66	过滤式除尘法	0.022
				HW21、31 危险废物（含铬废物、含铅废物）	吨/吨产品	0.023	—	—
			＜10 000 吨/年	工业废水量	吨/吨产品	39.01	物化	38.0
				化学需氧量	克/吨产品	5 600	物化	2 515
				氨氮	克/吨产品	673	物化	342
				铅	克/吨产品	272	物化	28.0
				六价铬	克/吨产品	575	物化	11.0
				工业废气量	米 ^{3}/吨产品	5 488	水膜除尘＋过滤式除尘	5 573①
				工业粉尘	千克/吨产品	30.57	过滤式除尘法	0.023
				HW21、31 危险废物（含铬废物、含铅废物）	吨/吨产品	0.023	—	—

注：① 废气中的污染物经末端稀释处理后，浓度降低，但排气量加大。

2644

染料制造业

1 适用范围

本系数表单给出了适用于国内染料行业使用有机化工原料合成及生产染料的企业的产污系数和排污系数，可用于第一次全国污染源普查染料制造业污染源污染物产生量和排放量的核算。

涉及的污染物包括：工业废水量、化学需氧量、氨氮、挥发酚、氰化物、工业废气量（指折算成标准状态的体积）、氮氧化物、二氧化硫、工业固体废物（中和污泥）、HW12 危险废物（染料废物）等。

2 注意事项

（1）表格中未涉及的“产品、原料、工艺、规模”与产品的处理方法可参照其他类染料处理。

（2）工况未达到 75%负荷的企业污染物产排量核算，计算结果乘以系数 1.1 处理。

（3）生产非单一产品企业污染物产排量核算，分类别计算污染物产排量，然后分别加和得出该企业污染物的产排量。

（4）染料产品产量的确定：指普查期内生产的商品染料的产量，并按染料的应用性能分类统计。分为分散染料、活性染料、酸性染料、硫化染料、还原染料、阳离子染料和其他类染料。

（5）产排污系数有关说明

① 在对分散染料的氰化物产排污量进行普查时，有氰化反应的分散染料才计算氰化物的产排污量。

② 在对活性染料进行普查时，原浆干燥生产的活性染料取低值，其他工艺生产的活性染料取高值。

③ 合成靛蓝是还原染料中产量最大的品种，所以产排污量单独计算。

④ 在对酸性染料进行普查时，原浆干燥生产的酸性染料取低值，其他工艺生产的酸性染料取高值。

（6）染料中间体产排污系数使用说明

表中 2-萘酚及 H 酸的产污系数可以直接使用，2-萘酚排污系数仅代表树脂吸附末端处理工艺排污情况，H 酸排污系数仅代表物理+生物处理工艺排污情况，其他工艺需根据企业具体的末端治理技术的去除效率核算排污系数（去除率可由企业给出）。

2644　染料制造业产排污系数表

产品名称	原料名称	工艺名称	规模等级	污染物指标	单位	产污系数	末端治理技术名称	排污系数
分散染料	有机化工原料	有机化工合成	所有规模	工业废水量	吨/吨产品	70	化学＋组合生物处理	70①
							化学＋组合生物处理	70②
							化学＋组合生物处理	150③
							直排	70
				化学需氧量	克/吨产品	245 000	化学＋组合生物处理	70 000①
							化学＋组合生物处理	35 000②
							化学＋组合生物处理	20 000③
							直排	245 000
				氨氮	克/吨产品	6 000	化学＋组合生物处理	2 500①
							化学＋组合生物处理	2 000②
							化学＋组合生物处理	2 000③
							直排	6 000
				挥发酚	克/吨产品	2 000	化学＋组合生物处理	1 200①
							化学＋组合生物处理	1 000②
							化学＋组合生物处理	1 000③
							直排	2 000

注：① 工业园区纳管标准化学需氧量小于 1 000 毫克/升；② 受纳水体纳管标准化学需氧量小于 500 毫克/升；③ 废水排往自然水体。

2644　染料制造业产排污系数表（续 1）

产品名称	原料名称	工艺名称	规模等级	污染物指标	单位	产污系数	末端治理技术名称	排污系数
分散染料	有机化工原料	有机化工合成	所有规模	氰化物	克/吨产品	860	化学＋组合生物处理	0.3①
							化学＋组合生物处理	0.3②
							化学＋组合生物处理	0.3③
							直排	860
				工业废气量	米^3/吨产品	380	吸收法	380
				氮氧化物	千克/吨产品	0.04	吸收法	0.01
				二氧化硫	千克/吨产品	0.02	吸收法	0.01
				工业固体废物（中和污泥）	吨/吨产品	0.55	—	—
				HW12 危险废物（染料废物）	吨/吨产品	0.02	—	—
活性染料	有机化工原料	有机化工合成	所有规模	工业废水量	吨/吨产品	20～50	化学＋组合生物处理	20～50①
							化学＋组合生物处理	20～50②
							化学＋组合生物处理	60～150③
							直排	20～50
				化学需氧量	克/吨产品	76 000～150 000	化学＋组合生物处理	18 000～50 000①
							化学＋组合生物处理	10 000～25 000②
							化学＋组合生物处理	5 000～20 000③
							直排	76 000～150 000
				氨氮	克/吨产品	7 000	化学＋组合生物处理	1 200①
							化学＋组合生物处理	600②
							化学＋组合生物处理	600③
							直排	7 000
				挥发酚	克/吨产品	800	化学＋组合生物处理	80①
							化学＋组合生物处理	50②
							化学＋组合生物处理	50③
							直排	800
				工业废气量	米^3/吨产品	350	吸收法	350
				二氧化硫	千克/吨产品	0.07	吸收法	0.01

注：① 工业园区纳管标准化学需氧量小于 1 000 毫克/升；② 受纳水体纳管标准化学需氧量小于 500 毫克/升；③ 废水排往自然水体。

2644 染料制造业产排污系数表（续 2）

产品名称	原料名称	工艺名称	规模等级	污染物指标	单位	产污系数	末端治理技术名称	排污系数
活性染料	有机化工原料	有机化工合成	所有规模	氮氧化物	千克/吨产品	0.09	吸收法	0.01
				HW12 危险废物（染料废物）	吨/吨产品	0.015～0.045	—	—
硫化染料（不包括硫化黑）	有机化工原料	有机化工合成	所有规模	工业废水量	吨/吨产品	30	化学＋组合生物处理	30①
							化学＋组合生物处理	30②
							化学＋组合生物处理	80③
							直排	30①
				化学需氧量	克/吨产品	60 000	化学＋组合生物处理	20 000①
							化学＋组合生物处理	10 000②
							化学＋组合生物处理	10 000③
							直排	60 000
				工业废气量	米³/吨产品	220	—	220
				HW12 危险废物（染料废物）	吨/吨产品	0.03	—	—
硫化黑	有机化工原料	有机化工合成	所有规模	工业废水量	吨/吨产品	10	化学＋组合生物处理	10①
							化学＋组合生物处理	10②
							化学＋组合生物处理	25③
							直排	10

注：① 工业园区纳管标准化学需氧量小于 1 000 毫克/升；② 受纳水体纳管标准化学需氧量小于 500 毫克/升；③ 废水排往自然水体。

2644　染料制造业产排污系数表（续 3）

产品名称	原料名称	工艺名称	规模等级	污染物指标	单位	产污系数	末端治理技术名称	排污系数
硫化黑	有机化工原料	有机化工合成	所有规模	化学需氧量	克/吨产品	18 000	化学＋组合生物处理	3 000①
							化学＋组合生物处理	3 000②
							化学＋组合生物处理	1 500③
							直排	18 000
				工业废气量	米 ^{3}/吨产品	220	—	220
				HW12 危险废物（染料废物）	吨/吨产品	0.001	—	—
还原染料（不包括合成靛蓝）	有机化工原料	有机化工合成	所有规模	工业废水量	吨/吨产品	175	化学＋组合生物处理	175①
							化学＋组合生物处理	175②
							化学＋组合生物处理	475③
							直排	175
				化学需氧量	克/吨产品	430 000	化学＋组合生物处理	170 000①
							化学＋组合生物处理	85 000②
							化学＋组合生物处理	75 000③
							直排	430 000
				氨氮	克/吨产品	20 000	化学＋组合生物处理	6 000①
							化学＋组合生物处理	3 000②
							化学＋组合生物处理	3 000③
							直排	20 000
				挥发酚	克/吨产品	2 000	化学＋组合生物处理	600①
							化学＋组合生物处理	600②
							化学＋组合生物处理	600③
							直排	2 000
				工业废气量	米 ^{3}/吨产品	560	吸收法	560
				二氧化硫	千克/吨产品	0.09	吸收法	0.04
				氮氧化物	千克/吨产品	0.1	吸收法	0.04
				工业固体废物（中和污泥）	吨/吨产品	0.2	—	—
				HW12 危险废物（染料废物）	吨/吨产品	0.053	—	—

注：① 工业园区纳管标准化学需氧量小于 1 000 毫克/升；② 受纳水体纳管标准化学需氧量小于 500 毫克/升；③ 废水排往自然水体。

2644　染料制造业产排污系数表（续 4）

产品名称	原料名称	工艺名称	规模等级	污染物指标	单位	产污系数	末端治理技术名称	排污系数
合成靛蓝	有机化工原料	有机化工合成	所有规模	工业废水量	吨/吨产品	55	化学＋组合生物处理	55①
							化学＋组合生物处理	55②
							化学＋组合生物处理	155③
							直排	55
				化学需氧量	克/吨产品	60 000	化学＋组合生物处理	40 000①
							化学＋组合生物处理	25 000②
							化学＋组合生物处理	20 000③
							直排	60 000
				氨氮	克/吨产品	4 500	化学＋组合生物处理	2 000①
							化学＋组合生物处理	1 650②
							化学＋组合生物处理	1 650③
							直排	4 500
				挥发酚	克/吨产品	1 600	化学＋组合生物处理	400①
							化学＋组合生物处理	400②
							化学＋组合生物处理	400③
							直排	1 600

注：① 工业园区纳管标准化学需氧量小于 1 000 毫克/升；② 受纳水体纳管标准化学需氧量小于 500 毫克/升；③ 废水排往自然水体。

2644 染料制造业产排污系数表（续 5）

产品名称	原料名称	工艺名称	规模等级	污染物指标	单位	产污系数	末端治理技术名称	排污系数
合成靛蓝	有机化工原料	有机化工合成	所有规模	工业废气量	米 ^{3}/吨产品	480	吸收法	480
				二氧化硫	千克/吨产品	0.07	吸收法	0.03
				氮氧化物	千克/吨产品	0.07	吸收法	0.03
				工业固体废物（中和污泥）	吨/吨产品	0.04	—	—
				HW12 危险废物（染料废物）	吨/吨产品	0.01	—	—
酸性染料	有机化工原料	有机化工合成	所有规模	工业废水量	吨/吨产品	20～70	化学＋组合生物处理	20～70①
							化学＋组合生物处理	20～70②
							化学＋组合生物处理	60～250③
							直排	20～70
				化学需氧量	克/吨产品	60 000～290 000	化学＋组合生物处理	15 000～70 000①
							化学＋组合生物处理	10 000～30 000②
							化学＋组合生物处理	10 000～15 000③
							直排	60 000～290 000
				氨氮	克/吨产品	3 200	化学＋组合生物处理	1 200①
							化学＋组合生物处理	500②
							化学＋组合生物处理	400③
							直排	3 200

注：① 工业园区纳管标准化学需氧量小于 1 000 毫克/升；② 受纳水体纳管标准化学需氧量小于 500 毫克/升；③ 废水排往自然水体。

2644 染料制造业产排污系数表（续 6）

产品名称	原料名称	工艺名称	规模等级	污染物指标	单位	产污系数	末端治理技术名称	排污系数
酸性染料	有机化工原料	有机化工合成	所有规模	挥发酚	克/吨产品	3 500	化学＋组合生物处理	500①
							化学＋组合生物处理	500②
							化学＋组合生物处理	500③
							直排	3 500
				工业废气量	米 ^{3}/吨产品	400	吸收法	400
				二氧化硫	千克/吨产品	0.03	吸收法	0.01
				氮氧化物	千克/吨产品	0.07	吸收法	0.01
				HW12 危险废物（染料废物）	吨/吨产品	0.015～0.063	—	—
阳离子染料	有机化工原料	有机化工合成	所有规模	工业废水量	吨/吨产品	80	化学＋组合生物处理	60①
							化学＋组合生物处理	100②
							化学＋组合生物处理	350③
							直排	80
				化学需氧量	克/吨产品	750 000	化学＋组合生物处理	50 000①
							化学＋组合生物处理	45 000②
							化学＋组合生物处理	45 000③
							直排	750 000

注：① 工业园区纳管标准化学需氧量小于 1 000 毫克/升；② 受纳水体纳管标准化学需氧量小于 500 毫克/升；③ 废水排往自然水体。

2644 染料制造业产排污系数表（续 7）

产品名称	原料名称	工艺名称	规模等级	污染物指标	单位	产污系数	末端治理技术名称	排污系数
阳离子染料	有机化工原料	有机化工合成	所有规模	氨氮	克/吨产品	8 500	化学＋组合生物处理	2 000①
							化学＋组合生物处理	2 000②
							化学＋组合生物处理	2 000③
							直排	8 500
				挥发酚	克/吨产品	1 500	化学＋组合生物处理	50①
							化学＋组合生物处理	50②
							化学＋组合生物处理	50③
							直排	1 500
				工业废气量	米^3/吨产品	660	吸收法	660
				二氧化硫	千克/吨产品	0.09	吸收法	0.01
				氮氧化物	千克/吨阳产品	0.07	吸收法	0.01
				工业固体废物（中和污泥）	吨/吨产品	0.09	—	—
				HW12 危险废物（染料废物）	吨/吨产品	0.045	—	—
其他染料	有机化工原料	有机化工合成	所有规模	工业废水量	吨/吨产品	50	化学＋组合生物处理	50①
							化学＋组合生物处理	80②
							化学＋组合生物处理	220③
							直排	50
				化学需氧量	克/吨产品	75 000	化学＋组合生物处理	45 000①
							化学＋组合生物处理	35 000②
							化学＋组合生物处理	30 000③
							直排	75 000
				氨氮	克/吨产品	1 600	化学＋组合生物处理	1 500①
							化学＋组合生物处理	1 500②
							化学＋组合生物处理	1 500③
							直排	1 600
				挥发酚	克/吨产品	500	化学＋组合生物处理	30①
							化学＋组合生物处理	30②
							化学＋组合生物处理	30③
							直排	500

注：① 工业园区纳管标准化学需氧量小于 1 000 毫克/升；② 受纳水体纳管标准化学需氧量小于 500 毫克/升；③ 废水排往自然水体。

2644 染料制造业产排污系数表（续 8）

产品名称	原料名称	工艺名称	规模等级	污染物指标	单位	产污系数	末端治理技术名称	排污系数
其他染料	有机化工原料	有机化工合成	所有规模	工业废气量	米^3/吨产品	450	吸收法	450①
				二氧化硫	千克/吨产品	0.08	吸收法	0.01②
				氮氧化物	千克/吨产品	0.06	吸收法	0.01③
				工业固体废物（中和污泥）	吨/吨产品	0.075	—	—
				HW12 危险废物（染料废物）	吨/吨产品	0.02	—	—
H 酸	萘、浓硫酸、20%发烟硫酸	T 酸碱熔酸析	所有规模	工业废水量	吨/吨产品	19.25	物化+生物	25.01
				化学需氧量	克/吨产品	73 070	物化+生物	20 340
				氨氮	克/吨产品	1 154	物化+生物	1 001
2-萘酚	99%精萘 98%硫酸 95%固体烧碱	磺化碱熔工艺	所有规模	工业废水量	吨/吨产品	7.33	吸附	7.49
				化学需氧量	克/吨产品	260 900	吸附	62 640
一硝基甲苯	甲苯 浓硫酸 硝酸 液碱	甲苯硝化	所有规模	工业废水量	吨/吨产品	1.13	物化+生物	9.0
				化学需氧量	克/吨产品	22 500	物化+生物	240
				挥发酚	克/吨产品	3 375	物化+生物	1.2

注：① 工业园区纳管标准化学需氧量小于 1 000 毫克/升；② 受纳水体纳管标准化学需氧量小于 500 毫克/升；③ 废水排往自然水体。

2651
合成树脂（聚氯乙烯）制造业

1 适用范围

本手册给出了《统计上使用的产品分类目录》中合成树脂制造业聚氯乙烯树脂（PVC）的产污系数和排污系数，可用于第一次全国污染源普查合成树脂制造业聚氯乙烯树脂工业污染源污染物产生量和排放量的核算。

涉及的污染物包括：工业废水量、化学需氧量、废水中的总汞、工业废气量（指折算成标准状态的体积）、工业粉尘、电石渣、含汞废活性炭、含汞废渣、废盐酸等。

2 注意事项

2.1 电石法聚氯乙烯

（1）电石法聚氯乙烯是以电石为原料生产的聚氯乙烯

悬浮法、本体法以及糊状聚氯乙烯，以电石为原料均参照电石法聚氯乙烯“产品、原料、工艺、规模”条件计算产排污系数。

（2）废水中总汞的产排污系数的考核点在含汞废水处理装置进口、出口。

2.2 乙烯氧氯化法聚氯乙烯

（1）乙烯氧氯化法聚氯乙烯是以乙烯、氯气、氧气为原料生产的聚氯乙烯。

（2）以商品 VCM、EDC 为原料生产的聚氯乙烯参照乙烯氧氯化法聚氯乙烯小型规模的“产品、原料、工艺、规模”条件计算产排污系数。

2651 合成树脂（聚氯乙烯）制造业产排污系数表

产品名称	原料名称	工艺名称	规模等级	污染物指标	单位	产污系数	末端治理技术名称	排污系数
聚氯乙烯	电石 氯化氢	电石法	≥16 万吨/年	工业废水量	吨/吨产品	35.78	中和法+沉淀分离 +生物氧化法+循环利用	9.0
				化学需氧量	克/吨产品	22 440	沉淀分离+生物氧化法	1 320
				废水中总汞	毫克/吨产品	1 580	中和法+化学沉淀	10
				工业废气量	米 ^{3}/吨产品	12 474	吸附法+水喷淋+旋风除尘	12 474
				工业粉尘	千克/吨产品	6.79	水喷淋+旋风除尘	0.92
				工业固体废物（电石渣）	吨/吨产品	1.78（干基）	—	—
				HW34 危险废物（废酸）	吨/吨产品	0.097（30%）	—	—
				HW29 危险废物 （含汞废物）	千克/吨产品	1.569	—	—
			8 万～16 万吨/年 （含 8 万吨/年）	工业废水量	吨/吨产品	37	中和法+沉淀分离 +普通活性污泥法+循环利用	10
				化学需氧量	克/吨产品	22 890	沉淀分离+普通活性污泥法	1 470
				废水中总汞	毫克/吨产品	1 800	中和法+化学沉淀	10
聚氯乙烯	电石 氯化氢	电石法		工业废气量	米 ^{3}/吨产品	12 500	吸附法+水喷淋+旋风除尘	12 500
				工业粉尘	千克/吨产品	7.27	水喷淋+旋风除尘	0.95
				工业固体废物（电石渣）	吨/吨产品	1.78（干基）	—	—
				HW34 危险废物（废酸）	吨/吨产品	0.097（30%）	—	—
				HW29 危险废物 （含汞废物）	千克/吨产品	1.819	—	—
			<8 万吨/年	工业废水量	吨/吨产品	45	中和法+沉淀分离+普通活性污泥法+循环利用	12
				化学需氧量	克/吨产品	26 970	沉淀分离+普通活性污泥法	1 770
				废水中总汞	毫克/吨产品	1 998	中和法+化学沉淀	10
				工业废气量	米 ^{3}/吨产品	13 398	吸附法+水喷淋+旋风除尘	13 398
				工业粉尘	千克/吨产品	7.50	水喷淋+旋风除尘	0.96
				工业固体废物（电石渣）	吨/吨产品	1.78（干基）	—	—
				HW34 危险废物（废酸）	吨/吨产品	0.13（30%）	—	—
				HW29 危险废物（含汞废物）	千克/吨产品	1.939	—	—

2651 合成树脂（聚氯乙烯）制造业产排污系数表（续表）

产品名称	原料名称	工艺名称	规模等级	污染物指标	单位	产污系数	末端治理技术名称	排污系数
聚氯乙烯	乙烯 氯气 氧气	乙烯氧氯化法	≥40 万吨/年	工业废水量	吨/吨产品	5.65	中和法+沉淀分离+生物处理+循环利用	3.53
				化学需氧量	克/吨产品	1 040	沉淀分离+生化处理	350
				工业废气量	米 ^{3}/吨产品	15 895	吸附法+水喷淋+旋风除尘	15 895
				工业粉尘	千克/吨产品	1.08	水喷淋+旋风除尘	0.54
				HW22 危险废物（含铜废物）	千克/吨产品	0.3	—	—
			30 万～40 万吨/年（含 30 万吨/年）	工业废水量	吨/吨产品	5.80	中和法+沉淀分离+生物处理+循环利用	3.53
				化学需氧量	克/吨产品	1 050	沉淀分离+生化处理	350
				工业废气量	米 ^{3}/吨产品	14 500	吸附法+水喷淋+旋风除尘	14 500
				工业粉尘	千克/吨产品	1.4	水喷淋+旋风除尘	0.7
				HW22 危险废物（含铜废物）	千克/吨产品	0.3	—	—
聚氯乙烯	乙烯 氯气 氧气	乙烯氧氯化法	<30 万吨/年	工业废水量	吨/吨产品	5.25	中和法+沉淀分离+生物处理+循环利用	4.33
				化学需氧量	克/吨产品	1 120	沉淀分离+生物处理	430
				工业废气量	米 ^{3}/吨产品	14 986	吸附法+水喷淋+旋风除尘	14 986
				工业粉尘	千克/吨产品	1.50	水喷淋+旋风除尘	0.75
				HW22 危险废物（含铜废物）	千克/吨产品	0.3	—	—

注：废水中总汞的产排污系数的考核点在含汞废水处理装置的进口、出口。

2652
合成橡胶制造业

1 适用范围

本手册给出了《统计上使用的产品分类目录》中合成橡胶制造业丁基橡胶、顺丁橡胶、丁苯橡胶、热塑性弹性体 SBS、丁苯胶乳等的产污系数和排污系数，可用于第一次全国污染源普查合成橡胶工业污染源污染物产生量和排放量的核算。

涉及的污染物包括：工业废水量、化学需氧量（COD_{Cr}）、工业废气量（指折算成标准状态的体积）等。

2 注意事项

2.1 系数表中未涉及的产品产排污系数说明

本手册涵盖合成橡胶产品中的丁基橡胶、顺丁橡胶、丁苯橡胶和热塑性弹性体 SBS 和丁苯胶乳，此 5 种橡胶产品产量占我国合成橡胶总产量的 90%以上。基本涵盖了目前我国合成橡胶生产的主要原料、工艺方法及规模。

对于其他合成橡胶（如丁腈橡胶、氯丁橡胶、聚丁二烯橡胶等）生产装置，或系数表单中未涉及的处理方法，企业可根据实际情况进行现场监测、咨询行业组织或专家，如目前我国丁腈橡胶装置，基本在中国石油集团公司和合资企业中，环保管理水平较高，具有现场监测能力，在污染源普查工作中，企业可以自行开展监测或根据历史监测数据进行填报。

当被调查的合成橡胶装置的废水处理方法与表中所给方法不一时，首先根据当地或本行业环保部门的监测报告进行核算；如果没有监测报告的，可以开展现场监测或按处理设施处理效率进行核算。如果无废水治理设施，排污系数等于产污系数。

2.2 工况未达到 75% 负荷的企业污染物产排量核算

本手册产排污系数是在≥75%负荷工况下核算出来的。对于工况未达到 75%负荷的装置，其污染物产生和排放量不适合用本手册核算。一般可根据原辅材料消耗，采用物料衡算方法计算污染物产生量，有条件企业可开展现场监测工作或根据相应工况下的历史监测数据核算。

2.3 生产非单一产品企业污染物产排量核算

合成橡胶工业各企业所包含的产品不尽相同，其中多数企业包含合成橡胶前体的生产装置（产排污系数见相关手册），本手册以合成橡胶产品为依据，然后按照产品的生产工艺和规模分别进行统计，统计时应严格区分前体生产装置与合成橡胶产品生产装置，分装置统计污染物的产生量和排放量。

2.4 其他需要说明的问题

（1）目前，合成橡胶装置废水基本是经过预处理后集中到综合污水处理厂处理，达到污染物排放标准后外排。对于部分企业集中处理后的污水进行回用的情况，本手册所提供的排污系数未予考虑。在污染源普查时，各企业可以根据实际排污情况，根据排污系数核算出排污量后减去废水回用部分中污染物的量。对于合成橡胶装置废水进行回用的情况，在污染源普查中，可以根据装置废水产生、排放及回用情况，采用现场监测或历史实测数据填报。在填报过程中，普查员应严格区分装置废水产生量、废水排放量及废水回用量的关系。

（2）目前我国合成橡胶装置废水预处理技术有物理、化学法，污水处理厂技术通常是生物法。本手册在核算合成橡胶装置化学需氧量排污系数时综合考虑了物理法、化学法及生物法的处理效率及各装置末端治理技术的特点，通过咨询合成橡胶行业、环保专家，给出了不同排放情况下的化学需氧量的排污系数。

（3）本手册只需考虑企业合成橡胶的产量，力求简单、清楚，易于使用。制定本手册时已充分考虑全国的平均水平，使用本手册计算得出的产排污量可能与单个调查企业有一定出入，但力求总体符合全行业水平。

2652 合成橡胶制造业产排污系数表

产品名称	原料名称	工艺名称	规模等级	污染物指标	单位	产污系数	末端治理技术名称	排污系数
丁基橡胶	异丁烯、异戊二烯	淤浆法	所有规模	工业废水量	吨/吨产品	9.055	物理+生物处理法	9.055
							直排	9.055
				化学需氧量	克/吨产品	4 316	物理+生物处理法	612
							直排	4 316
				工业废气量	米^3/吨产品	15 005	直排	15 005
顺丁橡胶	丁二烯	溶液连续聚合	所有规模	工业废水量	吨/吨产品	3.516	物理法	3.516
							生物处理法	3.516
							直排	3.516
				化学需氧量	克/吨产品	1 366	物理法	941
							生物处理法	282
							直排	1 366
				工业废气量	米^3/吨产品	8 045	直排	8 045
丁苯橡胶	丁二烯、苯乙烯	乳液聚合	所有规模	工业废水量	吨/吨产品	5.740	物理+生物处理法	5.740
							直排	5.740
				化学需氧量	克/吨产品	3 579	物理+生物处理法	483
							直排	3 579
				工业废气量	米^3/吨产品	6 080	直排	6 080
		溶液聚合	所有规模	工业废水量	吨/吨产品	5.825	物理法	5.825
							直排	5.825
				化学需氧量	克/吨产品	563	物理法	374
							直排	563
				工业废气量	米^3/吨产品	6 080	直排	6 080
热塑性弹性体 SBS	丁二烯、苯乙烯	溶液聚合	所有规模	工业废水量	吨/吨产品	2.435	生物处理法	2.435
							直排	2.435
				化学需氧量	克/吨产品	207	生物处理法	146
							直排	207
				工业废气量	米^3/吨产品	8 961	直排	8 961
丁苯胶乳[①]	丁二烯、苯乙烯	乳液聚合法	所有规模	工业废水量	吨/吨产品	0.886	物理+生物处理法	0.886
							直排	0.886
				化学需氧量	克/吨产品	1 022	物理＋生物处理法	102
							直排	1 022

注：① 丁苯胶乳产排污系数计算数据采用设计文件的理论值。

2653
合成纤维单（聚合）体制造业

1 适用范围

本手册给出了《统计上使用的产品分类目录》中合成纤维单（聚合）体制造业的精对苯二甲酸、丙烯腈、乙二醇、聚酯、涤纶短纤、涤纶长丝、腈纶纤维产品的产污系数和排污系数，可用于第一次全国污染源普查合成纤维单（聚合）体制造业工业污染源污染物产生量和排放量的核算。

涉及的污染物包括：工业废水量、化学需氧量、氨氮、石油类、工业废气量（指折算成标准状态的体积）、固体废物。

2 注意事项

2.1 系数表中未涉及的产品产排污系数说明

当被调查的合成纤维单（聚合）体产品中没有《废水处理方法名称代码表》规定的废水处理方法，但有其他非传统治理方法（《废水处理方法名称代码表》以外的方法），首先调查是否有当地环保部门的监测报告，如果有，可以以监测报告为准。如果没有环保部门的监测报告，可以开展现场监测或按处理设施的处理效率进行核算。无治理设施处理，排污系数等于产污系数。

2.2 生产非单一产品企业污染物产排量核算

合成纤维单（聚合）体制造各企业所包含的产品品种不尽相同，每种产品的装置生产能力不同，普查时须以产品为依据，然后按照产品的生产工艺和规模分别进行统计。一种产品可能有几套生产装置，每套装置的规模和生产工艺可能不尽相同，统计时须严格区分，分装置统计污染物的产生量和排放量。

2.3 对一些小规模的合成纤维单（聚合）体制造业企业，如果产生的废水没有经过废水处理设施排放的，其产污量等于排污量

2.4 其他需要说明的问题

（1）本手册只需考虑企业产品的产量，力求简单、清楚，易于使用。使用本手册计算得出的产排污量可能与单个调查企业有一定出入，但总体符合行业水平。

（2）对于工况未达到 75%生产负荷的生产装置，其污染物产污系数和排污系数不适用于本手册提供的系数，一般可根据原辅材料消耗情况，采用物料衡算方法计算污染物产生量，有监测条件的企业

可开展现场监测或根据历史监测数据核算。

（3）装置废水产出后基本是经过预处理后集中处理，部分企业对经末端治理后的废水进行回用，本系数表单所列的排污系数未考虑污水回用情况，在进行污染源普查时各企业可以根据实际情况，根据各自企业回用水情况用排污系数乘以相应系数可得实际排污系数。计算公式如下：

采用污水回用的工业废水量排污系数=工业废水排污系数×（1－污水回用率）

2653 合成纤维单（聚合）体制造业产排污系数表

产品名称	原料名称	工艺名称	规模等级	污染物指标	单位	产污系数	末端治理技术名称	排污系数
精对苯二甲酸	对二甲苯 醋酸 氢气	对二甲苯氧化加氢精制	≥40 万吨/年	工业废水量	吨/吨产品	2.98	化学+生物处理法	2.98
				化学需氧量	克/吨产品	10 837	化学+生物处理法	235
				石油类	克/吨产品	61.2	化学+生物处理法	3.73
				工业废气量	米 ^{3}/吨产品	2 394	吸附法	2 394
				HW34 危险废物（废酸）	吨/吨产品	0.000 58	—	—
			<40 万吨/年	工业废水量	吨/吨产品	3.37	化学+生物处理法	3.37
				化学需氧量	克/吨产品	12 760	化学+生物处理法	291
				石油类	克/吨产品	291	化学+生物处理法	4.63
				工业废气量	米 ^{3}/吨产品	2 594	吸附法	2 594
				HW34 危险废物（废酸）	吨/吨产品	0.002 19	—	—
丙烯腈	丙烯 氨 空气	丙烯氨氧化法	≥20 万吨/年	工业废水量	吨/吨产品	1.69	化学+生物处理法	1.69
				化学需氧量	克/吨产品	3 133	化学+生物处理法	135
				氨氮	克/吨产品	40.1	化学+生物处理法	4.41
				石油类	克/吨产品	21.5	化学+生物处理法	1.35
				工业废气量	米 ^{3}/吨产品	6 720	吸收法	6 720
				HW35 危险废物（废碱）	吨/吨产品	0.000 65	—	—
			10 万～20 万吨/年	工业废水量	吨/吨产品	2.27	化学+生物处理法	2.27
				化学需氧量	克/吨产品	4 398	化学+生物处理法	188
				氨氮	克/吨产品	88.3	化学+生物处理法	9.71
				石油类	克/吨产品	60.1	化学+生物处理法	2.14
				工业废气量	米 ^{3}/吨产品	7 918	吸收法	7 918
				HW35 危险废物（废碱）	吨/吨产品	0.000 73	—	—
			<10 万吨/年	工业废水量	吨/吨产品	5.39	化学+生物处理法	5.39
				化学需氧量	克/吨产品	6 492	化学+生物处理法	512
				氨氮	克/吨产品	308	化学+生物处理法	34.1
				石油类	克/吨产品	283	化学+生物处理法	6.58
				工业废气量	米 ^{3}/吨产品	9 558	吸收法	9 558
				HW35 危险废物（废碱）	吨/吨产品	0.0010	—	—

2653 合成纤维单（聚合）体制造业产排污系数表（续 1）

产品名称	原料名称	工艺名称	规模等级	污染物指标	单位	产污系数	末端治理技术名称	排污系数
乙二醇	乙烯 氧气 甲烷	乙烯氧化法	≥30 万吨/年	工业废水量	吨/吨产品	1.51	化学+生物处理法	1.51
				化学需氧量	克/吨产品	1 383	化学+生物处理法	110
				石油类	克/吨产品	30.9	化学+生物处理法	2.75
				工业废气量	米 ^{3}/吨产品	176	直排	176
				HW06 危险废物（有机溶剂废物）	吨/吨产品	0.000 81	—	—
			15 万～30 万吨/年	工业废水量	吨/吨产品	2.26	化学+生物处理法	2.26
				化学需氧量	克/吨产品	2 211	化学+生物处理法	171
				石油类	克/吨产品	50.7	化学+生物处理法	5.09
				工业废气量	米 ^{3}/吨产品	293	直排	293
				HW06 危险废物（有机溶剂废物）	吨/吨产品	0.000 97	—	—
			<15 万吨/年	工业废水量	吨/吨产品	4.42	化学+生物处理法	4.42
				化学需氧量	克/吨产品	3 337	化学+生物处理法	376
				石油类	克/吨产品	60.7	化学+生物处理法	11.6
				工业废气量	米 ^{3}/吨产品	386	直排	386
				HW06 危险废物（有机溶剂废物）	吨/吨产品	0.001 28	—	—

2653　合成纤维单（聚合）体制造业产排污系数表（续 2）

产品名称	原料名称	工艺名称	规模等级	污染物指标	单位	产污系数	末端治理技术名称	排污系数
聚酯	精对苯二甲酸 乙二醇 氧化锑	直接酯化法	≥30 万吨/年	工业废水量	吨/吨产品	0.44	化学+生物处理法	0.44
				化学需氧量	克/吨产品	3 357	化学+生物处理法	29.2
				石油类	克/吨产品	9.03	化学+生物处理法	0.51
				工业废气量	米 ^{3}/吨产品	1 035	直排	1 035
				HW13　危险废物（有机树脂类废物）	吨/吨产品	0.000 11	—	—
			15 万～30 万吨/年	工业废水量	吨/吨产品	0.52	化学+生物处理法	0.52
				化学需氧量	克/吨产品	4 390	化学+生物处理法	36.5
				石油类	克/吨产品	16.2	化学+生物处理法	0.64
				工业废气量	米 ^{3}/吨产品	1 469	直排	1 469
				HW13　危险废物（有机树脂类废物）	吨/吨产品	0.000 25	—	—
			<15 万吨/年	工业废水量	吨/吨产品	0.83	化学+生物处理法	0.83
				化学需氧量	克/吨产品	6 542	化学+生物处理法	70.5
				石油类	克/吨产品	19.5	化学+生物处理法	1.27
				工业废气量	米 ^{3}/吨产品	2 629	直排	2 629
				HW13　危险废物（有机树脂类废物）	吨/吨产品	0.000 62	—	—
涤纶短纤	聚酯熔体	熔体直纺	>10 万吨/年	工业废水量	吨/吨产品	1.72	化学+生物处理法	1.72
				化学需氧量	克/吨产品	4 175	化学+生物处理法	139
				石油类	克/吨产品	49.7	化学+生物处理法	2.43
				工业废气量	米 ^{3}/吨产品	1 101	直排	1 101
				HW13　危险废物（有机树脂类废物）	吨/吨产品	0.001 37	—	—
			≤10 万吨/年	工业废水量	吨/吨产品	3.18	化学+生物处理法	3.18
				化学需氧量	克/吨产品	4 643	化学+生物处理法	269
				石油类	克/吨产品	55.4	化学+生物处理法	5.26
				工业废气量	米 ^{3}/吨产品	1 502	直排	1 502
				HW13　危险废物（有机树脂类废物）	吨/吨产品	0.002 05	—	-

2653 合成纤维单（聚合）体制造业产排污系数表（续 3）

产品名称	原料名称	工艺名称	规模等级	污染物指标	单位	产污系数	末端治理技术名称	排污系数
涤纶长丝	聚酯熔体	熔体直纺	≥5 万吨/年	工业废水量	吨/吨产品	1.78	化学+生物处理法	1.78
				化学需氧量	克/吨产品	810	化学+生物处理法	140
				石油类	克/吨产品	8.23	化学+生物处理法	1.51
				工业废气量	米 ^{3}/吨产品	2 112	直排	2 112
				HW13 危险废物（有机树脂类废物）	吨/吨产品	0.001 52	—	—
			<5 万吨/年	工业废水量	吨/吨产品	2.74	化学+生物处理法	2.74
				化学需氧量	克/吨产品	1 697	化学+生物处理法	239
				石油类	克/吨产品	22.1	化学+生物处理法	3.01
				工业废气量	米 ^{3}/吨产品	3 057	直排	3 057
				HW13 危险废物（有机树脂类废物）	吨/吨产品	0.002 33	—	—
腈纶纤维	丙烯腈、醋酸乙烯酯	二步法湿纺	≥5 万吨/年	工业废水量	吨/吨产品	29.2	化学+生物处理法	29.2
				化学需氧量	克/吨产品	15 367	化学+生物处理法	4 010①
				氨氮	克/吨产品	156	化学+生物处理法	82.5①
				石油类	克/吨产品	65.3	化学+生物处理法	6.11①
				工业废气量	米 ^{3}/吨产品	86.1	直排	86.1
				HW38 危险废物（有机氰化物废物）	吨/吨产品	0.002 77	—	—
			<5 万吨/年	工业废水量	吨/吨产品	31.0	化学+生物处理法	31.0
				化学需氧量	克/吨产品	17 831	化学+生物处理法	5 328①
				氨氮	克/吨产品	638	化学+生物处理法	238①
				石油类	克/吨产品	33.7	化学+生物处理法	17.1①
				工业废气量	米 ^{3}/吨产品	386	直排	386
				HW38 危险废物（有机氰化物废物）	吨/吨产品	0.003 13	—	—
	丙烯腈、丙烯酸甲酯、甲基丙烯磺酸钠	一步法湿纺	所有规模	工业废水量	吨/吨产品	26.8	化学+生物处理法	26.8
				化学需氧量	克/吨产品	18 868	化学+生物处理法	6 164①
				氨氮	克/吨产品	1 164	化学+生物处理法	211①
				石油类	克/吨产品	31.5	化学+生物处理法	19.7①
				工业废气量	米 ^{3}/吨产品	395	直排	395
				HW38 危险废物（有机氰化物废物）	吨/吨产品	0.005 46	—	—

注：① 该排污系数是经过二级生物处理后的排污系数。

2661

化学试剂和制剂制造业

1 适用范围

本手册给出了《统计上使用的产品分类目录》中化学试剂制造业的有机化学试剂产品、无机化学试剂产品的产污系数和排污系数，“橡胶助剂行业”噻唑类促进剂、次磺酰胺类促进剂、秋兰姆类促进剂、其他促进剂、对苯二胺类防老剂、喹啉类防老剂、其他防老剂、防焦剂和加工助剂及其他助剂的产污系数和排污系数，可用于第一次全国污染源普查化学试剂和制剂制造业工业污染源污染物产生量和排放量的核算。

涉及的污染物包括：工业废水量、化学需氧量、氨氮、石油类、工业废气量（指折算成标准状态的体积）、危险废物（有机树脂类废物）等。

2 注意事项

2.1 化学试剂制造业系数表中未涉及的产品产排污系数说明

企业生产化学试剂产品时，同时可能生产其他精细化学品。其他精细化学品的产排污系数，应参照有关行业产品、原料、工艺和规模等级获取产排污系数。

2.2 化学试剂制造业中生产非单一产品企业污染物产排量核算

化学试剂企业精制提纯或合成工艺与分装工艺同时存在，普查时须以工艺为依据，然后按照产品的生产工艺和规模分别统计污染物的产生量和排放量。

2.3 化学试剂制造业中其他需要说明的问题

（1）化学试剂企业生产多为精制提纯或合成工艺与分装工艺同时存在，而且多数企业为分装，少数品种为精制提纯或合成工艺。

（2）企业规模偏小，多数企业没有兴建正规的废水处理设施，或没有废水处理设施，如处理也是简单的处理（稀释或中和）。

（3）产品的确定：产品划分为有机化学试剂类产品和无机化学试剂类产品两大类。

（4）企业规模的确定：全年产量吨位在 500 吨以下（含 500 吨）和年生产（精制提纯或合成工艺）化学试剂品种数 50 种（含 50 种）以下；全年产量吨位在 500 吨以上或年生产（精制提纯或合成工艺）化学试剂品种数 51 种以上。

2.4 化学制剂制造业系数表中未涉及的产品产排污系数说明

本手册已基本涵盖各种橡胶助剂产品。系数表单中不能直接查到的产品，可咨询当地行业组织或橡胶助剂专家、其他橡胶助剂企业技术人员，分清该产品的橡胶助剂类别。如果是橡胶促进剂或者是橡胶防老剂，则按照该类别中其他一栏的系数进行核算；如果不是，则按照加工助剂及其他助剂的系数进行核算。

当被调查的橡胶助剂生产线没有《废水处理方法名称代码表》规定的废水处理方法，但有其他非传统治理方法（《废水处理方法名称代码表》以外的方法），首先调查是否有当地环保部门的监测报告，如果有，可以以监测报告为准。如果没有环保部门的监测报告，按表中无治理设施处理，排污系数等于产污系数。

2.5 化学制剂制造业中生产非单一产品企业污染物产排量核算

当同一企业有多个产品生产线时，每个产品生产线单独对应本手册相应的表单。全企业排污量为各产品生产线之和。

2.6 化学制剂制造业中其他需要说明的问题

（1）橡胶助剂行业原料复杂、产品众多，装备及技术水平差异较大，一些规模较大的企业已经或已开始投资废水处理设施。一批规模很小的企业没有兴建正规的废水处理设施，或没有废水处理设施。有废水处理的，会有危险固体废物（污泥），直排的小企业，则没有危险固体废物产生。

（2）本手册只需考虑企业橡胶助剂的产量，力求简单、清楚，易于使用。制定本手册时已充分考虑全国的平均水平，使用本手册计算得出的产排污量可能与单个调查企业有一定出入，但总体符合全行业水平。

（3）当对应生产线的排水经过处理或未经处理后全部回用或用于其他生产线时，该情况下只计算产污系数，不计算排污系数。

（4）当对应的生产线排水经过处理或未经处理后部分用于其他生产线时，该情况下排污系数按（1－用于其他生产线的废水比例）×（排污系数）计算，产污系数计算方法不变。

（5）化学需氧量浓度高的企业，废水先采用物化法处理，除去 80%～85%的化学需氧量，然后加水稀释后，进生化处理池，所以工业废水量排污系数比产污系数大。

2661 化学试剂制造业产排污系数表

产品名称	原料名称	工艺名称	规模等级	污染物指标	单位	产污系数	末端治理技术名称	排污系数
有机试剂（精制或合成）	工业品	精制提纯或合成	全年产量吨位在500吨以下（含500吨）和年生产（精制提纯或合成工艺）化学试剂品种数50种（含50种）以下	工业废水量	吨/吨产品	16.5	物化＋生物	16.5
							直排	16.5
				化学需氧量	克/吨产品	2 456	物化＋生物	280
							直排	2 456
				氨氮	克/吨产品	68	物化＋生物	12
							直排	68
				石油类	克/吨产品	14	物化＋生物	13
							直排	14
			全年产量吨位在500吨以上或年生产（精制提纯或合成工艺）化学试剂品种数51种以上	工业废水量	吨/吨产品	10.0	物化＋生物	10.0
							直排	10.0
				化学需氧量	克/吨产品	4 500	物化＋生物	312
							直排	4 500
				氨氮	克/吨产品	1 020	物化＋生物	15
							直排	1 020
				石油类	克/吨产品	45	物化＋生物	14
							直排	45

2661　化学试剂制造业产排污系数表（续表）

产品名称	原料名称	工艺名称	规模等级	污染物指标	单位	产污系数	末端治理技术名称	排污系数
无机试剂（精制或合成）	工业品	精制提纯或合成	全年产量吨位在500吨以下（含500吨）和年生产（精制提纯或合成工艺）化学试剂品种数50种（含50种）以下	工业废水量	吨/吨产品	8.0	物化+生物	8.0
							直排	8.0
				化学需氧量	克/吨产品	1 934	物化+生物	255
							直排	1 934
				氨氮	克/吨产品	61	物化+生物	10
							直排	61
			全年产量吨位在500吨以上或年生产（精制提纯或合成工艺）化学试剂品种数51种以上	工业废水量	吨/吨产品	6.0	物化+生物	6.0
							直排	6.0
				化学需氧量	克/吨产品	3 148	物化+生物	299
							直排	3 148
				氨氮	克/吨产品	5 719	物化+生物	15
							直排	5 719
试剂（分装）	工业品	分装	所有企业	工业废水量	吨/吨产品	3.0	物化+生物	3.0
							直排	3.0
				化学需氧量	克/吨产品	1 097	物化+生物	134
							直排	1 097

2661 橡胶助剂行业产排污系数表

产品名称	原料名称	工艺名称	规模等级	污染物指标	单位	产污系数	末端治理技术名称	排污系数
噻唑类促进剂（M、DM 等）	苯胺 硫黄 二硫化碳	高压法	所有规模	工业废水量	吨/吨产品	28.3	物化+生物处理	102.1
							直排	28.3
				化学需氧量	克/吨产品	63 000	物化+生物处理	9 500
							直排	63 000
				氨氮	克/吨产品	1 400	物化+生物处理	200
							直排	1 400
				工业废气量	米 ^{3}/吨产品	20	直排	20
				HW13 危险废物（有机树脂类废物）	吨/吨产品	0.113	—	—
次磺酰胺类促进剂（NS、NOBS、CZ、DZ 等）	叔丁胺 促进剂 M 二硫化碳	氧化法	所有规模	工业废水量	吨/吨产品	11.5	物化+生物处理	207.5
							直排	11.5
				化学需氧量	克/吨产品	128 700	物化+生物处理	19 300
							直排	128 700
				氨氮	克/吨产品	1 700	物化+生物处理	400
							直排	1 700
				HW13 危险废物（有机树脂类废物）	吨/吨产品	0.055	—	—
秋兰姆促进剂（TMTM、TMTD 等）	二硫化碳 二甲氨 烧碱	缩合氧化	所有规模	工业废水量	吨/吨产品	19.5	物化+生物处理	78.5
							直排	19.5
				化学需氧量	克/吨产品	40 500	物化+生物处理	7 300
							直排	40 500
				氨氮	克/吨产品	1 600	物化+生物处理	400
							直排	1 600
				HW13 危险废物（有机树脂类废物）	吨/吨产品	0.01	—	—

2661 橡胶助剂行业产排污系数表（续 1）

产品名称	原料名称	工艺名称	规模等级	污染物指标	单位	产污系数	末端治理技术名称	排污系数
其他促进剂	二硫化碳 二甲氨 烧碱	缩合氧化	所有规模	工业废水量	吨/吨产品	19.7	物化+生物处理	129.4
							直排	19.7
				化学需氧量	克/吨产品	77 400	物化+生物处理	13 900
							直排	77 400
				氨氮	克/吨产品	1 600	物化+生物处理	300
							直排	1 600
				HW13 危险废物（有机树脂类废物）	吨/吨产品	0.03	—	—
对苯二胺类防老剂（4020、4010NA）	RT 培司 甲基异丁基酮 丙酮	还原法	所有规模	工业废水量	吨/吨产品	0.046	物化	0.6
							直排	0.046
				化学需氧量	克/吨产品	310	物化	56
							直排	310
				氨氮	克/吨产品	1.6	物化	0.96
							直排	1.6
喹啉类防老剂（RD、BLE 等）	丙酮、苯胺	缩合法	所有规模	工业废水量	吨/吨产品	0.21	好氧生物处理	0.19
							直排	0.21
				化学需氧量	克/吨产品	26.0	好氧生物处理	18.0
							直排	26.0
				氨氮	克/吨产品	4.6	好氧生物处理	0.13
							直排	4.6
其他类防老剂		缩合法	所有规模	工业废水量	吨/吨产品	0.25	好氧生物处理	0.25
							直排	0.25
				化学需氧量	克/吨产品	33.0	好氧生物处理	6.0
							直排	33.0
				氨氮	克/吨产品	4.1	好氧生物处理	1.1
							直排	4.1

2661 橡胶助剂行业产排污系数表（续 2）

产品名称	原料名称	工艺名称	规模等级	污染物指标	单位	产污系数	末端治理技术名称	排污系数
防焦剂 CTP	氯代环己烷酞酰亚胺	缩合法	所有规模	工业废水量	吨/吨产品	3.6	物化+生物处理	67.1
							直排	3.6
				化学需氧量	克/吨产品	46 900	物化+生物处理	6 600
							直排	46 900
				氨氮	克/吨产品	670	物化+生物处理	14.0
							直排	670
加工助剂及其他橡胶助剂			所有规模	工业废气量	米 ^{3}/吨产品	15	直排	15
				HW13 危险废物（有机树脂类废物）	吨/吨产品	0.005	—	—

2663
活性炭制造行业

1 适用范围

本手册给出了《统计上使用的产品分类目录》中林产化学品制造行业（分类编号 2663）的活性炭制造业产污系数和排污系数，可用于第一次全国污染源普查对林产化学品制造行业的活性炭制造业和煤制品制造行业的活性炭制造业工业污染源污染物产生量和排放量的核算，并可以用于对竹质活性炭制造业污染物产生量和排放量的核算。

本手册提供的是以生产线为单位的活性炭制造业产排污系数，对于具有多条生产线和生产多品种活性炭产品的企业，应分别统计后进行加和。

本手册涉及的污染物包括工业废水量、化学需氧量、工业废气量（指折算成标准状态的体积）、烟尘、工业粉尘、二氧化硫、工业固体废物、危险废物（废酸）、危险废物（含锌废物）等 9 项。其中木质活性炭的原料中基本不含硫元素，因此不核算二氧化硫指标；仅有采用氯化锌活化法生产木质活性炭的企业需要核算危险废物（含锌废物）指标。

2 注意事项

2.1 系数表中未涉及的产品产排污系数说明

根据国家标准《活性炭产品命名方法》（GB 12495—90），根据原料来源将活性炭产品分为木质活性炭、果壳活性炭、煤质活性炭和再生活性炭四类，按形状将活性炭产品分为粉末活性炭、柱状活性炭、球形活性炭和无定形活性炭四类。随着国家严格限制森林砍伐，作为木材替代材料的竹材由于速生得到广泛应用，近年来竹质活性炭制造发展迅速。在设计活性炭制造业产排污系数表单时，充分考虑了涵盖上述产品的基本要求，为使表达简单明了，适用于第一次工业污染源普查的实际需要，同时考虑到某些产品划分条件与产排污系数没有显著影响，并能够与活性炭生产制造企业的习惯表述一致，对原料条件设计作了一定调整，将木质原料规定为木屑原料；将产品条件整合，分为成型活性炭、无定形活性炭产品和粉末状活性炭产品三大类。

对于再生活性炭，由于加工企业很少，而且废弃活性炭在使用中接触多种化学品，吸附了大量有害化学物质，其化学品种类可能多达数千种，单位重量活性炭吸附化学物质的数量也差别极大，进入再生加工产生的废水、废气的污染物很难简单归纳表达，故不在本次产排污系数核算考虑之列。

对于生产竹质活性炭（简称竹炭）的企业，其产排污系数基本可以采用生产同类产品的木质活性炭制造的产排污系数；其中由于竹质材料与木质材料相比，含有更多的淀粉和糖类物质，制造过程中会有更多的有机化合物类废物产生，其工业废水化学需氧量指标的产排污系数，应以本手册提出的木质活性炭的化学需氧量产排污系数乘以 2。

2.2 使用其他污染物末端治理技术的排污量计算

活性炭生产的工业废水和烟尘、工业粉尘采用多种处理技术都能实现达标排放，本手册给出的是普遍使用的典型末端治理技术。对采用其他末端治理技术的，可以根据污染物和污染指标的产生系数，通过表 1 的换算系数得到污染物和污染指标的排放系数。

污染物（污染指标）排放系数=污染物（污染指标）产生系数×换算系数 k

表 1 常见工业废水、废气末端治理技术的换算系数表

分类	编号	末端治理技术名称	治理污染物	去除效率/%	k 值
废气治理技术	G-1	静电除尘	烟尘、工业粉尘	98.5	0.015
	G-2-1	湿法除尘（所有）	二氧化硫	20	0.80
	G-2-2	石灰-石膏法脱硫	二氧化硫	85	0.15
	G-2-3	湿法除尘（喷淋）	烟尘、工业粉尘	88	0.12
	G-2-4	湿法除尘（文丘里）	烟尘、工业粉尘	95	0.05
	G-3	单筒旋风除尘	烟尘、工业粉尘	72	0.28
	G-4	多管旋风除尘	烟尘、工业粉尘	80	0.20
	G-5	重力沉降除尘	烟尘、工业粉尘	20	0.80
	G-6	过滤式除尘	烟尘、工业粉尘	99	0.01
	G-7	烟气焚烧	可燃烟尘、工业粉尘、有机废气	85	0.15
	G-8	直排	颗粒物和二氧化硫	0	1.0
废水治理技术	W-1	沉淀分离	化学需氧量	10	0.90
	W 2	化学沉淀	化学需氧量	40	0.60
	W-3	活性污泥法	化学需氧量	60	0.40
	W-4	接触氧化法	化学需氧量	70	0.30
	W-1	沉淀分离	五日生化需氧量	15	0.85
	W-2	化学沉淀	五日生化需氧量	35	0.65
	W-3	活性污泥法	五日生化需氧量	65	0.35
	W-4	接触氧化法	五日生化需氧量	70	0.30
	W-5	中和法	含酸废水	100	0
	W-6	零排放	所有污染物	100	0
	W-7	直排		0	1.0

2.3 工况未达到 75% 负荷企业的污染物产生与排放量核算

活性炭制造生产中需要加热和连续运行，为充分利用热能和设备产能，一般情况下活性炭制造都要达到 75%以上的负荷工况，生产才能经济、合理。当原料条件或市场条件不能满足全负荷生产时，企业一般采用集中一段时间生产的方式，以保证经济性和设备效率。对于因特殊原因仅能达到 55%～75%设计负荷的企业（或某一生产制造时段），工业废水量的核算可以按照 75%以上正常生产负荷时污染物产生和排放量的 120%计算。但大气污染物和工业固体废物的产生与排放量仅与产品量有关，与工况负荷无关。

当产品加工量低于 55%负荷时，企业和设备都无法维持继续正常生产，一般不会出现这种情况。

2.4 生产非单一产品企业污染物产排量核算

每个活性炭制造企业的产品大多是多品种的，包括多种原料、多种产品规格。在污染源普查时须以产品为依据，然后按照每种产品的生产工艺和规模分别查找本手册提供的产排污系数进行统计。在同一个企业一种产品可能同时有几条生产线生产，每条生产线的规模和生产工艺也可能不尽相同，统计时须严格区分，分装置统计单条生产线的污染物产生量和排放量，最后进行加和，得到全活性炭制造企业的污染物产生量和排放量。

2.5 有关活性炭产品名称、工艺名称对照表

在活性炭制造行业内有一些约定俗成的产品名称和生产工艺名称，有些与国家标准和行业规范不尽一致，为便于在第一次全国工业污染源普查中使用本手册，特归纳污染源普查中有关活性炭制造业产品、工艺的名称对照表，见表 2。

表 2 手册中部分产品名称、原料名称及工艺名称的说明与对照

<table>
<tr><th colspan="2">手册中使用的名称</th><th>其他使用的名称</th><th>可涵盖范围</th><th>说 明</th></tr>
<tr><td rowspan="3">产品</td><td>成型活性炭</td><td></td><td>原料准备时加工成柱状、片状、块状等形状的活性炭</td><td>只包括炭化、活化前成型原料加工的产品，不包括粉末活性炭成型产品</td></tr>
<tr><td>无定形活性炭</td><td>颗粒活性炭、破碎活性炭</td><td>无烟煤、椰壳、果壳等原料制造的无定形活性炭</td><td></td></tr>
<tr><td>粉末活性炭</td><td>粉末活性炭</td><td></td><td></td></tr>
<tr><td rowspan="2">原料</td><td>炭化料</td><td></td><td>包括煤质炭化料和木质炭化料</td><td>炭质原料经炭化处理，用于活化加工的中间产品</td></tr>
<tr><td>筛下活性炭</td><td>筛后炭、下脚炭</td><td>筛选下来的细粒活性炭</td><td></td></tr>
<tr><td rowspan="4">工艺</td><td>槽式炭化</td><td>地坑炭化、炭窑炭化</td><td>各种土法炭化工艺和设施</td><td></td></tr>
<tr><td>竖窑炭化</td><td>立窑炭化、立式炉炭化</td><td>立式多槽炉炭化、螺旋式炭化炉炭化、流态化炭化炉炭化</td><td></td></tr>
<tr><td>耙式炉炭化</td><td>多层炉炭化</td><td></td><td>引进美国技术，能力大</td></tr>
<tr><td>焖烧法活化</td><td>活化罐活化</td><td></td><td>一种烟气活化的传统工艺</td></tr>
</table>

2.6 其他需要说明的问题

活性炭制造企业有时在一年中利用同一条生产线生产多种原料和规格的产品，此时产排污量只与全年制造的各种分类产品的数量有关，与生产时间长短无关。

很多活性炭制造企业为满足市场的多样化需求，同时经销其他活性炭制造企业生产的活性炭，如木质活性炭制造企业销售煤质活性炭，煤质活性炭制造企业销售木质活性炭等。此时应严格区分是否属于本企业加工制造的产品，按照“谁生产，谁排污”的原则，分别计算产排污量。

2663 活性炭制造行业产排污系数表

产品名称	原料名称	工艺名称	规模等级	污染物指标		单位	产污系数	末端治理技术名称	排污系数
煤质成型活性炭	无烟煤	回转窑炭化+斯列普炉活化	所有规模	工业废水量	酸洗	吨/吨产品	13.52	直排	13.52①
					无酸洗	吨/吨产品	0.45	直排	0.45①
				化学需氧量③		克/吨产品	3 640	化学沉淀	2 185②
				工业废气量		米 ^{3}/吨产品	14 100	直排	14 100
				烟尘		千克/吨产品	78.25	多管旋风除尘	15.65
				工业粉尘		千克/吨产品	25.13	多管旋风除尘	5.03
				二氧化硫		千克/吨产品	6.57	直排	6.57
				工业固体废物		千克/吨产品	28.57	—	—
				HW34 危险废物（废酸）		千克/吨产品	2.23④	—	—
煤质成型活性炭	无烟煤	回转窑炭化+转炉活化	所有规模	工业废水量	酸洗	吨/吨产品	15.36	直排	15.36①
					无酸洗	吨/吨产品	0.51	直排	0.51①
				化学需氧量③		克/吨产品	3 645	化学沉淀	2 190②
				工业废气量		米 ^{3}/吨产品	15 200	直排	15 200
				烟尘		千克/吨产品	78.32	多管旋风除尘	15.67
				工业粉尘		千克/吨产品	25.13	单筒旋风除尘	7.04
				二氧化硫		千克/吨产品	6.73	直排	6.73
				工业固体废物		千克/吨产品	30.14	—	—
				HW34 危险废物（废酸）		千克/吨产品	2.27④	—	—

注：① 此处为直排数据，若工业废水经处理后循环回用时，工业废水量排污系数=产污系数×（1-循环利用率），当废水经处理 100%回用时为零排放，则排污系数为零。

② 当工业废水部分或全部循环利用时，化学需氧量指标排污系数=表中所列直排时排污系数×（1－循环利用率）。

③ 没有酸洗工艺的生产线，化学需氧量指标按照有酸洗工艺的 10%计算产排污量。

④ 没有酸洗工艺的生产线不计算此项指标。

2663 活性炭制造行业产排污系数表（续 1）

产品名称	原料名称	工艺名称	规模等级	污染物指标		单位	产污系数	末端治理技术名称	排污系数
煤质成型活性炭	无烟煤	槽式炭化+管式炉活化	所有规模	工业废水量	酸洗	吨/吨产品	16.28	直排	16.28①
					无酸洗	吨/吨产品	0.56	直排	0.56①
				化学需氧量③		克/吨产品	3 820	化学沉淀	2 490②
				工业废气量		米 ^{3}/吨产品	16 800	直排	16 800
				烟尘		千克/吨产品	84.40	单筒旋风除尘	23.50
				工业粉尘		千克/吨产品	28.43	单筒旋风除尘	7.96
				二氧化硫		千克/吨产品	5.78	直排	5.78
				工业固体废物		千克/吨产品	28.41	—	—
				HW34 危险废物（废酸）		千克/吨产品	2.21④	—	—
煤质成型活性炭	无烟煤	耙式炉炭化+斯列普炉活化	所有规模	工业废水量	酸洗	吨/吨产品	12.65	直排	12.65①
					无酸洗	吨/吨产品	0.42	直排	0.42①
				化学需氧量③		克/吨产品	3 220	化学沉淀	2 330②
				工业废气量		米 ^{3}/吨产品	17 200	直排	17 200
				烟尘		千克/吨产品	65.64	单筒旋风除尘	18.35
				工业粉尘		千克/吨产品	26.50	单筒旋风除尘	7.47
				二氧化硫		千克/吨产品	5.84	直排	5.84
				工业固体废物		千克/吨产品	32.27	—	—
				HW34 危险废物（废酸）		千克/吨产品	2.32④	—	—

注：① 此处为直排数据，若工业废水经处理后循环回用时，工业废水量排污系数=产污系数×（1－循环利用率），当废水经处理 100%回用时为零排放，则排污系数为零。

② 当工业废水部分或全部循环利用时，化学需氧量指标排污系数=表中所列直排时排污系数×（1－循环利用率）。

③ 没有酸洗工艺的生产线，化学需氧量指标按照有酸洗工艺的 10%计算产排污量。

④ 没有酸洗工艺的生产线不计算此项指标。

2663 活性炭制造行业产排污系数表（续 2）

产品名称	原料名称	工艺名称	规模等级	污染物指标		单位	产污系数	末端治理技术名称	排污系数
煤质成型活性炭	无烟煤	耙式炉炭化+转炉活化	所有规模	工业废水量	酸洗	吨/吨产品	16.50	直排	16.50①
					无酸洗	吨/吨产品	0.57	直排	0.57①
				化学需氧量③		克/吨产品	3 830	化学沉淀	2 510②
				工业废气量		米^3/吨产品	16 300	直排	16 300
				烟尘		千克/吨产品	84.60	烟气焚烧	50.75
				工业粉尘		千克/吨产品	28.90	烟气焚烧	17.68
				二氧化硫		千克/吨产品	5.12	直排	5.12
				工业固体废物		千克/吨产品	33.41	—	—
				HW34 危险废物（废酸）		千克/吨产品	2.34④	—	—
煤质成型活性炭	烟煤	回转窑炭化+斯列普炉活化	所有规模	工业废水量	酸洗	吨/吨产品	14.24	直排	14.24①
					无酸洗	吨/吨产品	0.46	直排	0.46①
				化学需氧量③		克/吨产品	4 250	化学沉淀	2 850②
				工业废气量		米^3/吨产品	17 200	直排	17 200
				烟尘		千克/吨产品	112.34	多管旋风除尘	22.48
				工业粉尘		千克/吨产品	31.55	多管旋风除尘	6.34
				二氧化硫		千克/吨产品	16.89	直排	16.89
				工业固体废物		千克/吨产品	34.53	—	—
				HW34 危险废物（废酸）		千克/吨产品	2.31④	—	—

注：① 此处为直排数据，若工业废水经处理后循环回用时，工业废水量排污系数=产污系数×（1－循环利用率），当废水经处理 100%回用时为零排放，则排污系数为零。

② 当工业废水部分或全部循环利用时，化学需氧量指标排污系数=表中所列直排时排污系数×（1－循环利用率）。

③ 没有酸洗工艺的生产线，化学需氧量指标按照有酸洗工艺的 10%计算产排污量。

④ 没有酸洗工艺的生产线不计算此项指标。

2663　活性炭制造行业产排污系数表（续 3）

产品名称	原料名称	工艺名称	规模等级	污染物指标		单位	产污系数	末端治理技术名称	排污系数
煤质成型活性炭	烟煤	回转窑炭化+转炉活化	所有规模	工业废水量	酸洗	吨/吨产品	14.37	直排	14.37①
					无酸洗	吨/吨产品	0.45	直排	0.45①
				化学需氧量③		克/吨产品	4 260	化学沉淀	2 660②
				工业废气量		米 ^{3}/吨产品	17 300	直排	17 300
				烟尘		千克/吨产品	114.20	烟气焚烧	17.15
				工业粉尘		千克/吨产品	31.86	烟气焚烧	4.80
				二氧化硫		千克/吨产品	6.76	直排	6.76
				工业固体废物		千克/吨产品	28.37	—	—
				HW34 危险废物（废酸）		千克/吨产品	2.32④	—	—
煤质成型活性炭	烟煤	竖窑炭化+转炉活化	所有规模	工业废水量	酸洗	吨/吨产品	12.33	直排	12.33①
					无酸洗	吨/吨产品	0.43	直排	0.43①
				化学需氧量③		克/吨产品	4 280	化学沉淀	2 570②
				工业废气量		米 ^{3}/吨产品	14 800	直排	14 800
				烟尘		千克/吨产品	116.60	单筒旋风除尘	32.65
				工业粉尘		千克/吨产品	32.30	单筒旋风除尘	9.05
				二氧化硫		千克/吨产品	16.52	直排	16.52
				工业固体废物		千克/吨产品	26.60	—	—
				HW34 危险废物（废酸）		千克/吨产品	2.32④	—	—

注：① 此处为直排数据，若工业废水经处理后循环回用时，工业废水量排污系数=产污系数×（1－循环利用率），当废水经处理 100%回用时为零排放，则排污系数为零。

② 当工业废水部分或全部循环利用时，化学需氧量指标排污系数=表中所列直排时排污系数×（1－循环利用率）。

③ 没有酸洗工艺的生产线，化学需氧量指标按照有酸洗工艺的 10%计算产排污量。

④ 没有酸洗工艺的生产线不计算此项指标。

2663　活性炭制造行业产排污系数表（续 4）

产品名称	原料名称	工艺名称	规模等级	污染物指标		单位	产污系数	末端治理技术名称	排污系数
煤质成型活性炭	烟煤	槽式炭化+转炉活化	所有规模	工业废水量	酸洗	吨/吨产品	14.92	直排	14.92①
					无酸洗	吨/吨产品	0.47	直排	0.47①
				化学需氧量③		克/吨产品	3 867	化学沉淀	2 320②
				工业废气量		米 ^{3}/吨产品	16 300	直排	16 300
				烟尘		千克/吨产品	127.70	单筒旋风除尘	35.76
				工业粉尘		千克/吨产品	42.24	单筒旋风除尘	11.85
				二氧化硫		千克/吨产品	6.85	直排	6.85
				工业固体废物		千克/吨产品	56.65	—	—
				HW34 危险废物（废酸）		千克/吨产品	2.35④	—	—
煤质无定形炭	无烟煤	回转窑炭化+斯列普炉活化	所有规模	工业废水量	酸洗	吨/吨产品	16.28	直排	16.28①
					无酸洗	吨/吨产品	0.58	直排	0.58①
				化学需氧量③		克/吨产品	3 620	化学沉淀	2 230②
				工业废气量		米 ^{3}/吨产品	16 650	直排	16 650
				烟尘		千克/吨产品	84.46	单筒旋风除尘	23.68
				工业粉尘		千克/吨产品	28.43	单筒旋风除尘	7.97
				二氧化硫		千克/吨产品	6.38	直排	6.38
				工业固体废物		千克/吨产品	36.40	—	—
				HW34 危险废物（废酸）		千克/吨产品	2.21④	—	—

注：① 此处为直排数据，若工业废水经处理后循环回用时，工业废水量排污系数=产污系数×（1－循环利用率），当废水经处理 100%回用时为零排放，则排污系数为零。

② 当工业废水部分或全部循环利用时，化学需氧量指标排污系数=表中所列直排时排污系数×（1－循环利用率）。

③ 没有酸洗工艺的生产线，化学需氧量指标按照有酸洗工艺的 10%计算产排污量。

④ 没有酸洗工艺的生产线不计算此项指标。

2663 活性炭制造行业产排污系数表（续 5）

产品名称	原料名称	工艺名称	规模等级	污染物指标		单位	产污系数	末端治理技术名称	排污系数
煤质无定形炭	无烟煤	槽式炭化+转炉活化	所有规模	工业废水量	酸洗	吨/吨产品	15.46	直排	15.46①
					无酸洗	吨/吨产品	0.53	直排	0.53①
				化学需氧量③		克/吨产品	3 285	化学沉淀	1 990②
				工业废气量		米^3/吨产品	14 300	直排	14 300
				烟尘		千克/吨产品	85.66	单筒旋风除尘	19.35
				工业粉尘		千克/吨产品	34.26	单筒旋风除尘	7.06
				二氧化硫		千克/吨产品	5.79	直排	5.79
				工业固体废物		千克/吨产品	51.42	—	—
				HW34 危险废物（废酸）		千克/吨产品	2.28④	—	—
煤质无定形炭	无烟煤	回转窑炭化化+管式炉活化	所有规模	工业废水量	酸洗	吨/吨产品	13.26	直排	13.26①
					无酸洗	吨/吨产品	0.46	直排	0.46①
				化学需氧量③		克/吨产品	3 258	化学沉淀	1 956②
				工业废气量		米^3/吨产品	14 350	直排	14 350
				烟尘		千克/吨产品	82.53	单筒旋风除尘	23.12
				工业粉尘		千克/吨产品	33.78	单筒旋风除尘	9.48
				二氧化硫		千克/吨产品	5.49	直排	5.49
				工业固体废物		千克/吨产品	28.55	—	—
				HW34 危险废物（废酸）		千克/吨产品	2.26④	—	—

注：① 此处为直排数据，若工业废水经处理后循环回用时，工业废水量排污系数=产污系数×（1－循环利用率），当废水经处理 100%回用时为零排放，则排污系数为零。

② 当工业废水部分或全部循环利用时，化学需氧量指标排污系数=表中所列直排时排污系数×（1－循环利用率）。

③ 没有酸洗工艺的生产线，化学需氧量指标按照有酸洗工艺的 10%计算产排污量。

④ 没有酸洗工艺的生产线不计算此项指标。

2663 活性炭制造行业产排污系数表（续 6）

产品名称	原料名称	工艺名称	规模等级	污染物指标		单位	产污系数	末端治理技术名称	排污系数
煤质无定形活性炭	烟煤	竖窑炭化+管式炉活化	所有规模	工业废水量	酸洗	吨/吨产品	15.22	直排	15.22①
					无酸洗	吨/吨产品	0.52	直排	0.52①
				化学需氧量③		克/吨产品	4 560	化学沉淀	2 745②
				工业废气量		米^3/吨产品	15 600	直排	15 600
				烟尘		千克/吨产品	135.52	多管旋风除尘	28.12
				工业粉尘		千克/吨产品	35.84	多管旋风除尘	7.28
				二氧化硫		千克/吨产品	6.97	直排	6.97
				工业固体废物		千克/吨产品	34.75	—	—
				HW34 危险废物（废酸）		千克/吨产品	2.28④	—	—
煤质无定形活性炭	烟煤	竖窑炭化+转炉活化	所有规模	工业废水量	酸洗	吨/吨产品	12.85	直排	12.85①
					无酸洗	吨/吨产品	0.41	直排	0.41①
				化学需氧量③		克/吨产品	4 570	化学沉淀	2 755②
				工业废气量		米^3/吨产品	15 750	直排	15 750
				烟尘		千克/吨产品	130.43	单筒旋风除尘	36.43
				工业粉尘		千克/吨产品	32.82	单筒旋风除尘	9.25
				二氧化硫		千克/吨产品	6.57	直排	6.57
				工业固体废物		千克/吨产品	35.52	—	—
				HW34 危险废物（废酸）		千克/吨产品	2.28④	—	—

注：① 此处为直排数据，若工业废水经处理后循环回用时，工业废水量排污系数=产污系数×（1－循环利用率），当废水经处理 100%回用时为零排放，则排污系数为零。

② 当工业废水部分或全部循环利用时，化学需氧量指标排污系数=表中所列直排时排污系数×（1－循环利用率）。

③ 没有酸洗工艺的生产线，化学需氧量指标按照有酸洗工艺的 10%计算产排污量。

④ 没有酸洗工艺的生产线不计算此项指标。

2663　活性炭制造行业产排污系数表（续 7）

产品名称	原料名称	工艺名称	规模等级	污染物指标		单位	产污系数	末端治理技术名称	排污系数
煤质无定形活性炭	烟煤	槽式炭化+转炉活化	所有规模	工业废水量	酸洗	吨/吨产品	18.10	直排	18.10①
					无酸洗	吨/吨产品	0.62	直排	0.62①
				化学需氧量③		克/吨产品	3 660	化学沉淀	2 216②
				工业废气量		米³/吨产品	19 100	直排	19 100
				烟尘		千克/吨产品	135.50	多管旋风除尘	27.21
				工业粉尘		千克/吨产品	45.37	多管旋风除尘	9.07
				二氧化硫		千克/吨产品	6.28	直排	6.28
				工业固体废物		千克/吨产品	55.50	—	—
				HW34 危险废物（废酸）		千克/吨产品	2.30④	—	—
煤质无定形活性炭	褐煤	竖窑炭化+斯列普炉活化	所有规模	工业废水量	酸洗	吨/吨产品	15.22	直排	15.22①
					无酸洗	吨/吨产品	0.53	直排	0.53①
				化学需氧量③		克/吨产品	3 510	化学沉淀	2 116②
				工业废气量		米³/吨产品	18 700	直排	18 700
				烟尘		千克/吨产品	132.50	单筒旋风除尘	37.10
				工业粉尘		千克/吨产品	35.84	单筒旋风除尘	7.18
				二氧化硫		千克/吨产品	7.27	直排	7.27
				工业固体废物		千克/吨产品	35.47	—	—
				HW34 危险废物（废酸）		千克/吨产品	2.28④	—	—

注：① 此处为直排数据，若工业废水经处理后循环回用时，工业废水量排污系数=产污系数×（1－循环利用率），当废水经处理 100%回用时为零排放，则排污系数为零。

② 当工业废水部分或全部循环利用时，化学需氧量指标排污系数=表中所列直排时排污系数×（1－循环利用率）。

③ 没有酸洗工艺的生产线，化学需氧量指标按照有酸洗工艺的 10%计算产排污量。

④ 没有酸洗工艺的生产线不计算此项指标。

2663 活性炭制造行业产排污系数表（续 8）

产品名称	原料名称	工艺名称	规模等级	污染物指标		单位	产污系数	末端治理技术名称	排污系数
煤质无定形活性炭	褐煤	回转窑炭化+转炉活化	所有规模	工业废水量	酸洗	吨/吨产品	16.15	直排	16.15①
					无酸洗	吨/吨产品	0.62	直排	0.62①
				化学需氧量③		克/吨产品	4 640	化学沉淀	2 785②
				工业废气量		米 ^{3}/吨产品	21 200	直排	21 200
				烟尘		千克/吨产品	138.20	多管旋风除尘	27.64
				工业粉尘		千克/吨产品	38.26	多管旋风除尘	7.66
				二氧化硫		千克/吨产品	4.84	直排	4.84
				工业固体废物		千克/吨产品	31.36	—	—
				HW34 危险废物（废酸）		千克/吨产品	2.30④	—	—
煤质无定形活性炭	无烟煤	筛分+斯列普炉活化	所有规模	工业废水量	酸洗	吨/吨产品	16.32	直排	16.32①
					无酸洗	吨/吨产品	0.64	直排	0.64①
				化学需氧量③		克/吨产品	2 830	化学沉淀	1 707②
				工业废气量		米 ^{3}/吨产品	12 700	直排	12 700
				烟尘		千克/吨产品	47.60	多管旋风除尘	9.57
				工业粉尘		千克/吨产品	15.40	多管旋风除尘	3.12
				二氧化硫		千克/吨产品	3.45	直排	3.45
				工业固体废物		千克/吨产品	21.72	—	—
				HW34 危险废物（废酸）		千克/吨产品	2.31④	—	—

注：① 此处为直排数据，若工业废水经处理后循环回用时，工业废水量排污系数=产污系数×（1－循环利用率），当废水经处理 100%回用时为零排放，则排污系数为零。

② 当工业废水部分或全部循环利用时，化学需氧量指标排污系数=表中所列直排时排污系数×（1－循环利用率）。

③ 没有酸洗工艺的生产线，化学需氧量指标按照有酸洗工艺的 10%计算产排污量。

④ 没有酸洗工艺的生产线不计算此项指标。

2663 活性炭制造行业产排污系数表（续 9）

产品名称	原料名称	工艺名称	规模等级	污染物指标		单位	产污系数	末端治理技术名称	排污系数
煤质无定形活性炭	无烟煤	筛分+转炉活化	所有规模	工业废水量	酸洗	吨/吨产品	13.20	直排	13.20①
					无酸洗	吨/吨产品	0.47	直排	0.47①
				化学需氧量③		克/吨产品	3 340	化学沉淀	2 010②
				工业废气量		米³/吨产品	9 860	直排	9 860
				烟尘		千克/吨产品	47.10	多管旋风除尘	9.43
				工业粉尘		千克/吨产品	15.13	多管旋风除尘	3.25
				工业固体废物		千克/吨产品	18.72	—	—
				HW34 危险废物（废酸）		千克/吨产品	2.25④	—	—
煤质无定形活性炭	煤质炭化料⑤⑥	斯列普炉活化	所有规模	工业废水量	酸洗	吨/吨产品	9.20	直排	9.20①
					无酸洗	吨/吨产品	0.38	直排	0.38①
				化学需氧量③		克/吨产品	15.31	化学沉淀	9.32②
				工业废气量		米³/吨产品	9 810	直排	9 810
				烟尘		千克/吨产品	39.87	单筒旋风除尘	11.18
				工业粉尘		千克/吨产品	4.65	直排	4.65
				工业固体废物		千克/吨产品	14.20	—	—
				HW34 危险废物（废酸）		千克/吨产品	2.35④	—	—

注：① 此处为直排数据，若工业废水经处理后循环回用时，工业废水量排污系数=产污系数×（1－循环利用率），当废水经处理 100%回用时为零排放，则排污系数为零。

② 当工业废水部分或全部循环利用时，化学需氧量指标排污系数=表中所列直排时排污系数×（1－循环利用率）。

③ 没有酸洗工艺的生产线，化学需氧量指标按照有酸洗工艺的 10%计算产排污量。

④ 没有酸洗工艺的生产线不计算此项指标。

⑤ 煤质炭化料为活性炭制造厂外购中间产品，不分煤类。

⑥ 炭化料制造中已基本将二氧化硫释放完全，故无二氧化硫指标。

2663 活性炭制造行业产排污系数表（续 10）

产品名称	原料名称	工艺名称	规模等级	污染物指标		单位	产污系数	末端治理技术名称	排污系数
煤质无定形活性炭	煤质炭化料④⑤	转炉活化	所有规模	工业废水量	酸洗	吨/吨产品	8.07	直排	8.07①
					无酸洗	吨/吨产品	0.36	直排	0.36①
				化学需氧量③		克/吨产品	1 864	化学沉淀	1 120②
				工业废气量		米 ^{3}/吨产品	8 230	直排	8 230
				烟尘		千克/吨产品	40.12	单筒旋风除尘	11.51
				工业粉尘		千克/吨产品	12.57	单筒旋风除尘	3.53
				工业固体废物		千克/吨产品	25.86	—	—
				HW34 危险废物（废酸）		千克/吨产品	1.17④	—	—
木质无定形活性炭	椰壳	竖窑炭化+斯列普炉活化	所有规模	工业废水量	酸洗	吨/吨产品	12.56	直排	12.56①
					无酸洗	吨/吨产品	0.44	直排	0.44①
				化学需氧量③		克/吨产品	1 823	化学沉淀	1 107②
				工业废气量		米 ^{3}/吨产品	12 700	直排	12 700
				烟尘		千克/吨产品	112.5	多管旋风除尘	22.69
				工业粉尘		千克/吨产品	33.65	多管旋风除尘	6.75
				工业固体废物		千克/吨产品	22.40	—	—
				HW34 危险废物（废酸）		千克/吨产品	2.22④	—	—

注：① 此处为直排数据，若工业废水经处理后循环回用时，工业废水量排污系数=产污系数×（1－循环利用率），当废水经处理 100%回用时为零排放，则排污系数为零。

② 当工业废水部分或全部循环利用时，化学需氧量指标排污系数=表中所列直排时排污系数×（1－循环利用率）。

③ 没有酸洗工艺的生产线，化学需氧量指标按照有酸洗工艺的 10%计算产排污量。

④ 没有酸洗工艺的生产线不计算此项指标。

⑤ 煤质炭化料为活性炭制造厂外购中间产品，不分煤类。

2663 活性炭制造行业产排污系数表（续 11）

产品名称	原料名称	工艺名称	规模等级	污染物指标		单位	产污系数	末端治理技术名称	排污系数
木质无定形活性炭	椰壳	竖窑炭化+管式炉活化	所有规模	工业废水量	酸洗	吨/吨产品	17.53	直排	17.53①
					无酸洗	吨/吨产品	0.61	直排	0.61①
				化学需氧量③		克/吨产品	1 830	化学沉淀	1 104②
				工业废气量		米³/吨产品	12 800	直排	12 800
				烟尘		千克/吨产品	136.6	单筒旋风除尘	38.35
				工业粉尘		千克/吨产品	32.47	单筒旋风除尘	9.10
				工业固体废物		千克/吨产品	15.58	—	—
				HW34 危险废物（废酸）		千克/吨产品	2.32④	—	—
	果壳	竖窑炭化+转炉活化	所有规模	工业废水量	酸洗	吨/吨产品	13.24	直排	13.24①
					无酸洗	吨/吨产品	0.49	直排	0.49①
				化学需氧量③		克/吨产品	1 920	化学沉淀	115.2②
				工业废气量		米³/吨产品	13 600	直排	13 600
				烟尘		千克/吨产品	110.3	多管旋风除尘	22.30
				工业粉尘		千克/吨产品	31.57	多管旋风除尘	6.36
				工业固体废物		千克/吨产品	15.23	—	—
				HW34 危险废物（废酸）		千克/吨产品	2.36④	—	—

注：① 此处为直排数据，若工业废水经处理后循环回用时，工业废水量排污系数=产污系数×（1－循环利用率），当废水经处理 100%回用时为零排放，则排污系数为零。

② 当工业废水部分或全部循环利用时，化学需氧量指标排污系数=表中所列直排时排污系数×（1－循环利用率）。

③ 没有酸洗工艺的生产线，化学需氧量指标按照有酸洗工艺的 10%计算产排污量。

④ 没有酸洗工艺的生产线不计算此项指标。

2663 活性炭制造行业产排污系数表（续 12）

产品名称	原料名称	工艺名称	规模等级	污染物指标		单位	产污系数	末端治理技术名称	排污系数
木质无定形活性炭	果壳	竖窑炭化+斯列普炉活化	所有规模	工业废水量	酸洗	吨/吨产品	16.74	直排	16.74①
					无酸洗	吨/吨产品	0.58	直排	0.58①
				化学需氧量③		克/吨产品	3 340	化学沉淀	2 060②
				工业废气量		米³/吨产品	14 150	直排	14 150
				烟尘		千克/吨产品	110.3	单筒旋风除尘	31.10
				工业粉尘		千克/吨产品	31.57	单筒旋风除尘	8.85
				工业固体废物		千克/吨产品	23.25	—	—
				HW34 危险废物（废酸）		千克/吨产品	2.36④	—	—
木质无定形活性炭	果壳	槽式炭化+管式炉活化	所有规模	工业废水量	酸洗	吨/吨产品	15.18	直排	15.18①
					无酸洗	吨/吨产品	0.54	直排	0.54①
				化学需氧量③		克/吨产品	3 950	化学沉淀	2 422②
				工业废气量		米³/吨产品	16 300	直排	16 300
				烟尘		千克/吨产品	132.4	单筒旋风除尘	37.15
				工业粉尘		千克/吨产品	37.89	单筒旋风除尘	10.65
				工业固体废物		千克/吨产品	24.70	—	—
				HW34 危险废物（废酸）		千克/吨产品	2.38④	—	—

注：① 此处为直排数据，若工业废水经处理后循环回用时，工业废水量排污系数=产污系数×（1－循环利用率），当废水经处理 100%回用时为零排放，则排污系数为零。

② 当工业废水部分或全部循环利用时，化学需氧量指标排污系数=表中所列直排时排污系数×（1－循环利用率）。

③ 没有酸洗工艺的生产线，化学需氧量指标按照有酸洗工艺的 10%计算产排污量。

④ 没有酸洗工艺的生产线不计算此项指标。

2663　活性炭制造行业产排污系数表（续13）

产品名称	原料名称	工艺名称	规模等级	污染物指标		单位	产污系数	末端治理技术名称	排污系数
木质粉末活性炭	木屑	竖窑炭化+焖烧炉活化	所有规模	工业废水量	酸洗	吨/吨产品	17.65	直排	17.65①
					无酸洗	吨/吨产品	0.61	直排	0.61①
				化学需氧量③		克/吨产品	3 226	化学沉淀	1 947②
				工业废气量		米 ^{3}/吨产品	16 230	直排	16 230
				烟尘		千克/吨产品	122.7	单筒旋风除尘	22.54
				工业粉尘		千克/吨产品	33.16	单筒旋风除尘	6.17
				工业固体废物		千克/吨产品	24.26	—	—
				HW34 危险废物（废酸）		千克/吨产品	2.36④	—	—
木质粉末活性炭	木屑	槽式炭化+焖烧炉活化	所有规模	工业废水量	酸洗	吨/吨产品	14.73	直排	14.73①
					无酸洗	吨/吨产品	0.47	直排	0.47①
				化学需氧量③		克/吨产品	3 147	化学沉淀	1 892②
				工业废气量		米 ^{3}/吨产品	18 660	直排	18 660
				烟尘		千克/吨产品	133.3	单筒旋风除尘	23.72
				工业粉尘		千克/吨产品	38.44	单筒旋风除尘	7.53
				工业固体废物		千克/吨产品	28.63	—	—
				HW34 危险废物（废酸）		千克/吨产品	2.42④	—	—

注：① 此处为直排数据，若工业废水经处理后循环回用时，工业废水量排污系数=产污系数×（1－循环利用率），当废水经处理 100%回用时为零排放，则排污系数为零。

② 当工业废水部分或全部循环利用时，化学需氧量指标排污系数=表中所列直排时排污系数×（1－循环利用率）。

③ 没有酸洗工艺的生产线，化学需氧量指标按照有酸洗工艺的 10%计算产排污量。

④ 没有酸洗工艺的生产线不计算此项指标。

2663 活性炭制造行业产排污系数表（续 14）

产品名称	原料名称	工艺名称	规模等级	污染物指标		单位	产污系数	末端治理技术名称	排污系数
木质无定形活性炭	椰壳	竖窑炭化+氯化锌活化	所有规模	工业废水量	酸洗	吨/吨产品	55.88	直排	55.88[①]
					无酸洗	吨/吨产品	0.78	直排	0.78[①]
				化学需氧量[③]		克/吨产品	4 870	化学沉淀	3 120[②]
				工业废气量		米^3/吨产品	21 200	直排	21 200
				烟尘		千克/吨产品	225.3	单筒旋风除尘	63.12
				工业粉尘		千克/吨产品	65.74	单筒旋风除尘	18.40
				工业固体废物		千克/吨产品	34.33	—	—
				HW34 危险废物（废酸）		千克/吨产品	2.45[④]	—	—
				HW23 危险废物（含锌废物）		千克/吨产品	15.4	—	—
木质无定形活性炭	果壳	竖窑炭化+氯化锌活化	所有规模	工业废水量	酸洗	吨/吨产品	56.25	直排	56.25[①]
					无酸洗	吨/吨产品	0.76	直排	0.76[①]
				化学需氧量[③]		克/吨产品	4 950	化学沉淀	3 320[②]
				工业废气量		米^3/吨产品	21 400	直排	21 400
				烟尘		千克/吨产品	228.6	单筒旋风除尘	64.20
				工业粉尘		千克/吨产品	67.30	单筒旋风除尘	18.85
				工业固体废物		千克/吨产品	32.23	—	—
				HW34 危险废物（废酸）		千克/吨产品	2.42[④]	—	—
				HW23 危险废物（含锌废物）		千克/吨产品	25.6	—	—

注：① 此处为直排数据，若工业废水经处理后循环回用时，工业废水量排污系数=产污系数×（1－循环利用率），当废水经处理 100%回用时为零排放，则排污系数为零。

② 当工业废水部分或全部循环利用时，化学需氧量指标排污系数=表中所列直排时排污系数×（1－循环利用率）。

③ 没有酸洗工艺的生产线，化学需氧量指标按照有酸洗工艺的 10%计算产排污量。

④ 没有酸洗工艺的生产线不计算此项指标。

2663 活性炭制造行业产排污系数表（续 15）

产品名称	原料名称	工艺名称	规模等级	污染物指标		单位	产污系数	末端治理技术名称	排污系数
木质无定形活性炭	木屑	回转窑炭化+氯化锌活化	所有规模	工业废水量	酸洗	吨/吨产品	56.78	直排	56.78①
					无酸洗	吨/吨产品	0.75	直排	0.75①
				化学需氧量③		克/吨产品	4 810	化学沉淀	2 895②
				工业废气量		米³/吨产品	22 200	直排	22 200
				烟尘		千克/吨产品	235.3	单筒旋风除尘	65.90
				工业粉尘		千克/吨产品	66.34	单筒旋风除尘	18.75
				工业固体废物		千克/吨产品	34.33	—	—
				HW34 危险废物（废酸）		千克/吨产品	2.38④	—	—
				HW23 危险废物（含锌废物）		千克/吨产品	16.8	—	—
木质无定形活性炭	木屑	槽式炭化+氯化锌活化	所有规模	工业废水量	酸洗	吨/吨产品	50.46	直排	50.46①
					无酸洗	吨/吨产品	0.79	直排	0.79①
				化学需氧量③		克/吨产品	5 190	化学沉淀	3 120②
				工业废气量		米³/吨产品	22 500	直排	22 500
				烟尘		千克/吨产品	265.3	单筒旋风除尘	74.65
				工业粉尘		千克/吨产品	108.2	单筒旋风除尘	30.30
				工业固体废物		千克/吨产品	32.26	—	—
				HW34 危险废物（废酸）		千克/吨产品	2.23④	—	—
				HW23 危险废物（含锌废物）		千克/吨产品	15.3	—	—

注：① 此处为直排数据，若工业废水经处理后循环回用时，工业废水量排污系数=产污系数×（1－循环利用率），当废水经处理 100%回用时为零排放，则排污系数为零。

② 当工业废水部分或全部循环利用时，化学需氧量指标排污系数=表中所列直排时排污系数×（1－循环利用率）。

③ 没有酸洗工艺的生产线，化学需氧量指标按照有酸洗工艺的 10%计算产排污量。

④ 没有酸洗工艺的生产线不计算此项指标。

2663　活性炭制造行业产排污系数表（续16）

产品名称	原料名称	工艺名称	规模等级	污染物指标		单位	产污系数	末端治理技术名称	排污系数
木质粉末活性炭	木屑	竖窑炭化+氯化锌活化	所有规模	工业废水量	酸洗	吨/吨产品	56.85	直排	56.85①
					无酸洗	吨/吨产品	0.78	直排	0.78①
				化学需氧量③		克/吨产品	5 150	化学沉淀	3 130②
				工业废气量		米 ^{3}/吨产品	23 100	直排	23 100
				烟尘		千克/吨产品	327.5	单筒旋风除尘	92.70
				工业粉尘		千克/吨产品	75.34	单筒旋风除尘	21.15
				工业固体废物		千克/吨产品	28.30	—	—
				HW34 危险废物（废酸）		千克/吨产品	2.38④	—	—
				HW23 危险废物（含锌废物）		千克/吨产品	16.8	—	—
木质粉末活性炭	果壳	平板炉炭化+氯化锌活化	所有规模	工业废水量	酸洗	吨/吨产品	55.40	直排	55.40①
					无酸洗	吨/吨产品	0.80	直排	0.80①
				化学需氧量③		克/吨产品	5 105	化学沉淀	3 085②
				工业废气量		米 ^{3}/吨产品	23 500	直排	23 500
				烟尘		千克/吨产品	313.5	单筒旋风除尘	88.25
				工业粉尘		千克/吨产品	68.20	单筒旋风除尘	19.12
				工业固体废物		千克/吨产品	23.65	—	—
				HW34 危险废物（废酸）		千克/吨产品	2.43④	—	—
				HW23 危险废物（含锌废物）		千克/吨产品	16.6	—	—

注：① 此处为直排数据，若工业废水经处理后循环回用时，工业废水量排污系数=产污系数×（1－循环利用率），当废水经处理100%回用时为零排放，则排污系数为零。

② 当工业废水部分或全部循环利用时，化学需氧量指标排污系数=表中所列直排时排污系数×（1－循环利用率）。

③ 没有酸洗工艺的生产线，化学需氧量指标按照有酸洗工艺的10%计算产排污量。

④ 没有酸洗工艺的生产线不计算此项指标。

2663 活性炭制造行业产排污系数表（续 17）

产品名称	原料名称	工艺名称	规模等级	污染物指标		单位	产污系数	末端治理技术名称	排污系数
木质无定形活性炭	椰壳炭化料	斯列普炉活化	所有规模	工业废水量	酸洗	吨/吨产品	8.55	直排	8.55①
					无酸洗	吨/吨产品	0.46	直排	0.46①
				化学需氧量③		克/吨产品	676.2	化学沉淀	406.8②
				工业废气量		米^3/吨产品	8 650	直排	8 650
				烟尘		千克/吨产品	46.21	单筒旋风除尘	12.96
				工业粉尘		千克/吨产品	22.84	单筒旋风除尘	6.43
				工业固体废物		千克/吨产品	13.57	—	—
				HW34 危险废物（废酸）		千克/吨产品	2.32④	—	—
煤质粉末活性炭	筛下煤质活性炭⑤	破碎+研磨	所有规模	工业废气量		米^3/吨产品	1 200	直排	1 200
				工业粉尘		千克/吨产品	48.52	多管旋风除尘	9.70
								过滤式除尘	0.224
木质粉末活性炭	筛下木质活性炭⑤	破碎+研磨	所有规模	工业废气量		米^3/吨产品	1 250	直排	1 250
				工业粉尘		千克/吨产品	22.74	多管旋风除尘	10.55
								过滤式除尘	0.264

注：① 此处为直排数据，若工业废水经处理后循环回用时，工业废水量排污系数=产污系数×（1－循环利用率），当废水经处理 100%回用时为零排放，则排污系数为零。

② 当工业废水部分或全部循环利用时，化学需氧量指标排污系数=表中所列直排时排污系数×（1－循环利用率）。

③ 没有酸洗工艺的生产线，化学需氧量指标按照有酸洗工艺的 10%计算产排污量。

④ 没有酸洗工艺的生产线不计算此项指标。

⑤ 筛下活性炭是指生产颗粒状活性炭筛分后的细粒活性炭，不细分原料来源。

2665
信息化学品行业

1 适用范围

本手册给出了《统计上使用的产品分类目录》中信息化学品行业的彩色感光材料、黑白感光材料、激光照排片、PS 版、聚酯薄膜片基、磁信息材料、冲洗套药、感光材料专用制剂及《统计上使用的产品分类目录》以外数码影像材料的产污系数和排污系数，可用于第一次全国污染源普查信息化学品行业工业污染源污染物产生量和排放量的核算。

涉及的污染物包括：工业废水量、化学需氧量、氨氮、挥发酚、工业废气量（指折算成标准状态的体积）、工业固体废物。

2 注意事项

2.1 系数表中未涉及的产品产排污系数说明

本手册已基本涵盖各种原料、规模、工艺的信息化学品产品。对可能遇到的使用罕见或特殊原料、工艺的信息化学品生产企业，或系数表单中未涉及的末端处理方法，可咨询当地行业专家、其他本行业企业技术人员，选取近似的废水处理方法代替。

当被普查的信息化学品生产企业没有《废水处理方法名称代码表》中规定的末端处理方法，但有其他非传统治理方法（《废水处理方法名称代码表》以外的方法），首先调查是否有当地环保部门的监测报告，如果有，可以以监测报告为准。如果没有环保部门的监测报告，按表中的“直排”处理，排污系数等于产污系数。

2.2 生产非单一产品企业污染物产排量核算

当同一企业有多个产品生产线时，每条生产线单独对应本手册表单中的相应的产排污系数。全企业排污量为各条生产线之和。

2.3 无组织排放的说明

本手册只给出本行业工业废气量的有组织排放的产排污系数，不包括无组织排放的产排污系数。

2.4 其他需要说明的问题

（1）信息化学品中彩色感光材料、黑白感光材料、激光照排片产生的废胶片、废相纸、含银污泥属危险废物，为《国家危险废物名录》中的 HW16 感光材料废物。

（2）本手册只需考虑企业信息化学品的产量，力求简单、清楚，易于使用。制定本手册时已充分考虑全国的平均水平，用本手册计算得出的产排污量可能与单个调查企业有一定出入，但总体符合全行业水平。

2665　信息化学品行业个体产排污系数表

产品名称	原料名称	工艺名称	规模等级	污染物指标	单位	产污系数	末端治理技术名称	排污系数
彩色感光材料	纸基、片基、明胶、硝酸银、专用制剂	挤压涂布	所有规模	工业废水量	吨/万米^{2}产品	85.84	物化+好氢生物处理	85.84
				化学需氧量	克/万米^{2}产品	97 920		7 930
				氨氮	克/万米^{2}产品	1 380		450
				挥发酚	克/万米^{2}产品	724		1.72
				工业废气量	米^3/万米^{2}产品	22 800	直排	22 800
				HW16 危险废物（感光材料废物）	吨/万米^{2}产品	0.27	—	—
黑白感光材料	片基、纸基、硝酸银、明胶、专用制剂	挤压涂布	所有规模	工业废水量	吨/万米^{2}产品	155	物化+好氧生物处理	155
				化学需氧量	克/万米^{2}产品	94 080		14 570
				挥发酚	克/万米^{2}产品	2 547		6.82
				工业废气量	米^3/万米^{2}产品	6 500	直排	6 500
				HW16 危险废物（感光材料废物）	吨/万米^{2}产品	0.04	—	—
激光照排片	涤纶片基、硝酸银、明胶、专用制剂	成熟—熔化—涂布—干燥	所有规模	工业废水量	吨/万米^{2}产品	233	物化+好氧生物处理	233
				化学需氧量	克/万米^{2}产品	337 270		30 540
				工业废气量	米^3/万米^{2}产品	11 500	直排	11 500
				HW16 危险废物（感光材料废物）	吨/万米^{2}产品	0.16	—	—

2665 信息化学品行业个体产排污系数表（续 1）

产品名称	原料名称	工艺名称	规模等级	污染物指标	单位	产污系数	末端治理技术名称	排污系数
PS 版	铝板、酸、碱、树脂、丙酮	腐蚀—电解—氧化—涂布	所有规模	工业废水量	吨/万米^{2}产品	484	物化+好氧生物处理或直排	484
				化学需氧量	克/万米^{2}产品	99 280	物化+好氧生物处理	63 520
							直排	99 280
				工业废气量	米^3/万米^{2}产品	80 400	直排	80 400
				工业固体废物（废铝板）	吨/万米^{2}产品	0.42	—	—
聚酯薄膜片基	聚酯切片、色母料	纵横拉	所有规模	工业废水量	吨/吨产品	4.12	物化+好氧生物处理或直排	4.12
				化学需氧量	克/吨产品	520	物化+好氧生物处理	389
							直排	520
				工业废气量	米^3/吨产品	15 900	直排	15 900
				工业固体废物（废片）	吨/吨产品	0.09	—	—
磁记录材料	带基、丁酮、环己酮、磁粉	反向涂布	所有规模	工业废水排放量	吨/万米^{2}产品	127	物化+好氧生物处理或直排	127
				化学需氧量	克/万米^{2}产品	100 450	物化+好氧生物处理	11 960
							直排	100 450
				工业废气量	米^3/万米^{2}产品	97 100	直排	97 100
				工业固体废物（废磁浆、磁带、磁卡）	吨/万米^{2}产品	0.035	—	—

2665 信息化学品行业个体产排污系数表（续 2）

产品名称	原料名称	工艺名称	规模等级	污染物指标	单位	产污系数	末端治理技术名称	排污系数
数码影像材料	纸基、二氧化硅、聚乙烯醇、颜料	挤压涂布	所有规模	工业废水量	吨/万米^{2}产品	30.27	物化+好氧生物处理或直排	30.27
				化学需氧量	克/万米^{2}产品	20 540	物化+好氧生物处理	2 850
							直排	20 540
				工业废气量	米^3/万米^{2}产品	87 900	直排	87 900
				工业固体废物（废纸基）	吨/万米^{2}产品	0.08	—	—
冲洗套药	碳酸盐、硫代硫酸盐、铁铵盐、CD-3、对苯二酚	溶解配制	所有规模	工业废水量	吨/万升产品	64.39	—	64.39
				化学需氧量	克/万升产品	51 320	好氧生物处理	6 050
							直排	51 320
感光材料专用化学制剂	乙醇、甲醇、苯、丙酮、冰乙酸	化工合成	所有规模	工业废水量	吨/吨产品	238.62	—	238.62
				化学需氧量	克/吨产品	469 130	物化+好氧生物处理	22 430
							直排	469 130
				工业废气量	米^3/吨产品	93 300	直排	93 300

2666

环境污染专用药剂与材料制造业

1 适用范围

环境污染专用药剂与材料制造行业（2666）在《统计上使用的产品分类目录》包括五个小类：水处理剂（266611）、污水处理化学药剂（266620）、污水处理生物药剂（266630）、污水处理材料（266640）和空气污染治理材料（266650）。本手册给出了环境污染专用药剂与材料（2666）行业中水处理剂（266611）、污水处理化学药剂（266620）和污水处理材料（266640）的产排污系数。

由于污水处理生物药剂（266630）目前国内没有生产厂家，空气污染治理材料（266650）行业生产过程中几乎不产生污染，所以调查重点为水处理剂、污水处理化学药剂、污水处理材料等行业的产排污系数，它们在环境污染专用药剂与材料制造行业中具有很强的代表性，基本覆盖了我国环境污染专用药剂与材料制造行业的产品，所列数据适用于第一次全国污染源普查环境污染专用药剂与材料制造行业污染物产生量和排放量的核算。

涉及的污染物指标包括：工业废水量、化学需氧量、五日生化需氧量、氨氮、总磷、工业废气量（指折算成标准状态的体积）、工业烟尘、二氧化硫、氮氧化物和工业固体废物。

2 注意事项

2.1 系数表中未涉及的产品产排污系数说明

（1）水处理剂（266611）

水处理剂主要包括水处理缓蚀剂、清洗预膜剂、阻垢分散剂、水质稳定剂、软水净水剂、锅炉水处理剂和水处理复合药剂。

KDS-501 铜缓蚀剂 BTA、KDS-502 甲基苯三唑、KDS-503 铜缓蚀剂和其他酸洗缓蚀剂产排污系数按照 KDS-505 酸洗缓蚀剂产排污系数×0.8 进行核算。

KDS-102 消泡剂和 KDS-103 消泡剂的产排污系数按照 KDS-104 清洗预膜剂的产排污系数×0.6 进行核算。

KDS-201 阻垢分散剂、KDS-202 阻垢分散剂、KDS-203 阻垢分散剂、KDS-204 阻垢分散剂、KDS-205 阻垢分散剂、KDS-206 阻垢分散剂和 KDS-207 阻垢分散剂产排污系数按照其他阻垢分散剂产排污系数×0.8 进行核算。

水解聚马来酸酐的产排污系数按照氨基三亚甲基膦酸产排污系数×1.2 进行核算。

KDS-801 蒸汽锅炉阻垢剂、KDS-802 蒸汽锅炉除氧剂和 KDS-803 热水锅炉除氧剂产排污系数按照其他锅炉水处理剂产排污系数×1.5 进行核算。

KDS-316 阻垢缓蚀剂和 KDS-317 缓蚀剂的产排污系数按照 KDS-315 阻垢缓蚀剂产排污系数×1.2 进行核算。

（2）污水处理化学药剂（266620）

污水处理化学药剂主要包括有机混凝剂和无机混凝剂。

二甲基二烯丙基氯化铵和 ST 类有机高分子絮凝剂，其生产过程中的产排污系数可以按照聚丙烯酰胺的产排污系数进行核算。

聚合双酸铝铁高效净水剂生产工艺与羟基氯化铝相似，可以按照羟基氯化铝的系数×1.0 确定其产污系数；其他混凝剂像复合混凝剂 PISC、多元高分子水处理絮凝剂国内只有个别企业生产，其中 PISC 产品以 PISC-2 为主，该型号产品没有废水及固废的产生。

2.2 其他需要说明的问题

（1）水处理剂企业，生产规模小于 200 吨/年的，污染物排放量按直接排放计算。

（2）表中所列各种治理设施所对应产品产排污系数，为该治理设施正常工作状态下的排污系数。对于不正常工作的治理设施，应按无治理设施的系数核算。

产品名称	原料名称	工艺名称	规模等级	污染物指标	单位	产污系数	末端治理技术名称	排污系数
KDS-505 酸洗缓蚀	顺丁烯二酸酐，丙烯酸甲酯，亚磷酸二甲酯	复配工艺	≤2 000 吨/年	工业废水量	吨/吨产品	4.32	物化+组合生物处理①	4.10
				化学需氧量	克/吨产品	7 592	物化+组合生物处理	607.4
				氨氮	克/吨产品	290	物化+组合生物处理	60.9
				总磷	克/吨产品	66.69	物化+组合生物处理	5.34
		复配工艺	＞2 000 吨/年	工业废水量	吨/吨产品	5.424	物理+好氧生物处理②	5.15
				化学需氧量	克/吨产品	966.66	物理+好氧生物处理	145
				氨氮	克/吨产品	41.22	物理+好氧生物处理	10.3
				总磷	克/吨产品	61.84	物理+好氧生物处理	6.18
KDS-505 酸洗缓蚀		化学合成	所有规模	工业废水量	吨/吨产品	24.67	物化+组合生物处理①	23.44
				化学需氧量	克/吨产品	35 369	物化+组合生物处理	3 215
				氨氮	克/吨产品	2 679	物化+组合生物处理	585.9
				总磷	克/吨产品	329.77	物化+组合生物处理	34.7
	三氯化磷	复配工艺	所有规模	工业废水量	吨/吨产品	9.0	物化+组合生物处理②	8.55
				化学需氧量	克/吨产品	15 766	物化+组合生物处理	1 259
				氨氮	克/吨产品	1 010	物化+组合生物处理	212
				总磷	克/吨产品	155.15	物化+组合生物处理	12.37

注：① 物化：沉淀分离+化学沉淀；组合生物处理：A^2/O 。
② 物化：沉淀分离+化学沉淀；组合生物处理：厌氧生物处理+活性污泥法。

2666　环境污染专用药剂与材料制造行业产排污系数表（续 1）

产品名称	原料名称	工艺名称	规模等级	污染物指标	单位	产污系数	末端治理技术名称	排污系数
KDS-505 酸洗缓蚀	三氯化磷	化学合成	所有规模	工业废水量	吨/吨产品	13.05	直排	13.05
				化学需氧量	克/吨产品	33 104	直排	33 104
				氨氮	克/吨产品	1 411	直排	1 411
				总磷	克/吨产品	2 990	直排	2 990
	氨基磺酸，三聚磷酸钠	复配工艺	所有规模	工业废水量	吨/吨产品	15.42	物理+好氧生物处理①	14.65
				化学需氧量	克/吨产品	14 633	物理+好氧生物处理	2 160
				氨氮	克/吨产品	1 537	物理+好氧生物处理	346
				总磷	克/吨产品	223	物理+好氧生物处理	20
KDS-505 酸洗缓蚀	乙二胺四亚甲基膦酸，水解聚马来酸酐，乌洛托品	复配工艺	所有规模	工业废水量	吨/吨产品	81.82	物理+好氧生物处理①	77.73
				化学需氧量	克/吨产品	71 406	物理+好氧生物处理	11 425
				氨氮	克/吨产品	6 801	物理+好氧生物处理	2 204
				总磷	克/吨产品	564.55	物理+好氧生物处理	107.26
	羟基亚乙基二磷酸酐，羟基亚乙基二磷酸，硫酸锌	复配工艺	所有规模	工业废水量	吨/吨产品	53.41	物理+好氧生物处理	50.74
				化学需氧量	克/吨产品	42 681	物理+好氧生物处理	7 257
				总磷	克/吨产品	357.85	物理+好氧生物处理	68
KDS-101 清洗剂	羟基亚乙基二磷酸，水解聚马来酸酐，硫酸锌	化学合成	所有规模	工业废水量	吨/吨产品	100.6	直排	100.6
				化学需氧量	克/吨产品	46 333	直排	46 333
				总磷	克/吨产品	1 193	直排	1 193
KDS-104 预膜剂	多元醇膦酸酯，锌盐	化学合成	所有规模	工业废水量	吨/吨产品	168.62	物理+好氧生物处理①	160.19
				化学需氧量	克/吨产品	120 877	物理+好氧生物处理	22 528
				总磷	克/吨产品	1 266	物理+好氧生物处理	213.82

注：① 物理：沉淀分离；好氧生物处理：活性污泥法。

2666　环境污染专用药剂与材料制造行业产排污系数表（续2）

产品名称	原料名称	工艺名称	规模等级	污染物指标	单位	产污系数	末端治理技术名称	排污系数
其他阻垢分散剂	丙烯酸，次磷酸钠	化学合成	所有规模	工业废水量	吨/吨产品	104.33	直排	104.33
				化学需氧量	克/吨产品	27 125	直排	27 124
				总磷	克/吨产品	418.51	直排	418.5
	丙烯酸，丙烯酸羟丙酯	化学合成	所有规模	工业废水量	吨/吨产品	7.2	物化+组合生物处理①	6.84
				化学需氧量	克/吨产品	9 965	物化+组合生物处理	994
				氨氮	克/吨产品	47.96	物化+组合生物处理	10.08
其他阻垢分散剂	顺酐，二甲苯，过氧化二苯甲酰	化学合成	所有规模	工业废水量	吨/吨产品	29.1	直排	29.1
				化学需氧量	克/吨产品	4 248	直排	4 248
				氨氮	克/吨产品	721.68	直排	721.68
				总磷	克/吨产品	42.19	直排	42.19
	聚丙烯酸，液碱	化学合成	所有规模	工业废水量	吨/吨产品	54.5	直排	54.50
				化学需氧量	克/吨产品	7 902	直排	7 902
其他阻垢分散剂	氨基磺酸，无水硫酸钠	复配工艺	所有规模	工业废水量	吨/吨产品	149.2	直排	149.2
				化学需氧量	克/吨产品	22 082	直排	22 081
				氨氮	克/吨产品	3 581	直排	3 580
氨基三亚甲基磷酸	三氯化磷，甲醛，氯化铵	化学合成	≤500吨/年	工业废水量	吨/吨产品	50.058	物化+组合生物处理②	47.55
				化学需氧量	克/吨产品	68 230	物化+组合生物处理	6 985
				氨氮	克/吨产品	5 322	物化+组合生物处理	1 142
				总磷	克/吨产品	697.08	物化+组合生物处理	66.42

注：① 物化：沉淀分离+化学沉淀；组合生物处理：上流式厌氧污泥床工艺+活性污泥法。

② 物化：沉淀分离+化学沉淀；组合生物处理：A^2/O。

2666　环境污染专用药剂与材料制造行业产排污系数表（续 3）

产品名称	原料名称	工艺名称	规模等级	污染物指标	单位	产物系数	末端治理技术名称	排污系数
氨基三亚甲基磷酸	三氯化磷，甲醛，氯化铵	化学合成	＞500 吨/年	工业废水量	吨/吨产品	45.1	物化+组合生物处理①	42.84
				化学需氧量	克/吨产品	59 395	物化+组含生物处理	5 463
				氨氮	克/吨产品	8 774	物化+组含生物处理	239.74
				总磷	克/吨产品	607.45	物化+组含生物处理	57.95
羟基亚乙基二磷酸	三氯化磷，冰醋酸	复配工艺	所有规模	工业废水量	吨/吨产品	14.32	物化+组合生物处理①	13.61
				化学需氧量	克/吨产品	6 446	物化+组含生物处理	814.85
				总磷	克/吨产品	211.88	物化+组含生物处理	19.01
其他锅炉水处理剂	碳酰肼，水合肼，碳酰二甲酯	化学合成	所有规模	工业废水量	吨/吨产品	28.83	直排	28.83
				化学需氧量	克/吨产品	5 830	直排	5 830
				氨氮	克/吨产品	680.456	直排	680.46
KDS-315 阻垢缓蚀剂	三氯化磷，二乙烯三胺	化学合成	所有规模	工业废水量	吨/吨产品	3.89	物化+组合生物处理②	3.70
				化学需氧量	克/吨产品	4 672	物化+组含生物处理	355
				氨氮	克/吨产品	284.81	物化+组含生物处理	56.82
				总磷	克/吨产品	65.7	物化+组含生物处理	4.99
复合非氧化性杀菌剂	十二叔胺，氯化苄	化学合成	≤200 吨/年	工业废水量	吨/吨产品	61.78	直排	61.78
				化学需氧量	克/吨产品	18 843	直排	18 843
				氨氮	克/吨产品	1 439	直排	1 439
			＞200 吨/年	工业废水量	吨/吨产品	80.35	物化+组合生物处理②	76.33
				化学需氧量	克/吨产品	26 534	物化+组合生物处理	2 899
				氨氮	克/吨产品	1 800	物化+组合生物处理	393.44

注：① 物化：沉淀分离+化学沉淀；组合生物处理：A^2/O。

② 物化：沉淀分离+化学沉淀；组合生物处理：厌氧生物处理+活性污泥法。

2666 环境污染专用药剂与材料制造行业产排污系数表（续 4）

产品名称	原料名称	工艺名称	规模等级	污染物指标	单位	产污系数	末端治理技术名称	排污系数
复合非氧化性杀菌剂	3-巯基丙酸甲酯，一甲胺，乙酸乙酯	化学合成	所有规模	工业废水量	吨/吨产品	24.096	直排	24.10
				化学需氧量	克/吨产品	46 265	直排	46 265
				氨氮	克/吨产品	2 747	直排	2 747
	十二烷基二甲基苄基氯化铵，二氯异氰尿酸钠	复配工艺	所有规模	工业废水量	吨/吨产品	147.34	直排	147.34
				化学需氧量	克/吨产品	40 736	直排	40 736
				氨氮	克/吨产品	2 927	直排	2 927
聚丙烯酸	丙烯酸及其盐和酯	釜式聚合	所有规模	工业废水量	吨/吨产品	6.3	其他	0
							化学+生物	6
				化学需氧量	克/吨产品	3 658	其他	0
							化学+生物	289.66
				五日生化需氧量	克/吨产品	1 245	其他	0
							化学+生物	112.56
聚丙烯酰胺	丙烯酰胺	釜式聚合	所有规模	工业废水量	吨/吨产品	8.5	化学+生物	8.2
							其他	0
				化学需氧量	克/吨产品	5 600	化学+生物	250
							其他	0
				五日生化需氧量	克/吨产品	850	化学+生物	165
							其他	0
羟基氯化铝	矾土、铝酸钙、盐酸	酸溶干燥法	所有规模	工业固体废物	吨/吨产品	0.7	—	—
	氢氧化铝、铝酸钙、盐酸	酸溶干燥法	所有规模	工业固体废物	吨/吨产品	0.3	—	—

2666　环境污染专用药剂与材料制造行业产排污系数表（续 5）

产品名称	原料名称	工艺名称	规模等级	污染物指标	单位	产污系数	末端治理技术名称	排污系数
陶粒滤料	黏土	焙烧法	所有规模	工业废气量	米 ^{3}/吨产品	5 669	直排	5 669
				烟尘	克/吨产品	726.79	直排	726.79
				二氧化硫	克/吨产品	1 962	直排	1 961
				氮氧化物	克/吨产品	1 305	直排	1 305
有机滤料	聚乙烯	挤压成型	所有规模	工业固体废物（聚乙烯）	吨/吨产品	0.01	—	—
膜材料与膜组件[①]	高分子聚合物[②]	相转化法	所有规模	工业废水量	吨/吨原料	37	直排	37
							其他[③]	35
				化学需氧量	克/吨原料	2 386 250	直排	2 386 250
							其他	31 597
				五日生化需氧量	克/吨原料	23 740	直排	23 740
							其他	6 251
				氨氮	克/吨原料	93	直排	93
							其他	53
膜材料与膜组件[④]	化学陶瓷[⑤]	固态粒子烧结	所有规模	工业废气量	米 ^{3}/吨原料	16 690	直排	16 690
				烟尘	克/吨原料	27 200	直排	27 200
				二氧化硫	克/吨原料	10 535	直排	10 535
				氮氧化物	克/吨原料	3 970	直排	3 970

注：① 膜材料与膜组件：包括微滤膜及膜组件、超滤膜及膜组件、反渗透膜及膜组件等。

② 高分子聚合物：主要包括聚偏氟乙烯、聚氯乙烯、聚丙烯腈、聚砜等。

③ 其他：处理方法主要是“萃取+蒸馏+吸附”物理化学废水处理工艺。

④ 膜材料与膜组件：主要是氧化铝、氧化钛等陶瓷膜。

⑤ 化学陶瓷：主要包括氧化铝、氧化钛等材料。

2667
动物胶制造业

1 适用范围

本手册给出了《统计上使用的产品分类目录》中动物胶制造行业的产污系数和排污系数，可用于第一次全国污染源普查动物胶制造业工业污染源污染物产生量和排放量的核算。

涉及的污染物包括：工业废水量、化学需氧量、氨氮、石油类。

2 注意事项

2.1 系数表中未涉及的产品产排污系数说明

（1）国家统计局产品分类目录中将动物胶分为：明胶（2667001）、皮胶（26672002）、骨胶（26672003）、鱼胶（26672004）、筋胶（26672005）、腱胶（26672006）、其他动物胶（26672099）。

（2）明胶（2667001）请按原料、生产工艺、规模等级选择“2667 动物胶制造业产排污系数表”中对应的产排污系数。

（3）以未脱脂骨料及其他杂骨为原料的产排污系数值取“2667 动物胶制造业产排污系数表”中脱脂牛骨、猪骨骨粒等为原料的产排污系数值乘以 1.2。

（4）以碱法制胶工艺制取皮明胶的产排污系数值取“2667 动物胶制造业产排污系数表”中酸法制胶工艺的产排污系数值乘以 1.3。

（5）非明胶的其他胶类产排污系数由表中皮明胶酸法制胶工艺的相应产排污系数值乘以 0.8 得到。

（6）动物胶企业可能同时存在原料或生产工艺不同的生产线，普查时应以原料、生产工艺为依据，然后按照生产规模分别统计污染物产生量和排放量。该企业产排污量为各种产品产排污量之和。

2.2 本手册中，将动物胶企业按产品、原料、工艺、规模等级进行分类。

产品：皮明胶和骨明胶；

原料：脱脂牛骨、猪骨骨粒和牛皮、猪皮、羊皮等；

生产工艺：碱法和酸法制胶工艺；

规模等级：不同工况下，按企业实际年生产明胶产量计，分为：≥1 500 吨/年、<1 500 吨/年。

2.3 本手册中，污染物产生来源主要包括洗皮水、洗锅水、洗滤布水、交换柱再生水、切胶机冲洗水或浸酸水、浸灰水、退灰水、中和水洗水等，不包括各种冷凝水和冷却水。

2.4 工业废水量为以上各工段所产生废水之和。

2.5 末端治理技术中，生物处理法具体内容见生物处理方法名称表。

生物处理方法名称表

生物处理方法名称	具体方法
好氧生物处理法	活性污泥法、普通活性污泥法、高浓度活性污泥法、接触稳定法、氧化沟、SBR、生物膜法、普通生物滤池、生物转盘、生物接触氧化法

2.6 污染物产生量和排放量按以下公式计算：

污染物产生量 = 产污系数×产品产量

污染物排放量 = 排污系数×产品产量

2667 动物胶制造业产排污系数表

产品名称	原料名称	工艺名称	规模等级	污染物指标	单位	产污系数	末端治理技术	排污系数
骨明胶	脱脂牛骨、猪骨骨粒等为原料①	碱法	≤1 500 吨/年	工业废水量	吨/吨产品	900	化学混凝沉淀法	900
							活性污泥法	900
				化学需氧量	克/吨产品	1 080 000	化学混凝沉淀法	451 290
							活性污泥法	97 500
				氨氮	克/吨产品	26 500	化学混凝沉淀法	23 500
							活性污泥法	16 500
				石油类	克/吨产品	53 000	化学混凝沉淀法	31 780
							活性污泥法	5 040
			>1 500 吨/年	工业废水量	吨/吨产品	850	好氧生物处理+A^2/O 工艺	850
				化学需氧量	克/吨产品	1 080 000	好氧生物处理+A^2/O 工艺	94 400
				氨氮	克/吨产品	26 300	好氧生物处理+A^2/O 工艺	16 160
				石油类	克/吨产品	31 600	好氧生物处理+A^2/O 工艺	3 600
皮明胶	牛皮、猪皮、羊皮等为原料	酸法②	所有规模	工业废水量	吨/吨产品	650	A/O 工艺	650
							生物接触氧化法	650
				化学需氧量	克/吨产品	1 080 000	A/O 工艺	64 780
							生物接触氧化法	96 830
				氨氮	克/吨产品	26 620	A/O 工艺	19 600
							生物接触氧化法	23 600
				石油类	克/吨产品	53 480	A/O 工艺	4 804
							生物接触氧化法	6 400

注：① 以未脱脂骨料及其他杂骨为原料的产排污系数值取“2667 动物胶制造业产排污系数表”中脱脂牛骨、猪骨骨粒等为原料的产排污系数值乘以 1.2。

② 以碱法制胶工艺制取皮明胶的产排污系数值取“2667 动物胶制造业产排污系数表”中酸法制胶工艺的产排污系数值乘以 1.3。

非明胶的其他胶类产排污系数由表中皮明胶酸法制胶工艺的相应产排污系数值乘以 0.8 得到。

2671
肥皂及合成洗涤剂制造业

1 适用范围

本手册给出了《统计上使用的产品分类目录》中肥皂及合成洗涤剂制造业的洗衣粉、液体洗涤剂、肥（香）皂、阴离子表面活性剂、阳离子表面活性剂和非离子表面活性剂等产品的产污系数和排污系数，可用于第一次全国污染源普查肥皂及合成洗涤剂制造业工业污染源污染物产生量和排放量的核算。

涉及的污染物包括：工业废水量、化学需氧量、氨氮、石油类、总磷、工业废气量（指折算成标准状态的体积）、工业粉尘、二氧化硫等。

2 注意事项

2.1 系数表中未涉及的产品产排污系数说明

工业清洗剂，公共设施、环境卫生洗涤清洁剂等其他洗涤剂品种，依据产品液体、固体或粉体的外观，分别选择“液体洗涤剂”“肥（香）皂”“洗衣粉”的产排污系数。两性表面活性剂等其他类型表面活性剂选择“阴离子表面活性剂”产排污系数。

2.2 生产非单一产品企业污染物产排量核算

肥皂及合成洗涤剂行业各企业所包含的产品品种不尽相同，一般是多品种小规模企业，普查时须以产品为依据，选择相应的系数及对应的末端治理技术进行统计。

选择系数表方法：

（1）以一类产品为主的生产企业（该类产品产量占企业各类产品总产量的 70%以上），选择该产品类别或相近产品类别的系数，产品的产量以总产量统一计算产污量和排污量。

（2）以多种类产品生产的企业（主导产品的产量不足总产量的 70%），出现两类或两类以上产品产量合计才能占企业各类产品总产量的 70%以上，则按产品类别选择不同的系数表，分别计算产排污量后汇总。

（3）对于同时生产肥（香）皂、洗衣粉和液体洗涤剂等三种产品并重的企业（可能还有其他类别的产品），工业废水及水中污染物产排量应选择“肥皂及合成洗涤剂”的系数表，将各品种产量合计后，统一计算产排污量。工业废气量及工业粉尘，需另外以洗衣粉产量按“洗衣粉”系数单独计算。

（4）对于产品跨“（267）日用化学品制造业”各小类的企业（如同时生产洗涤剂和化妆品），则以小类产品产量占 70%以上的类别确定从小类行业中选择系数，并按企业产品的总产量核算产排污量。如果没有绝对产量占多数的小类，则按产品类别分别从不同小类行业的产排污系数手册中选择系数，依据各类产品的产量分别计算产排污量后再合计。

2.3 其他需要说明的问题

（1）当所选系数表中未包含企业实际的末端治理技术时，以技术主体（如生物，或是物理，或是化学）确定选择合适的末端治理技术所对应的排污系数。当以技术主体无法确定时，则选择系数表中末端治理技术列于前面的排污系数。

（2）日用化学品个体产排污系数表中的末端治理技术主要是指企业自建的污水处理设施，对于无自建污水处理设施的企业（包括排入当地污水站统一处理的企业），其排污系数等于产污系数。

（3）污水经处理后，全部回用于生产时，排污量以零计。

2671 肥皂及合成洗涤剂制造业产排污系数表

产品名称	原料名称	工艺名称	规模等级	污染物指标	单位	产污系数	末端治理技术名称	排污系数
洗衣粉	表面活性剂、烧碱、硫酸钠①	喷粉工艺②	所有规模	工业废水量	吨/吨产品	0.60	直排	0.60
							物化+生物	0.60
				化学需氧量	克/吨产品	226	直排	226
							物化+生物	88
				氨氮	克/吨产品	7.4	直排	7.4
							物化+生物	0.4
				石油类	克/吨产品	14.9	直排	14.9
							物化+生物	3.0
				总磷	克/吨产品	0.5	直排	0.5
							物化+生物	0.4
				工业废气量	米^3/吨产品	5 966	直排	5 966
							多管旋风除尘法	5 966
							过滤式除尘法	5 966
							其他除尘方法 1③	5 966
							其他除尘方法 2④	5 966
				工业粉尘	千克/吨产品	13.82	直排	13.82
							多管旋风除尘法	0.238
							过滤式除尘法	0.163
							其他除尘方法 1③	0.209
							其他除尘方法 2④	0.179

注：① 由于洗衣粉生产中使用的原料品种较多，系数表单中仅列举了几种常用原料，实际生产时并不局限于此。

② 当采用富聚成型、混合搅拌等非高塔喷粉工艺制备洗衣粉时仅核算工业废水量及相关的污染物指标，工业废气及粉尘的产污系数和排污系数以零计。

③ 湿干二级旋风除尘法。

④ 扩散式旋风除尘法。

2671 肥皂及合成洗涤剂制造业产排污系数表（续 1）

产品名称	原料名称	工艺名称	规模等级	污染物指标	单位	产污系数	末端治理技术名称	排污系数
液体洗涤剂	表面活性剂、香精、水	复配工艺	所有规模	工业废水量	吨/吨产品	0.62	直排	0.62
							物化＋生物	0.62
							生物处理	0.62
				化学需氧量	克/吨产品	547	直排	547
							物化＋生物	52
							生物处理	55
				氨氮	克/吨产品	26.3	直排	26.3
							物化＋生物	0.9
							生物处理	2.6
				石油类	克/吨产品	38.7	直排	38.7
							物化＋生物	1.9
							生物处理	2.8
肥（香）皂	油脂、烧碱、酸	油脂皂化或水解工艺①	所有规模	工业废水量	吨/吨产品	2.69	直排	2.69
							生物处理	2.69
				化学需氧量	克/吨产品	5 481	直排	5 481
							生物处理	310
				氨氮	克/吨产品	16.1	直排	16.1
							生物处理	13.3
				石油类	克/吨产品	21.2	直排	21.2
							生物处理	11.5

注：① 不采用油脂原料，直接用皂粒加工生产时，产污系数和排污系数分别按表中数值的 1/30 计算。

2671 肥皂及合成洗涤剂制造业产排污系数表（续 2）

产品名称	原料名称	工艺名称	规模等级	污染物指标	单位	产污系数	末端治理技术名称	排污系数
肥皂及合成洗涤剂①	油脂、烧碱、表面活性剂②	复配工艺	所有规模	工业废水量	吨/吨产品	0.92	直排	0.92
							物化＋组合生物	0.92
							氧化沟生物法	0.92
				化学需氧量	克/吨产品	1 714	直排	1 714
							物化＋组合生物	109
							氧化沟生物法	78
				氨氮	克/吨产品	6.0	直排	6.0
							物化＋组合生物	1.6
							氧化沟生物法	0.5
				石油类	克/吨产品	30.4	直排	30.4
							物化＋组合生物	2.1
							氧化沟生物法	1.7
				总磷	克/吨产品	4.5	直排	4.5
							物化＋组合生物	0.2
							氧化沟生物法	0.2

注：① 表中系数适用于同时生产肥（香）皂、洗衣粉和液体洗涤剂等多种产品并重的企业。
有关工业废气量及粉尘，需以洗衣粉产量按“洗衣粉”系数单独计算，可参阅使用说明。
② 肥皂及合成洗涤剂的产品生产中使用的原料品种繁多，系数表单中列举了几种常用原料，实际生产时并不局限于此。

2671 肥皂及合成洗涤剂制造业产排污系数表（续3）

产品名称	原料名称	工艺名称	规模等级	污染物指标	单位	产污系数	末端治理技术名称	排污系数
阴离子表面活性剂	十二烷基苯、硫黄、烧碱①	三氧化硫气体磺化②	所有规模	工业废水量	吨/吨产品	0.32	直排	0.32
							物化+生物	0.32
				化学需氧量	克/吨产品	356	直排	356
							物化+生物	112
				氨氮	克/吨产品	0.4	直排	0.4
							物化+生物	0.2
				石油类	克/吨产品	1.7	直排	1.7
							物化+生物	1.0
				工业废气量	米^3/吨产品	2 386	直排	2 386
							吸收法	2 386
				二氧化硫	千克/吨产品	3.97	直排	3.97
							吸收法	0.01
阳离子表面活性剂	氨基化合物、双氧水、氯甲烷①	季铵化	所有规模	工业废水量	吨/吨产品	1.07	直排	1.07
							物化＋组合生物	1.07
				化学需氧量	克/吨产品	4 871	直排	4 871
							物化＋组合生物	298
				氨氮	克/吨产品	38.0	直排	38.0
							物化＋组合生物	8.4
非离子表面活性剂	环氧乙烷、脂肪醇、壬基酚、烧碱①	乙氧基化	所有规模	工业废水量	吨/吨产品	2.07	直排	2.07
							生物处理	2.07
				化学需氧量	克/吨产品	1 486	直排	1 486
							生物处理	63.4
				氨氮	克/吨产品	0.8	直排	0.8
							生物处理	0.4
				石油类	克/吨产品	190.8	直排	190.8
							生物处理	9.5

注：① 由于表面活性剂生产中使用的原料品种较多，系数表单中仅列举了几种常用原料，实际生产时并不局限于此。

② 不采用三氧化硫气体磺化工艺时，仅核算工业废水量及相关的污染物指标，工业废气量和二氧化硫的产污系数和排污系数以零计。

2672
化妆品制造业

1 适用范围

本手册给出了《统计上使用的产品分类目录》中化妆品制造业清洁类化妆品、护发用化妆品、化妆品的产污系数和排污系数，可用于第一次全国污染源普查化妆品制造业工业污染源污染物产生量和排放量的核算。

涉及的污染物包括：工业废水量、化学需氧量、氨氮、石油类。

2 注意事项

2.1 系数表中未涉及的产品产排污系数说明

护肤用化妆品，美容、修饰类化妆品等其他化妆品，统一使用“化妆品”的产排污系数。

香粉及类似粉体状的化妆产品，可选择使用《2671 肥皂及合成洗涤剂制造业产排污系数手册》中“洗衣粉”的系数表。

2.2 生产非单一产品企业污染物产排量核算

化妆品行业各企业所包含的产品品种不尽相同，一般是多品种小规模企业，普查时须以产品为依据，选择相应的系数及对应的末端治理技术进行统计。

选择系数表方法：

（1）以一类产品为主的生产企业（该类产品产量占企业各类产品总产量的 70%以上），选择该产品类别或相近产品类别的系数，产品的产量以总产量统一计算产污量和排污量。

（2）以多种类产品生产的企业（主导产品的产量不足总产量的 70%），出现两类或两类以上产品产量合计才能占企业各类产品总产量的 70%以上，则按产品类别选择不同的系数表，分别计算产排污量后汇总。

（3）“化妆品”为多品种组合的系数表单，适用于同时生产清洁类化妆品、护肤用化妆品、护发用化妆品、美容修饰类化妆品等多种产品生产的企业。另外，以“护肤用化妆品”或“美容修饰类化妆品”为主的生产企业，系数值亦选择“化妆品”的系数表。

（4）对于产品跨“（267）日用化学品制造业”各小类的企业（如同时生产洗涤剂和化妆品），则以小类产品产量占 70%以上的类别确定从小类行业中选择系数，并按企业产品的总产量核算产排污量。如果没有绝对产量占多数的小类，则按产品类别分别从不同小类行业的产排污系数手册中选择系数，依据各类产品的产量分别计算产排污量后再合计。

2.3 其他需要说明的问题

（1）当所选系数表中未包含企业实际的末端治理技术时，以技术主体（如生物，或是物理，或是化学）确定选择合适的末端治理技术所对应的排污系数。当以技术主体无法确定时（例如，系数表提供两种技术“物化+组合生物处理”、“物化+好氧生物处理”，而企业的技术主体为“生物”），则选择表中末端治理技术列于前面的排污系数。

（2）日用化学品个体产排污系数表中的末端治理技术主要是指企业自建的污水处理设施，对于无自建污水处理设施的企业（包括排入当地污水站统一处理的企业），其排污系数等于产污系数。

（3）污水经处理后，全部回用于生产时，排污量以零计。

2672 化妆品制造业产排污系数表

产品名称	原料名称	工艺名称	规模等级	污染物指标	单位	产污系数	末端治理技术名称	排污系数
清洁类化妆品	表面活性剂、水、香精①	复配工艺	所有规模	工业废水量	吨/吨产品	3.42②	直排	3.42②
							物化+组合生物处理	3.42②
							物化+好氧生物处理	3.42②
				化学需氧量	克/吨产品	10 451②	直排	10 451②
							物化+组合生物处理	319②
							物化+好氧生物处理	362②
				氨氮	克/吨产品	200.1②	直排	200.1②
							物化+组合生物处理	16.5②
							物化+好氧生物处理	21.0②
				石油类	克/吨产品	85.1	直排	85.1
							物化+组合生物处理	16.8
							物化+好氧生物处理	17.8
护发用化妆品	表面活性剂、硅油、香精①	复配工艺	所有规模	工业废水量	吨/吨产品	9.27	直排	9.27
							活性污泥处理	9.27
				化学需氧量	克/吨产品	9 960	直排	9 960
							活性污泥处理	2 903
				氨氮	克/吨产品	233.9	直排	233.9
							活性污泥处理	52.1
				石油类	克/吨产品	787.8	直排	787.8
							活性污泥处理	254.0
化妆品	硬脂酸、甘油、香精①	复配工艺	所有规模	工业废水量	吨/吨产品	10.56	直排	10.56
							厌氧/好氧组合生物	10.56
							化学+好氧生物处理	10.56
				化学需氧量	克/吨产品	49 550	直排	49 550
							厌氧/好氧组合生物	1 662
							化学+好氧生物处理	2 240
				氨氮	克/吨产品	309.4	直排	309.4
							厌氧/好氧组合生物	20.9
							化学+好氧生物处理	30.7
				石油类	克/吨产品	121.6	直排	121.6
							厌氧/好氧组合生物	6.7
							化学+好氧生物处理	11.1

注：① 由各种化妆品生产中使用的原料品种繁多，系数表单中仅列举了几种常用原料，但实际生产时并不局限于此。

② 对于仅生产洗手液、沐浴剂的企业，产排污系数值按表中数值的 1/3 折算。以洗手液、沐浴剂产品为主的企业，根据此两类产品产量所占比例，在 1/3～1 之间选取适当的折算系数。

2673
口腔清洁用品制造业

1 适用范围

本手册给出了《统计上使用的产品分类目录》中口腔清洁用品制造业牙膏产品的产污系数和排污系数，可用于第一次全国污染源普查口腔清洁用品制造业工业污染源污染物产生量和排放量的核算。

涉及的污染物包括：工业废水量、化学需氧量、氨氮、石油类。

2 注意事项

2.1 系数表中未涉及的产品产排污系数说明

假牙清洗剂、漱口水、口腔香水等其他口腔清洁用品也使用“牙膏”的产排污系数。

2.2 生产非单一产品企业污染物产排量核算

口腔清洁用品生产企业存在产品品种跨小类的情况，通常是同时生产化妆品、洗涤剂等其他日化用品，普查时须以产品为依据，选择相应的系数及对应的末端治理技术进行核算。选择系数表的方法是：以小类产品产量占 70%以上确定类别，然后从该小类行业的系数手册中选择系数表，并按企业产品的总产量核算产排污量。如果没有绝对产量占多数的小类，则按小类产品产量分别选择系数，以各自的产量分开计算产排污量再合计[参见《2671 肥皂及合成洗涤剂制造业产排污系数使用手册》的使用说明 2.2 的第（4）部分]。

2.3 其他需要说明的问题

（1）当所选系数表中未包含企业实际的末端治理技术时，以表中末端治理技术排污系数为计算依据。

（2）日用化学品个体产排污系数表中的末端治理技术主要是指企业自建的污水处理设施，对于无自建污水处理设施的企业（包括排入当地污水站统一处理的企业），其排污系数等于产污系数。

（3）污水经处理后，全部回用于生产时，排污量以零计。

2673 口腔清洁用品制造业产排污系数表

产品名称	原料名称	工艺名称	规模等级	污染物指标	单位	产污系数	末端治理技术名称	排污系数
牙膏	表面活性剂、甘油、香精①	复配工艺	所有规模	工业废水量	吨/吨产品	4.03	直排	4.03
							生物处理	4.03
				化学需氧量	克/吨产品	12 430	直排	12 430
							生物处理	472
				氨氮	克/吨产品	26.9	直排	26.9
							生物处理	24.4
				石油类	克/吨产品	27.9	直排	27.9
							生物处理	6.9

注：① 由于牙膏生产中使用的原料品种较多，系数表单中仅列举了几种常用原料，但实际生产时并不局限于此。

2674 香料香精制造业

1 适用范围

本手册给出了《统计上使用的产品分类目录》中香料香精制造业的香料和香精产品的产污系数和排污系数，可用于第一次全国污染源普查香料香精制造业工业污染源污染物产生量和排放量的核算。

涉及的污染物包括：工业废水量、化学需氧量、氨氮、石油类。

2 注意事项

2.1 系数表中未涉及的产品产排污系数说明

本系数表从产品方面涵盖了各类香料和香精，但对于某些含氮的杂环类香料的生产，废水中氨氮的核算可能存在较大的低估。对于常见的酯类、醛类、酮类香料，废水中氨氮的核算略高些。总体来看，核算结果与行业整体情况基本相符。

2.2 生产非单一产品企业污染物产排量核算

同时生产香料和香精时，不同品种的香料或香精产品各自合并计算产量后，分别计算香料、香精的产污量和排污量。

2.3 其他需要说明的问题

（1）香料系数表中，工业废水量、化学需氧量、氨氮、石油类等指标的产排污系数的校正系数 L 值的确定，依据具体的主要产品品种和制备工艺，在 0.2～2 的范围内取值，随制备工艺的复杂程度，L 取值相对增大。简单制备工艺是指对天然植物的物理加工方法（如蒸馏、浸提、冷磨、冷榨等）、醇与酸缩合的简单化学合成等；少步骤制备工艺是指结晶（如天然薄荷脑）、植物中提取植物油（如湿蒸）、植物油中物质的分馏、以几步化学反应得到的合成香料、微生物法不提纯的香料；多步骤复杂制备工艺是指合成加提纯（如：精馏或结晶）、微生物法生产（如发酵）加提纯等多种生产工艺的联用。大致可以按 1～2 步反应工艺、3～4 步反应工艺、5 步以上反应工艺作为三个阶段的 L 值选择依据，步骤越少，L 取值越小。

（2）当所选系数表中未包含企业实际的末端治理技术时，以技术主体（如生物，或是物理，或是化学）确定选择合适的末端治理技术所对应的排污系数。当以技术主体无法确定时，则选择“产品、原料、工艺、规模”表中末端治理技术列于前面的排污系数。

（3）日用化学品个体产排污系数表中的末端治理技术主要是指企业自建的污水处理设施。对于无自建污水处理设施的企业（包括排入当地污水站统一处理的企业），其排污系数等于产污系数。

（4）污水经处理后，全部回用于生产时，排污量以零计。

2674　香料香精制造业产排污系数表

产品名称	原料名称	工艺名称	规模等级	污染物指标	单位	产污系数	末端治理技术名称	排污系数
香料	碱类、酸类、醇类、醚类等①	化学合成、生物合成及物理分离工艺②	所有规模	工业废水量	吨/吨产品	$32.23\times L$②	直排	$32.23\times L$②
							物理＋化学	$32.23\times L$②
							物化＋生物	$32.23\times L$②
				化学需氧量	克/吨产品	$236\,300\times L$②	直排	$236\,300\times L$②
							物理＋化学	$17\,000\times L$②
							物化＋生物	$9\,700\times L$②
				氨氮	克/吨产品	$4\,116\times L$②	直排	$4\,116\times L$②
							物理＋化学	$556.8\times L$②
							物化＋生物	$446.7\times L$②
				石油类	克/吨产品	$1\,849\times L$②	直排	$1\,849\times L$②
							物理＋化学	$351.4\times L$②
							物化＋生物	$311.9\times L$②

注：① 由于生产不同香料产品使用的原料各不相同且原料品种繁多，系数表单中仅列举了几类常用原料，实际生产时并不局限于此。

② 校正系数 L 的取值方式依据生产工艺，1～2 步简单反应工艺，L=0.2～0.5；3～4 步少步骤反应工艺，L=0.8～1；5 步以上多步骤复杂反应工艺，L=2。（参阅使用说明）

2674　香料香精制造业产排污系数表（续表）

产品名称	原料名称	工艺名称	规模等级	污染物指标	单位	产污系数	末端治理技术名称	排污系数
香精	香料、油脂、糖、肉类等①	生物合成、调配工艺②	所有规模	工业废水量	吨/吨产品	13.44②	直排	13.44②
							物化＋生物	13.44②
				化学需氧量	克/吨产品	130 600②	直排	130 600②
							物化＋生物	3670②
				氨氮	克/吨产品	203.2	直排	203.2
							物化＋生物	78.4
				石油类	克/吨产品	89.3	直排	89.3
							物化＋生物	38.3

注：① 由于生产不同香精产品使用的原料各不相同且原料品种繁多，系数表单中仅列举了几种常用原料，实际生产时并不局限于此。

② 以糖、动物原料水解得到的氨基酸、多肽等通过生物合成、调配工艺生产的香精按表中数据计算，对于单纯以香料与辅料通过调配工艺生产的香精，工业废水量的产污系数和排污系数分别按表中数值的 1/2 计算，化学需氧量的产污系数和排污系数分别按表中数值的 1/5 计算。

27

医药制造业

2710
化学药品原药制造行业

1 适用范围

本手册给出了《统计上使用的产品分类目录》中医药制造行业化学药品原药制造的产污系数和排污系数，可用于第一次全国污染源普查医药制造行业化学药品原药制造污染源污染物产生量和排放量的核算。

涉及的污染物包括：化学需氧量、氨氮、总磷、石油类、工业废水量和危险废物。

2 注意事项

（1）本“化学药品原药制造行业产排污系数表”适用于医药制造行业的化学药品原药制造子行业。

（2）化学药品原药制造是指生产供进一步加工药品制剂所需的药物原料（行业内俗称化学原料药），包括使用化学合成工艺技术和生物发酵工艺技术生产的药物原料。维生素、抗生素等类产品均包含在这个部分中。化学药品原药的产品还包括化学药物中间体（如硫氰酸红霉素、硫酸头孢匹罗粗品、螺旋霉素、美洛培南粗品、哌拉西林酸等）的各类产品。

按照国家统计局《统计上使用的产品分类目录》分类和医药制造业行业统计习惯分类，化学药品原药分为 24 大类（抗感染、解热镇痛药物、维生素及矿物质类、抗寄生虫类、计划生育及激素类、抗肿瘤、心血管系统、呼吸系统、中枢神经系统、消化系统、泌尿、血液类、调节水电解质及酸碱平衡、麻醉、抗组织胺季解毒类、五官科、皮肤科类、诊断类、滋补营养类、放射性同位素、制剂用辅料及附加剂类等其他化学原料药），进入目录的产品 700 多种，为了简化分类，全部使用“化学药品原药（2710）”的名称。

（3）化学药品原药制造中使用到成千上万种化学原料和化学药物中间体，不宜进一步划分，用“化学原料及化学制品（26）”标明，其中包括无机化学原料（2611）、有机化学原料（2614）、重金属化合物及其他基础化学品（2616）等。另外，生物发酵工艺还使用淀粉糖（139161）、淀粉（139101）、玉米（011140）等。

（4）企业规模分为大型、中型和小型。划分标准为大型：产量≥1 000 吨/年；中型：200 吨/年≤产量＜1 000 吨/年；小型：产量＜200 吨/年。

（5）“危险废物”是指生产过程中产生的被列入《国家危险废物名录》的污染物。包括：HW02 医药废物，即从医用药品的生产制作过程中产生的废物（如抗生素发酵产生的废渣等），包括兽药产品（不含中药类废物）。

（6）“原辅料消耗量/产品产量”说明

行业内投入产出比划为三个区间，即“原辅料消耗量/产品产量＜5”、“5≤原辅料消耗量/产品产量≤10”、“原辅料消耗量/产品产量＞10”。

2710 化学药品原药制造行业产排污系数表

产品名称	原料名称	工艺名称	规模等级	污染物指标	单位	产污系数	末端治理技术名称	排污系数
化学药品原药[④]	化学原料、化学药物中间体	化学合成	≥1 000 吨/年	工业废水量	吨/吨产品	283.83	直排	283.83
							好氧生物处理	283.83
							物化+好氧生物处理	283.83
							物化+好/厌氧处理生物组合	283.83
				化学需氧量	克/吨产品	496 900[①]	直排	496 900
							好氧生物处理	85 200
							物化+好氧生物处理	75 500
							物化+好/厌氧处理生物组合	63 000
						569 200[②]	直排	569 200
							好氧生物处理	100 000
							物化+好氧生物处理	84 200
							物化+好/厌氧处理生物组合	67 700
						656 800[③]	直排	656 800
							好氧生物处理	111 000
							物化+好氧生物处理	90 000
							物化+好/厌氧处理生物组合	64 400

注：① 为原辅料消耗量/产品产量（折合成重量）＜5;

② 为 5≤原辅料消耗量/产品产量≤10;

③ 为原辅料消耗量/产品产量＞10;

④ 化学药品原药在医药行业内俗称化学原料药。

2710 化学药品原药制造行业产排污系数表（续 1）

产品名称	原料名称	工艺名称	规模等级	污染物指标	单位	产污系数	末端治理技术名称	排污系数
化学药品原药④	化学原料、化学药物中间体	化学合成	≥1 000 吨/年	氨氮	克/吨产品	22 300①	直排	22 300
							好氧生物处理	8 700
							物化+好氧生物处理	7 900
							物化+好/厌氧处理生物组合	6 800
						25 600②	直排	25 600
							好氧生物处理	9 900
							物化+好氧生物处理	9 000
							物化+好/厌氧处理生物组合	7 900
						29 500③	直排	29 500
							好氧生物处理	11 500
							物化+好氧生物处理	10 300
							物化+好/厌氧处理生物组合	9 100
				石油类	克/吨产品	3 300	直排	3 300
							好氧生物处理	140
							物化+好氧生物处理	120
							物化+好/厌氧处理生物组合	90
				危险废物	吨/吨产品	0.126	—	—

注：① 为原辅料消耗量/产品产量（折合成重量）＜5;

② 为 5≤原辅料消耗量/产品产量≤10;

③ 为原辅料消耗量/产品产量＞10;

④ 化学药品原药在医药行业内俗称化学原料药。

2710 化学药品原药制造行业产排污系数表（续2）

产品名称	原料名称	工艺名称	规模等级	污染物指标	单位	产污系数	末端治理技术名称	排污系数
化学药品原药[④]	化学原料、化学药物中间体	化学合成	200～1 000 吨/年	工业废水量	吨/吨产品	494.41	直排	494.41
							好氧生物处理	494.41
							物化+好氧生物处理	494.41
							物化+好/厌氧处理生物组合	494.41
				化学需氧量	克/吨产品	800 600[①]	直排	800 600
							好氧生物处理	151 200
							物化+好氧生物处理	129 800
							物化+好/厌氧处理生物组合	109 600
						917 000[②]	直排	917 000
							好氧生物处理	171 400
							物化+好氧生物处理	139 500
							物化+好/厌氧处理生物组合	131 100
						1 058 200[③]	直排	1 058 200
							好氧生物处理	186 300
							物化+好氧生物处理	170 400
							物化+好/厌氧处理生物组合	141 800

注：① 为原辅料消耗量/产品产量（折合成重量）＜5;

② 为 5⩽原辅料消耗量/产品产量⩽10;

③ 为原辅料消耗量/产品产量＞10;

④ 化学药品原药在医药行业内俗称化学原料药。

2710 化学药品原药制造行业产排污系数表（续3）

产品名称	原料名称	工艺名称	规模等级	污染物指标	单位	产污系数	末端治理技术名称	排污系数
化学药品原药[④]	化学原料、化学药物中间体	化学合成	200～1 000 吨/年	氨氮	克/吨产品	27 600[①]	直排	27 600
							好氧生物处理	10 800
							物化+好氧生物处理	9 700
							物化+好/厌氧处理生物组合	8 600
						31 600[②]	直排	31 600
							好氧生物处理	12 300
							物化+好氧生物处理	11 100
							物化+好/厌氧处理生物组合	9 800
						36 500[③]	直排	36 500
							好氧生物处理	14 200
							物化+好氧生物处理	12 800
							物化+好/厌氧处理生物组合	11 300
				石油类	克/吨产品	4 300	直排	4 300
							好氧生物处理	150
							物化+好氧生物处理	130
							物化+好/厌氧处理生物组合	100
				危险废物	吨/吨产品	0.226	—	—

注：① 为原辅料消耗量/产品产量（折合成重量）<5;

② 为 5≤原辅料消耗量/产品产量≤10;

③ 为原辅料消耗量/产品产量>10;

④ 化学药品原药在医药行业内俗称化学原料药。

2710 化学药品原药制造行业产排污系数表（续 4）

产品名称	原料名称	工艺名称	规模等级	污染物指标	单位	产污系数	末端治理技术名称	排污系数
化学药品原药[4]	化学原料、化学药物中间体	化学合成	<200 吨/年	工业废水量	吨/吨产品	914.43	直排	914.43
							好氧生物处理	914.43
							物化+好氧生物处理	914.43
							物化+好/厌氧处理生物组合	914.43
				化学需氧量	克/吨产品	1 288 500[1]	直排	1 288 500
							好氧生物处理	270 600
							物化+好氧生物处理	244 800
							物化+好/厌氧处理生物组合	189 400
						1 476 000[2]	直排	1 476 000
							好氧生物处理	324 700
							物化+好氧生物处理	295 200
							物化+好/厌氧处理生物组合	265 700
						1 703 300[3]	直排	1 703 300
							好氧生物处理	408 800
							物化+好氧生物处理	320 200
							物化+好/厌氧处理生物组合	267 400

注：① 为原辅料消耗量/产品产量（折合成重量）＜5;
② 为 5≤原辅料消耗量/产品产量≤10;
③ 为原辅料消耗量/产品产量＞10;
④ 化学药品原药在医药行业内俗称化学原料药。

2710　化学药品原药制造行业产排污系数表（续 5）

产品名称	原料名称	工艺名称	规模等级	污染物指标	单位	产污系数	末端治理技术名称	排污系数
化学药品原药④	化学原料、化学药物中间体	化学合成	<200 吨/年	氨氮	克/吨产品	30 000①	直排	30 000
							好氧生物处理	11 700
							物化+好氧生物处理	10 500
							物化+好/厌氧处理生物组合	9 300
						36 000②	直排	36 000
							好氧生物处理	14 600
							物化+好氧生物处理	12 600
							物化+好/厌氧处理生物组合	11 200
						41 500③	直排	41 500
							好氧生物处理	16 200
							物化+好氧生物处理	14 500
							物化+好/厌氧处理生物组合	12 900
				石油类	克/吨产品	4 500	直排	4 500
							好氧生物处理	180
							物化+好氧生物处理	160
							物化+好/厌氧处理生物组合	110
				危险废物	吨/吨产品	0.364	—	—

注：① 为原辅料消耗量/产品产量（折合成重量）<5;

② 为 5≤原辅料消耗量/产品产量≤10;

③ 为原辅料消耗量/产品产量>10;

④ 化学药品原药在医药行业内俗称化学原料药。

2710 化学药品原药制造行业产排污系数表（续6）

产品名称	原料名称	工艺名称	规模等级	污染物指标	单位	产污系数	末端治理技术名称	排污系数
化学药品原药[①]	玉米、淀粉、葡萄糖等	发酵	≥1 000 吨/年	工业废水量	吨/吨产品	319.41	直排	319.41
							好氧生物处理	319.41
							好/厌氧生物组合处理	319.41
							物化+好/厌氧处理生物组合	319.41
				化学需氧量	克/吨产品	1 013 600	直排	1 013 600
							好氧生物处理	212 900
							好/厌氧生物组合处理	192 600
							物化+好/厌氧处理生物组合	149 000
				石油类	克/吨产品	3 100	直排	3 100
							好氧生物处理	120
							好/厌氧生物组合处理	110
							物化+好/厌氧处理生物组合	90
				总磷	克/吨产品	1 400	直排	1 400
							好氧生物处理	150
							好/厌氧生物组合处理	100
							物化+好/厌氧处理生物组合	87.5
				危险废物	吨/吨产品	0.276	—	—

注：① 化学药品原药在医药行业内俗称化学原料药。

2710　化学药品原药制造行业产排污系数表（续 7）

产品名称	原料名称	工艺名称	规模等级	污染物指标	单位	产污系数	末端治理技术名称	排污系数
化学药品原药[①]	玉米、淀粉、葡萄糖等	发酵	200～1 000 吨/年	工业废水量	吨/吨产品	606.35	直排	606.35
							好氧生物处理	606.35
							好/厌氧生物组合处理	606.35
							物化+好/厌氧处理生物组合	606.35
				化学需氧量	克/吨产品	1 171 600	直排	1 171 600
							好氧生物处理	257 800
							好/厌氧生物组合处理	234 300
							物化+好/厌氧处理生物组合	210 900
				石油类	克/吨产品	4 300	直排	4 300
							好氧生物处理	140
							好/厌氧生物组合处理	120
							物化+好/厌氧处理生物组合	110
				总磷	克/吨产品	1 650	直排	1 650
							好氧生物处理	187 5
							好/厌氧生物组合处理	162 4
							物化+好/厌氧处理生物组合	112 3
				危险废物	吨/吨产品	0.366	—	—

注：① 化学药品原药在医药行业内俗称化学原料药。

2710 化学药品原药制造行业产排污系数表（续 8）

产品名称	原料名称	工艺名称	规模等级	污染物指标	单位	产污系数	末端治理技术名称	排污系数
化学药品原药[①]	玉米、淀粉、葡萄糖等	发酵	＜200 吨/年	工业废水量	吨/吨产品	818.28	直排	818.28
							好氧生物处理	818.28
							好/厌氧生物组合处理	818.28
							物化+好/厌氧处理生物组合	818.28
				化学需氧量	克/吨产品	1 485 000	直排	1 485 000
							好氧生物处理	356 400
							好/厌氧生物组合处理	279 200
							物化+好/厌氧处理生物组合	233 100
				石油类	克/吨产品	4 600	直排	4 600
							好氧生物处理	160
							好/厌氧生物组合处理	130
							物化+好/厌氧处理生物组合	110
				总磷	克/吨产品	2 150	直排	2 150
							好氧生物处理	212.5
							好/厌氧生物组合处理	187.6
							物化+好/厌氧处理生物组合	162.4
				危险废物	吨/吨产品	0.454	—	—

注：① 化学药品原药在医药行业内俗称化学原料药。

2720
化学药品制剂

1 适用范围

本手册给出了《统计上使用的产品分类目录》中医药制造行业化学药品制剂制造的产污系数和排污系数，可用于第一次全国污染源普查医药制造行业化学药品制剂制造污染源污染物产生量和排放量的核算。

涉及的污染物包括：化学需氧量、石油类、工业废水量和危险废物。

2 注意事项

（1）本“化学药品制剂制造产排污系数表”适用于以化学原料药为主药的各类剂型的药物制剂生产。

（2）根据国家药典规定的配方生产的药品，按药物形态分为固体制剂和液体制剂。固体制剂包括：片剂、颗粒剂、粉针剂、丸剂、胶囊剂、栓剂、膏剂等。液体制剂包括：液体针剂、输液、口服液、洗剂等。

每个企业可能掌握许多可生产的产品的批准文号（有的多达几百个），这些可生产的品种依市场需求生产，因而就一个企业而言，每年的生产品种可能各不相同，仅按产品形态（固体、液体）分为“化学药品制剂（2720）”（固体）和“化学药品制剂（2720）”（液体）。

2720 化学药品制剂包括的类别产品见表 1。

表 1　化学药品制剂产品名称

272011	冻干粉针剂	272061	缓释控释片
272015	粉针剂	272063	滴剂
272021	注射液	272065	膏霜剂
272025	输液	272067	栓剂
272027	其他混合或非混合药品	272068	气雾剂
272031	片剂（以片剂为主，含胶囊）	272071	口服液体制剂
272035	胶囊（以胶囊为主，含片剂）	272075	外用液体制剂
272037	颗粒剂	272080	避孕药物用具

（3）化学药品制剂制造的原料使用“化学药品原药（2710）”。

（4）固体制剂虽因剂型、药剂品种的不同，生产工艺与工序存在差异，但是就工艺路线来看，基本类同，不再细分。

液体制剂虽因剂型、药剂品种的不同，生产工艺与工序存在差异，但是就工艺路线来看，基本类同，不再细分。

企业规模分大型、中型和小型。划分标准为大型：产量≥1 000 吨/年；中型：200 吨/年≤产量＜1 000 吨/年；小型：产量＜200 吨/年。

（5）液体制剂中包括大输液产品，这类产品的特点是产品中含有的水分比较多，药物浓度也各不相同，核算这类产品的重量时，先计算液体制剂中的药物成分（包括原料及辅料）的重量作为产品重量后，再计算污染物的产生量和排放量。

（6）“危险废物”是指生产过程中产生的被列入《国家危险废物名录》的污染物，包括：HW03 废药物、药品，即过期、报废的无标签的及多种混杂的医物、药品（不包括 HW01、HW02 类中的废药品）。

（7）企业产品中同时包含固体、液体制剂的情况：

此类情况需要分别计算企业生产的固体、液体制剂的产量。使用手册时，分别按照各自的产量找到相应的系数。

企业的污染物总量=生产固体制剂产品产生的污染量+生产液体制剂产品产生的污染量

（8）产品产量的简洁计算方法

鉴于化学药物制剂品种繁多，单个产品的重量更是各不相同，计算起来颇为烦琐，可将该企业全年生产投入的原辅料重量作为该企业全年生产产品的重量。

2720 化学药品制剂制造行业产排污系数表

产品名称	原料名称	工艺名称	规模等级	污染物指标	单位	产污系数	末端治理技术名称	排污系数
化学药品制剂	化学药品原药	固体制剂工艺	≥1 000 吨/年	工业废水量	吨/吨产品	39.58	直排	39.58
							好氧生物处理	39.58
							物化+好氧生物处理	39.58
				化学需氧量	克/吨产品	26 100	直排	26 100
							好氧生物处理	5 700
							物化+好氧生物处理	4 400
				石油类	克/吨产品	1 800	直排	1 800
							好氧生物处理	60
							物化+好氧生物处理	50
				危险废物	吨/吨产品	0.001 4	—	—
			200～1 000 吨/年	工业废水量	吨/吨产品	125.45	直排	125.45
							好氧生物处理	125.45
							物化+好氧生物处理	125.45
				化学需氧量	克/吨产品	61 900	直排	61 900
							好氧生物处理	13 600
							物化+好氧生物处理	10 500
				石油类	克/吨产品	1 900	直排	1 900
							好氧生物处理	68
							物化+好氧生物处理	65
				危险废物	吨/吨产品	0.002 9	—	—

2720 化学药品制剂制造行业产排污系数表（续表）

产品名称	原料名称	工艺名称	规模等级	污染物指标	单位	产污系数	末端治理技术名称	排污系数
化学药品制剂	化学药品原药	固体制剂工艺	＜200 吨/年	工业废水量	吨/吨产品	345.83	直排	345.83
							好氧生物处理	345.83
							物化+好氧生物处理	345.83
				化学需氧量	克/吨产品	119 900	直排	119 900
							好氧生物处理	25 200
							物化+好氧生物处理	21 400
				石油类	克/吨产品	2 100	直排	2 100
							好氧生物处理	90
							物化+好氧生物处理	80
				危险废物	吨/吨产品	0.004 5	—	—
		液体制剂工艺	≥1 000 吨/年	工业废水量	吨/吨产品	96.07	直排	96.07
							好氧生物处理	96.07
				化学需氧量	克/吨产品	25 800	直排	25 800
							好氧生物处理	7 200
				石油类	克/吨产品	1 600	直排	1 600
							好氧生物处理	53
				危险废物	吨/吨产品	0.000 6	—	—
			200～1 000 吨/年	工业废水量	吨/吨产品	165.87	直排	165.87
							好氧生物处理	165.87
				化学需氧量	克/吨产品	41 500	直排	41 500
							好氧生物处理	10 400
				石油类	克/吨产品	1 900	直排	1 900
							好氧生物处理	60
				HW03 危险废物（废药物、药品）	吨/吨产品	0.001 2	—	—
			＜200 吨/年	工业废水量	吨/吨产品	367.36	直排	367.36
							好氧生物处理	367.36
				化学需氧量	克/吨产品	73 500	直排	73 500
							好氧生物处理	18 400
				石油类	克/吨产品	2 100	直排	2 100
							好氧生物处理	68
				危险废物	吨/吨产品	0.002 1	—	—

2730
中药饮片加工业

1 适用范围

本手册给出了《统计上使用的产品分类目录》中医药制造行业中药饮片加工的产污系数和排污系数，可用于第一次全国污染源普查医药制造行业中药饮片加工污染源污染物产生量和排放量的核算。

涉及的污染物包括：化学需氧量和工业废水量。

2 注意事项

（1）本“中药饮片加工行业产排污系数表”适用于中药饮片的炮制加工生产。

中药饮片加工指对采集的天然或人工种植、养殖的动物和植物及中草药进行加工、处理的活动。

（2）中药饮片的品种非常多，统一按照国家统计局《统计上使用的产品分类目录》分类，定义为“中药饮片（2730）”。

（3）全部使用国家统计局《统计上使用的产品分类目录》分类中的“中草药（0140）”的名称。

饮片炮制的作用有减毒、改性等。炮制方法有净选、切制、炒制、炙制、蒸煮掸法、复制法、发酵法、发芽法、烘焙法、煨法、提净法、水飞法、干馏法等。各企业饮片炮制工艺基本类同，故对生产工艺不再细分，统称炮制工艺。

企业规模分大型、中型和小型。划分标准为大型：产量≥1 000 吨/年；中型：200 吨/年≤产量＜1 000 吨/年；小型：产量＜200 吨/年。

2730　中药饮片加工行业产排污系数表

产品名称	原料名称	工艺名称	规模等级	污染物指标	单位	产污系数	末端治理技术名称	排污系数
中药饮片	中草药	炮制工艺	≥1 000 吨/年	工业废水量	吨/吨产品	1.28	直排	1.28
							好氧生物处理	1.28
				化学需氧量	克/吨产品	2 000	直排	2 000
							好氧生物处理	300
			200～1 000 吨/年	工业废水量	吨/吨产品	1.32	直排	1.32
							好氧生物处理	1.32
				化学需氧量	克/吨产品	4 000	直排	4 000
							好氧生物处理	600
			＜200 吨/年	工业废水量	吨/吨产品	1.5	直排	1.5
							好氧生物处理	1.5
				化学需氧量	克/吨产品	6 000	直排	6 000
							好氧生物处理	900

2740
中成药制造行业

1 适用范围

本手册给出了《统计上使用的产品分类目录》中医药制造行业中成药制造行业的产污系数和排污系数，可用于第一次全国污染源普查医药制造行业中成药制造行业污染源污染物产生量和排放量的核算。

涉及的污染物包括：化学需氧量、石油类和工业废水量。

2 注意事项

（1）本“中成药制造行业产排污系数表”适用于所有中成药制造。

中成药是以中药材为药物原料加工生产的药物制剂，药物剂型的种类繁多，中药剂型除传统剂型丸、散、膏、丹、酒、露、汤、饮、胶、茶、糕、锭、线、条、棒、钉、灸、熨、糊等外，还基本包括了第二代药物现代剂型如片剂、胶囊剂、颗粒剂、气雾剂、注射剂、膜剂等。

（2）按照国家统计局《统计上使用的产品分类目录》分类，“中成药（2740）”类别中含有 135 个小类。为了简化分类，全部使用“中成药（2740）”的名称，按照产品最终形态的不同，分为“中成药（2740）”（固体制剂）和“中成药（2740）”（液体制剂）。

（3）中成药制造使用的原料为“中药饮片（2730）”。

（4）中成药制造工艺分为固体制剂生产工艺和液体制剂工艺。

固体制剂生产工艺统称为固体制剂工艺，不再细分。

液体制剂生产工艺统称为液体制剂工艺，不再细分。

企业规模分大型、中型和小型。划分标准为大型：产量≥1 000 吨/年；中型：200 吨/年≤产量＜1 000 吨/年；小型：产量＜200 吨/年。

液体制剂的产品重量仅计算液体制剂中的药物成分（包括原料及辅料）的重量。

（5）企业产品中同时包含固体、液体制剂的情况

此类情况需要分别计算企业生产的固体、液体制剂的产量。使用本手册时，分别按照各自的产量找到相应的系数。企业的污染物总量=生产固体制剂产品产生的污染量+生产液体制剂产品产生的污染量。

（6）中成药（固体制剂）的再分类

某些企业在生产过程中会用到煮提工序，该工序污染物产生量大于其他工序，为减少主要污染物（化学需氧量）的统计偏差，将有煮提工序和无煮提工序所产生的污染物数量分别计算。

2740 中成药制造行业产排污系数表

产品名称	原料名称	工艺名称	规模等级	污染物指标	单位	产污系数	末端治理技术名称	排污系数
中成药	中药饮片	固体制剂工艺	≥1 000 吨/年	工业废水量	吨/吨产品	124.33	直排	124.33
							好氧生物处理	124.33
							好/厌氧生物组合处理	124.33
							物化+好/厌氧组合处理	124.33
				化学需氧量	克/吨产品	132 500①	直排	132 500
							好氧生物处理	26 600
							好/厌氧生物组合处理	24 600
							物化+好/厌氧组合处理	22 100
					克/吨产品	26 900②	直排	26 900
							好氧生物处理	5 400
							好/厌氧生物组合处理	4 900
							物化+好/厌氧组合处理	4 500
				石油类	克/吨产品	1 700	直排	1 700
							好氧生物处理	63
							好/厌氧生物组合处理	57
							物化+好/厌氧组合处理	51

注：① 为有煮提工序；② 为无煮提工序。

2740 中成药制造行业产排污系数表（续1）

产品名称	原料名称	工艺名称	规模等级	污染物指标	单位	产污系数	末端治理技术名称	排污系数
中成药	中药饮片	固体制剂工艺	200～1 000 吨/年	工业废水量	吨/吨产品	195.6	直排	195.6
							好氧生物处理	195.6
							好/厌氧生物组合处理	195.6
							物化+好/厌氧组合处理	195.6
				化学需氧量	克/吨产品	185 500①	直排	185 500
							好氧生物处理	37 200
							好/厌氧生物组合处理	34 400
							物化+好/厌氧组合处理	30 900
					克/吨产品	37 600②	直排	37 600
							好氧生物处理	7 500
							好/厌氧生物组合处理	6 900
							物化+好/厌氧组合处理	6 300
				石油类	克/吨产品	1 900	直排	1 900
							好氧生物处理	68
							好/厌氧生物组合处理	61
							物化+好/厌氧组合处理	53

注：① 为有煮提工序；② 为无煮提工序。

2740 中成药制造行业产排污系数表（续2）

产品名称	原料名称	工艺名称	规模等级	污染物指标	单位	产污系数	末端治理技术名称	排污系数
中成药	中药饮片	固体制剂工艺	<200 吨/年	工业废水量	吨/吨产品	414.9	直排	414.9
							好氧生物处理	414.9
							好/天氧生物组合处理	414.9
							物化+好/厌氧组合处理	414.9
				化学需氧量	克/吨产品	345 000①	直排	345 000
							好氧生物处理	69 100
							好/厌氧生物组合处理	63 900
							物化+好/厌氧组合处理	57 600
					克/吨产品	69 900②	直排	69 900
							好氧生物处理	14 000
							好/厌氧生物组合处理	12 900
							物化+好/厌氧组合处理	11 700
				石油类	克/吨产品	2 100	直排	2 100
							好氧生物处理	72
							好/厌氧生物组合处理	63
							物化+好/厌氧组合处理	58

注：① 为有煮提工序；② 为无煮提工序。

2740 中成药制造行业产排污系数表（续 3）

产品名称	原料名称	工艺名称	规模等级	污染物指标	单位	产污系数	末端治理技术名称	排污系数
中成药	中药饮片	液体制剂工艺	≥1 000 吨/年	工业废水量	吨/吨产品	130.53	直排	130.53
							好氧生物处理	130.53
							好/厌氧生物组合处理	130.53
							物化+好/厌氧组合处理	130.53
				化学需氧量	克/吨产品	120 500	直排	120 500
							好氧生物处理	27 800
							好/厌氧生物组合处理	25 100
							物化+好/厌氧组合处理	22 400
				石油类	克/吨产品	1 600	直排	1 600
							好氧生物处理	64
							好/厌氧生物组合处理	56
							物化+好/厌氧组合处理	51
			200～1 000 吨/年	工业废水量	吨/吨产品	230.33	直排	230.33
							好氧生物处理	230.33
							好/厌氧生物组合处理	230.33
							物化+好/厌氧组合处理	230.33
				化学需氧量	克/吨产品	174 300	直排	174 300
							好氧生物处理	39 500
							好/厌氧生物组合处理	35 800
							物化+好/厌氧组合处理	32 100
				石油类	克/吨产品	1 800	直排	1 800
							好氧生物处理	65
							好/厌氧生物组合处理	59
							物化+好/厌氧组合处理	52

2740　中成药制造行业产排污系数表（续 4）

产品名称	原料名称	工艺名称	规模等级	污染物指标	单位	产污系数	末端治理技术名称	排污系数
中成药	中药饮片	液体制剂工艺	＜200 吨/年	工业废水量	吨/吨产品	580.41	直排	580.41
							好氧生物处理	580.41
							好/厌氧生物组合处理	580.41
							物化+好/厌氧组合处理	580.41
				化学需氧量	克/吨产品	390 700	直排	390 700
							好氧生物处理	86 100
							好/厌氧生物组合处理	78 400
							物化+好/厌氧组合处理	74 300
				石油类	克/吨产品	1 900	直排	1 900
							好氧生物处理	69
							好/厌氧生物组合处理	61
							物化+好/厌氧组合处理	55

2750

兽用药品制造行业

1 适用范围

本手册给出了《统计上使用的产品分类目录》中医药制造行业兽用药品制造行业的产污系数和排污系数，可用于第一次全国污染源普查医药制造行业兽用药品制造行业污染源污染物产生量和排放量的核算。

涉及的污染物包括：化学需氧量、氨氮、总磷、石油类、工业废水量和危险废物。危险废物是指生产过程中产生的被列入《国家危险废物名录》的污染物，包括：HW02 医药废物，即从医用药品的生产制作过程中产生的废物（如抗生素发酵产生的废渣等），包括兽药产品（不含中药类废物）；HW03 废药物、药品，即过期、报废的无标签的及多种混杂的医物、药品（不包括 HW01、HW02 类中的废药品）。

2 注意事项

（1）本“兽用药品制造行业产排污系数表”适用于兽用药品制造。

兽用药品制造是指用于动物疾病防治的药物制剂的生产活动。

兽药包括以下四大类：

① 兽用化学药品原药；

② 兽用化学药品制剂；

③ 兽用中成药；

④ 兽用生物生化制品。

（2）兽用药生产企业归农业行政主管部门管理，与人用药物生产不属同一个行政管理部门，但生产工艺类似。

手册本部分给出兽用化学药物制剂生产的产排污系数，其他类别的兽用药物生产的产排污系数比照使用人用药物类别的产排污系数进行普查核算。

（3）兽用化学药品原药使用“兽用化学药品原药”的名称。

（4）其他兽用药和制品使用“兽用药品（2750）”的名称。

（5）比照人用药的化学药品原药、化学药品制剂、中成药及生物生化制品四类药品的原料。

（6）兽用化学药物制剂不再作工艺分类，仅作综合核算，分为兽用化学药物制剂大型、兽用化学药物制剂中型、兽用化学药物制剂小型。

2750　兽用药品制造行业产排污系数表

产品名称	原料名称	工艺名称	规模等级	污染物指标	单位	产污系数	末端治理技术名称	排污系数
兽用化学药品原药	化学原料、化学药物中间体	化学合成	≥1 000 吨/年	工业废水量	吨/吨产品	283.83	直排	283.83
							好氧生物处理	283.83
							物化+好氧生物处理	283.83
							物化+好/厌氧组合处理	283.83
				化学需氧量	克/吨产品	496 900①	直排	496 900
							好氧生物处理	85 200
							物化+好氧生物处理	75 500
							物化+好/厌氧组合处理	63 000
						569 200②	直排	569 200
							好氧生物处理	100 000
							物化+好氧生物处理	84 200
							物化+好/厌氧组合处理	67 700
						656 800③	直排	656 800
							好氧生物处理	111 000
							物化+好氧生物处理	90 000
							物化+好/厌氧组合处理	64 400

注：① 为原辅料消耗量/产品产量＜5;

② 为 5≤原辅料消耗量/产品产量≤10;

③ 为原辅料消耗量/产品产量＞10。

2750 兽用药品制造行业产排污系数表（续 1）

产品名称	原料名称	工艺名称	规模等级	污染物指标	单位	产污系数	末端治理技术名称	排污系数
兽用化学药品原药	化学原料、化学药物中间体	化学合成	≥1 000 吨/年	氨氮	克/吨产品	22 300①	直排	22 300
							好氧生物处理	8 700
							物化+好氧生物处理	7 900
							物化+好/厌氧组合处理	6 800
						25 600②	直排	25 600
							好氧生物处理	9 900
							物化+好氧生物处理	9 000
							物化+好/厌氧组合处理	7 900
						29 500③	直排	29 500
							好氧生物处理	11 500
							物化+好氧生物处理	10 300
							物化+好/厌氧组合处理	9 100
				石油类	克/吨产品	3 300	直排	3 300
							好氧生物处理	140
							物化+好氧生物处理	120
							物化+好/厌氧组合处理	90
				危险废物	吨/吨产品	0.126	—	—

注：① 为原辅料消耗量/产品产量＜5;

② 为 5≤原辅料消耗量/产品产量≤10;

③ 为原辅料消耗量/产品产量＞10。

2750 兽用药品制造行业产排污系数表（续2）

产品名称	原料名称	工艺名称	规模等级	污染物指标	单位	产污系数	末端治理技术名称	排污系数
兽用化学药品原药	化学原料、化学药物中间体	化学合成	200～1 000吨/年	工业废水量	吨/吨产品	494.41	直排	494.41
							好氧生物处理	494.41
							物化+好氧生物处理	494.41
							物化+好/厌氧组合处理	494.41
				化学需氧量	克/吨产品	800 600①	直排	800 600
							好氧生物处理	151 200
							物化+好氧生物处理	129 800
							物化+好/厌氧组合处理	109 600
						917 000②	直排	917 000
							好氧生物处理	171 400
							物化+好氧生物处理	139 500
							物化+好/厌氧组合处理	131 100
						1 058 200③	直排	1 058 200
							好氧生物处理	186 300
							物化+好氧生物处理	170 400
							物化+好/厌氧组合处理	141 800

注：① 为原辅料消耗量/产品产量＜5;

② 为 5≤原辅料消耗量/产品产量≤10;

③ 为原辅料消耗量/产品产量＞10。

2750　兽用药品制造行业产排污系数表（续3）

产品名称	原料名称	工艺名称	规模等级	污染物指标	单位	产污系数	末端治理技术名称	排污系数
兽用化学药品原药	化学原料、化学药物中间体	化学合成	200～1 000 吨/年	氨氮	克/吨产品	27 600①	直排	27 600
							好氧生物处理	10 800
							物化+好氧生物处理	9 700
							物化+好/厌氧组合处理	8 600
						31 600②	直排	31 600
							好氧生物处理	12 300
							物化+好氧生物处理	11 100
							物化+好/厌氧组合处理	9 800
						36 500③	直排	36 500
							好氧生物处理	14 200
							物化+好氧生物处理	12 800
							物化+好/厌氧组合处理	11 300
				石油类	克/吨产品	4 300	直排	4 300
							好氧生物处理	150
							物化+好氧生物处理	130
							物化+好/厌氧组合处理	100
				危险废物	吨/吨产品	0.226	—	—

注：① 为原辅料消耗量/产品产量＜5;
② 为 5≤原辅料消耗量/产品产量≤10;
③ 为原辅料消耗量/产品产量＞10。

2750 兽用药品制造行业产排污系数表（续 4）

产品名称	原料名称	工艺名称	规模等级	污染物指标	单位	产污系数	末端治理技术名称	排污系数
兽用化学药品原药	化学原料、化学药物中间体	化学合成	<200 吨/年	工业废水量	吨/吨产品	914.43	直排	914.43
							好氧生物处理	914.43
							物化+好氧生物处理	914.43
							物化+好/厌氧组合处理	914.43
				化学需氧量	克/吨产品	1 288 500①	直排	1 288 500
							好氧生物处理	270 600
							物化+好氧生物处理	244 800
							物化+好/厌氧组合处理	189 400
						1 476 000②	直排	1 476 000
							好氧生物处理	324 700
							物化+好氧生物处理	295 200
							物化+好/厌氧组合处理	265 700
						1 703 300③	直排	1 703 300
							好氧生物处理	408 800
							物化+好氧生物处理	320 200
							物化+好/厌氧组合处理	267 400

注：① 为原辅料消耗量/产品产量＜5;

② 为 5≤原辅料消耗量/产品产量≤10;

③ 为原辅料消耗量/产品产量＞10。

2750 兽用药品制造行业产排污系数表（续 5）

产品名称	原料名称	工艺名称	规模等级	污染物指标	单位	产污系数	末端治理技术名称	排污系数
兽用化学药品原药	化学原料、化学药物中间体	化学合成	<200 吨/年	氨氮	克/吨产品	30 000①	直排	30 000
							好氧生物处理	11 700
							物化+好氧生物处理	10 500
							物化+好/厌氧组合处理	9 300
						36 000②	直排	36 000
							好氧生物处理	14 600
							物化+好氧生物处理	12 600
							物化+好/厌氧组合处理	11 200
						41 500③	直排	41 500
							好氧生物处理	16 200
							物化+好氧生物处理	14 500
							物化+好/厌氧组合处理	12 900
				石油类	克/吨产品	4 500	直排	4 500
							好氧生物处理	180
							物化+好氧生物处理	160
							物化+好/厌氧组合处理	110
				危险废物	吨/吨产品	0.364	—	—

注：① 为原辅料消耗量/产品产量＜5;

② 为 5⩽原辅料消耗量/产品产量⩽10;

③ 为原辅料消耗量/产品产量＞10。

2750 兽用药品制造行业产排污系数表（续6）

产品名称	原料名称	工艺名称	规模等级	污染物指标	单位	产污系数	末端治理技术名称	排污系数
兽用化学药品原药	玉米、淀粉、葡萄糖等	发酵	≥1 000 吨/年	工业废水量	吨/吨产品	319.41	直排	319.41
							好氧生物处理	319.41
							好/厌氧生物组合处理	319.41
							物化+好/厌氧组合处理	319.41
				化学需氧量	克/吨产品	1 013 600	直排	1 013 600
							好氧生物处理	124 600
							好/厌氧生物组合处理	102 200
							物化+好/厌氧组合处理	83 700
				石油类	克/吨产品	3 100	直排	3 100
							好氧生物处理	120
							好/厌氧生物组合处理	110
							物化+好/厌氧组合处理	9
				总磷	克/吨产品	1 400	直排	1 400
							好氧生物处理	150
							好/厌氧生物组合处理	100
							物化+好/厌氧组合处理	87.5
				危险废物	吨/吨产品	0.276	—	—
			200～1 000 吨/年	工业废水量	吨/吨产品	606.35	直排	606.35
							好氧生物处理	606.35
							好/厌氧生物组合处理	606.35
							物化+好/厌氧组合处理	606.35
				化学需氧量	克/吨产品	1 171 600	直排	1 171.600
							好氧生物处理	222 900
							好/厌氧生物组合处理	199 300
							物化+好/厌氧组合处理	160 500
				石油类	克/吨产品	4 300	直排	4 300
							好氧生物处理	140
							好/厌氧生物组合处理	120
							物化+好/厌氧组合处理	110
				总磷	克/吨产品	1 650	直排	1 650
							好氧生物处理	187.5
							好/厌氧生物组合处理	162.4
							物化+好/厌氧组合处理	112.3
				危险废物	吨/吨产品	0.366	—	—

2750 兽用药品制造行业产排污系数表（续 7）

产品名称	原料名称	工艺名称	规模等级	污染物指标	单位	产污系数	末端治理技术名称	排污系数
兽用化学药品原药	玉米、淀粉、葡萄糖等	发酵	<200 吨/年	工业废水量	吨/吨产品	818.28	直排	818.28
							好氧生物处理	818.28
							好/厌氧生物组合处理	818.28
							物化+好/厌氧组合处理	818.28
				化学需氧量	克/吨产品	1 485 000	直排	1 485 000
							好氧生物处理	282 500
							好/厌氧生物组合处理	252 600
							物化+好/厌氧组合处理	203 500
				石油类	克/吨产品	4 600	直排	4 600
							好氧生物处理	160
							好/厌氧生物组合处理	130
							物化+好/厌氧组合处理	110
				总磷	克/吨产品	2 150	直排	2 150
							好氧生物处理	212.5
							好/厌氧生物组合处理	187.6
							物化+好/厌氧组合处理	162.4
				危险废物	吨/吨产品	0.454	—	—
兽用化学药品制剂	兽用化学药品原药	制剂工艺	≥1 000 吨/年	工业废水量	吨/吨产品	48.83	直排	48.83
							好氧生物处理	48.83
							物化+好氧生物组合处理	48.83
				化学需氧量	克/吨产品	19 500	直排	19 500
							好氧生物处理	3 900
							物化+好氧生物组合处理	3 000
				石油类	克/吨产品	92 800	直排	92.8
							好氧生物处理	8.4
							物化+好氧生物组合处理	8.1
				危险废物	吨/吨产品	0.001 5	—	—

2750　兽用药品制造行业产排污系数表（续 8）

产品名称	原料名称	工艺名称	规模等级	污染物指标	单位	产污系数	末端治理技术名称	排污系数
兽用化学药品制剂	兽用化学药品原药	制剂工艺	200～1 000 吨/年	工业废水量	吨/吨产品	99.89	直排	99.89
							好氧生物处理	99.89
							物化+好氧生物组合处理	99.89
				化学需氧量	克/吨产品	37 000	直排	37 000
							好氧生物处理	7 400
							物化+好氧生物组合处理	5 700
				石油类	克/吨产品	265.7	直排	265.7
							好氧生物处理	21.3
							物化+好氧生物组合处理	20.9
				危险废物	吨/吨产品	0.0023	—	—
			<200 吨/年	工业废水量	吨/吨产品	315.36	直排	315.36
							好氧生物处理	315.36
							物化+好氧生物组合处理	315.36
				化学需氧量	克/吨产品	94.6	直排	94 600
							好氧生物处理	18 900
							物化+好氧生物组合处理	14 700
				石油类	克/吨产品	898.8	直排	898.8
							好氧生物处理	71.9
							物化+好氧生物组合处理	70.2
				危险废物	吨/吨产品	0.002 6	—	—

2750 兽用药品制造行业产排污系数表（续 9）

产品名称	原料名称	工艺名称	规模等级	污染物指标	单位	产污系数	末端治理技术名称	排污系数
兽用中成药	中药饮片	固体制剂工艺	≥1 000 吨/年	工业废水量	吨/吨产品	124.33	直排	124.33
							好氧生物处理	124.33
							好/厌氧生物组合处理	124.33
							物化+好/厌氧组合处理	124.33
				化学需氧量	克/吨产品	132 500①	直排	132 500
							好氧生物处理	26 600
							好/厌氧生物组合处理	24 600
							物化+好/厌氧组合处理	22 100
					克/吨产品	26 900②	直排	26 900
							好氧生物处理	5 400
							好/厌氧生物组合处理	4 900
							物化+好/厌氧组合处理	4 500
				石油类	克/吨产品	1 700	直排	1 700
							好氧生物处理	63
							好/厌氧生物组合处理	57
							物化+好/厌氧组合处理	51

注：① 为有煮提工序；② 为无煮提工序。

2750 兽用药品制造行业产排污系数表（续10）

产品名称	原料名称	工艺名称	规模等级	污染物指标	单位	产污系数	末端治理技术名称	排污系数
兽用中成药	中药饮片	固体制剂工艺	200～1 000 吨/年	工业废水量	吨/吨产品	195.6	直排	195.6
							好氧生物处理	195.6
							好/厌氧生物组合处理	195.6
							物化+好/厌氧组合处理	195.6
				化学需氧量	克/吨产品	185 500①	直排	185 500
							好氧生物处理	37 200
							好/厌氧生物组合处理	34 400
							物化+好/厌氧组合处理	30 900
					克/吨产品	37 600②	直排	37 600
							好氧生物处理	7 500
							好/厌氧生物组合处理	6 900
							物化+好/厌氧组合处理	6 300
				石油类	克/吨产品	1 900	直排	1 900
							好氧生物处理	68
							好/厌氧生物组合处理	61
							物化+好/厌氧组合处理	53

注：① 为有煮提工序；② 为无煮提工序。

2750 兽用药品制造行业产排污系数表（续 11）

产品名称	原料名称	工艺名称	规模等级	污染物指标	单位	产污系数	末端治理技术名称	排污系数
兽用中成药	中药饮片	固体制剂工艺	＜200 吨/年	工业废水量	吨/吨产品	414.9	直排	414.9
							好氧生物处理	414.9
							好/厌氧生物组合处理	414.9
							物化+好/厌氧组合处理	414.9
				化学需氧量	克/吨产品	345 000[①]	直排	345 000
							好氧生物处理	69 100
							好/厌氧生物组合处理	63 900
							物化+好/厌氧组合处理	57 600
					克/吨产品	69 900[②]	直排	69 900
							好氧生物处理	14 000
							好/厌氧生物组合处理	12 900
							物化+好/厌氧组合处理	11 700
				石油类	克/吨产品	2 100	直排	2 100
							好氧生物处理	72
							好/厌氧生物组合处理	63
							物化+好/厌氧组合处理	58
兽用中成药	中药饮片	液体制剂工艺	≥1 000 吨/年	工业废水量	吨/吨产品	130.53	直排	130.53
							好氧生物处理	130.53
							好/厌氧生物组合处理	130.53
							物化+好/厌氧组合处理	130.53
				化学需氧量	克/吨产品	120 500	直排	120 500
							好氧生物处理	27 800
							好/厌氧生物组合处理	25 100
							物化+好/厌氧组合处理	22 400
				石油类	克/吨产品	1 600	直排	1 600
							好氧生物处理	64
							好/厌氧生物组合处理	56
							物化+好/厌氧组合处理	51

注：① 为有煮提工序；② 为无煮提工序。

2750 兽用药品制造行业产排污系数表（续 12）

产品名称	原料名称	工艺名称	规模等级	污染物指标	单位	产污系数	末端治理技术名称	排污系数
兽用中成药	中药饮片	液体制剂工艺	200～1 000 吨/年	工业废水量	吨/吨产品	230.33	直排	230.33
							好氧生物处理	230.33
							好/厌氧生物组合处理	230.33
							物化+好/厌氧组合处理	230.33
				化学需氧量	克/吨产品	174 300	直排	174 300
							好氧生物处理	39 500
							好/厌氧生物组合处理	35 800
							物化+好/厌氧组合处理	32 100
				石油类	克/吨产品	1 800	直排	1 800
							好氧生物处理	65
							好/厌氧生物组合处理	59
							物化+好/厌氧组合处理	52
兽用中成药	中药饮片	液体制剂工艺	＜200 吨/年	工业废水量	吨/吨产品	580.41	直排	580.41
							好氧生物处理	580.41
							好/厌氧生物组合处理	580.41
							物化+好/厌氧组合处理	580.41
				化学需氧量	克/吨产品	390 700	直排	390 700
							好氧生物处理	86 100
							好/厌氧生物组合处理	78 400
							物化+好/厌氧组合处理	74 300
				石油类	克/吨产品	1 900	直排	1 900
							好氧生物处理	69
							好/厌氧生物组合处理	61
							物化+好/厌氧组合处理	55
兽用生物生化药品和生物生化制品	原核、真核发酵培养基	生物发酵工艺	≥1 吨/年	工业废水量	吨/吨产品	1 079.94	直排	1 079.94
							好氧生物处理	1 079.94
							物化+好氧生物组合处理	1 079.94
				化学需氧量	克/吨产品	98 000	直排	98 000
							好氧生物处理	21 500
							物化+好氧生物组合处理	19 300
				石油类	克/吨产品	1 600	直排	1 600
							好氧生物处理	174.4
							物化+好氧生物组合处理	153.6

2750 兽用药品制造行业产排污系数表（续 13）

产品名称	原料名称	工艺名称	规模等级	污染物指标	单位	产污系数	末端治理技术名称	排污系数
兽用生物生化药品和生物生化制品	原核、真核发酵培养基	生物发酵工艺	0.2～1吨/年	工业废水量	吨/吨产品	3 542.6	直排	3 542.6
							好氧生物处理	3 542.6
							物化+好氧生物组合处理	3 542.6
				化学需氧量	克/吨产品	310 000	直排	310 000
							好氧生物处理	67 800
							物化+好氧生物组合处理	57 400
				石油类	克/吨产品	2 500	直排	2 500
							好氧生物处理	278.1
							物化+好氧生物组合处理	197.9
			＜0.2 吨/年	工业废水量	吨/吨产品	7 783.15	直排	7 783.15
							好氧生物处理	7 783.15
							物化+好氧生物组合处理	7 783.15
				化学需氧量	克/吨产品	670 000	直排	670 000
							好氧生物处理	148 700
							物化+好氧生物组合处理	129 300
				石油类	克/吨产品	3 100	直排	3 100
							好氧生物处理	342.3
							物化+好氧生物组合处理	203.7

2760
生物化学药品和生物化学制品制造业

1 适用范围

本手册给出了《统计上使用的产品分类目录》中医药制造行业生物化学药品和生物化学制品制造业的产污系数和排污系数，可用于第一次全国污染源普查医药制造行业生物化学药品和生物化学制品制造业污染源污染物产生量和排放量的核算。

涉及的污染物包括：化学需氧量、石油类和工业废水量。

2 注意事项

（1）本“生物化学药品和生物化学制品的制造行业产排污系数表”适用于全部生物化学药品和生物化学制品制造。

生物药品和生化制品指利用生物技术生产生物化学药品、基因工程药物的生产活动所获得的产品。

（2）按照国家统计局《统计上使用的产品分类目录》分类，统一为“生物化学药品和生物化学制品（2760）”的名称。

（3）以原核、真核发酵培养基为原料。

（4）由于生物、生化制品生产是一门新兴的技术，发展速度，相关工艺信息变化快、变化大，故不分工艺进行核算。

企业规模分为大型（产量≥1 吨/年）、中型（0.2 吨/年≤产量＜1 吨/年）、小型（产量＜0.2 吨/年）。

2760 生物化学药品和生物化学制品制造行业产排污系数表

产品名称	原料名称	工艺名称	规模等级	污染物指标	单位	产污系数	末端治理技术名称	排污系数
生物生化药品和生物生化制品	原核、真核发酵培养基	生物发酵工艺	≥1 吨/年	工业废水量	吨/吨产品	1 079.94	直排	1 079.94
							好氧生物处理	1 079.94
							物化+好氧生物组合处理	1 079.94
				化学需氧量	克/吨产品	98 000	直排	98 000
							好氧生物处理	21 500
							物化+好氧生物组合处理	19 300
				石油类	克/吨产品	1 600	直排	1 600
							好氧生物处理	174.4
							物化+好氧生物组合处理	153.6
			0.2～1 吨/年	工业废水量	吨/吨产品	3 542.6	直排	3 542.6
							好氧生物处理	3 542.6
							物化+好氧生物组合处理	3 542.6
				化学需氧量	克/吨产品	310 000	直排	310 000
							好氧生物处理	67 800
							物化+好氧生物组合处理	57 400
				石油类	克/吨产品	2 500	直排	2 500
							好氧生物处理	278.1
							物化+好氧生物组合处理	197.9
生物生化药品和生物生化制品	原核、真核发酵培养基	生物发酵工艺	<0.2 吨/年	工业废水量	吨/吨产品	7 783.15	直排	7 783.15
							好氧生物处理	7 783.15
							物化+好氧生物组合处理	7 783.15
				化学需氧量	克/吨产品	670 000	直排	670 000
							好氧生物处理	148 700
							物化+好氧生物组合处理	129 300
				石油类	克/吨产品	3 100	直排	3 100
							好氧生物处理	342.3
							物化+好氧生物组合处理	203.7

2770
卫生材料及医药用品制造行业

1 适用范围

本手册给出了《统计上使用的产品分类目录》中医药制造行业卫生材料及医药用品制造行业的产污系数和排污系数，可用于第一次全国污染源普查医药制造行业卫生材料及医药用品制造行业污染源污染物产生量和排放量的核算。

涉及的污染物包括：化学需氧量、石油类和工业废水量。

2 注意事项

（1）本“卫生材料及医药用品制造行业产排污系数表”适用的医用卫生材料及医药用品产品范围包括：

① 产品中使用中药的卫生材料及医药用品；

② 产品中使用化学药物的卫生材料及医药用品。

其他不含中、西药成分的卫生材料不在本手册范围内，仅为简单的加工过程，基本上不产生污染物。

药用包装材料如胶囊（使用明胶或其他原材料制造）等可直接食用的产品，比照食品类别中相应产品取产排污系数进行污染物排放量计算。

医药包装用玻璃瓶（粉针剂、水针剂、输液瓶等）按以往的惯例，是由“玻璃仪器”生产企业生产，分别比照“非金属矿物制品”行业的“玻璃及玻璃制品制造”的“玻璃仪器制造”和“日用玻璃制品及玻璃包装容器制造”选取产排污系数进行污染物的产生量和排放量的计算。

医药包装用塑料包装材料比照塑料产品行业对应的产品选取产排污系数进行污染物的产生量和排放量的计算。

医疗器械按照其是否使用电子电气产品，分别比照机械加工（不使用电子电气产品）和机电一体化产品（使用电子电气产品）进行产排污量的计算。

（2）中药卫生材料及医药用品的系数选择比照中成药（固体制剂工艺）进行；需要按照有无煮提工序进行系数修正，修正后的系数已经列在表中。

（3）西药卫生材料及医药用品的系数比照化学药品制剂（固体制剂工艺）进行；该部分“危险废物”是指生产过程中产生的被列入《国家危险废物名录》的污染物，包括：HW03 废药物、药品，即过期、报废的无标签的及多种混杂的医物、药品（不包括 HW01、HW02 类中的废药品）。

2770 卫生材料及医药用品制造行业产排污系数表

产品名称	原料名称	工艺名称	规模等级	污染物指标	单位	产污系数	末端治理技术名称	排污系数
中药卫生材料及医药用品	中药饮片	固体制剂工艺	≥1 000 吨/年	工业废水量	吨/吨产品	124.33	直排	124.33
							好氧生物处理	124.33
							好/厌氧生物组合处理	124.33
							物化+好/厌氧组合处理	124.33
				化学需氧量	克/吨产品	132 500[①]	直排	132 500
							好氧生物处理	26 600
							好/厌氧生物组合处理	24 600
							物化+好/厌氧组合处理	22 100
					克/吨产品	26 900[②]	直排	26 900
							好氧生物处理	5 400
							好/厌氧生物组合处理	4 900
							物化+好/厌氧组合处理	4 500
				石油类	克/吨产品	1 700	直排	1 700
							好氧生物处理	63
							好/厌氧生物组合处理	57
							物化+好/厌氧组合处理	51

注：① 为有煮提工序；② 为无煮提工序。

2770　卫生材料及医药用品制造行业产排污系数表（续 1）

产品名称	原料名称	工艺名称	规模等级	污染物指标	单位	产污系数	末端治理技术名称	排污系数
中药卫生材料及医药用品	中药饮片	固体制剂工艺	200～1 000 吨/年	工业废水量	吨/吨产品	195.6	直排	195.6
							好氧生物处理	195.6
							好/厌氧生物组合处理	195.6
							物化+好/厌氧组合处理	195.6
				化学需氧量	克/吨产品	185 500①	直排	185 500
							好氧生物处理	37 200
							好/厌氧生物组合处理	34 400
							物化+好/厌氧组合处理	30 900
					克/吨产品	37 600②	直排	37 600
							好氧生物处理	7 500
							好/厌氧生物组合处理	6 900
							物化+好/厌氧组合处理	6 300
				石油类	克/吨产品	1 900	直排	1 900
							好氧生物处理	68
							好/厌氧生物组合处理	61
							物化+好/厌氧组合处理	53

注：① 为有煮提工序；② 为无煮提工序。

2770 卫生材料及医药用品制造行业产排污系数表（续2）

产品名称	原料名称	工艺名称	规模等级	污染物指标	单位	产污系数	末端治理技术名称	排污系数
中药卫生材料及医药用品	中药饮片	固体制剂工艺	＜200吨/年	工业废水量	吨/吨产品	414.9	直排	414.9
							好氧生物处理	414.9
							好/厌氧生物组合处理	414.9
							物化+好/厌氧组合处理	414.9
				化学需氧量	克/吨产品	345 000①	直排	345 000
							好氧生物处理	69 100
							好/厌氧生物组合处理	63 900
							物化+好/厌氧组合处理	57 600
					克/吨产品	69 900②	直排	69 900
							好氧生物处理	14 000
							好/厌氧生物组合处理	12 900
							物化+好/厌氧组合处理	11 700
				石油类	克/吨产品	2 100	直排	2 100
							好氧生物处理	72
							好/厌氧生物组合处理	63
							物化+好/厌氧组合处理	58

注：① 为有煮提工序；② 为无煮提工序。

2770　卫生材料及医药用品制造行业产排污系数表（续 3）

产品名称	原料名称	工艺名称	规模等级	污染物指标	单位	产污系数	末端治理技术名称	排污系数
西药卫生材料及医药用品	化学药品原药	固体制剂工艺	≥1 000 吨/年	工业废水量	吨/吨产品	39.58	直排	39.58
							好氧生物处理	39.58
							物化+好氧生物处理	39.58
				化学需氧量	克/吨产品	26 100	直排	26 100
							好氧生物处理	5 700
							物化+好氧生物处理	4 400
				石油类	克/吨产品	1 800	直排	1 800
							好氧生物处理	60
							物化+好氧生物处理	50
				危险废物	吨/吨产品	0.0014	—	—
			200～1 000 吨/年	工业废水量	吨/吨产品	125.45	直排	125.45
							好氧生物处理	125.45
							物化+好氧生物处理	125.45
				化学需氧量	克/吨产品	61 900	直排	61 900
							好氧生物处理	13 600
							物化+好氧生物处理	10 500
				石油类	克/吨产品	1 900	直排	1 900
							好氧生物处理	68
							物化+好氧生物处理	65
				危险废物	吨/吨产品	0.002 9	—	—
西药卫生材料及医药用品	化学药品原药	固体制剂工艺	<200 吨/年	工业废水量	吨/吨产品	345.83	直排	345.83
							好氧生物处理	345.83
							物化+好氧生物处理	345.83
				化学需氧量	克/吨产品	119 900	直排	119 900
							好氧生物处理	25 200
							物化+好氧生物处理	21 400
				石油类	克/吨产品	2 100	直排	2 100
							好氧生物处理	90
							物化+好氧生物处理	80
				危险废物	吨/吨产品	0.004 5	—	—

28

化学纤维制造业

2811
化纤浆粕制造业

1 适用范围

本手册给出了《统计上使用的产品分类目录》中化纤浆粕制造行业化纤棉绒浆粕的产污系数和排污系数，适用于国内化纤浆粕制造行业中所有生产企业，可用于第一次全国污染源普查化纤浆粕制造行业污染源污染物产生量和排放量的核算。

涉及的污染物包括：工业废水量、化学需氧量、工业固体废物（污泥，含水 80%）。

2 注意事项

2.1 系数表中未涉及的产品产排污系数说明

本手册中系数主要涉及棉浆粕的生产，若调查时涉及木浆粕生产的行业也可参考棉浆粕的污染物的产排污系数进行核算。

2.2 生产非单一产品企业污染物产排量核算

由于许多企业跨行业经营，企业生产的产品涉及不同行业，因而产品的产排污量应根据其不同的产品分别进行核算。该企业产排污量则为各产品产排污量之和。

2.3 其他需要说明的问题

（1）本手册的排污系数是在典型工况下得到的，未考虑废水回用的影响因素。因此系数使用时要依据调查企业的废水回用率对工业废水量的排污系数进行调整后应用。

有废水回用的排污系数＝排污系数（本手册）×（1－废水回用率）

（2）由于化纤浆粕制造企业废水含有部分有机溶剂，在废水处理过程中化学药剂的投加量往往很大，使得污泥的产生量会比正常投加药剂的产生量高很多，污染物的重量与 COD 的削减量有可能不是 1∶1 的对应关系，有时污泥的产生量大于削减量。

（3）由于化纤浆粕制造企业的特点，其规模往往取决于生产设备的套数，因此多数情况下产污系数与规模大小关系不大，而与产品的种类、生产工序、设备的先进性和管理水平有关。

（4）关于系数表格各栏目的说明

①“产品名称”：指化纤浆粕制造企业在报告期内生产的，并符合产品质量要求的化纤棉绒浆粕；

②“原料名称”：指化纤浆粕制造企业在报告期内使用的主要原料棉短绒；

③“工艺名称”：指对应化纤浆粕制造企业生产、加工产品采用的主要生产方法的名称；

④“污染物指标”：包含工业废水量、化学需氧量、工业固体废物（污泥，含水 80%）；

⑤“单位”：为产排污系数计量单位，工业废水量单位为“吨/吨产品”，化学需氧量单位为“克/吨产品”，工业固体废物（污泥）单位为“吨/吨产品”；

⑥“末端治理技术名称”：针对化纤浆粕行业内的污染物所采用的处理方法的名称。废水污染物的排污系数依据废水处理采用工艺技术的不同而有一定的差异。如果没有近似的废水处理方法代替，首先调查该企业是否有当地环保部门的监测报告。如果有，可以监测报告上的末端处理方法名称和排污数据为准。如果没有，该企业按无治理设施处理，排污系数等于产污系数。

2811 化纤浆粕制造行业产排污系数表

产品名称	原料名称	工艺名称	规模等级	污染物指标	单位	产污系数	末端治理技术名称	排污系数
棉绒浆粕	棉短绒	预浸—蒸煮—水洗—漂白—抄浆	所有规模	工业废水量	吨/吨产品	139.53	化学+生物	125.58
							厌氧/好氧生物组合工艺	133.37
							物化+生物	122.79
				化学需氧量	克/吨产品	430 250	化学+生物	50 340①
							厌氧/好氧生物组合工艺	54 760①
							物化+生物	43 030①
				工业固体废物（污泥）	吨/吨产品	0.38①	化学+生物	—
						0.375②	厌氧/好氧生物组合工艺	—
						0.387③	物化+生物	—

注：由于浆粕废水的特殊性质导致污染物浓度一般高于地方排放标准，大多数企业只是经过预处理后与其他废水混合处理后达标排放。

① 末端治理技术为“化学+生物”；

② 末端治理技术为“厌氧/好氧生物组合工艺”；

③ 末端治理技术为“物化+生物”。

2812
人造纤维制造行业

1 适用范围

本手册给出了《统计上使用的产品分类目录》中人造纤维制造行业黏胶短纤维、黏胶纤维长丝的产污系数和排污系数，适用于国内人造纤维制造行业中所有生产企业，可用于第一次全国污染源普查人造纤维制造行业污染源污染物产生量和排放量的核算。

涉及的污染物包括：工业废水量、化学需氧量、工业固体废物（污泥，含水 80%）。

2 注意事项

2.1 系数表中未涉及的产品产排污系数说明

本手册已涵盖人造纤维制造行业原料、各种工艺及规模所生产的黏胶短纤维、黏胶纤维长丝产品。

2.2 生产非单一产品企业污染物产排量核算

由于许多企业跨行业经营，企业生产的产品涉及不同行业，因而产品的产排污量应根据其不同的产品分别进行核算。企业产排污量则为各产品产排污量之和。

2.3 其他需要说明的问题

（1）本手册的排污系数是在典型工况下得到的，未考虑废水回用的影响因素。因此系数使用时要依据调查企业的废水回用率对工业废水量的排污系数进行调整后应用。

有废水回用的排污系数＝排污系数（本手册）×（1－废水回用率）

（2）由于人造纤维制造企业的废水含有部分有机溶剂，所以在废水处理过程中，化学药剂的投加量往往很大，使得污泥的产生量会比正常投加药剂的产生量高很多，污染物的重量与 COD 的削减量有可能不是 1∶1 的对应关系，有时污泥的产生量大于削减量。

（3）由于人造纤维制造企业的行业特点，其规模往往取决于生产设备的套数，因此多数情况下产污系数与规模大小关系不大，而与产品的种类、生产工序、设备的先进性和管理水平有关。

（4）关于系数表格各栏目的说明

①“产品名称”：指化纤浆粕制造企业在报告期内生产的，并符合产品质量要求的化纤棉绒浆粕；

②“原料名称”：指化纤浆粕制造企业在报告期内使用的主要原料棉短绒；

③“工艺名称”：指对应化纤浆粕制造企业生产、加工产品采用的主要生产方法的名称；

④“污染物指标”：包含工业废水量、化学需氧量、工业固体废物（污泥，含水 80%）；

⑤“单位”：为产排污系数计量单位，工业废水量单位为“吨/吨产品”，化学需氧量单位为“克/吨产品”，工业固体废物（污泥）单位为“吨/吨产品”；

⑥“末端治理技术名称”：针对化纤浆粕行业内的污染物所采用的处理方法的名称。废水污染物的排污系数依据废水处理采用工艺技术的不同而有一定的差异。如果没有近似的废水处理方法代替，首先调查该企业是否有当地环保部门的监测报告。如果有，可以监测报告上的末端处理方法名称和排污数据为准。如果没有，该企业按无治理设施处理，排污系数等于产污系数。

2812　人造纤维制造行业产排污系数表

产品名称	原料名称	工艺名称	规模等级	污染物指标	单位	产污系数	末端治理技术名称	排污系数
黏胶短纤维	化纤棉绒浆粕/化纤木浆粕/其他化学纤维浆粕	原液—纺丝—切断—后处理	所有规模	工业废水量	吨/吨产品	87.45	物化+生物	76.96
							化学+生物	78.71
				化学需氧量	克/吨产品	52 220	物化+生物	7 490
							化学+生物	8 150
				工业固体废物（污泥）	吨/吨产品	0.192	物化+生物	—
						0.175	化学+生物	—
						0.298①	—	—
黏胶纤维长丝	化纤棉绒浆粕	原液—纺丝—后处理	所有规模	工业废水量	吨/吨产品	150.72	物化+生物	136.11
							中和+化学混凝沉淀	140.18
				化学需氧量	克/吨产品	71 140	物化+生物	12 930
							中和+化学混凝沉淀	21 350
				工业固体废物（污泥）	吨/吨产品	0.332②	物化+生物	—
						0. 4787③	中和+化学混凝沉淀	—
						0.419	—	—

注：① 在废水处理过程中添加电石灰，使污泥产生量增加。

② 末端治理技术为“化学+生物”。

③ 末端治理技术为“中和+化学混凝沉淀”。

2821
锦纶纤维制造行业

1 适用范围

本手册给出了《统计上使用的产品分类目录》中锦纶纤维制造行业的锦纶 66 纤维、锦纶 6 切片、锦纶 6 纤维等的产污系数和排污系数，适用于国内锦纶纤维制造行业中所有生产企业，可用于第一次全国污染源普查锦纶纤维制造行业污染源污染物产生量和排放量的核算。

涉及的污染物包括：工业废水量、化学需氧量、工业固体废物（污泥，含水 80%）。

2 注意事项

2.1 系数表中未涉及的产品产排污系数说明

本手册已涵盖锦纶纤维制造行业原料、各种工艺及规模的生产的锦纶产品。

2.2 生产非单一产品企业污染物产排量核算

由于许多企业跨行业经营，企业生产的产品涉及不同行业，因而产品的产排污量应根据其不同的产品分别进行核算，企业产排污量则为各产品产排污量之和。

2.3 其他需要说明的问题

（1）本手册的排污系数是在典型工况下得到的，未考虑废水回用的影响因素。因此系数使用时要依据调查企业的废水回用率对工业废水量的排污系数进行调整后应用。

有废水回用的排污系数＝排污系数（本手册）×（1－废水回用率）

（2）由于锦纶纤维制造企业的废水含有部分有机溶剂，所以在废水处理过程中，化学药剂的投加量往往很大，污染物的重量与 COD 的削减量有可能不是 1∶1 的对应关系，有时污泥的产生量大于削减量。

（3）由于锦纶纤维制造企业的行业特点，其规模往往取决于生产设备的套数，因此多数情况下产污系数与规模大小关系不大，而与产品的种类、生产工序、设备的先进性和管理水平有关。

（4）关于系数表格各栏目的说明

①“产品名称”：指锦纶纤维制造企业在报告期内生产的，并符合产品质量要求的锦纶 66 纤维、锦纶 6 切片和锦纶 6 纤维；

②“原料名称”：指锦纶纤维制造企业在报告期内使用的主要原料。本手册包括尼龙 66 盐、己内酰胺和锦纶 6 切片；

③“工艺名称”：指对应锦纶纤维制造企业生产、加工产品采用的主要生产方法的名称；

④“规模等级”：指产排污系数核算所对应的生产规模等级。锦纶生产企业规模对产排污系数影响不大，因此本手册产排污系数未按企业规模等级划分；

⑤“污染物指标”：包含工业废水量、化学需氧量、工业固体废物（污泥）；

⑥“单位”：为产排污系数计量单位，工业废水量单位为“吨/吨产品”，化学需氧量单位为“克/吨产品”，工业固体废物（污泥）单位为“吨/吨产品”；

⑦“末端治理技术名称”：针对锦纶纤维制造行业内的污染物所采用的处理方法的名称。废水污染物的排污系数依据废水处理采用工艺技术的不同而有一定的差异。如果没有近似的废水处理方法代替，首先调查该企业是否有当地环保部门的监测报告。如果有，可以监测报告上的末端处理方法名称和排污数据为准。如果没有，该企业按无治理设施处理，排污系数等于产污系数。

2821 锦纶纤维制造行业产排污系数表

产品名称	原料名称	工艺名称	规模等级	污染物指标	单位	产污系数	末端治理技术名称	排污系数
锦纶 66 纤维	尼龙 66 盐	浓缩—聚合—熔融—纺丝	所有规模	工业废水量	吨/吨产品	15.59	中和法+A/O 工艺	14.03
				化学需氧量	克/吨产品	18 710	中和法+A/O 工艺	2 060
				工业固体废物（污泥）	吨/吨产品	0.014 59	—	—
锦纶 6 切片	己内酰胺	聚合—切粒	所有规模	工业废水量	吨/吨产品	3.97	厌氧/好氧生物组合工艺	3.79
				化学需氧量	克/吨产品	5 040	厌氧/好氧生物组合工艺	650
				工业固体废物（污泥）	吨/吨产品	0.003 81	—	—
锦纶 6 纤维	锦纶 6 切片	熔融—纺丝	所有规模	工业废水量	吨/吨产品	10.59	好氧生物处理	10.06
							厌氧/好氧生物组合工艺	9.75
				化学需氧量	克/吨产品	3 730	好氧生物处理	1 490
							厌氧/好氧生物组合工艺	1 120
				工业固体废物（污泥）	吨/吨产品	0.002 24①	好氧生物处理	—
						0.002 61②	厌氧/好氧生物组合工艺	—

注：① 末端治理技术为“好氧生物处理”。

② 末端治理技术为“厌氧/好氧生物组合工艺”。

2822 涤纶纤维制造行业

1 适用范围

本手册给出了《统计上使用的产品分类目录》中涤纶纤维制造行业的涤纶长丝、涤纶短纤维、聚酯切片、再生涤纶短纤维的产污系数和排污系数，适用于国内涤纶纤维制造行业中所有生产企业，可用于第一次全国污染源普查涤纶纤维制造行业污染源污染物产生量和排放量的核算。

涉及的污染物包括：工业废水量、化学需氧量、工业固体废物（污泥，含水 80%）。

2 注意事项

2.1 系数表中未涉及的产品产排污系数说明

本手册已涵盖涤纶纤维制造行业中的原料、各种工艺及规模的生产的涤纶产品。

2.2 生产非单一产品企业污染物产排量核算

由于许多企业跨行业经营，企业生产的产品涉及不同行业，因而产品的产排污量应根据其不同的产品分别进行核算，企业产排污量则为各产品产排污量之和。

2.3 其他需要说明的问题

（1）本手册的排污系数是在典型工况下得到的，未考虑废水回用的影响因素。因此系数使用时要依据调查企业的废水回用率对工业废水量的排污系数进行调整后应用。

有废水回用的排污系数＝排污系数（本手册）×（1－废水回用率）

（2）由于涤纶纤维制造企业的废水含有部分有机溶剂，所以在废水处理过程中，化学药剂的投加量往往很大，污染物的重量与 COD 的削减量有可能不是 1∶1 的对应关系，有时污泥的产生量大于削减量。

（3）关于系数表格各栏目的说明

①“产品名称”：指涤纶纤维制造企业在报告期内生产的，并符合产品质量要求的涤纶长丝、涤纶短纤维、聚酯切片和再生涤纶短纤维。

②“原料名称”：指涤纶纤维制造企业在报告期内使用的主要原料。本手册包括精对苯二甲酸-乙二醇、聚酯切片和回收聚酯瓶片。

③“工艺名称”：指对应涤纶纤维制造企业生产、加工产品采用的主要生产方法的名称。

④“规模等级”：指产排污系数核算所对应的生产规模等级。涤纶长丝生产企业规模对产排污系数

有影响，因此本手册将涤纶长丝产排污系数按企业生产设计能力划分为两个规模等级；涤纶短纤维生产企业的规模对产排污系数影响不大，因此未划分规模等级。

⑤“污染物指标”：包含工业废水量、化学需氧量、工业固体废物（污泥）。

⑥“单位”：为产排污系数计量单位，工业废水量单位为“吨/吨产品”，化学需氧量单位为“克/吨产品”，工业固体废物（污泥）单位为“吨/吨产品”。

⑦“末端治理技术名称”：针对涤纶纤维制造行业内的污染物所采用的处理方法的名称。废水污染物的排污系数依据废水处理采用工艺技术的不同而有一定的差异。如果没有近似的废水处理方法代替，首先调查该企业是否有当地环保部门的监测报告。如果有，可以监测报告上的末端处理方法名称和排污数据为准。如果没有，该企业按无治理设施处理，排污系数等于产污系数。

2822 涤纶纤维制造行业产排污系数表

产品名称	原料名称	工艺名称	规模等级	污染物指标	单位	产污系数	末端治理技术名称	排污系数
涤纶长丝	精对苯二甲酸-乙二醇	酯化—缩聚—纺丝—卷绕—成品	两条或两条以上生产线	工业废水量	吨/吨产品	2.69	化学+生物	2.51
							厌氧/好氧生物组合工艺	2.57
							物化+生物	2.32
				化学需氧量	克/吨产品	6 380	化学+生物	430
							厌氧/好氧生物组合工艺	460
							物化+生物	360
				工业固体废物（污泥）	吨/吨产品	0.005 95[①]	化学+生物	—
						0.005 93[②]	厌氧/好氧生物组合工艺	—
						0.006 02[③]	物化–生物	—
涤纶长丝	精对苯二甲酸-乙二醇	酯化—缩聚—纺丝—卷绕—成品	1 条生产线	工业废水量	吨/吨产品	3.05	化学–生物	2.86
							厌氧/好氧生物组合工艺	2.90
							物化–生物	2.76
				化学需氧量	克/吨产品	6 550	化学–生物	480
							厌氧/好氧生物组合工艺	510
							物化–生物	460
				工业固体废物（污泥）	吨/吨产品	0.006 07[①]	化学–生物	—
						0.006 04[②]	厌氧/好氧生物组合	—
						0.006 1[③]	物化–生物	—

注：① 末端治理技术为“化学+生物”。
② 末端治理技术为“厌氧/好氧生物组合工艺”。
③ 末端治理技术为“物化+生物”。

2822 涤纶纤维制造行业产排污系数表（续表）

产品名称	原料名称	工艺名称	规模等级	污染物指标	单位	产污系数	末端治理技术名称	排污系数
涤纶短纤维	精对苯二甲酸-乙二醇	聚合—纺丝	所有规模	工业废水量	吨/吨产品	3.13	化学+生物	2.98
				化学需氧量	克/吨产品	6 140	化学+生物	530
				工业固体废物（污泥）	吨/吨产品	0.004 69	—	—
聚酯切片	精对苯二甲酸-乙二醇	聚合—切粒	所有规模	工业废水量	吨/吨产品	1.04	厌氧/好氧生物组合工艺	0.99
				化学需氧量	克/吨产品	2 360	厌氧/好氧生物组合工艺	170
				工业固体废物（污泥）	吨/吨产品	0.001 73	—	—
涤纶长丝	聚酯切片	熔融—纺丝	所有规模	工业废水量	吨/吨产品	1.99	化学+生物	1.81
				化学需氧量	克/吨产品	1 310	化学+生物	190
				工业固体废物（污泥）	吨/吨产品	0.001 05	—	—
涤纶短纤维	聚酯（切片）	熔融—纺丝	所有规模	工业废水量	吨/吨产品	1.85	化学+生物	1.67
				化学需氧量	克/吨产品	1 120	化学+生物	190
				工业固体废物（污泥）	吨/吨产品	0.000 65	—	—
再生涤纶短纤维	回收聚酯瓶片等	清洗—熔融—纺丝	所有规模	工业废水量	吨/吨产品	8.53	物化+生物	8.19①
				化学需氧量	克/吨产品	20 020	物化+生物	1 450①
				工业固体废物（污泥）	吨/吨产品	0.012 17	—	—

注：① 产排污系数的大小与回收聚酯瓶片的清洁程度有关。

2823
腈纶纤维制造行业

1 适用范围

本手册给出了《统计上使用的产品分类目录》中腈纶纤维制造行业的腈纶纤维的产污系数和排污系数，适用于国内腈纶纤维制造行业中所有生产企业，可用于第一次全国污染源普查腈纶纤维制造行业污染源污染物产生量和排放量的核算。

涉及的污染物包括：工业废水量、化学需氧量、工业固体废物（污泥，含水 80%）。

2 注意事项

2.1 系数表中未涉及的产品产排污系数说明

本手册已涵盖腈纶纤维制造行业中的原料、各种工艺及规模的生产的腈纶产品。

2.2 生产非单一产品企业污染物产排量核算

由于许多企业跨行业经营，企业生产的产品涉及不同行业，因而产品的产排污量应根据其不同的产品分别进行核算，企业产排污量则为各产品产排污量之和。

2.3 其他需要说明的问题

（1）本手册的排污系数是在典型工况下得到的，未考虑废水回用的影响因素。因此系数使用时要依据调查企业的废水回用率对工业废水量的排污系数进行调整后应用。

有废水回用的排污系数＝排污系数（本手册）×（1－废水回用率）

（2）由于腈纶纤维制造企业的废水含有部分有机溶剂，所以在废水处理过程中，化学药剂的投加量往往很大，污染物的重量与 COD 的削减量有可能不是 1∶1 的对应关系，有时污泥的产生量大于削减量。

（3）由于腈纶纤维制造企业特点，其规模往往取决于生产设备的套数，因此多数情况下产污系数与规模大小关系不大，而与产品的种类、生产工序、设备的先进性和管理水平有关。

（4）关于系数表格各栏目的说明

①“产品名称”：指腈纶纤维制造企业在报告期内生产的，并符合产品质量要求的腈纶纤维。

②“原料名称”：指腈纶纤维制造企业在报告期内使用的主要原料丙烯腈。

③“工艺名称”：指对应腈纶纤维制造企业生产、加工产品采用的主要生产方法的名称。

④“规模等级”：指产排污系数核算所对应的生产规模等级。腈纶生产企业规模对产排污系数影响

不大，因此本手册产排污系数未按企业规模等级划分。

⑤“污染物指标”：包含工业废水量、化学需氧量、工业固体废物（污泥）。

⑥“单位”：为产排污系数计量单位，工业废水量单位为“吨/吨产品”，化学需氧量单位为“克/吨产品”，工业固体废物（污泥）单位为“吨/吨产品”。

⑦“末端治理技术名称”：针对腈纶纤维制造行业内的污染物所采用的处理方法的名称。废水污染物的排污系数依据废水处理采用工艺技术的不同而有一定的差异。如果没有近似的废水处理方法代替，首先调查该企业是否有当地环保部门的监测报告。如果有，可以监测报告上的末端处理方法名称和排污数据为准。如果没有，该企业按无治理设施处理，排污系数等于产污系数。

2823 腈纶纤维制造行业产排污系数表

<table>
<tr><th>产品名称</th><th>原料名称</th><th>工艺名称</th><th>规模等级</th><th>污染物指标</th><th>单位</th><th>产污系数</th><th>末端治理技术名称</th><th>排污系数</th></tr>
<tr><td rowspan="6">腈纶纤维</td><td rowspan="6">丙烯腈</td><td rowspan="3">聚合—原液—纺丝（NaSCN）</td><td rowspan="3">所有规模</td><td>工业废水量</td><td>吨/吨产品</td><td>26.64</td><td>物化+生物</td><td>23.44</td></tr>
<tr><td>化学需氧量</td><td>克/吨产品</td><td>18 040</td><td>物化+生物</td><td>2 190</td></tr>
<tr><td>工业固体废物（污泥）</td><td>吨/吨产品</td><td>0.015 85</td><td>—</td><td>—</td></tr>
<tr><td rowspan="3">聚合—原液—纺丝（DMAC、DMF）</td><td rowspan="3">所有规模</td><td>工业废水量</td><td>吨/吨产品</td><td>14.99</td><td>厌氧/好氧生物组合工艺</td><td>13.89</td></tr>
<tr><td>化学需氧量</td><td>克/吨产品</td><td>18 570</td><td>厌氧/好氧生物组合工艺</td><td>2 490</td></tr>
<tr><td>工业固体废物（污泥）</td><td>吨/吨产品</td><td>0.012 78</td><td>—</td><td>—</td></tr>
</table>

2824
维纶纤维制造行业

1 适用范围

本手册给出了《统计上使用的产品分类目录》中维纶纤维制造行业的维纶纤维的产污系数和排污系数，适用于国内维纶纤维制造行业中所有生产企业，可用于第一次全国污染源普查维纶纤维制造行业污染源污染物产生量和排放量的核算。

涉及的污染物包括：工业废水量、化学需氧量、工业固体废物（污泥，含水 80%）。

2 注意事项

2.1 系数表中未涉及的产品产排污系数说明

维纶纤维制造也称聚乙烯醇纤维，指以聚乙烯醇为主要原料生产合成纤维的活动。由于维纶纤维制造成本较高，使用范围较窄，目前国内维纶制造企业大多转产生产维纶的前体聚乙烯醇。本手册只涉及维纶纤维制造行业的产排污系数，对于聚乙烯醇生产行业的产排污系数不在本手册的统计范围之内。

2.2 生产非单一产品企业污染物产排量核算

由于许多企业跨行业经营，企业生产的产品涉及不同行业，因而产品的产排污量应根据其不同的产品分别进行核算，企业产排污量则为各产品产排污量之和。

2.3 其他需要说明的问题

（1）本手册的排污系数是在典型工况下得到的，未考虑废水回用的影响因素。因此系数使用时要依据调查企业的废水回用率对工业废水量的排污系数进行调整后应用。

有废水回用的排污系数＝排污系数（本手册）×（1－废水回用率）

（2）由于维纶纤维制造企业的废水含有部分有机溶剂，所以在废水处理过程中，化学药剂的投加量往往很大，污染物的重量与 COD 的削减量有可能不是 1∶1 的对应关系，有时污泥的产生量大于削减量。

（3）由于维纶纤维制造企业的行业特点，其规模往往取决于生产设备的套数，因此多数情况下产污系数与规模大小关系不大，而与产品的种类、生产工序、设备的先进性和管理水平有关。

（4）关于系数表格各栏目的说明

①“产品名称”：指维纶纤维制造企业在报告期内生产的，并符合产品质量要求的维纶纤维。

②“原料名称”：指维纶纤维制造企业在报告期内使用的主要原料聚乙烯醇。

③“工艺名称”：指对应维纶纤维制造企业生产、加工产品采用的主要生产方法的名称。

④“规模等级”：指产排污系数核算所对应的生产规模等级。维纶生产企业规模对产排污系数影响不大，因此本手册产排污系数未按企业规模等级划分。

⑤“污染物指标”：包含工业废水量、化学需氧量、工业固体废物（污泥）。

⑥“单位”：为产排污系数计量单位，工业废水量单位为“吨/吨产品”，化学需氧量单位为“克/吨产品”，工业固体废物（污泥）单位为“吨/吨产品”。

⑦“末端治理技术名称”：针对维纶纤维制造行业内的污染物所采用的处理方法的名称。废水污染物的排污系数依据废水处理采用工艺技术的不同而有一定的差异。如果没有近似的废水处理方法代替，首先调查该企业是否有当地环保部门的监测报告。如果有，可以监测报告上的末端处理方法名称和排污数据为准。如果没有，该企业按无治理设施处理，排污系数等于产污系数。

2824　维纶纤维制造行业产排污系数表

产品名称	原料名称	工艺名称	规模等级	污染物指标	单位	产污系数	末端治理技术名称	排污系数
维纶纤维	聚乙烯醇	聚合—原液—纺丝	所有规模	工业废水量	吨/吨产品	56.02	化学+生物	50.42
				化学需氧量	克/吨产品	29 470	化学+生物	5 070
				工业固体废物（污泥）	吨/吨产品	0.112	—	—

2829 其他纤维制造行业

1 适用范围

本手册给出了《统计上使用的产品分类目录》中其他纤维制造行业的氨纶纤维的产污系数和排污系数，适用于国内其他纤维制造行业中所有生产企业，可用于第一次全国污染源普查其他纤维制造行业污染源污染物产生量和排放量的核算。

涉及的污染物包括：工业废水量、化学需氧量、工业固体废物（污泥，含水 80%）。

2 注意事项

2.1 系数表中未涉及的产品产排污系数说明

其他合成纤维制造包括：丙纶短纤维、丙纶长丝；氯纶短纤维、氯纶长丝；氨纶纤维、腈氯纶及其他化学纤维加工；单独加弹厂生产的锦纶弹力丝、涤纶加工丝、维纶牵切纱；烟用聚丙烯纤维丝束等多种纤维。本手册只涉及氨纶纤维制造行业的产排污系数，对于除了氨纶纤维以外的其他合成纤维可参看氨纶纤维制造行业的产排污系数。

2.2 生产非单一产品企业污染物产排量核算

由于许多企业跨行业经营，企业生产的产品涉及不同行业，因而产品的产排污量应根据其不同的产品分别进行核算，企业产排污量则为各产品产排污量之和。

2.3 其他需要说明的问题

（1）本手册的排污系数是在典型工况下得到的，未考虑废水回用的影响因素。因此系数使用时要依据调查企业的废水回用率对工业废水量的排污系数进行调整后应用。

有废水回用的排污系数＝排污系数（本手册）×（1－废水回用率）

（2）由于氨纶纤维制造企业的废水含有部分有机溶剂，所以在废水处理过程中，化学药剂的投加量往往很大，污染物的重量与 COD 的削减量有可能不是 1∶1 的对应关系，有时污泥的产生量大于削减量。

（3）由于氨纶纤维制造企业的行业特点，其规模往往取决于生产设备的套数，因此多数情况下产污系数与规模大小关系不大，而与产品的种类、生产工序、设备的先进性和管理水平有关。

（4）关于系数表格各栏目的说明

①“产品名称”：指其他纤维制造行业中的氨纶生产企业在报告期内生产的，并符合产品质量要求

的氨纶纤维。

②“原料名称”：指其他纤维制造行业中的氨纶生产企业在报告期内使用的主要原料 PTMG 和 MDI。

③“工艺名称”：指对应其他纤维制造行业中的氨纶生产企业生产、加工产品采用的主要生产方法的名称。

④“规模等级”：指产排污系数核算所对应的生产规模等级。氨纶生产企业规模对产排污系数影响不大，因此本手册产排污系数未按企业规模等级划分。

⑤“污染物指标”：包含工业废水量、化学需氧量、工业固体废物（污泥）。

⑥“单位”：为产排污系数计量单位，工业废水量单位为“吨/吨产品”，化学需氧量单位为“克/吨产品”，工业固体废物（污泥）单位为“吨/吨产品”。

⑦“末端治理技术名称”：针对氨纶纤维制造行业内的污染物所采用的处理方法的名称。废水污染物的排污系数依据废水处理采用工艺技术的不同而有一定的差异。如果没有近似的废水处理方法代替，首先调查该企业是否有当地环保部门的监测报告。如果有，可以监测报告上的末端处理方法名称和排污数据为准。如果没有，该企业按无治理设施处理，排污系数等于产污系数。

2829　其他纤维制造行业产排污系数表

产品名称	原料名称	工艺名称	规模等级	污染物指标	单位	产污系数	末端治理技术名称	排污系数
其他纤维制造（氨纶）	PTMG（聚四亚甲酰醚）、MDI（4,4-甲基二苯二异氰酸酯）	聚合—纺丝（DMAC、DMF）	所有规模	废水量	吨/吨产品	13.02	化学+生物	11.71
							厌氧/好氧生物组合工艺	11.96
				化学需氧量	克/吨产品	8 080	化学+生物	1 160
							厌氧/好氧生物组合工艺	2 020
				工业固体废物（污泥）	吨/吨产品	0.026 04①	化学+生物	—
						0.006 06②	厌氧/好氧生物组合工艺	—

注：① 末端治理技术为“化学+生物”。

② 末端治理技术为“厌氧/好氧生物组合工艺”。

29

橡胶制品业

2911
车辆、飞机及工程机械轮胎制造业

1 适用范围

本手册给出了《统计上使用的产品分类目录》中车辆、飞机及工程机械轮胎制造行业（不包括摩托车胎制造行业）的产污系数和排污系数，可用于第一次全国污染源普查轮胎制造行业工业污染源污染物产生量和排放量的核算。覆盖率可达100%。

涉及的污染物包括：工业废水量、化学需氧量、石油类、工业废气、工业粉尘、工业固体废物。

2 注意事项

（1）系数表中未涉及的产品产排污系数如轮胎内胎，有的企业同时生产轮胎外胎和轮胎内胎，有的企业只生产外胎，有的企业只生产内胎。但无论是生产外胎还是内胎，都要经过炼胶、压延压出、成型和硫化等工序，因此都采用本系数表中的产排污系数。

（2）橡胶是轮胎制造用的主要原材料，有天然橡胶、合成橡胶、再生橡胶，统称“三胶”。普查时，需根据轮胎企业年橡胶（三胶）的消耗量，确定企业的规模等级，并根据有无末端治理技术，采用不同的系数来统计各种污染物的产生量和排放量。

（3）当被调查的轮胎企业没有末端治理技术处理污染物直排的，则排污系数等于产污系数。如果没有《废水处理方法名称代码表》规定的废水处理方法，但有其他非传统治理方法（《废水处理方法名称代码表》以外的方法），首先调查是否有当地环保部门的监测报告，如果有，可以以监测报告为准。如果没有环保部门的监测报告，按表中无治理设施处理，排污系数等于产污系数。

（4）废水的末端治理主要是物理处理法，大部分企业采用三级隔油、上浮分离技术；废气的末端治理主要是过滤式除尘，大部分企业采用袋式除尘器处理。

（5）制定本手册时已充分考虑全国的平均水平，使用本手册计算得出的产排污量可能与单个调查企业有一定出入，但符合全行业平均水平。

2911 车辆、飞机及工程机械轮胎制造业产排污系数表

产品名称	原料名称	工艺名称	规模等级	污染物指标	单位	产污系数	末端治理技术名称	排污系数
轮胎	橡胶（天然胶、合成胶、再生胶）	炼胶、硫化	≥5 万吨三胶/年	工业废水量	吨/吨三胶	20.5	物化+生物处理或上浮分离	20.5
				化学需氧量	克/吨三胶	2 150	物化+生物处理	460
							上浮分离	2 064
				石油类	克/吨三胶	66	物化+生物处理	8.1
							上浮分离	21.8
				工业废气量	米 ^{3}/吨三胶	1 541	过滤式除尘法	1 541
				工业粉尘	千克/吨三胶	0.63	过滤式除尘法	0.051
				工业固体废物（废橡胶）	吨/吨三胶	0.005	—	—
			1 万～5 万吨三胶/年	工业废水量	吨/吨三胶	23.8	上浮分离	23.8
				化学需氧量	克/吨三胶	2 560	上浮分离	2 452
				石油类	克/吨三胶	101	上浮分离	34.4
				工业废气量	米 ^{3}/吨三胶	1 668	过滤式除尘法	1 668
				工业粉尘	千克/吨三胶	0.72	过滤式除尘法	0.058
				工业固体废物（废橡胶）	吨/吨三胶	0.005	—	—
			≤1 万吨三胶/年	工业废水量	吨/吨三胶	26.3	上浮分离	26.3
				化学需氧量	克/吨三胶	3 156	上浮分离	3 020
				石油类	克/吨三胶	173	上浮分离	59.7
				工业废气量	米 ^{3}/吨三胶	1 968	过滤式除尘法	1 968
				工业粉尘	千克/吨三胶	0.931	过滤式除尘法	0.095
				工业固体废物（废橡胶）	吨/吨三胶	0.005	—	—

2912
力车胎制造业

1 适用范围

本手册给出了《统计上使用的产品分类目录》中力车胎制造业的自行车胎、手推车胎、摩托车胎、畜力车胎和小轮径工业车胎等产品的产污系数和排污系数，可用于第一次全国污染源普查力车胎制造业工业污染源污染物产生量和排放量的核算。

涉及的污染物包括：工业废水量、化学需氧量、石油类、工业废气量（指折算成标准状态的体积）、工业粉尘、固体废物（废胶、边角料、废品）。

2 注意事项

（1）力车胎包括的产品：自行车内、外胎（含电动自行车内、外胎），小轮径工业车内、外胎，畜力车内、外胎，手推车内、外胎，摩托车内、外胎。

（2）废水的末端治理主要是物理处理法，大部分企业采用三级隔油、上浮分离技术；废气的末端治理主要是过滤式除尘，大部分企业采用袋式除尘器处理。

2912　力车胎制造业产排污系数表

产品名称	原料名称	工艺名称	规模等级	污染物指标	单位	产污系数	末端治理技术名称	排污系数
力车胎	生胶 帘子布 填充剂	密炼、硫化	≥4 000万标条/年	工业废水量	吨/万标条产品	74.41	上浮分离	74.41①
				化学需氧量	克/万标条产品	7 080	上浮分离	6 870
				石油类	克/万标条产品	213	上浮分离	69.28
				工业废气量	米^3/万标条产品	24 800	过滤式除尘	24 800
				工业粉尘	千克/万标条产品	3.19	过滤式除尘	0.35
				工业固体废物	吨/万标条产品	0.108	—	—
			2 000万～4 000万标条/年	工业废水量	吨/万标条产品	110.4	上浮分离	110.4①
				化学需氧量	克/万标条产品	9 390	上浮分离	9 190
				石油类	克/万标条产品	305	上浮分离	103
				工业废气量	米^3/万标条产品	29 000	过滤式除尘	29 000
				工业粉尘	千克/万标条产品	4.23	过滤式除尘	0.51
				工业固体废物	吨/万标条产品	0.119	—	—
			≤2 000万标条/年	工业废水量	吨/万标条产品	129.5	上浮分离	129.5①
						259	直排	259②
				化学需氧量	克/万标条产品	13 103	上浮分离	12 811
							直排	13 103②
				石油类	克/万标条产品	387	上浮分离	132
							直排	387②
				工业废气量	米^3/万标条产品	38 600	过滤式除尘或直排	38 600
				工业粉尘	千克/万标条产品	6.31	过滤式除尘	0.77
							直排	6.31③
				工业固体废物	吨/万标条产品	0.143	—	—

注：① 间接冷却水循环利用。

② 间接冷却水不循环利用，废水未经处理直接排放。

③ 废气未经除尘处理直接排放。

2913
轮胎翻新加工

1 适用范围

本手册给出了《统计上使用的产品分类目录》中轮胎翻新加工的产污系数和排污系数，可用于第一次全国污染源普查轮胎制造行业工业污染源污染物产生量和排放量的核算。覆盖率可达 95%。

涉及的污染物包括：工业废水量、工业废气量、工业粉尘、工业固体废物。

2 注意事项

2.1 名词解释

轮胎翻新：指使用后的旧轮胎胎体结构未受到破坏，而胎体表层结构被磨损，经磨削不良部分后，使用新的轮胎材料进行修复的过程。

热翻：指选取胎体结构未受到破坏的旧轮胎经外表面打磨、表面处理、粘合层涂覆、胎面混炼胶贴合（含生胶混炼和出型）、硫化、检验等过程对旧轮胎进行翻新的生产工艺。适用于翻新斜交结构的轮胎，可翻新胎面、胎肩和胎侧的橡胶部分。

胎面预硫化翻新：俗称“冷翻”，指先通过混炼、滤胶制备预硫化胎面，再对胎体结构未受破坏的胎面部分进行打磨、粘合层、预硫化胎面、低温硫化、检验的生产过程，适用于子午线结构的轮胎翻新。

旧轮胎：胎体骨架结构在使用中未受到破坏的轮胎。

2.2 轮胎翻新包括使用热翻和冷翻工艺所制造的载重系列、轻载系列、农用系列、承用系列、工程系列轮胎及航空轮胎。

2913 轮胎翻新加工产排污系数表

产品名称	原料名称	工艺名称	规模等级	污染物指标	单位	产污系数	末端治理技术名称	排污系数
翻新轮胎	旧轮胎	热翻	≥5万条/年	工业废水量	吨/条产品	0.001 85	过滤	0.001 02[①]
				工业废气量	米^3/条产品	19.75	过滤式除尘法	19.75
				工业粉尘	千克/条产品	0.005 79		0.002 9
				工业固体废物	吨/条产品	0.002 87	—	—
			2万～5万条/年	工业废水量	吨/条产品	0.002 25	过滤	0.001 41[①]
				工业废气量	米^3/条产品	28.08	过滤式除尘法	28.08
				工业粉尘	千克/条产品	0.006 23		0.000 37
				工业固体废物	吨/条产品	0.003 3	—	—
			≤2万条/年	工业废水量	吨/条产品	0.002 83	过滤	0.002 11[①]
				工业废气量	米^3/条产品	33.74	过滤式除尘法	33.74
				工业粉尘	千克/条产品	0.006 93		0.000 55
				工业固体废物	吨/条产品	0.003 5	—	—
翻新轮胎	旧轮胎	胎面预硫化、冷翻	≥5万条/年	工业废水量	吨/条产品	0.001 52	过滤	0.001 52
				工业废气量	米^3/条产品	19.75	过滤式除尘法	19.75
				工业粉尘	千克/条产品	0.000 87		0.000 014
				工业固体废物	吨/条产品	0.002 56	—	—
			2万～5万条/年	工业废水量	吨/条产品	0.001 91	过滤	0.001 91
				工业废气量	米^3/条产品	28.08	过滤式除尘法	28.08
				工业粉尘	千克/条产品	0.001		0.000 049
				工业固体废物	吨/条产品	0.002 97	—	—
			≤2万条/年	工业废水量	吨/条产品	0.002 26	过滤	0.002 26
				工业废气量	米^3/条产品	33.74	过滤式除尘法	33.74
				工业粉尘	千克/条产品	0.001 04		0.000 051
				工业固体废物	吨/条产品	0.003 15	—	—

注：① 废水经处理后部分循环利用。

2940
再生橡胶制造业

1 适用范围

本手册给出了《统计上使用的产品分类目录》中再生橡胶制造的产污系数和排污系数，可用于第一次全国污染源普查轮胎制造行业工业污染源污染物产生量和排放量的核算。覆盖率可达 95%。

涉及的污染物包括：工业废水量、工业废气量（指折算成标准状态的体积）、工业粉尘、固体废物。

2 注意事项

（1）名词解释

再生橡胶：指使用废旧轮胎和各种硫化橡胶制品经分检、粉碎后去除各种非橡胶组分，在高温条件下完成由弹性转化成塑性的过程，再经后期加工成片状并可再利用的一种橡胶原材料，再生橡胶是一种替代生胶使用和部分与生胶并用的塑性材料。

废橡胶：指已失去使用价值的由天然橡胶和各种合成橡胶制取的轮胎类和非轮胎类橡胶制品。

动态脱硫罐：指罐体内具有可定时进行左旋和右旋搅拌装置、外壁嵌装导热油或远红外加热装置、可在 200℃、2.0～3.1 MPa 条件下对硫化橡胶颗粒进行塑化反应的设备，动态脱硫罐是再生橡胶生产的核心设备。

动态工艺：指使用“动态脱硫罐”完成对硫化橡胶进行物理化学反应的生产工艺。

（2）再生橡胶包括轮胎类再生橡胶、浅色再生橡胶和各种合成再生橡胶。

（3）本手册中工业废水通过物理法处理后部分循环使用。对于采用其他末端治理技术并部分循环使用的可参照使用此系数。

（4）规模 3 000 吨/年以上（包括 3 000 吨/年）的企业，均配置末端治理技术和设备。工艺用水全部循环利用，无外排。冷却用水大部分循环利用，少部分外排。

（5）规模 3 000 吨/年以下的企业，没有末端治理技术和循环利用装置，其工艺用水和冷却用水不进行循环利用。排放方式为直排。

2940 再生橡胶制造业产排污系数表

产品名称	原料名称	工艺名称	规模等级	污染物指标	单位	产污系数	末端治理技术名称	排污系数
再生橡胶	废橡胶	动态法	≥2 万吨/年	工业废水量	吨/吨产品	0.13	过滤	0.055①
				化学需氧量	克/吨产品	13.38		5.0
				石油类	克/吨产品	0.36		0.13
			0.6 万～2 万吨/年（包括 0.6 万吨/年）	工业废水量	吨/吨产品	0.14	过滤	0.067①
				化学需氧量	克/吨产品	15.68		6.1
				石油类	克/吨产品	0.42		0.16
			0.3 万～0.6 万吨/年（包括 0.3 万吨/年）	工业废水量	吨/吨产品	0.16	过滤	0.078①
				化学需氧量	克/吨产品	17.78		7.1
				石油类	克/吨产品	0.48		0.19
			＜0.3 万吨/年	工业废水量	吨/吨产品	10.2	直排	10.2②
				化学需氧量	克/吨产品	634		634
				石油类	克/吨产品	5.13		5.13

注：① 工艺水全部循环利用，冷却水经处理后部分循环利用。
② 工艺水及冷却水无处理直接排放。

30

塑料制品业

3050
塑料人造革、合成革制造业

1 适用范围

本手册给出了《统计上使用的产品分类目录》中塑料人造革、合成革制造行业的产污系数和排污系数，可用于第一次全国污染源普查塑料人造革、合成革制造业工业污染源污染物产生量和排放量的核算。

涉及的污染物包括：工业废水量、化学需氧量、氨氮。

2 注意事项

2.1 系数表中未涉及的产品产排污系数说明

《统计上使用的产品分类目录》中塑料人造革、合成革分类目录分为：塑料人造革（305011）、塑料合成革（305021）、离子交换膜（305050）。

（1）塑料合成革（305021）可以参考“3050 塑料人造革、合成革制造业产排污系数表”相应原料、工艺和规模等级取产排污系数计算。

（2）塑料人造革（305011）生产工艺过程不产生废水。

（3）离子交换膜（305050）属于其他合成材料，请参考相关行业相应的产排污系数使用手册取产排污系数计算。

2.2 本使用手册中，将塑料人造革、合成革企业按产品、原料、工艺、规模等级进行分类。

产品：PU（聚氨酯）、超细纤维合成革，具体包括超细纤维合成革、箱包革、鞋面革、服装革和其他用途人造革、合成革，使用本手册需将产品的面积单位换算成重量单位，具体换算如下：

仅产超细纤维合成革：　　　1 米 ^{2}=1.1 千克

仅产箱包革和鞋面革：　　　1 米 ^{2}=0.7 千克

仅产服装革：　　　　　　　1 米 ^{2}=0.5 千克

箱包革、鞋面革和服装革都有：　1 米 ^{2}=0.6 千克

其他用途人造革、合成革：　　1 米 ^{2}=0.6 千克

原料：PU（聚氨酯）合成革为 PU 浆料、二甲基酰胺。

生产工艺：本手册的 PU 合成革工艺均为干法和湿法的结合，具有回收二甲基甲酰胺（DMF）的精馏装置，且回收精馏装置作为 PU 合成革生产工艺的组成部分，但精馏塔分离的水相部分（俗称塔顶水）各企业回收比率有所差别，没有回收的部分均排入末端处理，影响产排污系数。因此在本次系数核算中，工艺分为塔顶水全回收、塔顶水部分回收和塔顶水不回收三种情况。明确塔顶水全回收不计入产污，塔顶水未回收的部分均要计入产污。

规模等级：由于塑料人造革、合成革行业的企业规模的大小完全与生产线的条数成比例，单纯规模参数对产排污系数的影响不大，因此本“3050 塑料人造革、合成革制造业产排污系数表”对各种规模等级的企业都适用。

2.3 本手册中，污染物产生来源主要包括精馏塔顶水、冷却水、洗涤水带走的水量及污染物等。

2.4 由于制造 PU、超细纤维合成革的原料之一为二甲基酰胺（含氮的有机物），一般的氨氮测定方法只能测量氨态氮，不能测量有机氮化合物，且普通生化污水处理工艺仅能分解有机氮化合物为氨氮，没有进一步脱氮的功能，因此造成普通生化处理出口氨氮的增加，导致“3050 塑料人造革、合成革制造业产排污系数表”中无脱氮末端处理类型出现氨氮的排污系数大于产污系数的情况。

3050 塑料人造革、合成革制造业产排污系数表

产品名称	原料名称	工艺名称	规模等级	污染物指标	单位	产污系数	末端治理技术名称	排污系数
PU[②]、超细纤维合成革	PU[②]浆料、二甲基酰胺	干法+湿法（全回收）	所有规模	工业废水量	吨/吨产品	2.9	厌氧/好氧生物组合工艺+脱氮工艺	2.7
							厌氧/好氧生物组合工艺	2.7
				化学需氧量	克/吨产品	3 378.3	厌氧/好氧生物组合工艺+脱氮工艺	195.3
							厌氧/好氧生物组合工艺	204.1
				氨氮[①]	克/吨产品	48.7	厌氧/好氧生物组合工艺+脱氮工艺	35.5
							厌氧/好氧生物组合工艺	151.3
		干法+湿法（75%＜回收率＜100%）	所有规模	工业废水量	吨/吨产品	3.7	厌氧/好氧生物组合工艺	3.5
				化学需氧量	克/吨产品	4 821.8	厌氧/好氧生物组合工艺	295.8
				氨氮[①]	克/吨产品	76.2	厌氧/好氧生物组合工艺	231
		干法+湿法（50%＜回收率≤75%）	所有规模	工业废水量	吨/吨产品	4.5	厌氧/好氧生物组合工艺	4.3
				化学需氧量	克/吨产品	6 323.9	厌氧/好氧生物组合工艺	384.6
				氨氮[①]	克/吨产品	103.1	厌氧/好氧生物组合工艺	311.3
		干法+湿法（回收率=50%）	所有规模	工业废水量	吨/吨产品	6.3	厌氧/好氧生物组合工艺	6.0
				化学需氧量	克/吨产品	9 315.1	厌氧/好氧生物组合工艺	571.6
				氨氮[①]	克/吨产品	166.4	厌氧/好氧生物组合工艺	483.2
		干法+湿法（25%＜回收率＜50%）	所有规模	工业废水量	吨/吨产品	7.1	厌氧/好氧生物组合工艺	6.7
				化学需氧量	克/吨产品	10 958.1	厌氧/好氧生物组合工艺	670.9
				氨氮[①]	克/吨产品	249.9	厌氧/好氧生物组合工艺	606.4
		干法+湿法（0＜回收率≤25%）	所有规模	工业废水量	吨/吨产品	7.9	厌氧/好氧生物组合工艺	7.5
				化学需氧量	克/吨产品	12 400.6	厌氧/好氧生物组合工艺	760.4
				氨氮[①]	克/吨产品	306.5	厌氧/好氧生物组合工艺	802.5
		干法+湿法（不回收）	所有规模	工业废水量	吨/吨产品	9.8	厌氧/好氧生物组合工艺	9.3
				化学需氧量	克/吨产品	15 778.9	厌氧/好氧生物组合工艺	998.9
				氨氮[①]	克/吨产品	401.8	厌氧/好氧生物组合工艺	1 097.4

注：① 由于制造 PU、超细纤维合成革的原料之一为二甲基酰胺（含氮的有机物），一般的氨氮测定方法只能测量氨态氮，不能测量有机氮化合物，且普通生化污水处理工艺仅能分解有机氮化合物为氨氮，没有进一步脱氮的功能，因此造成普通生化处理出口氨氮的增加，导致本表中无脱氮末端处理类型出现氨氮的排污系数大于产污系数的情况。

② PU：聚氨酯。

31

非金属矿物制品业

3111
水泥制造业

1 适用范围

本手册给出了《统计上使用的产品分类目录》中水泥制造业的产污系数和排污系数，可用于第一次全国污染源普查水泥制造业工业污染源污染物产生量和排放量的核算。

2 “四同组合”说明

根据水泥行业的现状，本手册中将水泥行业按产品、原料、工艺、规模等划分为9种“四同组合”：

（1）按产品分类分为水泥生产线和水泥熟料生产线；

（2）按原料分类分为水泥或水泥熟料生产线和水泥粉磨站；

（3）按工艺分类分为新型干法（预分解窑和预热器窑）工艺和立窑工艺；

（4）按规模（指产品产量）分为“大、中、小”或“大、小”。

3 污染物种类及说明

污染物包括：工业废水量、化学需氧量、工业废气量（指折算标准状态的体积）、烟尘、工业粉尘、二氧化硫、氮氧化物、氟化物等。

（1）工业废水量：指水泥生产过程中产生的废水总量，用吨/吨水泥或吨/吨熟料作单位；

（2）化学需氧量（COD）：指水泥生产过程中产生的废水进行处理时所消耗的氧化剂的量，用克/吨水泥或克/吨熟料作单位；

（3）工业废气量（窑炉）：专指水泥熟料煅烧过程排放的烟气量，用米^3/吨熟料作单位；

（4）工业废气量（工艺）：指水泥生产过程中的原料破碎、生料粉磨、水泥粉磨、水泥包装和散装等有组织排放的废气总量，用米^3/吨水泥或米^3/吨熟料作单位；

（5）烟尘：专指水泥熟料煅烧过程中产排的固体颗粒物，分产污系数和排污系数，用千克/吨熟料作单位；

（6）工业粉尘：指水泥生产过程中的原料破碎、生料粉磨、水泥粉磨、水泥包装和散装等有组织排放的粉尘总量，分产污系数和排污系数，用千克/吨熟料或千克/吨水泥作单位；

（7）二氧化硫（SO_2）：专指水泥熟料煅烧过程排放烟气中二氧化硫的含量，用千克/吨熟料作单位；

（8）氮氧化物（NO_x）：专指水泥熟料煅烧过程排放烟气中氮氧化物的含量，用千克/吨熟料作单位；

（9）氟化物：专指水泥熟料煅烧过程排放烟气中氟化物的含量，用克/吨熟料作单位。

水泥粉磨站无水泥熟料生产过程，故不产生烟尘、二氧化硫、氮氧化物、氟化物等污染物。

4 注意事项

4.1 本手册产排污系数的核算针对九种“产品、原料、工艺、规模”组合分别进行，当企业有多条生产线或多种生产工艺时，应对应表中相应的“产品、原料、工艺、规模”组合类别，分别查出相应的产排污系数。“产品、原料、工艺、规模”组合中未包含的在使用说明中查找类比规定的相近组合，而后确定污染物种类及选取对应的产排污系数。

4.2 原料中钙质原料主要指石灰石、电石渣等；硅铝质原料主要指砂岩、页岩、黏土、粉煤灰、煤矸石等；铁质原料主要指铁矿石、铁矿粉、硫酸渣等；混合材主要指粉煤灰、粒化高炉矿渣、火山灰质材料等。

4.3 烟尘排污系数用区间表达，具体选用时依据所采用的末端治理技术而定。过滤式除尘法（复膜）是指采用复膜滤料的袋收尘；过滤式除尘法（普通）是指采用玻纤袋或布袋等普通滤料的袋收尘；其他除尘方法主要指重力沉降法、惯性除尘法、湿法除尘法、单筒旋风除尘法和多管旋风除尘法等。

4.4 二氧化硫产排污系数用区间表达，具体选用时依据燃烧用煤中的全硫含量取值。当全硫含量小于 1%时，取④值；当全硫含量大于 1%、小于 2%时，取⑤值；当全硫含量大于 2%时，取⑥值。

4.5 粉尘无组织排放系数用区间表达，因不同地区、不同企业粉尘无组织排放存在很大差异，故手册中给出的系数范围较宽。具体取值时，应阅读手册中“5. 无组织排放调查与评估”，结合普查企业实际，选取合理的系数。

4.6 对于采用湿法回转窑、干法中空窑、立波尔窑工艺的生产线，产排污系数选用“产品、原料、工艺、规模”组合中新型干法工艺、小规模组合的产排污系数。

4.7 对于化工、冶金、煤炭等行业利用电石渣、磷渣、煤矸石等工业废渣作原料生产水泥的生产线，产排污系数依据生产工艺和规模，在对应的组合中选取。

4.8 对于近年来出现的水泥配置站，只有粉尘和工业废气量（工艺）两种污染物，产排污系数选择小规模粉磨站对应的产排污系数，用区间表达的取下限。

4.9 当水泥生产企业将水泥熟料销售到粉磨站时，所销熟料量要计入水泥产量中，以便计算相应的污染物产排量。

4.10 将计算得出的各类污染物产生量和排放量分别填入污染源普查表。九种污染物涉及的表格分别为：表号《G105 废水污染物产生量、排放量普查表》、《G109 废气及污染物产生量、排放量普查表》。

5 无组织排放调查与评估

5.1 粉尘无组织排放的种类及来源

水泥工业无组织排放粉尘的种类有原料粉尘、生料粉尘、燃料粉尘、熟料粉尘和水泥粉尘等。

原料粉尘主要来自钙质原料（石灰石）、硅铝质原料（砂岩、黏土、粉煤灰等）和铁质原料（铁粉、硫酸渣等）进厂、破碎和预均化环节，此类粉尘无组织排放占水泥企业粉尘无组织排放的一半以上。

生料粉尘主要指原料配料、粉磨、均化、输送过程中产生的无组织排放。该种粉尘无组织排放随着水泥工业的技术进步越来越小。

燃料粉尘主要指煤进厂、储存、倒运、破碎、粉磨、输送等过程中产生的无组织排放，尤其装卸和倒运过程产生的煤粉尘排放居多。

熟料粉尘无组织排放主要来自熟料输送、下料、二次倒运过程，尤其以二次倒运产生的扬尘居多。

水泥粉尘无组织排放主要来自水泥包装、散装和运输环节，尤其以装运环节居多。

5.2 粉尘无组织排放影响因素

水泥工业粉尘无组织排放的产生量主要取决于以下因素，分述如下：

（1）环保设施。水泥企业粉尘无组织排放大多产生于原料运输、物料转运、物料下料口、水泥出厂等环节，若对上述过程设置了有效的收尘设施，则可以有效地减少和消除粉尘的无组织排放，否则扬尘无法避免，粉尘的无组织排放就会加重。

（2）生产工艺。生产工艺是决定粉尘无组织排放量的关键因素。过去传统落后的水泥工艺（如立窑、湿法回转窑、干法中空窑、立波尔窑），由于设计建设时的环保投入较少，水泥生产过程中产生扬尘点的部位较多，所以粉尘的无组织排放量也较大。而近年来发展迅猛的以预分解窑工艺技术为主导的新型干法水泥生产工艺，在设计和建设过程中注重了环保投入，不仅排放点实现了达标排放，而且对扬尘点也采取了消烟除尘技术措施，有效遏制了粉尘无组织排放。

（3）管理水平。众所周知，管理因素也是影响水泥企业粉尘无组织排放的重要因素。如果水泥企业重视生产管理，特别是环保设施和消烟除尘的管理，除尘设施、设备运行完好，维护检修到位，检查考核经常化、制度化，粉尘无组织排放一定很轻微，否则，后果严重。

课题组通过调查与评估，给出了各种“产品、原料、工艺、规模”组合粉尘无组织排放的产排污系数的取值范围（见系数表单），具体取值应视企业环保设施、生产工艺和管理水平的实际情况而定。

3111 水泥制造业产排污系数表

产品名称	原料名称	工艺名称	规模等级	污染物指标		单位	产污系数	末端治理技术名称	排污系数
水泥	钙、硅铝铁质原料[①]	新型干法	≥4 000（吨熟料/日）	工业废水量		吨/吨产品	0.075	循环利用	0.003
				化学需氧量		克/吨产品	3.0	循环利用	0.12
				工业废气量	窑炉	米 ^{3}/吨熟料	3 964[②]	直排	3 964[②]
					工艺	米 ^{3}/吨产品	1 286	直排	1 286
				烟尘		千克/吨熟料	147.765	过滤式除尘法（复膜）[③]	0.126
								过滤式除尘法（普通）[③]	0.189
								静电除尘法	0.252
				工业粉尘		千克/吨产品	51.765	各种除尘法	0.088
				二氧化硫		千克/吨熟料	0.132[④]	直排	0.132[④]
							0.198[⑤]	直排	0.198[⑤]
							0.385[⑥]	直排	0.385[⑥]
				氮氧化物		千克/吨熟料	1.584	直排	1.584
				氟化物		克/吨熟料	2.551	直排	2.551
				粉尘无组织排放		千克/吨产品	0.1～0.3[⑦]	—	—

注：① 见“使用说明”中 4.2。

② 窑炉系统带余热发电时，系数放大 1.1 倍。

③ 见“使用说明”中 4.3。

④⑤⑥ 取值见“使用说明”中 4.4。

⑦ 取值见“使用说明”中 4.5。

3111 水泥制造业产排污系数表（续 1）

产品名称	原料名称	工艺名称	规模等级	污染物指标		单位	产污系数	末端治理技术名称	排污系数
水泥	钙、硅铝铁质原料①	新型干法	2 000～4 000吨熟料/日	工业废水量		吨/吨产品	0.075	循环利用	0.003
				化学需氧量		克/吨产品	3.0	循环利用	0.12
				工业废气量	窑炉	米 ^{3}/吨熟料	4 069②	直排	4 069②
					工艺	米 ^{3}/吨产品	1 286	直排	1 286
				烟尘		千克/吨熟料	147.765	过滤式除尘法（复膜）③	0.126
								过滤式除尘法（普通）③	0.189
								静电除尘法	0.252
				工业粉尘		千克/吨产品	57.059	各种除尘法	0.097
				二氧化硫		千克/吨熟料	0.146④	直排	0.146④
							0.218⑤	直排	0.218⑤
							0.436⑥	直排	0.436⑥
				氮氧化物		千克/吨熟料	1.746	直排	1.746
				氟化物		克/吨熟料	3.595	直排	3.595
				粉尘无组织排放		千克/吨产品	0.1～0.5⑦	—	—
水泥	钙、硅铝铁质原料①	新型干法	<2 000吨熟料/日	工业废水量		吨/吨产品	0.09	循环利用	0.004
				化学需氧量		克/吨产品	3.6	循环利用	0.16
				工业废气量	窑炉	米 ^{3}/吨熟料	4 069②	直排	4 069②
					工艺	米 ^{3}/吨产品	2 427	直排	2 427
				烟尘		千克/吨熟料	258.471	过滤式除尘法（普通）③	0.220
								静电除尘法	0.330
				工业粉尘		千克/吨产品	124.118	各种除尘法	0.211
				二氧化硫		千克/吨熟料	0.158④	直排	0.158④
							0.238⑤	直排	0.238⑤
							0.517⑥	直排	0.517⑥
				氮氧化物		千克/吨熟料	1.746	直排	1.746
				氟化物		克/吨熟料	3.595	直排	3.595
				粉尘无组织排放		千克/吨产品	0.15～0.75⑦	—	—

注：① 见“使用说明”中 4.2。

② 窑炉系统带余热发电时，系数放大 1.1 倍。

③ 见“使用说明”中 4.3。

④⑤⑥ 取值见“使用说明”中 4.4。

⑦ 取值见“使用说明”中 4.5。

3111　水泥制造业产排污系数表（续 2）

产品名称	原料名称	工艺名称	规模等级	污染物指标		单位	产污系数	末端治理技术名称	排污系数
水泥	钙、硅铝铁质原料[①]	立窑	≥10 万吨水泥/年	工业废水量		吨/吨产品	0.14	循环利用	0.007
				化学需氧量		克/吨产品	4.2	循环利用	0.21
				工业废气量	窑炉	米^3/吨熟料	2 644	直排	2 644
					工艺	米^3/吨产品	1 691	直排	1 691
				烟尘		千克/吨熟料	31.730	过滤式除尘法（普通）[③]	0.251
								静电除尘法[③]	0.371
								其他除尘方法[③]	0.530
				工业粉尘		千克/吨产品	31.60	各种除尘法	0.316
				二氧化硫		千克/吨熟料	0.234[④]	直排	0.234[④]
							0.351[⑤]	直排	0.351[⑤]
							0.595[⑥]	直排	0.595[⑥]
				氮氧化物		千克/吨熟料	0.243	直排	0.243
				氟化物		克/吨熟料	6.61	直排	6.61
				粉尘无组织排放		千克/吨产品	0.4～2.0[⑦]	—	—
水泥	钙、硅铝铁质原料[①]	立窑	＜10 万吨水泥/年	工业废水量		吨/吨产品	0.14	循环利用	0.007
				化学需氧量		克/吨产品	4.2	循环利用	0.21
				工业废气量	窑炉	米^3/吨熟料	3 275	直排	3 275
					工艺	米^3/吨产品	1 879	直排	1 879
				烟尘		千克/吨熟料	49.120	过滤式除尘法（普通）[③]	0.343
								静电除尘法	0.492
								其他除尘方法[③]	0.820
				工业粉尘		千克/吨产品	37.87	各种除尘法	0.379
				二氧化硫		千克/吨熟料	0.257[④]	直排	0.257[④]
							0.386[⑤]	直排	0.386[⑤]
							0.722[⑥]	直排	0.722[⑥]
				氮氧化物		千克/吨熟料	0.202	直排	0.202
				氟化物		克/吨熟料	8.188	直排	8.188
				粉尘无组织排放		千克/吨产品	0.5～2.5[⑦]	—	—

注：① 见“使月说明”中 4.2。

② 窑炉系统带余热发电时，系数放大 1.1 倍。

③ 见“使用说明”中 4.3。

④⑤⑥ 取值见“使用说明”中 4.4。

⑦ 取值见“使用说明”中 4.5。

3111 水泥制造业产排污系数表（续 3）

产品名称	原料名称	工艺名称	规模等级	污染物指标	单位	产污系数	末端治理技术名称	排污系数
水泥	熟料 混合材[①]	粉磨站	≥60 万吨水泥/年	工业废水量	吨/吨产品	0.045	循环利用	0.002
				化学需氧量	克/吨产品	1.35	循环利用	0.06
				工业废气量（工艺）	米 ^{3}/吨产品	1 135	直排	1 135
				工业粉尘	千克/吨产品	17.7	各种除尘法	0.177
				粉尘无组织排放	千克/吨产品	0.2～1.0[⑦]	—	—
			<60 万吨水泥/年	工业废水量	吨/吨产品	0.045	循环利用	0.002
				化学需氧量	克/吨产品	1.35	循环利用	0.06
				工业废气量（工艺）	米 ^{3}/吨产品	1 135	直排	1 135
				工业粉尘	千克/吨产品	22.8	各种除尘法	0.228
				粉尘无组织排放	千克/吨产品	0.3～1.5[⑦]	—	—
熟料	钙、硅铝 铁质原料[①]	新型干法	≥4 000 吨熟料/日	工业废水量	吨/吨产品	0.050	循环利用	0.002
				化学需氧量	克/吨产品	1.50	循环利用	0.06
				工业废气量 窑炉	米 ^{3}/吨产品	3 964[②]	直排	3 964[②]
				工业废气量 工艺	米 ^{3}/吨产品	857	直排	857
				烟尘	千克/吨产品	147.765	过滤式除尘法（复膜）[③]	0.126
							过滤式除尘法（普通）[③]	0.189
							静电除尘法	0.252
				工业粉尘	千克/吨产品	34.706	各种除尘法	0.059
				二氧化硫	千克/吨产品	0.132[④]	直排	0.132[④]
						0.198[⑤]	直排	0.198[⑤]
						0.385[⑥]	直排	0.385[⑥]
				氮氧化物	千克/吨产品	1.584	直排	1.584
				氟化物	克/吨产品	2.551	直排	2.551
				粉尘无组织排放	千克/吨产品	0.1～0.3[⑦]	—	—

注：① 见“使用说明”中 4.2。

② 窑炉系统带余热发电时，系数放大 1.1 倍。

③ 见“使用说明”中 4.3。

④⑤⑥ 取值见“使用说明”中 4.4。

⑦ 取值见“使用说明”中 4.5。

3111 水泥制造业产排污系数表（续4）

产品名称	原料名称	工艺名称	规模等级	污染物指标		单位	产污系数	末端治理技术名称	排污系数
熟料	钙、硅铝铁质原料①	新型干法	＜4 000 吨熟料/日	工业废水量		吨/吨产品	0.05	循环利用	0.002
				化学需氧量		克/吨产品	1.5	循环利用	0.06
				工业废气量	窑炉	米 ^{3}/吨产品	4 069②	直排	4 069②
					工艺	米 ^{3}/吨产品	857	直排	857
				烟尘		千克/吨产品	147.765	过滤式除尘法（复膜）③	0.126
								过滤式除尘法（普通）③	0.189
								静电除尘法	0.252
				工业粉尘		千克/吨产品	38.235	各种除尘法	0.065
				二氧化硫		千克/吨产品	0.146④	直排	0.146④
							0.218⑤	直排	0.218⑤
							0.436⑥	直排	0.436⑥
				氮氧化物		千克/吨产品	1.746	直排	1.746
				氟化物		克/吨产品	3.595	直排	3.595
				粉尘无组织排放		千克/吨产品	0.1～0.5⑦	—	—

注：① 见“使用说明”中4.2。
② 窑炉系统带余热发电时，系数放大1.1倍。
③ 见“使用说明”中4.3。
④⑤⑥ 取值见“使用说明”中4.4。
⑦ 取值见“使用说明”中4.5。

3112
石灰和石膏制造业（I）

1 适用范围

本手册适用于《统计上使用的产品分类目录》3112 行业中 311210 石灰生产企业的产排污系数核算，不包含 311250 石膏生产。31121003 熟石灰、31121005 水硬石灰是以生石灰（即 31121001 生石灰）为原料的后续再加工产品，其加工工艺过程无废气直接排放，可视为在直接生产过程无污染物排放。

本手册可用于第一次全国污染源普查 311210 石灰生产企业工业污染源污染物产生量和排放量的核算。

涉及的污染物包括：工业废气量（指折算成标准状态的体积）、烟尘、粉尘、二氧化硫和氮氧化物。

2 注意事项

（1）考虑到本行业的生产特点和污染物的特性，本表未完全按照产品分类目录进行系数的给出，而是结合“产品、原料、工艺、规模”组合给出系数，在进行 311210 石灰产品污染源普查时，请根据产品、原料、工艺、规模来查找其对应的产排污系数。

（2）绝大多数石灰生产企业拥有不止一条石灰生产线，普查时需要对单条生产线查找“产品、原料、工艺、规模”组合分别进行统计计算，然后对所有规模的窑型、产品进行累加，以计算出该企业污染物的产生量和排放量。

（3）对安装并运行了末端治理设施的企业，不区分治理设施的类型，统一使用产排污系数表中给出的排污系数。

（4）对没有安装和运行末端治理设施的企业，排污系数等于产污系数。

3112 石灰和石膏制造业产排污系数表

产品名称	原料名称	工艺名称	规模等级	污染物指标	单位	产污系数	末端治理技术名称	排污系数
石灰	气体类燃料（含高炉煤气、焦炉煤气、混合煤气、转炉煤气、发生炉煤气等）	竖窑（含普通竖窑、麦尔兹窑、弗卡斯窑、套筒窑等）	≥300 吨/天	烟尘	千克/吨产品	13.621	过滤式除尘法	0.354
				粉尘	千克/吨产品	1.99	过滤式除尘法	0.1
				二氧化硫	千克/吨产品	0.341	直排	0.307
				氮氧化物	千克/吨产品	0.124	直排	0.115
				工业废气量	米 ^{3}/吨产品	5 226	直排	5 368
			100～300 吨/天	烟尘	千克/吨产品	12.173	过滤式除尘法	0.365
				粉尘	千克/吨产品	1.99	过滤式除尘法	0.1
				二氧化硫	千克/吨产品	0.341	直排	0.307
				氮氧化物	千克/吨产品	0.124	直排	0.115
				工业废气量	米 ^{3}/吨产品	7 834	直排	7 993
			≤100 吨/天	烟尘	千克/吨产品	24.949	过滤式除尘法	0.749
				粉尘	千克/吨产品	1.99	过滤式除尘法	0.1
				二氧化硫	千克/吨产品	0.341	直排	0.307
				氮氧化物	千克/吨产品	0.124	直排	0.115
				工业废气量	米 ^{3}/吨产品	11 737	直排	12 033

3112 石灰和石膏制造业产排污系数表（续表）

产品名称	原料名称	工艺名称	规模等级	污染物指标	单位	产污系数	末端治理技术名称	排污系数
石灰	气体类燃料（含高炉煤气、焦炉煤气、混合煤气、转炉煤气、发生炉煤气等）	回转窑	所有规模	烟尘	千克/吨产品	34.484	静电除尘法	1.724
				粉尘	千克/吨产品	1.99	过滤式除尘法	0.1
				二氧化硫	千克/吨产品	0.341	直排	0.307
				氮氧化物	千克/吨产品	0.124	直排	0.115
				工业废气量	米 ^{3}/吨产品	5 667	直排	5 778
	固体类燃料（焦炭、煤）	普通竖窑	所有规模	烟尘	千克/吨产品	12.8	重力沉降法＋湿法	0.57
				粉尘	千克/吨产品	1.99	过滤式除尘法	0.1
				二氧化硫	千克/吨产品	0.257	直排	0.231
				氮氧化物	千克/吨产品	0.257	直排	0.236
				工业废气量	米 ^{3}/吨产品	3 344	直排	3 412
	固体类燃料（煤粉）	回转窑	所有规模	烟尘	千克/吨产品	26.46	静电除尘法	1.32
				粉尘	千克/吨产品	1.99	过滤式除尘法	0.1
				二氧化硫	千克/吨产品	0.257	直排	0.231
				氮氧化物	千克/吨产品	0.257	直排	0.236
				工业废气量	米 ^{3}/吨产品	4 250	直排	4 337
	固体类燃料（煤）	土窑	所有规模	烟尘	千克/吨产品	18.47	直排	18.47
				粉尘	千克/吨产品	1.99	直排	1.99
				二氧化硫	千克/吨产品	3.027	直排	3.027
				氮氧化物	千克/吨产品	1.387	直排	1.387
				工业废气量	米 ^{3}/吨产品	3 344	直排	3 344

3112

石灰和石膏制品制造业（Ⅱ）

1 适用范围

本手册给出了《统计上使用的产品分类目录》中水泥制品制造业建筑用熟石膏粉生产过程中主要污染物的产污系数和排污系数，可用于第一次全国污染源普查建筑用熟石膏粉制造业工业污染源污染物产生量和排放量的核算。

涉及的污染物包括：工业废气量（指折算成标准状态的体积）、工业粉尘（不包括无组织排放的粉尘）、固体废物等。

2 注意事项

（1）本手册中的产排污系数，未包括生石膏压蒸脱水生产工序，该工序污染物种类主要为锅炉产生的废气及固体废物，污染物产排污系数参照锅炉部分。

（2）企业生产存在非正常工况时，应按照正常工况和非正常工况的时段分别核算污染物的产排量。

（3）末端治理技术中的“过滤式除尘法”主要是指袋式除尘法。

（4）本手册中产排污系数是以原料中熟石膏的使用量作为核算因子的，普查时污染物的产排量应按照企业熟石膏原料的使用量计算。

3112 石灰和石膏制品制造业产排污系数表

<table>
<tr><th>产品名称</th><th>原料名称</th><th>工艺（工序）名称</th><th>规模等级</th><th>污染物指标</th><th>单位</th><th>产污系数</th><th>末端治理技术名称</th><th>排污系数</th></tr>
<tr><td rowspan="5">建筑用熟石膏粉</td><td rowspan="5">熟石膏</td><td rowspan="5">破碎粉磨</td><td rowspan="5">所有规模</td><td rowspan="2">工业废气量（工艺）</td><td rowspan="2">米^3/吨熟石膏</td><td rowspan="2">1 650</td><td>直排①</td><td>1 650</td></tr>
<tr><td>过滤式除尘法</td><td>1 650</td></tr>
<tr><td rowspan="2">工业粉尘</td><td rowspan="2">千克/吨熟石膏</td><td rowspan="2">8.15</td><td>直排①</td><td>8.15</td></tr>
<tr><td>过滤式除尘法</td><td>0.099</td></tr>
<tr><td>工业固体废物（其他）</td><td>吨/吨熟石膏</td><td>0.155</td><td>—</td><td>—</td></tr>
</table>

注：① 指企业生产处于非正常工况条件下。

3121
水泥制品制造业（含 3122 混凝土结构构件、3129 其他水泥制品业）

1 适用范围

本手册给出了《统计上使用的产品分类目录》中水泥制品制造业的水泥制品（包括水泥制品、混凝土结构构件、其他水泥制品）生产过程中主要污染物的产污系数和排污系数，可用于第一次全国污染源普查水泥制品制造业工业污染源污染物产生量和排放量的核算。

涉及的污染物包括：工业废气量、工业粉尘（不包括无组织排放粉尘）、固体废物等。

2 注意事项

2.1 系数表中未明确的产品的产排污系数说明

本手册中的各种水泥制品适用于商品混凝土、水泥管、水泥排水管、水泥压力管、钢筋混凝土井管及烟道管、水泥砼预制构件、水泥混凝土制砖瓦、水泥混凝土制装饰品、纤维增强水泥制品（不包括石棉水泥制品）、玻璃纤维增强水泥制品等。

2.2 生产非单一产品企业污染物产排量核算

对于生产多个产品的企业进行普查时，应首先核算不同产品的污染物产排量，再对同种污染物的产排量分别进行加和。

2.3 其他需要说明的问题

（1）系数手册中的产排污系数是按照水泥制品的生产工序分开核算的，对同一种产品，核算污染物的产排量时，应按照生产工序分别计算，并对各工序的污染物产排量进行加和。

（2）核算固体废物产生量时，应根据原材料中是否含有钢筋类材料分别计算。

（3）管材外露部分及钢筋类材料防腐处理过程中防腐材料包装物为环氧煤沥青漆包装物，属于危险废物，废物类别为有机树脂类废物，代码 HW13。对于未进行防腐处理的企业，可不统计危险废物的产生量。

（4）商品混凝土生产主要污染物为工业粉尘和工业废气量。

（5）企业生产存在非正常工况时，应按照正常工况和非正常工况的时段分别核算污染物的产排量。

（6）末端治理技术中的“过滤式除尘法”主要是指袋式除尘法。

（7）本手册中产排污系数是以原料中水泥原料的使用量作为核算因子的，普查时，污染物的产排量应按照原料中水泥的使用量进行计算。

3121 水泥制品制造业（含 3122 混凝土结构构件、3129 其他水泥制品业）产排污系数表

产品名称	原料名称	工艺（工序）名称	规模等级	污染物指标	单位	产污系数	末端治理技术名称	排污系数
各种水泥制品	水泥、砂子、石子等	物料输送储存工序	所有规模	工业废气量（工艺）	米 ^{3}/吨水泥	460	直排[④]	460
							过滤式除尘法	460
				工业粉尘	千克/吨水泥	2.09	直排[④]	2.09
							过滤式除尘法	0.023
		物料混合搅拌工序	所有规模	工业废气量（工艺）	米 ^{3}/吨水泥	1 419	直排[④]	1 419
							过滤式除尘法	1 419
				工业粉尘	千克/吨水泥	5.75	直排[④]	5.75
							过滤式除尘法	0.07
	原料中含钢筋类[③]	成型养护工序	所有规模	工业固体废物（其他）	吨/吨水泥	0.05	—	—
				HW13 危险废物（有机树脂类废物）[①]	吨/吨水泥	0.000 4	—	—
	原料中不含钢筋类	成型养护工序	所有规模	工业固体废物（其他）[②]	吨/吨水泥	0.057	—	—

注：① 固体废物为环氧煤沥青漆包装物，属于危险废物，废物类别为有机树脂类废物，代码 HW13。对于未进行防腐处理的企业，可不统计危险废物的产生量。
② 不包括商品混凝土业。
③ 指原材料中包括钢筋或钢筒板、高强钢丝等原料。
④ 指企业生产处于非正常工况条件下。

3123
石棉水泥制品制造业

1 适用范围

本手册给出了《统计上使用的产品分类目录》中石棉水泥制品制造业石棉水泥制品生产过程中主要污染物的产污系数和排污系数，可用于第一次全国污染源普查石棉水泥制品制造业工业污染源污染物产生量和排放量的核算。

涉及的污染物包括：工业废气量（指折算成标准状态的体积）、工业粉尘（不包括无组织排放粉尘）、固体废物（残次品）等。

2 注意事项

系数表中未明确的产品的产排污系数说明：

石棉水泥板、石棉水泥砖及石棉水泥管的产排污系数与石棉水泥瓦的产排污系数相同。

3123　石棉水泥制品制造业产排污系数表

产品名称	原料名称	工艺名称	规模等级	污染物指标	单位	产污系数	末端治理技术名称	排污系数
石棉水泥瓦	水泥、石棉、粉煤灰等	模压养护	所有规模	工业废气量（工艺）	米^3/吨产品	1 600	直排	1 600
				工业粉尘	千克/吨产品	0.05	直排	0.05
				工业固体废物（其他）	吨/吨产品	0.023	—	—

3124
轻质建筑材料制品制造业

1 使用说明

本手册给出了《统计上使用的产品分类目录》中轻质建筑材料制品制造业的石膏板及轻质隔墙板、砖、砌块等产品生产过程中主要污染物的产污系数和排污系数，可用于第一次全国污染源普查轻质建筑材料制造业工业污染源污染物产生量和排放量的核算。

涉及的污染物包括：工业废气量、工业粉尘（不包括无组织排放粉尘）、固体废物等。

2 注意事项

2.1 系数表中未明确的产品产排污系数说明

本手册中，石膏板产排污系数适用于纸面石膏板、混合石膏板；轻质隔墙材料产排污系数适用于加气混凝土制品及轻集料混凝土制品等。

2.2 生产非单一产品企业污染物产排量核算

对于生产多个产品的企业进行普查时，应首先核算不同产品的污染物产排量，再对同种污染物的产排量分别进行加和。

2.3 其他需要说明的问题

（1）石膏板生产过程中污染物产排量核算分三部分：蒸膏、破碎、成型烘干。生石膏的蒸膏工序及石膏板的烘干工序产生的污染物主要来自供热锅炉，该工序污染物产排量参照“锅炉产排污系数”核算。

（2）系数手册中的产排污系数是按照产品的生产工序分开核算的，对同一种产品，核算污染物的产排量时，应按照生产工序分别计算，并对各工序的污染物产排量进行加和。

（3）企业生产存在非正常工况时，应按照正常工况和非正常工况的时段分别核算污染物的产排量。

（4）末端治理技术中的“过滤式除尘法”主要是指袋式除尘法。

（5）本手册中产排污系数是以原料的使用量作为核算因子的，普查时加气混凝土及轻集料混凝土制品生产过程中污染物的产排量应按照原料中水泥的使用量进行计算；石膏板制品生产过程中石膏的破碎粉磨工序污染物的产排量应按照原料中熟石膏的使用量进行计算；石膏板切割成型工序污染物的产排量应按照原料中熟石膏粉的使用量进行计算。

3124 轻质建筑材料制品制造业产排污系数表

产品名称	原料名称	工艺（工序）名称	规模等级	污染物指标	单位	产污系数	末端治理技术名称	排污系数
轻质建筑材料（加气混凝土及轻集料混凝土制品）	水泥、轻型集料、石灰、粉煤灰等	物料输送储存工序	所有规模	工业废气量（工艺）	米^3/吨水泥	740	直排①	740
							过滤式除尘法	740
				工业粉尘	千克/吨水泥	3.58	直排①	3.58
							过滤式除尘法	0.043
		物料混合搅拌工序	所有规模	工业废气量（工艺）	米^3/吨水泥	1 400	直排①	1 400
							过滤式除尘法	1 400
				工业粉尘	千克/吨水泥	5.92	直排①	5.92
							过滤式除尘法	0.08
		成型养护工序	所有规模	工业固体废物（其他）	吨/吨水泥	0.045	—	—
石膏板	熟石膏	破碎粉磨工序	所有规模	工业废气量（工艺）	米^3/吨熟石膏	1 650	直排①	1 650
							过滤式除尘法	1 650
				工业粉尘	千克/吨熟石膏	8.15	直排①	8.15
							过滤式除尘法	0.099
				工业固体废物（其他）	吨/吨熟石膏	0.155	—	—
	脱硫石膏粉或建筑用熟石膏粉	切割成型工序	所有规模	工业固体废物（其他）	吨/吨熟石膏粉	0.003	—	—

注：① 指企业生产处于非正常工况条件下。

3131
黏土砖瓦及建筑砌块制造业

1 适用范围

本手册给出了《统计上使用的产品分类目录》中 3131 烧结类砖瓦及建筑砌块行业的 313110 烧结砖（包括 3131101101 烧结普通砖、3131101102 烧结空心砖、3131101103 烧结多孔砖、3131101105 烧结页岩砖、3131101106 烧结粉煤灰砖、3131101107 烧结硅藻土砖、3131101199 其他烧结砖）和 31312011 烧结瓦（包括 3131201101 烧结黏土平瓦、3131201102 烧结黏土小青瓦、3131201103 烧结黏土脊瓦、3131201104 烧结 J 形瓦、3131201105 烧结 S 形瓦、3131201199 其他烧结瓦）以及煤矸石制砖的产排污系数核算，可用于第一次全国污染源普查烧结类砖瓦及建筑砌块制造业工业污染源污染物产生量和排放量的核算。

涉及的污染物包括：工业废气量（指折算成标准状态的体积）、烟尘、工业粉尘、二氧化硫、氮氧化物等。

2 注意事项

2.1 系数表中未涉及的产品产排污系数说明

烧结空心砌块产品与烧结空心砖产品的原料、生产工艺、规模等级相同，区别仅在于规格，因此，可直接按照 3131101102 烧结空心砖的产排污系数核算。

煤矸石制砖产排污系数基本涵盖现有工艺及各种规模的煤矸石制砖企业，对可能遇到的其他煤种、工艺等条件，可咨询当地行业组织或专家、煤炭企业技术人员，参照近似的“产品、原料、工艺、规模”条件选取产排污系数。

2.2 其他需要说明的问题

（1）烧结类砖瓦及建筑砌块

1）工况未达到 75%负荷的企业污染物产排量核算

工况未达到 75%负荷的企业，由于系数表中个体产排污系数是按万块标砖核算出的，因此对工况未达到 75%负荷的企业的产排污系数核算并无影响，仍然使用系数表中正常工况下的产排污系数进行污染物产排量核算。

2）生产非单一产品企业污染物产排量核算

烧结类砖瓦及建筑砌块行业各企业所包含的产品品种不尽相同，每种产品的产量各不相同，但生产工艺相同，都是一种砖瓦窑，普查时：

① 先将不同产品的年产量分别进行统计；

② 将不同产品的年产量分别折算成标砖产量（万块标砖/年），即：用各产品的体积（长×宽×高，单位为[mm]^3）分别除以烧结普通砖的体积 1 462 800（mm）^{3}（240 mm×115 mm×53 mm），则得出各种产品与标砖的折算比，然后用各折算比分别乘以相应的年产量，即得出各产品的折标砖年产量；

③ 将各产品的折标砖年产量相加，即得出企业的年总产量（折标砖）；

④ 分别查出本表中相应规模的个体产排污系数值，乘以年总产量（折标砖），即得出企业各种污染物的产排污量。

3）其他需要说明的问题

① 31311021 蒸压砖、31311031 蒸养砖、31312021 蒸压瓦、313150 建筑砌块产品的生产工艺与烧结类砖瓦及建筑砌块完全不同，不适用于此表。蒸压砖、蒸养砖、蒸压瓦、建筑砌块产品的生产工艺有两种，一种是通过锅炉蒸汽养护成型，此类产品生产过程无直接污染物产生，其锅炉的产排污按照《锅炉产排污系数表》进行普查。另一种是将电厂废气通过管道直接引入蒸压釜进行蒸汽养护成型，电厂废气已通过电厂行业进行产排污系数核算，不在本行业核算范围内。这几种产品的原料是通过管道进入密封式搅拌机中搅拌，因此产生的粉尘非常小，可以忽略不计。

② 本行业包括但未列出的产品、工艺、规模、原料，类比方法如下：

小型隧道窑生产企业按照中型隧道窑生产企业个体产排污系数进行类比。

③ 各烧结类砖瓦及建筑砌块企业生产线不尽相同，同一企业的窑型、规模、产品也不尽相同，普查时需要对单条窑炉查找“产品、原料、工艺、规模”组合分别进行统计核算，然后对所有规模的窑型、产品进行累加，以计算出该企业的产、排污量。即分别查出本表中相应规模的个体产排污系数值，分别乘以单线产量，得出每条窑的各污染物产排量。再将同类污染物值相加，即可得出该企业各污染物的总产排量。

④ 粉尘和工业废气量（工艺）是在原料破碎过程中产生的，黏土不需破碎，因此粉尘和工业废气量（工艺）产排污系数取 0。其他需要进行原料破碎的生产企业，其产排污系数，对于中型、小型的隧道窑及轮窑的生产企业，参照大型隧道窑企业的相关系数值。

4）对烟气无统一排放的，特别是没有烟囱等排烟系统的，如砖瓦窑（轮窑），产排污系数放大 1.15 倍。

（2）煤矸石制砖

二氧化硫的产、排污系数主要与原料煤矸石的含硫量多少有关系，因此我们根据含硫量的大小把煤矸石划分为低硫、中硫和高硫三种类别：硫分≤2%为低硫，2%～4%为中硫，≥4%为高硫。

当原料为煤矸石与其他添加物时，根据煤矸石的含量比例，利用公式计算二氧化硫的产生量或排放量，公式如下：

$$B=K\times A\times 0.6$$

注：由于添加了其他原料，产生固硫作用，经专家测评，定修正系数为 0.6。

式中：A——原料全部为煤矸石（见续表）时相应的二氧化硫产生量或排放量；

B——原料为煤矸石与其他添加物时相应的二氧化硫产生量或排放量；

K——煤矸石含量占原料的比例。

3131 烧结类砖瓦及建筑砌块制造业产排污系数表

产品名称	原料名称	工艺名称	规模等级	污染物指标	单位	产污系数	末端治理技术名称	排污系数
烧结类砖瓦及建筑砌块	黏土、页岩、粉煤灰类	砖瓦窑（隧道窑）（单条）	≥6 000 万块标砖/年	工业废气量（工艺）	万米 ^{3}/万块标砖	0.827	直排	0.827
				工业废气量（燃烧）	万米 ^{3}/万块标砖	4.298	直排	4.298
				烟尘	千克/万块标砖	4.728	直排	4.728
				工业粉尘	千克/万块标砖	1.232	直排	1.232
				二氧化硫	千克/万块标砖	14.837	直排	14.837
				氮氧化物	千克/万块标砖	1.657	直排	1.657
			3 000 万～6 000 万块标砖/年	工业废气量（工艺）	万米 ^{3}/万块标砖	0.827	直排	0.827
				工业废气量（燃烧）	万米 ^{3}/万块标砖	4.861	直排	4.861
				烟尘	千克/万块标砖	6.076	直排	6.076
				工业粉尘	千克/万块标砖	1.232	直排	1.232
				二氧化硫	千克/万块标砖	16.780	直排	16.780
				氮氧化物	千克/万块标砖	3.264	直排	3.264
			≤3 000 万块标砖/年	工业废气量（工艺）	万米 ^{3}/万块标砖	0.827	直排	0.827
				工业废气量（燃烧）	万米 ^{3}/万块标砖	5.104	直排	5.104
				烟尘	千克/万块标砖	7.292	直排	7.292
				工业粉尘	千克/万块标砖	1.232	直排	1.232
				二氧化硫	千克/万块标砖	17.619	直排	17.619
				氮氧化物	千克/万块标砖	3.427	直排	3.427
		砖瓦窑（轮窑）	所有规模	工业废气量（工艺）	万米 ^{3}/万块标砖	0.827	直排	0.827
				工业废气量（燃烧）	万米 ^{3}/万块标砖	4.297	直排	4.297
				烟尘	千克/万块标砖	10.386	直排	10.386
				二氧化硫	千克/万块标砖	14.834	直排	14.834
				工业粉尘	千克/万块标砖	1.232	直排	1.232
				氮氧化物	千克/万块标砖	6.874	直排	6.874

注：对烟气无统一排放的，特别是没有烟囱等排烟系统的，产排污系数值在原基础上乘以 1.15 的修正系数。

3131 非金属矿物制造业之黏土砖瓦及建筑砌块制造业（煤矸石制砖）产排污系数表（续表）

产品名称	原料名称	工艺名称	规模等级	污染物指标	单　位	产污系数	末端治理技术名称	排污系数
煤矸石砖	煤矸石	全塑成型隧道窑	≥3 000 万块标砖/年	工业废气量	米 ^{3}/万块产品	152 000	直排	152 000
				烟尘	千克/万块产品	6.5	湿法除尘	0.75
							机械除尘	1.10
				二氧化硫	千克/万块产品	487～812①	湿法碱法脱硫	42.5～62.0①
							其他②	398～689①
							直排	488～812①
			<3 000 万块标砖/年	工业废气量	米 ^{3}/万块产品	175 000	直排	175 000
				烟尘	千克/万块产品	8.0	机械除尘	1.75
							沉降除尘	2.75
				二氧化硫	千克/万块产品	501～847①	直排	501～847①
		全塑成型轮转窑	≥3 000 万块标砖/年	工业废气量	米 ^{3}/万块产品	230 000	直排	230 000
				烟尘	千克/万块产品	9.0	湿法除尘	0.8
							机械除尘	1.2
				二氧化硫	千克/万块产品	493～832①	湿法碱法脱硫	42.5～75.2①
							其他②	300～548①
			<3 000 万块标砖/年	工业废气量	米 ^{3}/万块产品	250 000	直排	250 000
				烟尘	千克/万块产品	12.0	机械除尘	2.0
				二氧化硫	千克/万块产品	516～855①	直排	516～855①
		半塑成型轮转窑	≥3 000 万块标砖/年	工业废气量	米 ^{3}/万块产品	225 000	直排	225 000
				烟尘	千克/万块产品	9.0	机械除尘	1.6
				二氧化硫	千克/万块产品	498～838①	湿法碱法脱硫	42.5～83.6①
							其他②	275～690①
			<3 000 万块标砖/年	工业废气量	米 ^{3}/万块产品	240 000	直排	240 000
				烟尘	千克/万块产品	12.0	机械除尘	2.0
							直排	12.0
				二氧化硫	千克/万块产品	521～850①	直排	521～850①

注：① 对于二氧化硫的产、排污系数，当煤矸石含硫量为低硫（≤2%）时取下限值；煤矸石含硫量为中硫（2%～4%）时取中值；煤矸石含硫量为高硫（≥4%）时取上限值。

② 湿法除尘对于烟气中的二氧化硫亦具有一定的吸收能力，表中二氧化硫末端治理技术为其他时，指的是湿法除尘技术。

3132

建筑陶瓷制品制造业

1 适用范围

本手册给出了《统计上使用的产品分类目录》中建筑陶瓷制品制造行业瓷质砖、炻产品、细炻砖、炻质砖、陶质砖、陶瓷锦砖、陶瓷耐酸砖、建筑陶瓷装饰物的产污系数和排污系数，可用于第一次全国污染源普查建筑陶瓷制品制造行业工业污染源污染物的产生量和排放量的核算。

涉及的污染物包括：工业废气量（指折算成标准状态的体积）、烟尘、二氧化硫、氮氧化物、氟化物、工业废水量、石油类和化学需氧量。

2 注意事项

2.1 本行业包括但未列出的产品、工艺、规模、原料，类比方法如下：

（1）陶瓷锦砖、劈裂砖、西式瓦：参照陶瓷墙砖中的一次烧成工艺类比。

（2）建筑陶瓷装饰物及陶瓷腰线砖、花片砖、玻璃马赛克：参照两次烧成陶瓷墙砖类比。

（3）建筑琉璃制品、陶瓷耐酸砖：根据使用的窑炉类型划分为两种行业类别。

使用辊道窑烧成的：参照建筑陶瓷行业陶瓷墙砖中的一次烧成工艺类比，以面积为计量单位。

使用隧道窑烧成的：参照 3151 卫生陶瓷制品制造行业类比，以件数为计量单位。企业以重量为统计单位的，将重量单位换算成卫生陶瓷的件数，可取参考值卫生陶瓷 16 千克/件。

例 1：某耐酸砖厂年产 8 000 吨耐酸砖，用煤烧隧道窑烧成，该企业应参照卫生陶瓷的隧道窑工艺。其产量换算成卫生陶瓷为[8 000 吨/（16 千克/件）×1 000=500 000 件]50 万件/年。用卫生陶瓷的卫生陶瓷+黏土、长石、石英+隧道窑+＜60 万件“产品、原料、工艺、规模”组合，查出其各个产排污系数，将该系数乘以 2.5 再乘以产量，得到该产品的总产、排污量。（煤烧隧道窑的产排污量换算成气体燃料烧成隧道窑的产排污量，产、排污系数均放大 2.5 倍，参照 3151 卫生陶瓷制品制造的产排污系数使用说明）

（4）对于陶瓷管及管子配件，参照卫生陶瓷制品的梭式窑进行类比，并将大气污染物的产排污系数放大 1.5 倍。对有条件的企业建议以实测为准。

（5）对微晶玻璃陶瓷砖产品，参照抛光地砖进行类比。

2.2 本手册建筑陶瓷制品的划分以单条窑炉为基准。对于有多条生产线、多种产品类型和规格的企业，需要对每条窑炉查找相应组合分别进行核算，然后将所得的产污量相加、排污量相加，计算出该企业的总的产、排污量。

2.3 其他需要说明的问题

（1）考虑到本行业的产品名称习惯称谓及生产特点和污染物的特性，本课题未按照国家统计局 2005

年编制的《统计上使用的产品分类目录》进行产品名称分类。而是按照行业上的俗称“陶瓷墙地砖”命名并进行分类。

（2）末端治理技术

① 对于单纯的工业粉尘（工艺过程中的扬尘），多为无组织排放，少数企业的配料、压型工段设有专门的除尘装置，除尘效果较好，在此次普查中不考虑粉尘的产排放。

② 由于本行业大气污染物的主要产生设备——窑炉无治理设施，而喷雾干燥塔的除尘脱硫设备均为成套设备，其效率无明显差异，此处废气污染物指标的产排污系数为窑炉和喷塔的产排污系数之和。本次不涉及污染治理设施的差异。

③ 本行业绝大多数建筑陶瓷企业的废水都集中后经过多级沉淀加净水剂或加压滤除渣治理，对处理后的废水循环使用，本行业不考虑水污染治理设施的差异。

3132 建筑陶瓷制品制造业产排污系数表

产品名称	原料名称	工艺名称	规模等级	污染物指标	单位	产污系数	末端治理技术名称	排污系数
陶瓷墙砖	黏土、瓷石、长石、石英、色釉料等	一次烧成+辊道窑+气体燃料②	所有规模	工业废水量	吨/万米^{2}产品	100	沉淀分离 循环利用	0④
				化学需氧量	克/万米^{2}产品	11 459	沉淀分离 循环利用	0④
				石油类	克/万米^{2}产品	100	沉淀分离 循环利用	0④
				工业废气量（燃烧）①	万米^3/万米^{2}产品	107.283	多管旋风除尘法+吸收法⑤	107.283
				烟尘③	千克/万米^{2}产品	3 523.707	多管旋风除尘法+吸收法⑤	295.200
				二氧化硫	千克/万米^{2}产品	405.573	多管旋风除尘法+吸收法⑤	336.354
				氮氧化物	千克/万米^{2}产品	483.481	多管旋风除尘法+吸收法⑤	471.594
				氟化物	克/万米^{2}产品	3 664	多管旋风除尘法+吸收法⑤	3 259
		一次烧成+辊道窑+液体燃料②	所有规模	工业废水量	吨/万米^{2}产品	100	沉淀分离 循环利用	0④
				化学需氧量	克/万米^{2}产品	12 926	沉淀分离 循环利用	0④
				石油类	克/万米^{2}产品	150	沉淀分离 循环利用	0④
				工业废气量（燃烧）①	万米^3/万米^{2}产品	113.857	多管旋风除尘法+吸收法⑤	113.857
				烟尘③	千克/万米^{2}产品	3 751.933	多管旋风除尘法+吸收法⑤	313.309
				二氧化硫	千克/万米^{2}产品	919.413	多管旋风除尘法+吸收法⑤	845.949
				氮氧化物	千克/万米^{2}产品	513.108	多管旋风除尘法+吸收法⑤	500.493
				氟化物	克/万米^{2}产品	3 441	多管旋风除尘法+吸收法⑤	3 352

注：① 建筑陶瓷行业本次监测的产生污染物的生产过程均为燃烧过程。

② 燃料种类指窑炉用燃料，不考虑喷雾干燥塔的燃料种类。

③ 烟尘：窑炉及喷雾干燥塔产生的烟尘和粉尘无法区分，合称为烟尘。

④ 取值方法：有废水处理设施，处理后废水循环使用，不对外排放的企业，排污系数可视为零，未进行废水处理的废水的排污系数=产污系数。

⑤ 此处“多管旋风除尘法＋吸收法”为喷雾干燥塔的末端治理设施，窑炉为直排。

3132　建筑陶瓷制品制造业产排污系数表（续 1）

产品名称	原料名称	工艺名称	规模等级	污染物指标	单位	产污系数	末端治理技术名称	排污系数
陶瓷墙砖	黏土、瓷石、长石、石英、色釉料等	二次烧成＋辊道窑＋气体燃料②	≥200 万米²/年	工业废水量	吨/万米²产品	140	沉淀分离 循环利用	0④
				化学需氧量	克/万米²产品	12 576	沉淀分离 循环利用	0④
				石油类	克/万米²产品	178	沉淀分离 循环利用	0④
				工业废气量（燃烧）①	万米³/万米²产品	127.094	多管旋风除尘法＋吸收法⑤	127.094
				烟尘③	千克/万米²产品	3 681.907	多管旋风除尘法＋吸收法⑤	323.363
				二氧化硫	千克/万米²产品	497.510	多管旋风除尘法＋吸收法⑤	435.759
				氮氧化物	千克/万米²产品	571.060	多管旋风除尘法＋吸收法⑤	560.738
				氟化物	克/万米²产品	2 753	多管旋风除尘法＋吸收法⑤	2 542
			<200 万米²/年	工业废水量	吨/万米²产品	140	沉淀分离 循环利用	0④
				化学需氧量	克/万米²产品	13 000	沉淀分离 循环利用	0④
				石油类	克/万米²产品	200	沉淀分离 循环利用	0④
				工业废气量（燃烧）①	万米³/万米²产品	131.885	多管旋风除尘法＋吸收法⑤	131.885
				烟尘③	千克/万米²产品	3 820.763	多管旋风除尘法＋吸收法⑤	335.480
				二氧化硫	千克/万米²产品	515.559	多管旋风除尘法＋吸收法⑤	441.603
				氮氧化物	千克/万米²产品	598.941	多管旋风除尘法＋吸收法⑤	586.155
				氟化物	克/万米²产品	3 220	多管旋风除尘法＋吸收法⑤	3 032

注：① 建筑陶瓷行业本次监测的产生污染物的生产过程均为燃烧过程。
② 燃料种类指窑炉用燃料，不考虑喷雾干燥塔的燃料种类。
③ 烟尘：窑炉及喷雾干燥塔产生的烟尘和粉尘无法区分，合称为烟尘。
④ 取值方法：有废水处理设施，处理后废水循环使用，不对外排放的企业，排污系数可视为零，未进行废水处理的废水的排污系数=产污系数。
⑤ 此处“多管旋风除尘法＋吸收法”为喷雾干燥塔的末端治理设施，窑炉为直排。

3132　建筑陶瓷制品制造业产排污系数表（续 2）

产品名称	原料名称	工艺名称	规模等级	污染物指标	单位	产污系数	末端治理技术名称	排污系数
陶瓷墙砖	黏二、瓷石、长石、石英、色釉料等	二次烧成＋辊道窑＋液体燃料②	≥150 万米 ^{2}/年	工业废水量	吨/万米 ^{2} 产品	130	沉淀分离 循环利用	0④
				化学需氧量	克/万米 ^{2} 产品	15 283	沉淀分离 循环利用	0④
				石油类	克/万米 ^{2} 产品	185	沉淀分离 循环利用	0④
				工业废气量（燃烧）①	万米 ^{3}/万米 ^{2} 产品	150.28	多管旋风除尘法＋吸收法⑤	150.28
				烟尘③	千克/万米 ^{2} 产品	4 353.68	多管旋风除尘法＋吸收法⑤	382.353
				二氧化硫	千克/万米 ^{2} 产品	1 244.692	多管旋风除尘法＋吸收法⑤	1 159.852
				氮氧化物	千克/万米 ^{2} 产品	682.063	多管旋风除尘法＋吸收法⑤	667.022
				氟化物	克/万米 ^{2} 产品	4 195	多管旋风除尘法＋吸收法⑤	3 958
		二次烧成＋辊道窑＋液体燃料②	＜150 万米 ^{2}/年	工业废水量	吨/万米 ^{2} 产品	130	沉淀分离 循环利用	0④
				化学需氧量	克/万米 ^{2} 产品	15 283	沉淀分离 循环利用	0④
				石油类	克/万米 ^{2} 产品	200	沉淀分离 循环利用	0④
				工业废气量（燃烧）①	万米 ^{3}/万米 ^{2} 产品	153.351	多管旋风除尘法＋吸收法⑤	153.351
				烟尘③	千克/万米 ^{2} 产品	4 442.661	多管旋风除尘法＋吸收法⑤	389.553
				二氧化硫	千克/万米 ^{2} 产品	1 270.131	多管旋风除尘法＋吸收法⑤	1 183.557
				氮氧化物	千克/万米 ^{2} 产品	696.429	多管旋风除尘法＋吸收法⑤	681.562
				氟化物	克/万米 ^{2} 产品	4 739	多管旋风除尘法＋吸收法⑤	3 125

注：① 建筑陶瓷行业本次监测的产生污染物的生产过程均为燃烧过程。

② 燃料种类指窑炉用燃料，不考虑喷雾干燥塔的燃料种类。

③ 烟尘：窑炉及喷雾干燥塔产生的烟尘和粉尘无法区分，合称为烟尘。

④ 取值方法：有废水处理设施，处理后废水循环使用，不对外排放的企业，排污系数可视为零，未进行废水处理的废水的排污系数=产污系数。

⑤ 此处“多管旋风除尘法＋吸收法”为喷雾干燥塔的末端治理设施，窑炉为直排。

3132 建筑陶瓷制品制造业产排污系数表（续 3）

产品名称	原料名称	工艺名称	规模等级	污染物指标	单位	产污系数	末端治理技术名称	排污系数
陶瓷地砖	黏土、瓷石、长石、石英、色釉料等	抛光地砖＋辊道窑＋气体燃料②	所有规模	工业废水量	吨/万米 ^{2} 产品	200	沉淀分离 循环利用	0④
				化学需氧量	克/万米 ^{2} 产品	26 843	沉淀分离 循环利用	0④
				石油类	克/万米 ^{2} 产品	250	沉淀分离 循环利用	0④
				工业废气量（燃烧）①	万米 ^{3}/万米 ^{2} 产品	149.268	多管旋风除尘法＋吸收法⑤	149.268
				烟尘③	千克/万米 ^{2} 产品	4 918.887	多管旋风除尘法＋吸收法⑤	410.791
				二氧化硫	千克/万米 ^{2} 产品	565.427	多管旋风除尘法＋吸收法⑤	469.119
				氮氧化物	千克/万米 ^{2} 产品	758.400	多管旋风除尘法＋吸收法⑤	741.861
				氟化物	克/万米 ^{2} 产品	3 190	多管旋风除尘法＋吸收法⑤	2 989
		抛光地砖＋辊道窑＋液体燃料②	所有规模	工业废水量	吨/万米 ^{2} 产品	200	沉淀分离 循环利用	0④
				化学需氧量	克/万米 ^{2} 产品	26 843	沉淀分离 循环利用	0④
				石油类	克/万米 ^{2} 产品	375	沉淀分离 循环利用	0④
				工业废气量（燃烧）①	万米 ^{3}/万米 ^{2} 产品	159.055	多管旋风除尘法＋吸收法⑤	159.055
				烟尘③	千克/万米 ^{2} 产品	5 245.693	多管旋风除尘法＋吸收法⑤	447.2
				二氧化硫	千克/万米 ^{2} 产品	1 243.809	多管旋风除尘法＋吸收法⑤	1 141.186
				氮氧化物	千克/万米 ^{2} 产品	808.405	多管旋风除尘法＋吸收法⑤	799.767
				氟化物	克/万米 ^{2} 产品	3 255	多管旋风除尘法＋吸收法⑤	3 165

注：① 建筑陶瓷行业本次监测的产生污染物的生产过程均为燃烧过程。

② 燃料种类指窑炉用燃料，不考虑喷雾干燥塔的燃料种类。

③ 烟尘：窑炉及喷雾干燥塔产生的烟尘和粉尘无法区分，合称为烟尘。

④ 取值方法：有废水处理设施，处理后废水循环使用，不对外排放的企业，排污系数可视为零，未进行废水处理的废水的排污系数=产污系数。

⑤ 此处“多管旋风除尘法＋吸收法”为喷雾干燥塔的末端治理设施，窑炉为直排。

3132 建筑陶瓷制品制造业产排污系数表（续4）

产品名称	原料名称	工艺名称	规模等级	污染物指标	单位	产污系数	末端治理技术名称	排污系数
陶瓷地砖	黏土、瓷石、长石、石英、色釉料等	饰釉地砖＋辊道窑＋气体燃料②	所有规模	工业废水量	吨/万米 ^{2} 产品	130	沉淀分离 循环利用	0④
				化学需氧量	克/万米 ^{2} 产品	21 796	沉淀分离 循环利用	0④
				石油类	克/万米 ^{2} 产品	162	沉淀分离 循环利用	0④
				工业废气量（燃烧）①	万米 ^{3}/万米 ^{2} 产品	141.105	多管旋风除尘法＋吸收法⑤	141.105
				烟尘③	千克/万米 ^{2} 产品	4 649.818	多管旋风除尘法＋吸收法⑤	388.263
				二氧化硫	千克/万米 ^{2} 产品	534.401	多管旋风除尘法＋吸收法⑤	443.436
				氮氧化物	千克/万米 ^{2} 产品	635.902	多管旋风除尘法＋吸收法⑤	600.779
				氟化物	克/万米 ^{2} 产品	3 427	多管旋风除尘法＋吸收法⑤	3 249
		饰釉地砖＋辊道窑＋液体燃料②	所有规模	工业废水量	吨/万米 ^{2} 产品	130	沉淀分离 循环利用	0④
				化学需氧量	克/万米 ^{2} 产品	25 000	沉淀分离 循环利用	0④
				石油类	克/万米 ^{2} 产品	253	沉淀分离 循环利用	0④
				工业废气量（燃烧）①	万米 ^{3}/万米 ^{2} 产品	151.026	多管旋风除尘法＋吸收法⑤	151.026
				烟尘③	千克/万米 ^{2} 产品	5 171.312	多管旋风除尘法＋吸收法⑤	425.821
				二氧化硫	千克/万米 ^{2} 产品	1 005.341	多管旋风除尘法＋吸收法⑤	898.374
				氮氧化物	千克/万米 ^{2} 产品	723.975	多管旋风除尘法＋吸收法⑤	707.241
				氟化物	克/万米 ^{2} 产品	3 367	多管旋风除尘法＋吸收法⑤	3 228

注：① 建筑陶瓷行业本次监测的产生污染物的生产过程均为燃烧过程。

② 燃料种类指窑炉用燃料，不考虑喷雾干燥塔的燃料种类。

③ 烟尘：窑炉及喷雾干燥塔产生的烟尘和粉尘无法区分，合称为烟尘。

④ 取值方法：有废水处理设施，处理后废水循环使用，不对外排放的企业，排污系数可视为零，未进行废水处理的废水的排污系数=产污系数。

⑤ 此处“多管旋风除尘法＋吸收法”为喷雾干燥塔的末端治理设施，窑炉为直排。

3133
建筑用石加工业

1 适用范围

本手册给出了《统计上使用的产品分类目录》中建筑用、纪念用石材及其制品业加工的石材、石料，天然石材制成品，人造石建筑用制品，碑石及其他类似制品，石刻及其他石制品等的产污系数和排污系数，可用于第一次全国污染源普查建筑用石加工业污染源污染物产生量和排放量的核算。

本手册不包括开采加工荒料的产排污系数核算；不包括以页岩、板岩、薄层砂岩、片麻岩、石英岩等为原料，生产文化石、瓦板岩、蘑菇石等装饰石材的产排污系数核算。

涉及的污染物包括：工业废水量、化学需氧量、石油类、固体废物（石粉）等。

2 注意事项

2.1 系数表中未涉及的产品产排污系数说明

对于以页岩、板岩、薄层砂岩、片麻岩、石英岩等为原料，生产文化石、瓦板岩、蘑菇石等装饰石材，其固废（石粉）的产生量很低，主要来源于侧面切割。由于该类产品产量远小于建筑板材和异形石材，其固废（石粉）量很小，未考虑其产排污系数。

2.2 生产非单一产品企业污染物产排量核算

石材加工行业各企业所包含的产品品种不尽相同，其中计量单位为米^{2}的产品归入建筑板材中，以米^{3}或才计量的产品归入异形石材。统计时须严格区分，分别统计不同类型产品污染物的产生量和排放量。但在统计产品产量时，不得将外包产量统计，只能统计本企业自有生产线的产量，否则会出现重复计算。

2.3 其他需要说明的问题

（1）建筑用石加工行业产品依据形状可分为毛板、毛光板、规格板（工程板）、异形石材（含墓碑石）。

建筑板材中毛板是荒料按一定厚度锯切后不经磨、抛光加工的石板材，是石材加工的初级产品，用于各种建筑板材、部分异形石材产品的原材料或半成品。表面进行磨、抛光处理的称为毛光板。规格板是毛（光）板按一定规格尺寸裁切成的板材，用于建筑内外墙和地面装饰，也称工程板。

异形石材产品：按一定的设计形状、带有曲线（面）造型的石材制品。包括弧面板、实心柱体、台面、花线和雕刻品等。其中墓碑石是按一定形状设计加工的专用于墓葬的石材制品，分为欧式和日式，欧式计量单位是米^3，日式计量单位为才，1 米^3=36 才。

（2）花岗石建筑板材产品年产≥20 万米^{2}的生产企业，花岗石类产品固废（石粉）取高值；大理石类建筑板材产品年产≥20 万米^{2}的生产企业，大理石类产品固废（石粉）系数取低值。

（3）年产<20 万米^{2}的建筑板材和所有的异形石材产品不区分原料。

（4）建筑用石加工企业采用物理+化学混凝沉淀法处理污水，建有沉淀池和污水处理器，废水循环利用，无外排口，其废水污染物排放系数为 0。

3133 建筑用石加工业产排污系数表

<table>
<tr><th>产品名称</th><th>原料名称</th><th>工艺名称</th><th>规模等级</th><th>污染物指标</th><th>单位</th><th>产污系数</th><th>末端治理技术名称</th><th>排污系数</th></tr>
<tr><td rowspan="12">建筑板材（毛板、毛光板、规格板）</td><td rowspan="12">荒料</td><td rowspan="12">切割、磨抛、裁切</td><td rowspan="6">≥20 万米 ^{2}/年</td><td rowspan="2">工业废水量</td><td rowspan="2">吨/米 ^{2} 产品</td><td rowspan="2">0.394</td><td>沉淀分离+循环利用</td><td>0①</td></tr>
<tr><td>直排</td><td>0.394</td></tr>
<tr><td rowspan="2">化学需氧量</td><td rowspan="2">克/米 ^{2} 产品</td><td rowspan="2">28.1</td><td>沉淀分离+循环利用</td><td>0①</td></tr>
<tr><td>直排</td><td>28.1</td></tr>
<tr><td>石油类</td><td>克/米 ^{2} 产品</td><td>0.1</td><td>沉淀分离+循环利用</td><td>0.1</td></tr>
<tr><td>工业固体废物（其他）</td><td>吨/米 ^{2} 产品</td><td>0.021/0.025②</td><td>—</td><td>—</td></tr>
<tr><td rowspan="6"><20 万米 ^{2}/年</td><td rowspan="2">工业废水量</td><td rowspan="2">吨/米 ^{2} 产品</td><td rowspan="2">0.873</td><td>沉淀分离+循环利用</td><td>0①</td></tr>
<tr><td>直排</td><td>0.873</td></tr>
<tr><td rowspan="2">化学需氧量</td><td rowspan="2">克/米 ^{2} 产品</td><td rowspan="2">61.98</td><td>沉淀分离+循环利用</td><td>0①</td></tr>
<tr><td>直排</td><td>61.98</td></tr>
<tr><td>石油类</td><td>克/米 ^{2} 产品</td><td>0.3</td><td>沉淀分离+循环利用</td><td>0.3</td></tr>
<tr><td>工业固体废物（其他）</td><td>吨/米 ^{2} 产品</td><td>0.03</td><td>—</td><td>—</td></tr>
<tr><td rowspan="12">异形石材产品（含墓碑石）</td><td rowspan="12">荒料</td><td rowspan="12">切割、磨抛、裁切</td><td rowspan="6">≥1 000 米 ^{3}/年</td><td rowspan="2">工业废水量</td><td rowspan="2">吨/米 ^{3} 产品</td><td rowspan="2">0.096</td><td>沉淀分离+循环利用</td><td>0①</td></tr>
<tr><td>直排</td><td>0.096</td></tr>
<tr><td rowspan="2">化学需氧量</td><td rowspan="2">克/米 ^{3} 产品</td><td rowspan="2">6.847</td><td>沉淀分离+循环利用</td><td>0①</td></tr>
<tr><td>直排</td><td>6.847</td></tr>
<tr><td>石油类</td><td>克/米 ^{3} 产品</td><td>0.5</td><td>沉淀分离+循环利用</td><td>0.5</td></tr>
<tr><td>工业固体废物（其他）</td><td>吨/米 ^{3} 产品</td><td>0.005</td><td>—</td><td>—</td></tr>
<tr><td rowspan="6"><1 000 米 ^{3}/年</td><td rowspan="2">工业废水量</td><td rowspan="2">吨/米 ^{3} 产品</td><td rowspan="2">0.106</td><td>沉淀分离+循环利用</td><td>0①</td></tr>
<tr><td>直排</td><td>0.106</td></tr>
<tr><td rowspan="2">化学需氧量</td><td rowspan="2">克/米 ^{3} 产品</td><td rowspan="2">7.532</td><td>沉淀分离+循环利用</td><td>0①</td></tr>
<tr><td>直排</td><td>7.532</td></tr>
<tr><td>石油类</td><td>克/米 ^{3} 产品</td><td>0.5</td><td>沉淀分离+循环利用</td><td>0.5</td></tr>
<tr><td>工业固体废物（其他）</td><td>吨/米 ^{3} 产品</td><td>0.005</td><td>—</td><td>—</td></tr>
</table>

注：① 若废水循环利用，则排污系数为 0。② 花岗石类板材产品固废（石粉）取高值，大理石类板材产品固废（石粉）系数取低值。

3134

防水建筑材料制造业

1 适用范围

本手册给出了《统计上使用的产品分类目录》中防水建筑卷材及制品业的沥青防水卷材，沥青制品，橡胶防水卷材、片材，塑性体防水卷材等的产污系数和排污系数，可用于第一次全国污染源普查防水建筑材料加工业污染源污染物产生量和排放量的核算。

涉及的污染物包括：沥青烟气中工业废水量、化学需氧量、石油类、工业废气量（指折算成标准状态的体积）、二氧化硫、氮氧化物、烟尘等。不包括锅炉污染物。

2 注意事项

2.1 系数表中未涉及的产品产排污系数说明

防水卷材制品主要分为四类：沥青防水卷材、沥青制品、橡胶防水卷材片材、塑性体防水卷材。其中沥青防水卷材和沥青制品，原料、制造工艺、污染物种类和产排量相近，合并为沥青基防水材料；橡胶防水卷材片材和塑性体防水卷材，生产工艺与污染物种类相近，合并合成高分子防水卷（片）材。

2.2 生产非单一产品企业污染物产排量核算

各防水卷材生产企业生产线产能和产品不尽相同，普查时需要核对单条生产线产能，按产品类型分别进行统计核算，然后对所有规模的生产线、产品、污染源进行累加，以计算出该企业的产、排污量。

2.3 其他需要说明的问题

（1）当企业生产用水为循环用水，无废水外排口，其废水的三项指标均为 0。

（2）锅炉污染物产排污系数执行《锅炉污染物产排污系数手册》。

3134 防水建筑材料制造业产排污系数表

产品名称	原料名称	工艺名称	规模等级	污染物指标	单位	产污系数	末端治理技术名称	排污系数
沥青基防水卷材	沥青、SBS、APP、SBR、石粉及胎基	熔炼、浸涂	各种规模	工业废水量	吨/万米^{2}产品	2.492	中和法	2.492①
				化学需氧量	克/万米^{2}产品	311.2	中和法	232.0①
				石油类	克/万米^{2}产品	1.86	中和法	1.5①
				工业废气量	米^3/万米^{2}产品	89 900	湿法	87 800
				烟尘	千克/万米^{2}产品	29.682	湿法	5.626
				二氧化硫	千克/万米^{2}产品	0.309	湿法	0.235
				氮氧化物	千克/万米^{2}产品	0.047	湿法	0.04
合成高分子防水卷材	三元乙丙橡胶、聚氯乙烯、聚丙烯—乙丙橡胶共混及胎基	挤出/压延	各种规模	工业废水量	吨/万米^{2}产品	1.5	中和法	1.5①
				化学需氧量	克/万米^{2}产品	188.0	中和法	108.0①
				石油类	克/万米^{2}产品	1.86	中和法	1.5①
				工业废气量	米^3/万米^{2}产品	16 578	湿法	16 190
				工业粉尘	千克/万米^{2}产品	1.533	湿法	1.533
				二氧化硫	千克/万米^{2}产品	0.051	湿法	0.051

注：① 若废水循环利用，则排污系数为 0。

3135
隔热和隔音材料制造业

1 适用范围

本手册给出了《统计上使用的产品分类目录》中 3135 隔热和隔音材料制造行业岩石棉、矿渣棉、膨胀珍珠岩、玻璃棉的产污系数和排污系数，可用于第一次全国污染源普查隔热和隔音材料制造行业工业污染源污染物产生量和排放量的核算。

涉及的污染物包括：工业废气量（指折算成标准状态的体积）、烟尘、二氧化硫、氮氧化物。

2 注意事项

2.1 本行业包括但未列出的产品、工艺、规模、原料，类比方法如下：

（1）31351010 矿质棉类产品由于其原料、工艺与岩矿棉基本相同，所以矿质棉类产品产排污系数参照岩矿棉的产排污系数使用，即：3135101001 矿渣棉、3135101002 岩石棉、3135101003 陶瓷棉、3135101099 其他类似矿质棉的产排污系数参照岩矿棉的产排污系数使用。

（2）31351030 膨胀矿物材料类产品其原料成分、工艺流程与膨胀珍珠岩基本相同，所以膨胀矿物材料类产品的产排污系数参照膨胀珍珠岩的产排污系数使用，即：3135103001 页状蛭石、3135103002 膨胀蛭石、3135103003 膨胀黏土、3135103004 泡沫矿渣、3135103099 其他膨胀矿物材料的产排污系数参照膨胀珍珠岩的产排污系数使用。

（3）31351050 矿物混合材料中 3135105001 硅酸铝纤维、3135105002 硅酸铝棉、3135105099 其他矿物混合材料由于生产中使用电熔炉，本次产排污系数核算主要针对使用燃料的窑炉，所以本次产排污系数核算对矿物混合材料不予考虑。

（4）其他产品的产排污系数参照与之相近的组合进行类比，在类比过程中要充分考虑产品、原料、工艺、规模的因素。

2.2 313540 矿物材料制品均是以岩矿棉、玻璃棉、膨胀珍珠岩为原料的后续再加工产品，并且制品种类较多，满足现场监测条件的企业少，其污染物产生量和排放量相对岩矿棉、玻璃棉、膨胀珍珠岩较小，与已有产排污系数不满足类比条件，本次产排污系数核算过程主要针对岩矿棉、玻璃棉、膨胀珍珠岩，对《统计上使用的产品分类目录》中矿物材料制品产排污系数核算暂不予考虑。

2.3 末端治理技术如与产排污系数表中的不符，可根据除尘、脱硫设施的效率来折算。若本产排污系数表中某种污染物无末端治理设施而实际核算中企业有末端治理设施，则根据其末端治理设施的治理效率折算出产污系数；若本产排污系数表中某种污染物有末端治理设施而实际核算中企业没有末端治理设施，则该污染物的排污系数等于产污系数。（表中所使用的末端治理设施的治理效率可根据“污染物的治理量/污染物的产生量”得到）

2.4 湿法除尘对二氧化硫、氮氧化物有一定的治理效力，所以企业末端治理设施为湿法除尘设备时，二氧化硫、氮氧化物的排污系数小于产污系数。

3135 隔热和隔音材料制造业产排污系数表

产品名称	原料名称	工艺名称	规模等级	污染物指标	单位	产污系数	末端治理技术名称	排污系数
岩矿棉	矿渣、玄武岩+焦炭	冲天炉	≥6 000吨/年	工业废气量（窑炉）	米^3/吨产品	9 364	直排	9 364
				烟尘	千克/吨产品	25.852	单筒旋风除尘器	3.820
							直排	25.852
				二氧化硫	千克/吨产品	16.603	烟气脱硫法	3.626
							直排	16.603
				氮氧化物	千克/吨产品	2.968	直排	2.968
			<6 000吨/年	工业废气量（窑炉）	米^3/吨产品	10 523	直排	10 523
				烟尘	千克/吨产品	29.730	直排	29.730
				二氧化硫	千克/吨产品	20.147	直排	20.147
				氮氧化物	千克/吨产品	4.036	直排	4.036
玻璃棉	石英砂、石灰石、长石+天然气、重油、煤气	池窑	≥6 000吨/年	工业废气量（窑炉）	米^3/吨产品	4 507	湿法除尘	4 507
				烟尘	千克/吨产品	6.124	湿法除尘	0.982
				二氧化硫	千克/吨产品	9.060	湿法除尘	4.430
				氮氧化物	千克/吨产品	1.737	湿法除尘	1.563
			<6 000吨/年	工业废气量（窑炉）	米^3/吨产品	5 408	直排	5 408
				烟尘	千克/吨产品	12.856	直排	12.856
				二氧化硫	千克/吨产品	10.872	直排	10.872
				氮氧化物	千克/吨产品	2.258	直排	2.258
膨胀珍珠岩	珍珠岩+煤粉	卧式旋转炉+立式膨化炉	所有规模	工业废气量（窑炉）	米^3/米^{3}产品	216	单筒旋风除尘器+湿法除尘	216
				烟尘	千克/米^{3}产品	6.448	单筒旋风除尘器+湿法除尘	0.903
				二氧化硫	千克/米^{3}产品	0.095 7	单筒旋风除尘器+湿法除尘	0.047 9
				氮氧化物	千克/米^{3}产品	0.034 7	单筒旋风除尘器+湿法除尘	0.030 2

3141

平板玻璃制造业

1 适用范围

本手册给出了《统计上使用的产品分类目录》中平板玻璃制造业的平板玻璃等的产污系数和排污系数，可用于第一次全国污染源普查平板玻璃制造业工业污染源污染物产生量和排放量的核算。

涉及的污染物包括：工业废水量、化学需氧量、石油类、工业废气量（指折算成标准状态的体积）、烟尘、工业粉尘、二氧化硫、氮氧化物、氟化物。

2 注意事项

2.1 系数表中未涉及的产品产排污系数说明

（1）垂直引上法玻璃按照同等规模的压延/平拉玻璃进行类比；

（2）压延/平拉玻璃采用油为燃料时，按照以油为燃料、日熔量小于400吨的浮法玻璃进行类比；

（3）燃料为煤粉时，按照以气为燃料的同等规模进行类比。

2.2 本表格系数对应单条生产线。当企业有多条生产线时，要分别计算各生产线产排污量，企业总产排污量为各生产线产排污量之和。

2.3 其他需要说明的问题

（1）末端治理技术方面

烟气治理方面：手册中列出了两类烟气治理设施，湿法和半干法＋袋式。当普查时遇到治理方式如湿式碱法、氨法、双碱法、石灰－石膏法，统一按湿法处理；喷雾干燥法、烟气循环流化床统一按半干法处理。干法处理或其他治理方案参照半干法排污系数处理。治理方式为半干法＋电除尘，可参照半干法＋袋式治理方式。

工业粉尘治理方面：表中给出治理方式为过滤式除尘，当遇其他治理方法时，仍按过滤式除尘处理。

水污染治理方面：其他治理设施等同于表中的治理方法。

（2）表格中工业粉尘和工业废气量（工艺）按原料有无破碎分为两类值，原料特指石灰石、白云石、长石。当企业原料无需破碎时，产排污系数采用无破碎时对应值；需破碎时，系数采用有破碎值。

（3）单位换算：当玻璃产量以吨计时，直接以产量乘以表中系数；以重量箱计时，产量除以20后与表中系数相乘（1吨=20重量箱）。

3141 平板玻璃制造业产排污系数表

产品名称	原燃料名称	工艺名称	规模等级	污染物指标		单位	产污系数	末端治理技术名称	排污系数
浮法平板玻璃	硅砂+油（重油、煤焦油）	浮法	日熔量≥600 吨	工业废水量		吨/吨产品	0.28	直排	0.28
								气浮池+上浮分离	0.28
				化学需氧量		克/吨产品	88.75	直排	88.75
								气浮池	19.6
				石油类		克/吨产品	4.5	直排	4.5
								上浮分离	0.9
				工业废气量	窑炉	米 ^{3}/吨产品	4 115	直排	4 115
								湿式碱法	4 115
								半干法+袋式	4 115
					工艺	米 ^{3}/吨产品	1 255/630.7①	过滤式除尘	1 630/665.1①
				烟尘		千克/吨产品	0.633	直排	0.633
								湿式碱法	0.118
								半干法+袋式	0.037
				工业粉尘		千克/吨产品	2.64/0.595①	过滤式除尘	0.073/0.028①
				二氧化硫		千克/吨产品	5.613	直排	5.613
								湿式碱法	0.536
								半干法+袋式	0.842
				氮氧化物		千克/吨产品	4.37	直排	4.37
								湿式碱法	3.483
								半干法+袋式	3.528
				氟化物		克/吨产品	6.9	直排	6.9
								湿式碱法	2

注：① 当有原料破碎时，工业废气量（工艺）和工业粉尘产排污系数取前值；无原料破碎时，取后值。

3141 平板玻璃制造业产排污系数表（续 1）

产品名称	原燃料名称	工艺名称	规模等级	污染物指标		单位	产污系数	末端治理技术名称	排污系数
浮法平板玻璃	硅砂+油（重油、煤焦油）	浮法	400 吨＜日熔量＜600 吨	工业废水量		吨/吨产品	0.31	直排	0.31
								气浮池+上浮分离	0.31
				化学需氧量		克/吨产品	126.3	直排	126.3
								气浮池	27.9
				石油类		克/吨产品	4.5	直排	4.5
								上浮分离	0.9
				工业废气量	窑炉	米 ^{3}/吨产品	4 250	直排	4 250
								湿式碱法	4 250
								半干法+袋式	4 250
					工艺	米 ^{3}/吨产品	1 255/630.7①	过滤式除尘	1 630/665.1①
				烟尘		千克/吨产品	0.643	直排	0.643
								湿式碱法	0.12
								半干法+袋式	0.038
				工业粉尘		千克/吨产品	2.64/0.595①	过滤式除尘	0.073/0.028①
				二氧化硫		千克/吨产品	7.372	直排	7.372
								湿式碱法	0.704
								半干法+袋式	1.106
				氮氧化物		千克/吨产品	5.809	直排	5.809
								湿式碱法	4.63
								半干法+袋式	4.69
				氟化物		克/吨产品	6.9	直排	6.9
								湿式碱法	2

注：① 当有原料破碎时，工业废气量（工艺）和工业粉尘产排污系数取前值；无原料破碎时，取后值。

3141　平板玻璃制造业产排污系数表（续 2）

产品名称	原燃料名称	工艺名称	规模等级	污染物指标		单位	产污系数	末端治理技术名称	排污系数
浮法平板玻璃	硅砂+油（重油、煤焦油）	浮法	日熔量≤400 吨	工业废水量		吨/吨产品	0.39	直排	0.39
								气浮池+上浮分离	0.39
				化学需氧量		克/吨产品	203.1	直排	203.1
								气浮池	44.8
				石油类		克/吨产品	4.5	直排	4.5
								上浮分离	0.9
				工业废气量	窑炉	米³/吨产品	4 683	直排	4 683
								湿式碱法	4 683
								半干法+袋式	4 683
					工艺	米³/吨产品	1 255/630.7①	过滤式除尘	1 630/665.1①
				烟尘		千克/吨产品	0.687 8	直排	0.688
								湿式碱法	0.128
								半干法+袋式	0.041
				工业粉尘		千克/吨产品	2.64/0.595①	过滤式除尘	0.072/0.028①
				二氧化硫		千克/吨产品	8.638	直排	8.638
								湿式碱法	0.825
								半干法+袋式	1.296
				氮氧化物		千克/吨产品	6.05	直排	6.05
								湿式碱法	4.823
								半干法+袋式	4.884
				氟化物		克/吨产品	24	直排	24
								湿式碱法	7

注：① 当有原料破碎时，工业废气量（工艺）和工业粉尘产排污系数取前值；无原料破碎时，取后值。

3141　平板玻璃制造业产排污系数表（续3）

产品名称	原燃料名称	工艺名称	规模等级	污染物指标		单位	产污系数	末端治理技术名称	排污系数
浮法平板玻璃	硅砂+气（天然气、煤气）	浮法	日熔量≥600吨	工业废水量		吨/吨产品	0.2	直排	0.2
								气浮池+上浮分离	0.2
				化学需氧量		克/吨产品	58.86	直排	58.86
								气浮池	13
				石油类		克/吨产品	0.1	直排	0.1
								上浮分离	0.05
				工业废气量	窑炉	米³/吨产品	3 990	直排	3 990
								湿式碱法	3 990
								半干法+袋式	3 990
					工艺	米³/吨产品	1 255/630.7①	过滤式除尘	1 630/665.1①
				烟尘		千克/吨产品	0.306	直排	0.306
								湿式碱法	0.057
								半干法+袋式	0.018
				工业粉尘		千克/吨产品	2.64/0.595①	过滤式除尘	0.072/0.028①
				二氧化硫		千克/吨产品	3.263	直排	3.263
								湿式碱法	0.312
								半干法+袋式	0.49
				氮氧化物		千克/吨产品	3.573	直排	3.573
								湿式碱法	2.848
								半干法+袋式	2.885
				氟化物		克/吨产品	6.9	直排	6.9
								湿式碱法	2

注：① 当有原料破碎时，工业废气量（工艺）和工业粉尘产排污系数取前值；无原料破砸时，取后值。

3141 平板玻璃制造业产排污系数表（续 4）

产品名称	原燃料名称	工艺名称	规模等级	污染物指标		单位	产污系数	末端治理技术名称	排污系数
浮法平板玻璃	硅砂+气（天然气、煤气）	浮法	400 吨＜日熔量＜600 吨	工业废水量		吨/吨产品	0.25	直排	0.25
								气浮池+上浮分离	0.25
				化学需氧量		克/吨产品	96.22	直排	96.22
								气浮池	21.25
				石油类		克/吨产品	0.1	直排	0.1
								上浮分离	0.05
				工业废气量	窑炉	米 ^{3}/吨产品	4 230	直排	4 230
								湿式碱法	4 230
								半干法+袋式	4 230
					工艺	米 ^{3}/吨产品	1 255/630.7①	过滤式除尘	1 630/665.1①
				烟尘		千克/吨产品	0.422	直排	0.422
								湿式碱法	0.078
								半干法+袋式	0.025
				工业粉尘		千克/吨产品	2.64/0.595①	过滤式除尘	0.073/0.028①
				二氧化硫		千克/吨产品	4.054	无	4.054
								湿式碱法	0.387
								半干法+袋式	0.608
				氮氧化物		千克/吨产品	5.547	直排	5.547
								湿式碱法	4.421
								半干法+袋式	4.478
				氟化物		克/吨产品	6.9	直排	6.9
								湿式碱法	2

注：① 当有原料破碎时，工业废气量（工艺）和工业粉尘产排污系数取前值；无原料破碎时，取后值。

3141 平板玻璃制造业产排污系数表（续 5）

产品名称	原燃料名称	工艺名称	规模等级	污染物指标		单位	产污系数	末端治理技术名称	排污系数
浮法平板玻璃	气（天然气、煤气）	浮法	日熔量≤400 吨	工业废水量		吨/吨产品	0.31	直排	0.31
								气浮池+上浮分离	0.31
				化学需氧量		克/吨产品	147.4	直排	147.4
								气浮池	32.6
				石油类		克/吨产品	0.1	直排	0.1
								上浮分离	0.05
				工业废气量	窑炉	米 ^{3}/吨产品	4 445	直排	4 445
								湿式碱法	4 445
								半干法+袋式	4 445
					工艺	米 ^{3}/吨产品	1 255/630.7①	过滤式除尘	1 630/665.1①
				烟尘		千克/吨产品	0.538	直排	0.538
								湿式碱法	0.1
								半干法+袋式	0.032
				工业粉尘		千克/吨产品	2.64/0.595①	过滤式除尘	0.073/0.028①
				二氧化硫		千克/吨产品	4.427	直排	4.427
								湿式碱法	0.423
								半干法+袋式	0.664
				氮氧化物		千克/吨产品	5.645	直排	5.645
								湿式碱法	4.5
								半干法+袋式	4.558
				氟化物		克/吨产品	24	直排	24

注：① 当有原料破碎时，工业废气量（工艺）和工业粉尘产排污系数取前值；无原料破碎时，取后值。

3141　平板玻璃制造业产排污系数表（续 6）

产品名称	原燃料名称	工艺名称	规模等级	污染物指标		单位	产污系数	末端治理技术名称	排污系数
压延/平拉平板玻璃	硅砂+气（天然气、煤气）	压延/平拉	日熔量≥100 吨	工业废水量		吨/吨产品	0.4	直排	0.4
								气浮池+上浮分离	0.4
				化学需氧量		克/吨产品	199.2	气浮池	44
				石油类		克/吨产品	0.1	上浮分离	0.05
				工业废气量	窑炉	米 ^{3}/吨产品	4 394	直排	4 394
					工艺	米 ^{3}/吨产品	1 255/630.7①	过滤式除尘	1 630/665.1①
				烟尘		千克/吨产品	0.755	直排	0.755
				工业粉尘		千克/吨产品	2.905/0.654①	过滤式除尘	0.08/0.031①
				二氧化硫		千克/吨产品	8.282	直排	8.282
				氮氧化物		千克/吨产品	6.587	直排	6.587
				氟化物		克/吨产品	25.4	直排	25.4
			日熔量＜100 吨	工业废水量		吨/吨产品	0.45	直排	0.45
								气浮池+上浮分离	0.45
				化学需氧量		克/吨产品	224.1	气浮池	49.5
				石油类		克/吨产品	0.1	上浮分离	0.05
				工业废气量	窑炉	米 ^{3}/吨产品	5 629	直排	5 629
					工艺	米 ^{3}/吨产品	1 255/630.7①	过滤式除尘	1 630/665.1①
				烟尘		千克/吨产品	0.914	直排	0.914
				工业粉尘		千克/吨产品	2.905/0.654①	过滤式除尘	0.08/0.031①
				二氧化硫		千克/吨产品	9.389	直排	9.389
				氮氧化物		千克/吨产品	6.595	直排	6.595
				氟化物		克/吨产品	25.4	直排	25.4

注：① 当有原料破碎时，工业废气量（工艺）和工业粉尘产排污系数取前值；无原料破碎时，取后值。

3142
技术玻璃制品制造业

1 适用范围

本手册给出了《统计上使用的产品分类目录》中技术玻璃制品制造业的钢化玻璃、夹层玻璃、多层隔温隔音玻璃、镀膜玻璃、夹丝玻璃、石英玻璃、建筑用玻璃、加工平板玻璃等制品生产过程中主要污染物的产污系数和排污系数，可用于第一次全国污染源普查技术玻璃制品制造业工业污染源污染物产生量和排放量的核算。

钢化玻璃包括：航空器用钢化玻璃、航天器用钢化玻璃、船舶用钢化玻璃、车辆用钢化玻璃、幕墙用钢化玻璃等；

夹层玻璃包括：航空用夹层玻璃、航天用夹层玻璃、船舶用夹层玻璃、车辆用夹层玻璃、防弹玻璃及其他夹层玻璃等；

多层隔温、隔音玻璃包括：中空玻璃、真空玻璃等；

镀膜玻璃包括：阳光反射膜玻璃、低辐射膜玻璃、镀银镜膜玻璃及其他镀膜玻璃等；

夹丝玻璃包括：压延夹丝玻璃、浮法制夹丝玻璃等；

石英玻璃包括：透明石英玻璃、不透明石英玻璃等；

建筑用玻璃包括：玻璃马赛克、泡沫玻璃、花饰铅条窗玻璃及类似玻璃、玻璃砖、玻璃块、玻璃瓦等；

加工平板玻璃包括：磨砂玻璃、喷花玻璃、饰面玻璃、光栅玻璃、微晶玻璃板材、玻璃微珠等。

涉及的污染物包括：工业废水量、化学需氧量、氨氮、工业废气量（指折算成标准状态的体积）、工业粉尘（不包括无组织排放粉尘）、固体废物等。

2 注意事项

2.1 系数表中未明确的产品产排污系数说明

（1）“夹丝玻璃”的生产工艺及产排污特征与“3141 平板玻璃制造”行业中“浮法平板玻璃制造”基本相似，“夹丝玻璃”制造过程中污染物的产排污系数可参照“3141 平板玻璃制造”行业中“浮法平板玻璃制造”污染物的产排污系数；

（2）“镀膜玻璃”按照生产工艺划分为“离线镀膜”和“在线镀膜”两种类型。离线镀膜玻璃的生产，污染物的产排污系数按照系数表单中的数据选取，在线镀膜玻璃生产中污染物的产排污系数参照“3141 平板玻璃制造”行业中“浮法平板玻璃”的污染物产排污系数；

（3）石英玻璃按照用途进行分类，除发光照明类石英玻璃管外，其他产品均参照“太阳能玻璃管”

产品的污染物产排污系数进行污染物产排量的计算；

（4）建筑用玻璃：产品主要按照其形态进行了分类，其产排污特征基本相同，建筑用玻璃的污染物产排污系数参照“玻璃马赛克”产品制造污染物的产排污系数；

（5）平板玻璃加工产品包括磨砂玻璃、喷花玻璃、饰面玻璃、光栅玻璃、微晶玻璃板材、玻璃微珠等。该类产品仅仅对平板玻璃的外表进行修饰和加工，无废气、废水及固废产生。该类产品污染物的产排污系数可按照“0”核算。

2.2 生产非单一产品企业污染物产排量核算

对于生产多个产品的企业进行普查时，应首先核算不同产品的污染物产排量，再对同种污染物的污染物产排量分别进行加和。

2.3 其他需要说明的问题

《统计上使用的产品分类目录》中钢化玻璃、夹层玻璃、多层隔温隔音玻璃、镀膜玻璃、夹丝玻璃、石英玻璃、建筑用玻璃、加工平板玻璃等产品，普查时可按照技术玻璃的分类选用相应的污染物产排污系数。如多层隔温隔音玻璃中的“真空玻璃”可采用“中空玻璃”的污染物产排污系数进行污染物产排量核算。

3142 技术玻璃制品制造业产排污系数表

产品名称	原料名称	工艺名称	规模等级	污染物指标	单位	产污系数	末端治理技术名称	排污系数
钢化玻璃	普通平板玻璃	风栅淬冷	所有规模	工业废水量	吨/米^{2}产品	0.018	沉淀分离	0.017
				化学需氧量	克/米^{2}产品	1.73	沉淀分离	1.37
				氨氮	克/米^{2}产品	0.006 9	沉淀分离	0.006 2
				工业固体废物（其他）	吨/米^{2}产品	0.000 52	—	—
中空玻璃	普通平板玻璃	胶封	＜10 万米^2/年	工业废水量	吨/米^{2}产品	0.016 3	沉淀分离	0.015 5
				化学需氧量	克/米^{2}产品	1.61	沉淀分离	1.28
				氨氮	克/米^{2}产品	0.066	沉淀分离	0.06
				工业固体废物（其他）	吨/米^{2}产品	0.000 77	—	—
			≥10 万米^2/年	工业废水量	吨/米^{2}产品	0.011 4	沉淀分离	0.010 9
				化学需氧量	克/米^{2}产品	1.42	沉淀分离	0.92
				氨氮	克/米^{2}产品	0.057	沉淀分离	0.052
				工业固体废物（其他）	吨/米^{2}产品	0.000 63	—	—
玻璃马赛克	普通平板玻璃	切割润色	所有规模	工业固体废物（其他）	吨/米^{2}产品	0.000 47	—	—

3142　技术玻璃制品制造业产排污系数表（续表）

产品名称	原料名称	工艺名称	规模等级	污染物指标	单位	产污系数	末端治理技术名称	排污系数
石英玻璃管（太阳能管类）	石英砂、碎玻璃、硼砂等	电熔炉	所有规模	工业废水量	吨/吨产品	0.11	沉淀分离	0.1
				化学需氧量	克/吨产品	7.27	沉淀分离	5.54
				氨氮	克/吨产品	0.40	沉淀分离	0.35
				工业固体废物（其他）	吨/吨产品	0.015	—	—
石英玻璃管（发光照明类）	石英砂、碎玻璃、硼砂等	电熔炉	所有规模	工业废水量	吨/吨产品	20.75	沉淀分离	19.71
				化学需氧量	克/吨产品	386	沉淀分离	306
				氨氮	克/吨产品	48.56	沉淀分离	44.13
				工业废气量（工艺）	米 ^{3}/吨产品	8 044	过滤式除尘法	8 044
				工业粉尘	千克/吨产品	2.57	过滤式除尘法	0.02
				工业固体废物（其他）	吨/吨产品	0.009	—	—
镀膜玻璃	普通平板玻璃	真空溅射金属粉	所有规模	工业废水量	吨/米 ^{2} 产品	0.001 1	沉淀分离	0.001
				化学需氧量	克/米 ^{2} 产品	0.062	沉淀分离	0.054
				工业固体废物（其他）	吨/米 ^{2} 产品	0.001 3	—	—
夹层玻璃	普通平板玻璃	蒸压	所有规模	工业废水量	吨/米 ^{2} 产品	0.017	沉淀分离	0.016
				化学需氧量	克/米 ^{2} 产品	1.29	沉淀分离	1.02
				氨氮	克/米 ^{2} 产品	0.27	沉淀分离	0.243
				工业固体废物（其他）	吨/米 ^{2} 产品	0.000 63	—	—

3143
光学玻璃制造业

1 适用范围

本手册给出了《统计上使用的产品分类目录》中光学玻璃制造业光学元件毛坯、眼镜用玻璃毛坯、钟表玻璃及其他类似玻璃、信号玻璃器、玻璃制光学元件等产品生产过程中主要污染物的产污系数和排污系数，可用于第一次全国污染源普查光学玻璃制造业工业污染源污染物产生量和排放量的核算。

光学元件毛坯品种有光学元件毛坯型料、光电镜片毛坯、光学玻璃二次压型毛坯、其他光学元件毛坯等；

眼镜用玻璃毛坯包括视力矫正眼镜用玻璃、非视力矫正眼镜用玻璃等；

钟表玻璃及其他类似玻璃包括钟表玻璃、其他未经光学加工的弧面形状玻璃等；

信号玻璃器品种包括反光路标用信号玻璃器、车辆反射器用信号玻璃器等。

涉及的污染物包括：工业废水量、化学需氧量、工业废气量（指折算成标准状态的体积）、工业粉尘（不包括无组织排放粉尘）、氮氧化物、固体废物等。

2 注意事项

2.1 系数表中未涉及的产品产排污系数说明

“眼镜用玻璃毛坯、钟表玻璃及其类似玻璃、信号玻璃器”的原辅材料、生产工艺及产排污特征与玻璃制光学元件基本相同，污染物的产排污系数均选用“玻璃制光学元件”产品生产过程中污染物产排污系数。

2.2 生产非单一产品企业污染物产排量核算

对于生产多个产品的企业进行普查时，应首先核算不同产品的污染物产排量，再对同种污染物的污染物产排量分别进行累加。

2.3 其他需要说明的问题

（1）废气分坩锅炉燃烧废气和工艺废气两种，氮氧化物为坩埚炉燃烧废气；

（2）根据工艺不同，光学玻璃元件毛坯制造行业的污染物产排污系数分“气炉”和“电炉”不同的产排污系数；

（3）《统计上使用的产品分类目录》中光学元件毛坯、眼镜用玻璃毛坯、钟表玻璃及其他类似玻璃、信号玻璃器、玻璃制光学元件等产品，普查时可按照光学玻璃的分类选用相应的产排污系数。如光学元件毛坯型料可采用“光学元件毛坯”的产排污系数进行污染物产排量核算。

3143 光学玻璃制造业产排污系数表

产品名称	原料名称	工艺名称	规模等级	污染物指标	单位	产污系数	末端治理技术名称	排污系数
光学元件毛坯	石英砂、硼酸、硝酸钾等	坩埚气炉	所有规模	工业废气量（燃烧）	米^3/吨产品	6 830	直排	6 830
				工业废气量（工艺）	米^3/吨产品	6 940	湿法除尘法	6 940
				工业粉尘	千克/吨产品	2.1	湿法除尘法	0.17
				氮氧化物	千克/吨产品	0.027 3	直排	0.027 3
				工业固体废物（其他）	吨/吨产品	1.09	—	—
光学元件毛坯	石英砂、硼酸、硝酸钾、红丹等	坩埚电炉	所有规模	工业废气量（燃烧）	米^3/吨产品	3 280	直排	3 280
				工业废气量（工艺）	米^3/吨产品	5 600	湿法除尘法	5 600
				工业粉尘	千克/吨产品	2.2	湿法除尘法	0.17
				氮氧化物	千克/吨产品	0.011 8	直排	0.011 8
				工业固体废物（其他）	吨/吨产品	0.2	—	—
玻璃制光学元件	光学元件毛坯	冷加工	所有规模	工业废水量	吨/吨产品	8.1	沉淀分离	7.82
				化学需氧量	克/千克产品	0.41	沉淀分离	0.33
				工业固体废物（其他）	吨/吨产品	0.014	—	—

3144

玻璃仪器制造业

1 适用范围

本手册给出了《统计上使用的产品分类目录》中玻璃仪器制造业的实验室、医疗卫生用各种玻璃仪器和玻璃器皿等的产污系数和排污系数，可用于第一次全国污染源普查玻璃仪器制造业工业污染源污染物产生量和排放量的核算。

涉及的污染物包括：工业废水量、化学需氧量、工业废气量（指折算成标准状态下的体积）、烟尘、工业粉尘、二氧化硫、氮氧化物、炉渣等。

2 注意事项

2.1 系数表中未涉及的产品产排污系数说明

（1）玻璃仪器管材、棒材、板材等一般为某种玻璃仪器制品的半成品，在手册中未包含。在普查中可取本手册产品、原料、工艺、规模等级要素下的产排污系数。

（2）其他餐桌或厨房用耐热玻璃容器制品种类属含硼硅酸盐玻璃，在普查中可选本手册玻璃仪器相近产品、原料、工艺、规模等级要素下的产排污系数。

（3）石英玻璃制品及采用电熔化炉技术生产的玻璃制品，无烟气排放装置，属于特殊制造工艺，不在本手册范围。

（4）对于池窑型式的熔化炉所用燃料为煤（发生炉煤气）、油以及坩埚窑型式的熔化炉生产玻璃仪器的 SO_2 排放量及固体废渣可分别参照“3145 日用玻璃制品及玻璃包装容器制造行业产排污系数使用手册”中玻璃器皿产品相应的产排污系数，其他工业产排指标参照本表中的产排污系数。

（5）本手册在确定被调查企业时已对燃料的品质因素做了考虑。为确保产排污系数使用的合理性，建议在普查工作中应注明燃料的品质。

2.2 企业非单一生产线的产品污染物产排量核算

玻璃仪器行业的企业通常非单一生产线，普查时以生产线为依据，然后按照各生产线的生产工艺和规模分别统计污染物的产生量和排放量。企业各污染物的总产生量和总排放量为各生产线之和。

2.3 其他需要说明的问题

（1）玻璃仪器生产工艺按生产方式的连续、间歇特性分为连续式生产和间歇式生产两种方式。一般连续式生产常采用池窑型式的熔化炉，间歇式常采用坩埚窑型式的熔化炉。按所用燃料可分为：燃煤（发生炉煤气）、燃油、燃天然气、电加热。

本手册所指的玻璃仪器生产工艺是上述两种分类的组合。

（2）本手册玻璃仪器生产规模是指单座熔化炉生产线每日生产玻璃仪器制品的量。单位为：吨/天（24 小时）。本手册池窑型式的熔化炉以熔化面积（米 ^{2}）来表示生产规模，坩埚窑型式的熔化炉以每日生产玻璃仪器制品的量来表示生产规模。

（3）由于工业粉尘排放量极少，没有设置排气筒，且未列入环保部门监测范围，所以按无产、排污系数处理。

3144　玻璃仪器制造业产排污系数表

产品名称	原料名称	工艺名称	规模等级③	污染物指标	单位	产污系数	末端治理技术名称	排污系数
玻璃仪器	石英砂、碎玻璃②、纯碱、方解石硼砂	燃天然气池窑	30～60 米 ^{2} 池窑④	工业废水量	吨/吨产品	0.6	物理沉淀	0.6
				化学需氧量	克/吨产品	96.84	物理沉淀	96.84
				工业废气量①	米 ^{3}/吨产品	19 092.77	直排	19 092.77
				烟尘	千克/吨产品	1.2	直排	1.2
				二氧化硫	千克/吨产品	2.845	直排	2.845
				氮氧化物	千克/吨产品	16.305	直排	16.305

注：① 池窑玻璃仪器生产工艺过程排气筒排放废气主要以池窑燃料燃烧废气为主，燃料燃烧和玻璃熔化产生的废气都是由一个排气筒直接排放，二者难以界定，故将其工业废气和污染物产排污系数按窑炉废气及污染物产排污系数计。

② 碎玻璃是指本生产过程中形成的破碎玻璃和外购破碎玻璃。

③ 表中规模等级为单条生产线的规模等级。

④ 当规模等级大于上限时，在表中产排污系数基础上乘 90%；当规模等级小于下限时，在表中产排污系数基础上乘 110%。

3145

日用玻璃制品及玻璃包装容器制造业

1 适用范围

本手册给出了《统计上使用的产品分类目录》中日用玻璃制品及玻璃包装容器制造业的日用玻璃制品以及主要用于产品包装的各种玻璃容器等的产污系数和排污系数，可用于第一次全国污染源普查日用玻璃制品及玻璃包装容器制造业工业污染源污染物产生量和排放量的核算。

涉及的污染物包括：工业废水量、化学需氧量、工业废气量（指折算成标准状态的体积）、烟尘、工业粉尘、二氧化硫、氮氧化物、炉渣等。

2 注意事项

2.1 系数表中未涉及的产品产排污系数说明

（1）日用玻璃制品及玻璃包装容器制造用的玻璃管材、玻璃棒材、玻璃板材等一般为制品的半成品，在手册中未包含。在普查中应根据玻璃种类选用对应相近产品、原料、工艺、规模等级要素下的产排污系数。

（2）其他餐桌或厨房用耐热玻璃容器制品（硼硅酸盐玻璃），在普查中可在“3144 玻璃仪器制造行业产排污系数使用手册”中查对应玻璃仪器产品、原料、工艺、规模等级要素下产排污系数；对于日用玻璃制品中的铅晶质玻璃器皿，手册中未包含，可选取玻璃器皿产品、原料、工艺、规模等级要素下的产排污系数。

（3）对于池窑型式的熔化炉所用燃料为天然气生产的日用玻璃制品及玻璃包装容器的 SO_2 排放量及固体废渣可参照“3144 玻璃仪器制造行业产排污系数使用手册”中玻璃仪器产品相应的产排污系数，其他工业产排指标参照本表中的产排污系数。

（4）本手册在确定被调查企业时已对燃料的品质因素做了考虑。为确保产排污系数使用的合理性，建议在普查工作中应注明燃料的品质。

2.2 企业非单一生产线的产品污染物产排量核算

日用玻璃制品及玻璃包装容器制造行业的企业通常非单一生产线，普查时以生产线为依据，然后按照各生产线的生产工艺和规模分别统计污染物的产生量和排放量。企业各污染物的总产生量和总排放量为各生产线之和。

2.3 其他需要说明的问题

（1）日用玻璃制品及玻璃包装容器制造生产工艺按生产方式的连续、间歇特性分为连续式生产和间歇式生产两种方式。一般连续式生产常采用池窑，间歇式常采用坩埚窑。按所用燃料可分为：燃煤（发生炉煤气）、燃油、燃天然气、电加热。

本手册所指的日用玻璃制品及玻璃包装容器制造生产工艺是上述两种分类的组合。

（2）本手册日用玻璃制品及玻璃包装容器制造生产规模是指单座窑生产线每日生产玻璃制品的量。单位为：吨/天（24 小时）。本手册池窑以熔化面积（米^2）、坩埚窑以每日生产玻璃制品的量来表示生产规模。

（3）由于工业粉尘排放量极少，没有设置排气筒，且未列入环保部门监测范围，所以按无产、排污系数处理。

3145 日用玻璃制品及玻璃包装容器制造业产排污系数表

产品名称	原料名称	工艺名称	规模等级[③]	污染物指标	单位	产污系数	末端治理技术名称	排污系数
啤酒瓶	石英砂、碎玻璃[②]、纯碱、方解石	燃煤气池窑	50～80 米^{2}池窑[④]	工业废水量	吨/吨产品	0.70	物理沉淀	0.70
				化学需氧量	克/吨产品	105	物理沉淀	105
				工业废气量[①]	米^3/吨产品	3 941.59	直排	3 941.59
				烟尘	千克/吨产品	0.70	直排	0.70
				二氧化硫	千克/吨产品	4.00	直排	4.00
				氮氧化物	千克/吨产品	4.31	直排	4.31
				工业固体废物（炉渣）	吨/吨产品	0.07	—	—
白料瓶	石英砂、碎玻璃[②]、纯碱、方解石	燃煤气池窑	40～60 米^{2}池窑[④]	工业废水量	吨/吨产品	0.54	物理沉淀	0.54
				化学需氧量	克/吨产品	90	物理沉淀	90
				工业废气量[①]	米^3/吨产品	4 800	直排	4 800
				烟尘	千克/吨产品	1.10	直排	1.10
				二氧化硫	千克/吨产品	4.78	直排	4.78
				氮氧化物	千克/吨产品	7.16	直排	7.16
				工业固体废物（炉渣）	吨/吨产品	0.08	—	—
其他瓶	石英砂、碎玻璃[②]、纯碱、方解石	燃煤气池窑	40～60 米^{2}池窑[④]	工业废水量	吨/吨产品	0.60	物理沉淀	0.60
				化学需氧量	克/吨产品	90	物理沉淀	90
				工业废气量[①]	米^3/吨产品	4 800	直排	4 800
				烟尘	千克/吨产品	1.03	直排	1.03
				二氧化硫	千克/吨产品	4.99	直排	4.99
				氮氧化物	千克/吨产品	7.37	直排	7.37
				工业固体废物（炉渣）	吨/吨产品	0.07	—	—
玻璃瓶罐	石英砂、碎玻璃[②]、纯碱、方解石	燃油池窑	40～60 米^{2}池窑[④]	工业废水量	吨/吨产品	0.50	物理沉淀	0.50
				化学需氧量	克/吨产品	80	物理沉淀	80
				工业废气量[①]	米^3/吨产品	3 000	直排	3 000
				烟尘	千克/吨产品	0.41	直排	0.41
				二氧化硫	千克/吨产品	4.00	直排	4.00
				氮氧化物	千克/吨产品	5.00	直排	5.00

注：① 池窑玻璃啤酒瓶、白料瓶生产工艺过程排气筒排放废气主要以池窑燃料燃烧废气为主，燃料燃烧和玻璃熔化产生的废气都是由一个排气筒直接排放，二者难以界定，故将其工业废气和污染物产排污系数按窑炉废气及污染物产排污系数计。

② 碎玻璃是指本生产过程中形成的破碎玻璃和外购破碎玻璃。

③ 表中规模等级为单条生产线的规模等级。

④ 当规模等级大于上限时，在表中产排污系数基础上乘以 90%；当规模等级小于下限时，在表中产排污系数基础上乘以 110%。

3145 日用玻璃制品及玻璃包装容器制造业产排污系数表（续表）

产品名称	原料名称	工艺名称	规模等级[③]	污染物指标	单位	产污系数	末端治理技术名称	排污系数
玻璃器皿	石英砂、碎玻璃[②]、纯碱、方解石	燃煤气池窑	25～45 米^2 池窑[④]	工业废水量	吨/吨产品	0.59	物理沉淀	0.59
				化学需氧量	克/吨产品	80	物理沉淀	80
				工业废气量[①]	米^3/吨产品	5 875.22	直排	5 875.22
				烟尘	千克/吨产品	1.04	直排	1.04
				二氧化硫	千克/吨产品	5.00	直排	5.00
				氮氧化物	千克/吨产品	8.00	直排	8.00
				工业固体废物（炉渣）	吨/吨产品	0.05	—	—
		燃油池窑	25～45 米^2 池窑[④]	工业废水量	吨/吨产品	0.50	物理沉淀	0.50
				化学需氧量	克/吨产品	80	物理沉淀	80
				工业废气量[①]	米^3/吨产品	3 500	直排	3 500
				烟尘	千克/吨产品	0.45	直排	0.45
				二氧化硫	千克/吨产品	4.20	直排	4.20
				氮氧化物	千克/吨产品	5.00	直排	5.00
玻璃器皿	石英砂、碎玻璃[②]、纯碱、方解石	燃煤气坩埚窑	1～3 吨/天[④]	工业废水量	吨/吨产品	3.76	物理沉淀	3.76
				化学需氧量	克/吨产品	145.03	物理沉淀	145.03
				工业废气量[①]	米^3/吨产品	65 000	直排	65 000
				烟尘	千克/吨产品	9.60	直排	9.60
				二氧化硫	千克/吨产品	22.29	直排	22.29
				氮氧化物	千克/吨产品	69.81	直排	69.81
				工业固体废物（炉渣）	吨/吨产品	0.50	—	—

注：① 池窑玻璃啤酒瓶、白料瓶生产工艺过程排气筒排放废气主要以池窑燃料燃烧废气为主，燃料燃烧和玻璃熔化产生的废气都是由一个排气筒直接排放，二者难以界定，故将其工业废气和污染物产排污系数按窑炉废气及污染物产排污系数计。

② 碎玻璃是指本生产过程中形成的破碎玻璃和外购破碎玻璃。

③ 表中规模等级为单条生产线的规模等级。

④ 当规模等级大于上限时，在表中产排污系数基础上乘以 90%；当规模等级小于下限时，在表中产排污系数基础上乘以 110%。

3146
玻璃保温容器制造业

1 适用范围

本手册给出了《统计上使用的产品分类目录》中保温容器制造业的玻璃保温瓶和其他个人或家庭用玻璃保温容器等的产污系数和排污系数，可用于第一次全国污染源普查玻璃保温容器制造业工业污染源污染物产生量和排放量的核算。

涉及的污染物包括：工业废水量、化学需氧量、工业废气量（指折算成标准状态的体积）、烟尘、工业粉尘、二氧化硫、氮氧化物、炉渣等。

2 注意事项

2.1 系数表中未涉及的产品产排污系数说明

（1）对于池窑型式的熔化炉所用燃料为天然气、油生产的玻璃保温容器工业废气污染物指标可分别参照“3144 玻璃仪器制造行业产排污系数使用手册”中燃天然气池窑型式的熔化炉生产玻璃仪器产品相应的产排污系数、“3145 日用玻璃制品及玻璃包装容器制造行业产排污系数使用手册”中燃油池窑型式的熔化炉生产玻璃器皿产品相应的产排污系数，其他工业产排污指标参照本表中的产排污系数。

（2）本手册在确定被调查企业时已对燃料的品质因素做了考虑。为确保产排污系数使用的合理性，建议在普查工作中注明燃料的品质。

2.2 企业/非单一生产线的产品污染物产排量核算

玻璃容器行业的企业通常非单一生产线，普查时以生产线为依据，然后按照各生产线的生产工艺和规模分别统计污染物的产生量和排放量。企业各污染物的总产生量和总排放量为各生产线之和。

2.3 其他需要说明的问题

（1）玻璃保温容器制造生产工艺通常采用池窑型式的熔化炉生产，所用燃料为：燃煤（发生炉煤气）、燃油、燃天然气。

本手册所指的玻璃保温容器制造生产工艺是按所用燃料来划分的。

（2）玻璃保温容器制造生产规模是指单座熔化炉生产线每日生产玻璃保温容器制品的量。单位为：吨/天（24 小时）。本手册以单座池窑型式的熔化炉熔化面积（米^2）来表示生产规模。

（3）由于工业粉尘排放量极少，没有设置排气筒，且未列入环保部门监测范围，所以按无产、排污系数处理。

3146 玻璃保温容器制造业产排污系数表

<table>
<tr><th>产品名称</th><th>原料名称</th><th>工艺名称</th><th>规模等级③</th><th>污染物指标</th><th>单位</th><th>产污系数</th><th>末端治理技术名称</th><th>排污系数</th></tr>
<tr><td rowspan="7">玻璃保温瓶胆</td><td rowspan="7">石英砂、碎玻璃②、纯碱、方解石</td><td rowspan="7">燃煤气池窑</td><td rowspan="7">30～50 米²池窑④</td><td>工业废水量</td><td>吨/吨产品</td><td>3.10</td><td>物理沉淀</td><td>3.10</td></tr>
<tr><td>化学需氧量</td><td>克/吨产品</td><td>794.19</td><td>物理沉淀</td><td>794.19</td></tr>
<tr><td>工业废气量①</td><td>米³/吨产品</td><td>9 000</td><td>直排</td><td>9 000</td></tr>
<tr><td>烟尘</td><td>千克/吨产品</td><td>2.53</td><td>直排</td><td>2.53</td></tr>
<tr><td>二氧化硫</td><td>千克/吨产品</td><td>6.33</td><td>直排</td><td>6.33</td></tr>
<tr><td>氮氧化物</td><td>千克/吨产品</td><td>8.95</td><td>直排</td><td>8.95</td></tr>
<tr><td>工业固体废物（炉渣）</td><td>吨/吨产品</td><td>0.22</td><td>—</td><td>—</td></tr>
</table>

注：① 池窑玻璃保温瓶胆生产工艺过程排气筒排放废气主要以池窑燃料燃烧废气为主，燃料燃烧和玻璃熔化产生的废气都是由一个排气筒直接排放，二者难以界定，故将其工业废气和污染物产排污系数按窑炉废气及污染物产排污系数计。

② 碎玻璃是指本生产过程中形成的破碎玻璃和外购破碎玻璃。

③ 表中规模等级为单条生产线的规模等级。

④ 当规模等级大于上限时，在表中产排污系数基础上乘以 90%；当规模等级小于下限时，在表中产排污系数基础上乘以 110%。

3147

玻璃纤维及其制品制造业

1 适用范围

本手册给出了《统计上使用的产品分类目录》中玻璃纤维及其制品制造业的玻璃纤维原料球、玻璃纤维纱等产污系数和排污系数，可用于第一次全国污染源普查玻璃纤维及其制品制造业工业污染源污染物产生量和排放量的核算。

涉及的污染物包括：工业废水量、化学需氧量、石油类、工业废气量（指折算成标准状态的体积）、烟尘、二氧化硫、氮氧化物、氟化物等。

2 注意事项

2.1 系数表中未涉及的产品产排污系数说明

（1）《统计上使用的产品分类目录》中的玻璃纤维、玻璃纤维布、玻璃纤维网布、玻璃纤维无纺产品、玻璃纤维制品中的玻璃纤维土工格栅、无碱玻璃纤维带、玻璃纤维过滤袋、无碱玻璃纤维套管、汽车 V 带用玻璃纤维绳、复合玻纤板风管（应该属于玻璃钢行业）均为以玻璃纤维纱为原料的后续再加工产品，其织造加工过程无废气、废水直接排放，主要污染物为加工设备噪声和固体废物。本次产排污系数核算不涉及噪声问题，固体废物因价值较高均被有效收集，用作其他产品的原料，上述产品生产过程污染较小，可忽略不计。

（2）玻璃纤维制品中的吸声用玻璃棉制品、绝热用玻璃棉及其制品按照行业习惯归类为隔热和隔音材料制造行业，其产排污系数核算参照“3135 隔热和隔音材料制造行业产排污核算表”进行核算。

（3）对于耐碱玻璃球的生产，参照玻璃纤维原料球（无碱）进行类比。

（4）ECR（无氟无硼无碱）其氟化物的产污系数按照对应的池窑拉丝的等规模的排污系数进行类比，其他污染物按照池窑拉丝的等规模的产排污系数进行类比。

（5）耐碱玻璃纤维类按照铂金坩埚生产工艺进行类比。

（6）电熔窑其玻璃熔制过程为电加热，通路仍采用石油液化气，其废气量要比同规模窑型小。由于该窑型少（1 台），本次未进行系数核算，在普查时建议以实测为准。

（7）玻璃纤维原料球生产企业的窑炉废气多数未经处理直接排放，个别企业对部分废气进行湿式吸收处理，然后和未经处理的废气一起高空排放，在普查时建议以实测为准。

（8）以废玻璃为原料，陶土拉丝生产玻璃纤维纱的废水量、化学需氧量、石油类的产污系数等同采用以玻璃球为原料的铂金坩埚拉丝的产污系数值，其废水直排，排污系数＝产污系数。

2.2 工况未达到 75% 负荷的企业污染物产排量核算

按同产品、同原料、同工艺、同规模产排污系数乘以 1.5 核算。

2.3 生产非单一产品企业污染物产排量核算

玻璃纤维企业生产线不尽相同，同一企业的窑型、规模、产品也不尽相同，普查时需要对单条窑炉查找“产品、原料、工艺、规模”组合分别进行统计核算，然后对所有规模的窑型、产品进行累加，以计算出该企业的产、排污量。

2.4 其他需要说明的问题

考虑到普查的方便，本表使用了行业常用的术语，如“拉丝”是指玻璃纤维原料纱的制造过程。

3147 玻璃纤维及其制品制造业产排污系数表

产品名称	原料名称	工艺名称	规模等级	污染物指标	单位	产污系数	末端治理技术名称	排污系数
玻璃纤维纱	叶蜡石＋重油	池窑拉丝（熔煅烧窑）	所有规模	工业废水量	吨/吨产品	7.62	物化＋生物	7.06
				化学需氧量	克/吨产品	6 873	物化＋生物	698
				石油类	克/吨产品	44.48	物化＋生物	6.92
				工业废气量（窑炉）	米^3/吨产品	9 907	吸收法	10 695
				烟尘	千克/吨产品	4.03	吸收法	0.77
				二氧化硫	千克/吨产品	9.65	吸收法	1.93
				氮氧化物	千克/吨产品	9.77	吸收法	3.54
				氟化物	克/吨产品	797.3	吸收法	66.99
玻璃纤维纱	叶蜡石＋气	池窑拉丝（熔煅烧窑）	＞3 万吨/年	工业废水量	吨/吨产品	7.07	物化＋生物	6.79
				化学需氧量	克/吨产品	6 008	物化＋生物	521.3
				石油类	克/吨产品	86.3	物化＋生物	4.31
				工业废气量（窑炉）	米^3/吨产品	5 495①	湿法除尘法、湿法除尘法＋静电除尘法、过滤式除尘法③	6 016①
				烟尘	千克/吨产品	0.44	湿法除尘法、湿法除尘法＋静电除尘法、过滤式除尘法③	0.09
				二氧化硫	千克/吨产品	6.31	吸收法④	0.02
							吸附法⑤	1.25
				氮氧化物	千克/吨产品	7.27②	吸附法、吸收法	2.49②
				氟化物	克/吨产品	797.3	吸附法、吸收法	18.36

注：① 以天然气为燃料采取纯氧燃烧工艺的工业废气量的产排污系数在此基础上除以 2。

② 以天然气为燃料采取纯氧燃烧工艺的氮氧化物的产排污系数在此基础上除以 4。

③ 湿法除尘法为喷淋＋二级洗涤，湿法除尘法＋静电除尘法为喷淋＋静电除尘＋洗涤。

④ 吸收法为喷淋＋洗涤。

⑤ 吸附法为石灰吸附，目前仅 1 家玻璃纤维企业采用此法处理废气。

3147 玻璃纤维及其制品制造业产排污系数表（续 1）

产品名称	原料名称	工艺名称	规模等级	污染物指标	单位	产污系数	末端治理技术名称	排污系数
玻璃纤维纱	叶蜡石＋气	池窑拉丝（熔煅烧窑）	1 万～3 万吨/年	工业废水量	吨/吨产品	9.67	物化＋生物	8.91
				化学需氧量	克/吨产品	7 558	物化＋生物	785.54
				石油类	克/吨产品	107.8	物化＋生物	16.61
				工业废气量（窑炉）	米 ^{3}/吨产品	6 262①	吸收法、吸附法	6 817①
				烟尘	千克/吨产品	1.68	吸收法、吸附法	0.29
				二氧化硫	千克/吨产品	6.56	吸收法、吸附法	0.12
				氮氧化物	千克/吨产品	8.74②	吸收法、吸附法	2.99②
				氟化物	克/吨产品	797.3	吸收法、吸附法	25.69
			≤1 万吨/年	工业废水量	吨/吨产品	9.73	物化＋生物	9.34
				化学需氧量	克/吨产品	8 046	物化＋生物	935.37
				石油类	克/吨产品	140.48	物化＋生物	16.86
				工业废气量（窑炉）	米 ^{3}/吨产品	8 482	吸收法	8 907
							直排	8 482
				烟尘	千克/吨产品	1.68	吸收法	0.34
							直排	1.68
				二氧化硫	千克/吨产品	13.93	吸收法	1.22
							直排	13.93
				氮氧化物	千克/吨产品	14.62	吸收法	4.51
							直排	14.62
				氟化物	克/吨产品	797.3	吸收法	73
							直排	797.3

注：① 以天然气为燃料采取纯氧燃烧工艺的工业废气量的产排污系数在此基础上除以 2。

② 以天然气为燃料采取纯氧燃烧工艺的氮氧化物的产排污系数在此基础上除以 4。

3147 玻璃纤维及其制品制造业产排污系数表（续 2）

产品名称	原料名称	工艺名称	规模等级	污染物指标	单位	产污系数	末端治理技术名称	排污系数
玻璃纤维纱	玻璃球	铂金坩埚拉丝	所有规模	工业废水量	吨/吨产品	3.54	化学混凝气浮法	3.54①
				化学需氧量	克/吨产品	6 607	化学混凝气浮法	1 204①
				石油类	克/吨产品	162.85	化学混凝气浮法	22.2①
玻璃纤维原料球（无碱）	石英砂＋长石	所有工艺（熔煅烧窑）	所有规模	工业废气量（窑炉）	米^3/吨产品	14 139	直排	14 139
				烟尘	千克/吨产品	0.46	直排	0.46
				二氧化硫	千克/吨产品	1.13	直排	1.13
				氮氧化物	千克/吨产品	24.69	直排	24.69
				氟化物	克/吨产品	144.4	直排	144.4
玻璃纤维原料球（中碱）	石英砂＋长石	所有工艺（熔煅烧窑）	所有规模	工业废气量（窑炉）	米^3/吨产品	11 117	直排	11 117
				烟尘	千克/吨产品	0.28	直排	0.28
				二氧化硫	千克/吨产品	1.32	直排	1.32
				氮氧化物	千克/吨产品	18.17	直排	18.17
				氟化物	克/吨产品	32.6	直排	32.6

注：① 废水全部循环利用的，排污系数为 0；废水未经处理直接排放的，排污系数 = 产污系数。

3148

玻璃纤维增强塑料制品制造业

1 适用范围

本手册给出了《统计上使用的产品分类目录》中玻璃纤维增强塑料制品制造业的建筑用玻璃纤维增强塑料制品、玻璃纤维增强塑料制容器、机械用玻璃纤维增强塑料制品、装饰用玻璃纤维增强塑料制品及其他用玻璃纤维增强塑料制品等产品生产过程中主要污染物的产污系数和排污系数，可用于第一次全国污染源普查玻璃纤维增强塑料制品制造业工业污染源污染物产生量和排放量的核算。

建筑用玻璃纤维增强塑料制品：包括玻璃钢板材、玻璃钢型材、玻璃钢管材、无机玻璃钢风管、玻璃钢制瓦、玻璃钢制圆顶、玻璃钢冷却塔及其他玻璃纤维增强塑料制品等；

机械用玻璃纤维增强塑料制品：包括玻璃钢周转箱、玻璃钢储水箱、玻璃钢保温水箱、玻璃钢制槽（池）、玻璃钢制罐及其他玻璃纤维增强塑料制容器；

装饰用玻璃纤维增强塑料制品：包括玻璃钢制仿石灯、玻璃钢制仿石音箱、玻璃钢制仿浮雕（雕塑）、玻璃钢制花盆、玻璃钢垃圾箱及其他装饰用玻璃纤维增强塑料制品等；

其他用玻璃纤维增强塑料制品包括玻璃钢制雨阳篷等。

涉及的污染物包括：工业废气量（指折算成标准状态的体积）、工业粉尘（不包括无组织排放粉尘）、工业废水量、化学需氧量、氨氮、固体废物等。

2 注意事项

2.1 系数表中未明确的产品产排污系数说明

普查时可按照以下原则选取产排污系数：

（1）玻璃纤维增强塑料制容器制品污染物的产排污系数参照“玻璃钢储罐-玻璃纤维-模压-所有规模”的产排污系数；

（2）建筑用玻璃纤维增强塑料制品的污染物产排污系数参照“玻璃钢型材-玻璃纤维-模压-所有规模”的产排污系数；

（3）机械用玻璃纤维增强塑料制品的各产品生产原材料及生产工艺基本相同，产排污系数按照“机械用玻璃钢制品-玻璃纤维-模压-所有规模”选取，不再详细划分产品种类；

（4）装饰用玻璃纤维增强塑料制品的产排污系数按照“玻璃钢制品-玻璃纤维-手糊-所有规模”选取；

（5）玻璃钢制雨阳篷类制品的产排污系数按照“玻璃钢制品-玻璃纤维-拉挤-所有规模”选取；

（6）其他产品按照生产工艺，分别按照“拉挤”、“缠绕”、“手糊”等不同工艺，选取产排污系数。

2.2 生产非单一产品企业污染物产排量核算

对于生产多个产品的企业进行普查时，应首先核算不同产品的污染物产排量，再对同种污染物的污染物产排量分别进行累加。

2.3 其他需要说明的问题

《统计上使用的产品分类目录》中建筑用玻璃纤维增强塑料制品、机械用玻璃纤维增强塑料制品、装饰用玻璃纤维增强塑料制品等产品，普查时可按照玻璃纤维增强塑料制品的分类选用相应的产排污系数。

固体废物中的玻璃钢飞边及除尘器收尘为危险废物，废物类别为有机树脂类废物，代码 HW13。

3148 玻璃纤维增强塑料制品业产排污系数表

产品名称	原料名称	工艺名称	规模等级	污染物指标	单位	产污系数	末端治理技术名称	排污系数
玻璃钢储罐	玻璃纤维、树脂	模压	所有规模	工业废水量	吨/吨产品	13.8	沉淀分离	12.8
				化学需氧量	克/吨产品	1 309	沉淀分离	1 018
				氨氮	克/吨产品	36	沉淀分离	30.8
				工业废气量（工艺）	米^3/吨产品	6 500	过滤式除尘	6 500
				工业粉尘	千克/吨产品	3.5	过滤式除尘	0.028
				HW13 危险废物（有机树脂类废物）①	吨/吨产品	0.023	—	—
玻璃钢型材	玻璃纤维、树脂	模压	所有规模	工业废水量	吨/吨产品	13.2	沉淀分离	12.2
				化学需氧量	克/吨产品	1 016	沉淀分离	785
				氨氮	克/吨产品	24	沉淀分离	21.3
				工业废气量（工艺）	米^3/吨产品	5 000	过滤式除尘	5 000
				工业粉尘	千克/吨产品	3.1	过滤式除尘	0.025
				HW13 危险废物（有机树脂类废物）①	吨/吨产品	0.013	—	—
机械用玻璃钢制品	玻璃纤维、树脂	模压	所有规模	工业废水量	吨/吨产品	13.56	沉淀分离	12.04
				化学需氧量	克/吨产品	1 132	沉淀分离	838
				氨氮	克/吨产品	28	沉淀分离	21
				工业废气量（工艺）	米^3/吨产品	7 000	过滤式除尘	7 000
				工业粉尘	千克/吨产品	4.15	过滤式除尘	0.033 2
				HW13 危险废物（有机树脂类废物）①	吨/吨产品	0.034	—	—

注：① 固体废物包括玻璃钢飞边及除尘器收尘，属于危险废物，废物类别为有机树脂类废物，代码 HW13。

3148 玻璃纤维增强塑料制品业产排污系数表（续表）

产品名称	原料名称	工艺名称	规模等级	污染物指标	单位	产污系数	末端治理技术名称	排污系数
玻璃钢制品	玻璃纤维、树脂	拉挤	所有规模	工业废水量	吨/吨产品	10.2	沉淀分离	9.2
				化学需氧量	克/吨产品	1 016	沉淀分离	764
				氨氮	克/吨产品	16.34	沉淀分离	14.11
				工业废气量（工艺）	米^3/吨产品	2 380	过滤式除尘	2 380
				工业粉尘	千克/吨产品	3.78	过滤式除尘	0.030 2
				HW13 危险废物（有机树脂类废物）①	吨/吨产品	0.014	—	—
玻璃钢制品	玻璃纤维、树脂	缠绕	所有规模	工业废水量	吨/吨产品	13	沉淀分离	12
				化学需氧量	克/吨产品	1 162	沉淀分离	895
				氨氮	克/吨产品	5.03	沉淀分离	4.46
				工业废气量（工艺）	米^3/吨产品	2 530	过滤式除尘	2 530
				工业粉尘	千克/吨产品	4.66	过滤式除尘	0.037 3
				HW13 危险废物（有机树脂类废物）①	吨/吨产品	0.025	—	—
玻璃钢制品	玻璃纤维、树脂	手糊	所有规模	工业废水量	吨/吨产品	10.2	沉淀分离	9.3
				化学需氧量	克/吨产品	791	沉淀分离	604
				氨氮	克/吨产品	0.33	沉淀分离	0.285
				工业废气量（工艺）	米^3/吨产品	3 010	过滤式除尘	3 010
				工业粉尘	千克/吨产品	3.29	过滤式除尘	0.026 3
				HW13 危险废物（有机树脂类废物）①	吨/吨产品	0.013	—	—

注：① 固体废物包括玻璃钢飞边及除尘器收尘，属于危险废物，废物类别为有机树脂类废物，代码 HW13。

3151

卫生陶瓷制品制造业

1 适用范围

本手册给出了《统计上使用的产品分类目录》中卫生陶瓷制品制造行业的产污系数和排污系数，可用于第一次全国污染源普查卫生陶瓷制造业工业污染源污染物的产生量和排放量的核算。

涉及的污染物包括：工业烟尘、二氧化硫、氮氧化物、氟化物、工业废气量（指折算成标准状态的体积）、工业废水量、石油类和化学需氧量。

2 注意事项

2.1 本行业包括但未列出的产品、工艺、类比方法说明

（1）对于仿瓷制卫生设备、玻璃陶瓷制卫生设备、玻璃纤维增强塑料制卫生设备、便器水箱及配件中的金属或塑料配件，由于在生产中不涉及高温烧成，不属于陶瓷制品，可以类比相关行业产品的产排污系数。

（2）对个别用辊道窑的卫生陶瓷企业，类比隧道窑数据。大气污染物指标：烟尘、二氧化硫、氮氧化物、氟化物及废气量的产排污系数乘以 0.8；水污染物指标：化学需氧量、石油类及工业废水量系数不变。

（3）对于个别用煤烧隔焰隧道窑的卫生陶瓷企业，类比隧道窑数据。大气污染物指标：烟尘、二氧化硫、氮氧化物、氟化物及废气量的产排污系数乘以 2.5；水污染物指标：化学需氧量、石油类及工业废水量系数不变。

2.2 本卫生陶瓷制品产排污系数手册是以窑型和单条窑炉的产量来划分“产品、原料、工艺、规模”组合的。对于有多条隧道窑，又有梭式窑的企业，普查时需要对单条窑炉查找“产品、原料、工艺、规模”组合分别进行统计核算，然后进行累加，计算出该企业总的产、排污量。

2.3 其他需要说明的问题

末端治理技术：

（1）对于单纯的工业粉尘（工艺过程中的扬尘），多为无组织排放，修坯和喷釉工段配备有除尘器，外排粉尘较少。在此次普查中不考虑粉尘的产排放。

（2）对于烟尘污染物，由于卫生陶瓷使用的是清洁燃料，排放的污染物量较少，企业不对窑炉烟尘作专门治理，无治理设施差异。大气污染物的排污系数等于产污系数。

（3）本行业绝大多数企业的废水都集中后经过沉淀再排放，没有特别治理设施，本次普查不考虑治理设施的差异。

3151 卫生陶瓷制品制造业产排污系数表

产品名称	原料名称	工艺名称	规模等级	污染物指标	单位	产污系数	末端治理技术名称	排污系数
卫生陶瓷	黏土、瓷石、长石、石英、色釉料等	隧道窑	≥60 万件/年	工业废水量	吨/万件产品	1 520	直排	1 520①
				化学需氧量	克/万件产品	50 160	直排	50 160①
				石油类	克/万件产品	3 500	直排	3 500①
				工业废气量（燃烧）②	万米³/万件产品	126.067	直排	126.067
				工业烟尘	千克/万件产品	32.223	直排	32.223
				二氧化硫	千克/万件产品	33.206	直排	33.206
				氮氧化物	千克/万件产品	81.313	直排	81.313
				氟化物	克/万件产品	2 585	直排	2 585
			<60 万件/年	工业废水量	吨/万件产品	1 335	直排	1 335①
				化学需氧量	克/万件产品	44 055	直排	44 055①
				石油类	克/万件产品	3 381	直排	3 381①
				工业废气量（燃烧）②	万米³/万件产品	138.837	直排	138.837
				工业烟尘	千克/万件产品	35.383	直排	35.383
				二氧化硫	千克/万件产品	38.029	直排	38.029
				氮氧化物	千克/万件产品	100.737	直排	100.737
				氟化物	克/万件产品	2 771	直排	2 771
		梭式窑	所有规模	工业废水量	吨/万件产品	1 280.8	直排	1 280.8①
				化学需氧量	克/万件产品	42 880	直排	42 880①
				石油类	克/万件产品	2 470	直排	2 470①
				工业废气量（燃烧）②	万米³/万件产品	281.437	直排	281.437
				工业烟尘	千克/万件产品	66.49	直排	66.49
				二氧化硫	千克/万件产品	59.299	直排	59.299
				氮氧化物	千克/万件产品	136.266	直排	136.266
				氟化物	克/万件产品	7 123	直排	7 123

注：① 取值方法：有废水处理设施，处理后废水循环使用，不对外排放的企业，排污系数可视为零；未进行废水处理的废水的排污系数等于产污系数；

② 卫生陶瓷行业本次监测的产生大气污染物的生产过程均为燃烧过程。

3152
特种陶瓷制品制造业

1 适用范围

本手册给出了《统计上使用的产品分类目录》中特种陶瓷制品制造业的实验室用陶瓷制品、专用技术陶瓷制品（结构陶瓷）、运输及盛装货物用陶瓷容器、电工陶瓷制的绝缘子、电气设备用绝缘零件、高技术陶瓷制品、功能陶瓷等制品生产过程中主要污染物的产污系数和排污系数，可用于第一次全国污染源普查特种陶瓷制品制造业工业污染源污染物产生量和排放量的核算。

实验室用陶瓷制品：包括陶瓷坩埚、陶瓷制滤板及类似制品、实验用陶瓷小管、其他实验用陶瓷制品；

专用技术陶瓷制品：又称结构陶瓷，包括陶瓷泵、陶瓷阀、陶瓷轴承、陶瓷汽缸阀门片、发动机陶瓷部件、陶瓷蒸馏甑（瓮）、陶瓷旋管及类似管、陶瓷研磨器和研磨球、陶瓷引线器、陶瓷模头及其他专门技术用陶瓷制品；

运输及盛装货物用陶瓷容器：包括耐酸陶瓷容器、食品用陶瓷容器、药品或化妆品陶瓷容器、其他运输及层状货物用陶瓷容器等；

电工陶瓷制的绝缘子：包括输变电线路绝缘瓷套管及其他陶瓷制绝缘子；

电气设备用绝缘零件：包括碳膜电阻瓷件、金属膜电阻瓷件、片式电阻陶瓷基片、电位器用陶瓷基片及其他电气设备用陶瓷零件；

高技术陶瓷制品：包括氧化铝陶瓷件（氧化铝纺织陶瓷件、氧化铝耐磨陶瓷件、氧化可控硅瓷环、瓷管、其他氧化铝陶瓷件）、氧化铍陶瓷件、氧化锆陶瓷件、氮化硅陶瓷件（氮化硅陶瓷刀具、氮化硅陶瓷刃具）、碳化硅陶瓷件、氧化铁陶瓷件、氧化钛陶瓷件、金属陶瓷件（陶瓷金属化基片瓷件、陶瓷金属化基片瓷管、陶瓷金属化基片瓷棒等）等；

功能陶瓷制品：指具有电、光、磁、声、热、弹性及部分化学功能的陶瓷制品。包括压电陶瓷制品、陶瓷超导体、陶瓷耐磨件、陶瓷过滤器等。

涉及的污染物包括：工业废水量、化学需氧量、氨氮、工业废气量（指折算成标准状态的体积）、烟尘、工业粉尘（不包括无组织排放粉尘）、二氧化硫、氮氧化物、固体废物等。

2 注意事项

2.1 系数表中未明确的产品产排污系数说明

该系数表中未明确的产品产排污系数，普查时可按照以下原则选取产排污系数：

（1）“实验室用陶瓷制品”、“专用技术陶瓷制品”的产排污系数可参照“石英陶瓷辊-熔融石英粉-

梭式窑-所有规模”选取产排污系数；

（2）“运输及盛装货物陶瓷容器、电工陶瓷制绝缘子、电气设备用绝缘零件”的污染物产排污系数可参照“高压瓷绝缘子-铝矾土、高岭土-冷等净压成型、梭式窑-所有规模”选取产排污系数；

（3）“高技术陶瓷制品”的产排污系数可参照“氧化铝陶瓷-煅烧氧化铝粉、高岭土-隧道窑-所有规模”选取产排污系数；

（4）其他陶瓷制品的产排污系数可参照“石英陶瓷辊-熔融石英粉-梭式窑-所有规模”选取产排污系数。

2.2 生产非单一产品企业污染物产排量核算

对于生产多个产品的企业进行普查时，应首先核算不同产品的污染物产排量，再对同种污染物的污染物产排量分别进行累加。

2.3 其他需要说明的问题

《统计上使用的产品分类目录》中实验室用陶瓷制品、专用技术陶瓷制品（结构陶瓷）、运输及盛装货物用陶瓷容器、电工陶瓷制的绝缘子、电气设备用绝缘零件、高技术陶瓷制品、功能陶瓷等制品的产排污系数可按照特种陶瓷制品的分类选用适当的产排污系数。

3152 特种陶瓷制品制造业产排污系数表

产品名称	原料名称	工艺名称	规模等级	污染物指标	单位	产污系数	末端治理技术名称	排污系数
高压瓷绝缘子	铝矾土、高岭土、长石	冷等净压成型梭式窑烧制（天然气）	所有规模	工业废水量	吨/吨产品	0.76	沉淀分离	0.69
				化学需氧量	克/吨产品	56.39	沉淀分离	42.58
				氨氮	克/吨产品	0.07	沉淀分离	0.061
				工业废气量（工艺）	米 ^{3}/吨产品	2 940	过滤除尘	2 940
				工业粉尘	千克/吨产品	0.77	过滤除尘	0.006
				工业固体废物（其他）	吨/吨产品	0.08	—	—
石英陶瓷辊	熔融石英粉	梭式窑（天然气）	所有规模	工业废水量	吨/吨产品	0.84	沉淀分离	0.78
				化学需氧量	克/吨产品	64.23	沉淀分离	49.53
				氨氮	克/吨产品	0.08	沉淀分离	0.071
				工业废气量（燃烧）	米 ^{3}/吨产品	4 220	直排	4 220
				二氧化硫	千克/千克产品	0.000 02	直排	0.000 02
				氮氧化物	千克/千克产品	0.000 76	直排	0.000 76
				工业固体废物（其他）	吨/吨产品	0.09	—	—
氧化铝陶瓷	煅烧氧化铝粉、高岭土	隧道窑（天然气）	所有规模	工业废水量	吨/吨产品	0.64	沉淀分离	0.60
				化学需氧量	克/吨产品	47.42	沉淀分离	37.28
				氨氮	克/吨产品	0.06	沉淀分离	0.054
				工业废气量（燃烧）	米 ^{3}/吨产品	3 710	过滤式除尘	3 710
				工业粉尘	千克/吨产品	1.12	过滤式除尘	0.009
				二氧化硫	千克/吨产品	0.37	过滤式除尘	0.37
				工业固体废物（其他）	吨/吨产品	0.04	—	—

3153

日用陶瓷制品制造业

1 适用范围

本手册给出了《统计上使用的产品分类目录》中日用陶瓷制品制造行业陶瓷质中西餐具、茶具、咖啡具、酒具、陶瓷酒瓶、烟灰缸、小件盥洗用品等的产污系数和排污系数，可用于第一次全国污染源普查日用陶瓷制品制造行业工业污染源污染物产生量和排放量的核算。

涉及的污染物包括：工业废水量、化学需氧量、工业废气量（指折算成标准状态的体积）、烟尘、二氧化硫、氮氧化物、工业粉尘、工业固体废物（炉渣）等。

2 注意事项

2.1 系数表中未涉及的产品及相应的工艺、原料、规模等级的产排污系数说明

本手册已基本涵盖了各种原料、生产工艺、规模等级以及燃料的日用陶瓷产品。由于各企业的产品、原料、工艺、规模以及燃料不尽相同，所以日用陶瓷制品制造业小类至少应当有 18 个类型的组合，如果再考虑废水末端治理技术情况就更复杂了。本手册中仅列出了 6 个产品、原料、工艺、规模以及燃料相同的组合，手册中未包含的其他类型组合的产污系数和排污系数可参照下面方法进行折算。

（1）产品、原料、工艺和燃料相同但规模不同时，产排污系数的折算方法

规模等级分别为＞25 000 吨瓷/年、7 000～25 000 吨瓷/年和＜7 000 吨瓷/年，企业之间的产排污系数相差约 5%。所以，当产品、原料、工艺和燃料相同但规模不同时，可先根据产品、原料、工艺和燃料确定组合类型并查该组合下的产污系数和排污系数，然后再考虑“规模”的因素按下式折算出该规模下企业的产排污系数。即：

规模等级为 7 000～25 000 吨瓷/年的企业的各污染物的产排污系数＝规模等级为＜7 000 吨瓷/年的企业的各污染物的产排污系数×0.95

规模等级为＜7 000 吨瓷/年的企业的各污染物的产排污系数＝规模等级为 7 000～25 000 吨瓷/年的企业的各污染物的产排污系数÷0.95

规模等级为＞25 000 吨瓷/年的企业的各污染物的产排污系数＝规模等级为 7 000～25 000 吨瓷/年的企业的各污染物的产排污系数×0.95

（2）产品、原料、工艺、规模以及燃料与手册中完全相同，但废水末端治理技术不同时该企业化学需氧量排污系数的确定方法

废水末端治理技术有两种。当其他条件相同而废水末端治理技术不同时，排污系数参照下列方法计算：

采用沉淀分离技术时，化学需氧量排污系数＝化学需氧量产污系数×0.5；

采用化学沉淀技术时，化学需氧量排污系数＝化学需氧量产污系数×0.3。

（3）废水循环利用对工业废水量排污系数的影响

本手册系数表单中所列组合均未采用废水循环利用技术。对于采用废水循环利用技术的企业，可根据废水循环利用率和工业废水量产污系数按下式确定最终工业废水量排污系数。

循环利用后工业废水量排污系数＝工业废水量产污系数×（1－废水循环利用率）

（4）煤中含硫量不同时燃烧生成烟气中二氧化硫产排污系数的计算方法

本手册系数表单中列出，以煤为燃料时二氧化硫的产污系数为 7.343 千克/吨产品，该系数对应的煤中含硫量约为 0.4%。当煤中含硫量不等于 0.4%时，烟气中二氧化硫的产污系数按下式折算：

$$二氧化硫的产污系数 = 7.343 + 2\,096\times[煤中含硫量（\%）-0.4\%]$$

2.2 工况未达到 75% 负荷的企业污染物产排量核算

隧道窑、辊道窑等连续式窑炉是日用陶瓷制品烧成工序的主要设备，窑炉运行过程中产生的废气是日用陶瓷生产企业的主要污染物。一个日用陶瓷企业通常有若干条窑炉，实际生产中应保证全部窑炉或其中几条窑炉满负荷运行。当工况未达到 75%负荷时，只要关停其中几条窑炉就可以了，被关停的窑炉不产生污染物，此时企业生产规模由满负荷运行的窑炉的条数决定。因此，在普查工作中日用陶瓷企业的规模应按实际产量确定，日用陶瓷企业理论上不存在工况未达到 75%负荷的状况。

3153 日用陶瓷制品制造业产排污系数表

产品名称	原料名称	工艺名称	规模等级[②]	污染物指标	单位	产污系数	末端治理技术名称[②]	排污系数
日用陶瓷	高岭土 长石 石英砂	湿法成型高温烧结（燃液化气隧道窑）	7 000～25 000 吨瓷/年	工业废水量	吨/吨产品	2.533	化学沉淀法	2.533
				化学需氧量	克/吨产品	131.7	化学沉淀法	43.2
				工业废气量[①]	米 ^{3}/吨产品	13 851.431	直排	13 851.431
				烟尘	千克/吨产品	0.278	直排	0.278
				二氧化硫	千克/吨产品	0.406	直排	0.406
				氮氧化物	千克/吨产品	1.319	直排	1.319
				工业粉尘	千克/吨产品	0.013	直排	0.013
		湿法成型高温烧结（燃煤推板窑，煤中含硫量约 0.4%）	<7 000 吨瓷/年	工业废水量	吨/吨产品	2.449	沉淀分离	2.449
				化学需氧量	克/吨产品	376.5	沉淀分离	186
				工业废气量[①]	米 ^{3}/吨产品	17 322.672	直排	17 322.672
				烟尘	千克/吨产品	1.599	直排	1.599
				二氧化硫	千克/吨产品	7.343	直排	7.343
				氮氧化物	千克/吨产品	2.707	直排	2.707
				工业粉尘	千克/吨产品	0.017	直排	0.017
				工业固体废物（炉渣）	吨/吨产品	0.332	—	—
		湿法成型高温烧结（燃城市煤气隧道窑）	<7 000 吨瓷/年	工业废水量	吨/吨产品	6.63	沉淀分离	6.63
				化学需氧量	克/吨产品	633	沉淀分离	309.9
				工业废气量[①]	米 ^{3}/吨产品	7 807.2	直排	7 807.2
				烟尘	千克/吨产品	0.237	直排	0.237
				二氧化硫	千克/吨产品	0.435	直排	0.435
				氮氧化物	千克/吨产品	0.523	直排	0.523
				工业粉尘	千克/吨产品	0.008	直排	0.008

注：① 废气以窑炉废气为主，废气及其各项污染物产排污系数按窑炉计。

② 当规模等级、末端治理技术、煤含硫量等与系数表单中不同以及采用废水循环利用技术时，按照 2 注意事项中 2.2 说明的方法计算各污染物的产污系数和排污系数。

3153 日用陶瓷制品制造业产排污系数表（续表）

产品名称	原料名称	工艺名称	规模等级[②]	污染物指标	单位	产污系数	末端治理技术名称[②]	排污系数
日用陶瓷	高岭土 长石 石英砂	湿法成型高温烧结 （燃发生炉煤气隧道窑）	7 000～25 000 吨瓷/年	工业废水量	吨/吨产品	3.157	化学沉淀法	3.157
				化学需氧量	克/吨产品	479	化学沉淀法	124.7
				工业废气量[①]	米^3/吨产品	18 300.811	直排	18 300.811
				烟尘	千克/吨产品	0.82	直排	0.82
				二氧化硫	千克/吨产品	9.005	直排	9.005
				氮氧化物	千克/吨产品	2.755	直排	2.755
				工业粉尘	千克/吨产品	0.039	直排	0.039
		湿法成型高温烧结 （燃天然气辊道窑）	7 000～25 000 吨瓷/年	工业废水量	吨/吨产品	2.335	化学沉淀法	2.335
				化学需氧量	克/吨产品	308.9	化学沉淀法	87.6
				工业废气量[①]	米^3/吨产品	5 781.814	直排	5 781.814
				烟尘	千克/吨产品	0.145	直排	0.145
				二氧化硫	千克/吨产品	0.038	直排	0.038
				氮氧化物	千克/吨产品	0.579	直排	0.579
				工业粉尘	千克/吨产品	0.005	直排	0.005
日用陶瓷 （骨质瓷）	高岭土 长石 骨炭	湿法成型高温烧结 （燃天然气隧道窑二次烧成）	＜7 000 吨瓷/年	工业废水量	吨/吨产品	46.117	化学沉淀法	46.117
				化学需氧量	克/吨产品	6 952.1	化学沉淀法	2 013.3
				工业废气量[①]	米^3/吨产品	9 926.343	直排	9 926.343
				烟尘	千克/吨产品	0.237	直排	0.237
				二氧化硫	千克/吨产品	0.054	直排	0.054
				氮氧化物	千克/吨产品	0.552	直排	0.552
				工业粉尘	千克/吨产品	0.011	直排	0.011

注：① 废气以窑炉废气为主，废气及其各项污染物产排污系数按窑炉计。

② 当规模等级、末端治理技术、煤含硫量等与系数表单中不同以及采用废水循环利用技术时，按照 2 注意事项中 2.2 说明的方法计算各污染物的产污系数和排污系数。

3159
园林、陈设艺术及其他陶瓷制品制造业

1 适用范围

本手册给出了《统计上使用的产品分类目录》中园林、陈设艺术及其他陶瓷制品制造业的瓷制园林艺术陶瓷制品、陶制园林艺术陶瓷制品、室内陈设艺术及美术装饰陶瓷制品生产过程中主要污染物的产污系数和排污系数，可用于第一次全国污染源普查园林、陈设艺术及其他陶瓷制品制造业工业污染源污染物产生量和排放量的核算。

瓷制园林艺术陶瓷制品：产品包括瓷制塑像、瓷制果皮箱、瓷制装饰性花盆等；

陶制园林艺术陶瓷制品：产品包括陶制塑像、陶制果皮箱、陶制装饰性花盆等；

陈设艺术及美术装饰陶瓷制品：包括瓷制陈设艺术及美术装饰陶瓷制品和陶制陈设艺术及美术装饰陶瓷制品。

涉及的污染物包括：工业废气量（指折算成标准状态的体积）、烟尘、工业粉尘（不包括无组织排放粉尘）、二氧化硫、固体废物等。

2 注意事项

2.1 系数表中未明确的产品产排污系数说明

普查时可按照以下原则选取产排污系数：

（1）“瓷制园林陶瓷制品”根据燃料不同，划分为“发生炉煤气”和“天然气”生产工艺。普查时根据燃料区别选取不同的产排污系数。

（2）“室内陈设艺术及美术装饰陶瓷制品”的污染物产排污系数可参照“室内艺术陶瓷茶具”的产排污系数。

（3）燃料为重油且无末端治理设施时，产排污系数为相应产品、原料、工艺等条件下污染物产排污系数的 1.8 倍；废气处理采用过滤式除尘或湿式除尘末端治理技术时，排污系数为产污系数的 0.015 倍。

（4）燃料为煤且无末端治理设施时，产排污系数为相应产品、原料、工艺等条件下产排污系数的 2.5 倍；废气处理采用过滤式除尘或湿式除尘末端治理技术时，排污系数为产污系数的 0.015 倍。

2.2 生产非单一产品企业污染物产排量核算

对于生产多个产品的企业进行普查时，应首先核算不同产品的污染物产排量，再对同种污染物的污染物产排量分别进行累加。

2.3 其他需要说明的问题

《统计上使用的产品分类目录》中瓷制园林艺术陶瓷制品、陶制园林艺术陶瓷制品、室内陈设艺术及美术装饰陶瓷制品等产品，普查时可按照陶瓷制品的分类选用适当的产排污系数。

3159 园林、陈设艺术及其他陶瓷制品制造业产排污系数表

产品名称	原料名称	工艺名称	规模等级	污染物指标	单位	产污系数	末端治理技术名称	排污系数
陶制装饰性花盆	高岭土、黏土等	梭式窑（天然气）①	所有规模	工业废气量（燃烧）	米³/千克产品	63	直排	63
				工业粉尘	千克/千克产品	0.012	直排	0.012
				二氧化硫	千克/千克产品	0.004	直排	0.004
				工业固体废物（其他）	吨/吨产品	0.05	—	—
瓷制装饰性花盆	高岭土、长石等	梭式窑（发生炉煤气）①	所有规模	工业废气量（燃烧）	米³/千克产品	75.46	直排	75.46
				工业粉尘	千克/千克产品	0.007	直排	0.007
				二氧化硫	千克/千克产品	0.017	直排	0.017
				工业固体废物（其他）	吨/吨产品	0.04	—	—
	高岭土、长石等	隧道窑（天然气）①	所有规模	工业废气量（燃烧）	米³/千克产品	70	直排	70
				工业粉尘	千克/千克产品	0.013	直排	0.013
				二氧化硫	千克/千克产品	0.002	直排	0.002
				工业固体废物（其他）	吨/吨产品	0.04	—	—
室内艺术陶瓷茶具	高岭土、长石等	隧道窑（天然气）①	所有规模	工业废气量（燃烧）	米³/千克产品	60.67	直排	60.67
				工业粉尘	千克/千克产品	0.013	直排	0.013
				二氧化硫	千克/千克产品	0.002	直排	0.002
				工业固体废物（其他）	吨/吨产品	0.044	—	—

注：① 燃料为重油且无末端治理设施时，产排污系数为相应产品、原料、工艺等条件下污染物产排污系数的 1.8 倍；废气处理采用过滤式除尘或湿式除尘末端治理技术时，排污系数为产污系数的 0.015 倍；燃料为煤且无末端治理设施时，产排污系数为相应产品、原料、工艺等条件下产排污系数的 2.5 倍；废气处理采用过滤式除尘或湿式除尘末端治理技术时，排污系数为产污系数的 0.015 倍。

3161
石棉制品制造业

1 适用范围

本手册给出了《统计上使用的产品分类目录》中石棉制品业的石棉隔热保温制品、石棉密封制品、石棉密封材料、特种石棉制品、石棉摩擦材料制品及石棉制纱、线、织物及制品等产品的产污系数和排污系数，可用于第一次全国污染源普查石棉制品业工业污染源污染物产生量和排放量的核算。

石棉隔热保温制品包括：石棉纸类制品、石棉板类制品、石棉管类制品、石棉保温砖、压缩石棉纤维结合材料等；

石棉密封材料包括：耐油石棉橡胶板、石棉乳胶抄取板、密封石棉胶乳板等；

石棉密封制品包括：橡胶石棉盘根、油浸石棉盘根、石棉垫圈等；

特种石棉制品包括：耐酸石棉橡胶板、耐酸石棉纸板、石棉纸、石棉布等；

石棉摩擦材料包括：石棉制闸衬、闸垫等；

石棉制纱、线、织物及制品包括：石棉纱、线、绳等。

涉及的污染物包括：工业废气量（指折算成标准状态的体积）、烟尘、工业粉尘、二氧化硫、固体废物等。

2 注意事项

2.1 系数表中未明确的产品产排污系数说明

普查时可按照以下原则选取产排污系数：

（1）“石棉隔热保温制品”污染物的产排污系数参照“泡沫石棉板”类选取。

（2）“石棉密封材料及制品”、“特种石棉制品”的产排污系数参照“石棉橡胶板”类选取。

（3）“石棉摩擦材料制品”产排污系数参照“石棉摩擦材料”类选取。

（4）“石棉制纱、线、织物及制品”产排污系数参照“石棉纺织品”类选取。

2.2 生产非单一产品企业污染物产排量核算

对于生产多个产品的企业进行普查时，应首先核算不同产品的污染物产排量，再对同种污染物的污染物产排量分别进行累加。

3161 石棉制品制造业产排污系数表

产品名称	原料名称	工艺名称	规模等级	污染物指标	单位	产污系数	末端治理技术名称	排污系数
石棉橡胶板（密封材料）	石棉、橡胶	冷压烘干（燃煤锅炉）	所有规模	工业废气量（燃烧）	米 ^{3}/千克产品	104	湿法除尘法	104
				烟尘	千克/千克产品	0.16	湿法除尘法	0.012 8
				二氧化硫	千克/千克产品	0.057	湿法除尘法	0.049
				工业固体废物（炉渣）	吨/吨产品	0.15	—	—
				工业固体废物（其他）	吨/吨产品	0.03	—	—
泡沫石棉板（隔热保温）	石棉、乳胶	冷压烘干（燃煤锅炉）	所有规模	工业废气量（燃烧）	米 ^{3}/千克产品	128	湿法除尘法	128
				烟尘	千克/千克产品	0.15	湿法除尘法	0.012
				二氧化硫	千克/千克产品	0.05	湿法除尘法	0.043
				工业固体废物（炉渣）	吨/吨产品	0.076	—	—
				工业固体废物（其他）	吨/吨产品	0.038 7	—	—
石棉摩擦材料	石棉、乳胶	干法压制成型	所有规模	工业废气量（工艺）	米 ^{3}/千克产品	11.4	过滤式除尘	11.4
				工业粉尘	千克/千克产品	0.004 6	过滤式除尘	0.000 036 8
				工业固体废物（其他）	吨/吨产品	0.030 6	—	—
石棉纺织品	石棉	混棉编织	所有规模	工业废气量（工艺）	米 ^{3}/千克产品	14.8	过滤式除尘	14.8
				工业粉尘	千克/千克产品	0.003 5	过滤式除尘	0.000 028
				工业固体废物（其他）	吨/吨产品	0.055	—	—

3169
耐火陶瓷制品及其他耐火材料制造业

1 适用范围

本手册给出了《统计上使用的产品分类目录》中除 316532 不定型耐火制品外的耐火材料的产污系数和排污系数，可用于第一次全国污染源普查耐火材料污染物产生量和排放量的核算。

涉及的污染物包括：工业废气量（指折算成标准状态的体积）、烟尘、二氧化硫、氮氧化物。

2 注意事项

（1）对于不定型耐火制品，包括耐火浇注料、耐火可塑料、耐火捣打料、耐火喷补料、耐火泥等不定型耐火制品，其加工过程无废气、废水直接排放，可视为在直接生产过程无污染物排放。

（2）对于不烧耐火砖，其产排污系数类比镁碳砖的产排污系数。

（3）对于采用电熔炉方式生产的其他耐火材料，脱硅锆的产排污系数类比电熔镁砂，其他材料类比电熔锆刚玉砖。

（4）对于其他本表未列出的烧成耐火制品，其产排污系数可根据燃料和窑型类比表中的烧成耐火制品，类比顺序优先考虑燃料，其次考虑窑型。

（5）各耐火材料企业生产线不尽相同，同一企业的窑型、原燃料也不尽相同，普查时需要对单条窑炉查找“产品、原料、工艺、规模”组合分别进行统计核算，然后对所有规模的窑型、产品进行累加，以计算出该企业的产、排污量。

3169 耐火陶瓷制品及其他耐火材料制造业产排污系数表

产品名称	原料名称	工艺名称	规模等级	污染物指标	单位	产污系数	末端治理技术名称	排污系数
烧成镁质砖	镁质原料油	耐火材料用炉（隧道窑）	所有规模	工业废气量（窑炉）	米^3/吨产品	6 220	直排	6 220
				烟尘	千克/吨产品	0.76	直排	0.76
				二氧化硫	千克/吨产品	2.06	直排	2.06
				氮氧化物	千克/吨产品	1.99	直排	1.99
烧成高铝、黏土、硅砖	矾土、黏土、硅石＋气	耐火材料用炉（隧道窑）	所有规模	工业废气量（窑炉）	米^3/吨产品	5 199	直排	5 199
				烟尘	千克/吨产品	0.48	直排	0.48
				二氧化硫	千克/吨产品	3.22	直排	3.22
				氮氧化物	千克/吨产品	2.08	直排	2.08
烧成高铝、黏土、硅砖	矾土、黏土、硅石＋气	耐火材料用炉（间歇窑，包括倒焰窑和梭式窑）	所有规模	工业废气量（窑炉）	米^3/吨产品	7 163	直排	7 163
				烟尘	千克/吨产品	0.57	直排	0.57
				二氧化硫	千克/吨产品	4.62	直排	4.62
				氮氧化物	千克/吨产品	2.92	直排	2.92
烧成高铝、黏土、硅砖	矾土、黏土、硅石＋煤	耐火材料用炉（间歇窑，包括倒焰窑和梭式窑）	所有规模	工业废气量（窑炉）	米^3/吨产品	8 566	直排	8 566
				烟尘	千克/吨产品	4.93	直排	4.93
				二氧化硫	千克/吨产品	7.24	直排	7.24
				氮氧化物	千克/吨产品	4.17	直排	4.17
含碳耐火砖	耐火原料+石墨等	耐火材料用炉（干燥窑）	所有规模	工业废气量（窑炉）	米^3/吨产品	2 540	直排	2 540
				烟尘	千克/吨产品	0.42	直排	0.42
				二氧化硫	千克/吨产品	0.06	直排	0.06
				氮氧化物	千克/吨产品	0.027	直排	0.027

3169 耐火陶瓷制品及其他耐火材料制造业产排污系数表（续表）

产品名称	原料名称	工艺名称	规模等级	污染物指标	单位	产污系数	末端治理技术名称	排污系数
电熔锆刚玉	锆质原料	电弧炉	所有规模	工业废气量（窑炉）	米^3/吨产品	7 560	过滤除尘	8 316
				烟尘	千克/吨产品	37.8	过滤除尘	0.98
重烧镁砂	菱镁矿	竖窑	所有规模	工业废气量（窑炉）	米^3/吨产品	4 434	多管旋风除尘+湿式除尘	4 561
				烟尘	千克/吨产品	9.21	多管旋风除尘+湿式除尘	1.02
				二氧化硫	千克/吨产品	1.78	多管旋风除尘+湿式除尘	0.79
				氮氧化物	千克/吨产品	1.75	多管旋风除尘+湿式除尘	0.93
电熔镁砂	菱镁矿	电弧炉	所有规模	工业废气量（窑炉）	米^3/吨产品	12 321	多管旋风除尘+湿式除尘	14 786
				烟尘	千克/吨产品	40.63	多管旋风除尘+湿式除尘	2.94
轻烧镁砂	菱镁矿	轻烧窑	所有规模	工业废气量（窑炉）	米^3/吨产品	2 377	直排	2 377
				烟尘	千克/吨产品	0.42	直排	0.42
				二氧化硫	千克/吨产品	0.25	直排	0.25
				氮氧化物	千克/吨产品	0.29	直排	0.29
其他煅烧耐火原料	耐火原料＋气	耐火材料用炉（煅烧窑，包括隧道窑、回转窑和竖窑）	所有规模	工业废气量（窑炉）	米^3/吨产品	5 134	直排	5 134
				烟尘	千克/吨产品	0.36	直排	0.36
				二氧化硫	千克/吨产品	2.21	直排	2.21
				氮氧化物	千克/吨产品	1.88	直排	1.88

3191

石墨及碳素制品制造业

1 适用范围

本手册给出了《统计上使用的产品分类目录》中石墨及碳素制品制造业以石油焦和煤沥青为原料，通过特定工序加工制造成的、用于铝电解槽的铝用阳极碳块生产企业的产污系数和排污系数。可用于第一次全国污染源普查中铝用炭阳极企业对应产品生产过程中工业污染源污染物产生量和排放量的核算。

涉及的污染物包括：工业废水量、工业废气量（指折算成标准状态的体积）、工业粉尘、二氧化硫、氟化物。

2 注意事项

2.1 普查时要对应产品、原料、生产工艺和规模等级进行统计。

2.2 铝用炭阳极行业主要按规模划分为 3 类，即≥20 万吨/年，15 万～20 万吨/年和＜15 万吨/年的“铝用阳极炭块-石油焦+煤沥青-预焙阳极法”生产企业。

2.3 表中所列大气污染物主要针对铝用阳极碳块生产企业的敞开式焙烧炉（工业炉窑类别代码：014）烟气。

2.4 由于敞开式焙烧炉烟气的末端治理技术常见的有三种，因而在选取排污系数时，应注意与调查企业采用的末端治理技术相对应。

2.5 针对采用氧化铝干法吸附末端治理技术的企业，表中所列产污系数为投加新鲜氧化铝之前的对应值。

2.6 其他说明

（1）选取二氧化硫产污系数时，应根据敞开式焙烧炉使用燃料类型来选取。敞开式焙烧炉的燃料有天然气、重油等；低硫煤煤气指以含硫率＜1%的煤生产的煤气，中硫煤煤气指以含硫率在 1%～2%的煤生产的煤气，高硫煤煤气指含硫率在 2%以上的煤生产的煤气。

（2）表中所列的水污染物只有采用碱吸收法处理焙烧炉烟气时取该值。其他情况可参看电解铝厂的水污染物产、排污系数，与电解铝厂配套建设的不重复统计。

3191　石墨及碳素制品制造业产排污系数表

产品名称	原料名称	工艺名称	规模等级	污染物指标	单位	产污系数		末端治理技术名称	排污系数
铝用阳极碳块	石油焦+煤沥青	预焙阳极法	≥20 万吨/年	工业废水量[①]	吨/吨产品	3		物理+化学	3
				工业废气量	米^3/吨产品	5 500		静电捕集法	6 200
								氧化铝干法吸附	8 500
								碱吸收湿法净化	6 000
				工业粉尘	千克/吨产品	0.70		静电捕集法	0.23
								氧化铝干法吸附	0.20
								碱吸收湿法净化	0.27
				二氧化硫	千克/吨产品	天然气[②]	0.145	静电捕集法	0.116
								氧化铝干法吸附	0.044
								碱吸收湿法净化	0.015
						重油[②]	3.60	静电捕集法	2.88
								氧化铝干法吸附	1.08
								碱吸收湿法净化	0.36
						低硫煤煤气或脱硫煤气[②]	0.80	静电捕集法	0.64
								氧化铝干法吸附	0.24
								碱吸收湿法净化	0.08
						中硫煤煤气[②]	2.20	静电捕集法	1.76
								氧化铝干法吸附	0.66
								碱吸收湿法净化	0.22

注：① 只有采用碱吸收末端处理技术时，水污染物采用表中值。其他情况可参看电解铝行业的水污染物产、排污系数，与电解铝厂配套建设的不重复统计。

② 表示该设备使用的燃料类型。

3191 石墨及碳素制品制造业产排污系数表（续 1）

产品名称	原料名称	工艺名称	规模等级	污染物指标	单位	产污系数		末端治理技术名称	排污系数
铝用阳极碳块	石油焦+煤沥青	预焙阳极法	≥20 万吨/年	二氧化硫	千克/吨产品	高硫煤煤气②	4.370	静电捕集法	3.496
								氧化铝干法吸附	1.311
								碱吸收湿法净化	0.437
				氟化物	克/吨产品	198		静电捕集法	169.71
								氧化铝干法吸附	50.49
								碱吸收湿法净化	19.80
			15 万～20 万吨/年	工业废水量①	吨/吨产品	3		物理+化学	3
				工业废气量	米³/吨产品	8 000		静电捕集法	9 100
								氧化铝干法吸附	12 000
								碱吸收湿法净化	9 000
				工业粉尘	千克/吨产品	1.075		静电捕集法	0.350
								氧化铝干法吸附	0.310
								碱吸收湿法净化	0.415
				二氧化硫	千克/吨产品	天然气②	0.145	静电捕集法	0.116
								氧化铝干法吸附	0.044
								碱吸收湿法净化	0.015
						重油②	3.60	静电捕集法	2.88
								氧化铝干法吸附	1.08
								碱吸收湿法净化	0.36
						低硫煤煤气或脱硫煤气②	0.80	静电捕集法	0.64
								氧化铝干法吸附	0.24

注：① 只有采用碱吸收末端处理技术时，水污染物采用表中值。其他情况可参看电解铝行业的水污染物产、排污系数，与电解铝厂配套建设的不重复统计。

② 表示该设备使用的燃料类型。

3191 石墨及碳素制品制造业产排污系数表（续2）

产品名称	原料名称	工艺名称	规模等级	污染物指标	单位	产污系数		末端治理技术名称	排污系数
铝用阳极碳块	石油焦+煤沥青	预焙阳极法	15万～20万吨/年	二氧化硫	千克/吨产品	低硫煤煤气或脱硫煤气②	0.80	碱吸收湿法净化	0.08
						中硫煤煤气②	2.20	静电捕集法	1.76
								氧化铝干法吸附	0.66
								碱吸收湿法净化	0.22
						高硫煤煤气②	4.370	静电捕集法	3.496
								氧化铝干法吸附	1.311
								碱吸收湿法净化	0.437
				氟化物	克/吨产品	276		静电捕集法	236.57
								氧化铝干法吸附	70.97
								碱吸收湿法净化	27.6
			＜15万吨/年	工业废水量①	吨/吨产品	3		物理+化学	3
				工业废气量	米^3/吨产品	10 500		静电捕集法	11 500
								氧化铝干法吸附	15 500
								碱吸收湿法净化	11 500
				工业粉尘	千克/吨产品	1.45		静电捕集法	0.50
								氧化铝干法吸附	0.40
								碱吸收湿法净化	0.55
				二氧化硫	千克/吨产品	天然气②	0.145	静电捕集法	0.116
								氧化铝干法吸附	0.044
								碱吸收湿法净化	0.015

注：① 只有采用碱吸收末端处理技术时，水污染物采用表中值。其他情况可参看电解铝行业的水污染物产、排污系数，与电解铝厂配套建设的不重复统计。

② 表示该设备使用的燃料类型。

3191　铝用炭阳极行业产排污系数表（续 3）

产品名称	原料名称	工艺名称	规模等级	污染物指标	单位	产污系数		末端治理技术名称	排污系数
铝用阳极碳块	石油焦+煤沥青	预焙阳极法	＜15 万吨/年	二氧化硫	千克/吨产品	重油②	3.60	静电捕集法	2.88
								氧化铝干法吸附	1.08
								碱吸收湿法净化	0.36
						低硫煤煤气或脱硫煤气②	0.80	静电捕集法	0.64
								氧化铝干法吸附	0.24
								碱吸收湿法净化	0.08
						中硫煤煤气②	2.20	静电捕集法	1.76
								氧化铝干法吸附	0.66
								碱吸收湿法净化	0.22
						高硫煤煤气②	4.370	静电捕集法	3.496
								氧化铝干法吸附	1.311
								碱吸收湿法净化	0.437
				氟化物	克/吨产品	350		静电捕集法	300
								氧化铝干法吸附	80
								碱吸收湿法净化	30

注：② 表示该设备使用的燃料类型。

32

黑色金属冶炼及压延加工业

3210
炼铁行业

1 适用范围

本手册给出了《统计上使用的产品分类目录》中铁矿采选（0810）的烧结铁矿、球团铁矿和黑色金属冶炼及压延产品中炼铁产品等的产污系数和排污系数，可用于第一次全国污染源普查炼铁行业工业污染源污染物产生量和排放量的核算。

本手册涉及的污染物包括：工业废水量、化学需氧量、石油类、挥发酚、氰化物、工业废气量（指折算成标准状态的体积）、烟尘、工业粉尘、二氧化硫、氮氧化物、工业固体废物（冶炼废渣）等。

2 注意事项

2.1 系数表中未涉及的产品产排污系数说明

本手册未覆盖的产品包括气基直接还原铁、熔融还原铁、镜铁、球墨铸铁、铸铁管及附件。其中，气基直接还原铁、熔融还原铁目前在我国尚未实现工业化生产；镜铁产品数量极少，由于其生产工艺及产排污特征与铁合金行业（3240）的高碳锰铁产品相近，可参照高碳锰铁产品进行选取；球墨铸铁、铸铁管及附件这类产品由于生产工艺及产排污特征与机械行业（3591）的铸铁件相同，可参照铸铁件产品进行选取。

未覆盖的生产工艺有“土法烧结”和“倒焰窑直接还原铁”，这两种工艺被国家明令禁止，生产处于地下状态。在产排污系数选用时，“土法烧结”的产污系数可类比于“烧结矿小类”的产污系数，由于无末端治理设施，所以其排污系数等于产污系数；“倒焰窑直接还原铁”的产污系数可类比于“隧道窑直接还原铁”，由于无末端治理设施，所以其排污系数等于产污系数。

2.2 工况未达到 75% 负荷的企业污染物产排量核算

当普查员在普查中遇到普查企业运行工况小于 75%的情况时，按照主体设备的实际产量重新确定其规模划分，选取对应规模的产排污系数进行核算。

2.3 生产非单一产品企业污染物产排量核算

炼铁行业产品结构较为复杂，设备生产能力不同，普查时应以四同组合为主线，对应原料、生产工艺和设备规模进行统计，尤其是对拥有多条生产线的钢铁企业，应该分别按照生产线统计污染物的产生量和排放量。

2.4 其他需要说明的问题

（1）烧结矿生产

烧结矿生产规模按单台烧结机的烧结面积选取。当生产负荷低于设计负荷的 80%时，按单台烧结机日产量重新校核生产规模，对于大、中、小规模，单台烧结机日产量校核标准分别为：≥5 600 吨/日、1 800～5 600 吨/日、≤1 800 吨/日。

烧结矿生产过程产生废气分为燃烧废气（由机头产生）和工艺过程废气（工艺过程包括原燃料破碎、配料、混料、输送、机尾卸料、冷筛/整粒等），对应的所含颗粒物分别为烟尘和粉尘，总废气量应为两者之和。烧结废水主要为湿法除尘水，由于绝大部分烧结厂采用干法除尘工艺，故没有列出废水类污染指标。

生产烧结矿所产生废气中二氧化硫的产排污系数均采用区间表示。由于废气中二氧化硫的产生量主要取决于原料中铁矿含硫量的高低，区间取值规定如下表所示：

烧结矿二氧化硫产排污系数区间选取表

铁矿含硫量	<0.01%	0.1%	0.25%	≥0.5%
系数取值	低值	低值×3	低值×6	高值

上表中，“低值”为产排污系数表单中二氧化硫区间范围的低值，“高值”则为二氧化硫区间范围的高值。当铁矿含硫量不为表格中给定值时，二氧化硫产排污系数按插值法进行计算。插值法计算公式如下：

$$\text{系数取值}=\text{左侧值}+(\text{右侧值}-\text{左侧值})\times\frac{\text{铁矿含硫量}-\text{左侧含硫量}}{\text{右侧含硫量}-\text{左侧含硫量}}$$

式中，左侧含硫量为与铁矿含硫量最靠近的左侧给定值，右侧含硫量为与铁矿含硫量最靠近的右侧给定值。左侧值、右侧值分别为左侧含硫量、右侧含硫量对应的系数取值。

例如，当普查企业铁矿石含硫量为 0.05%时，则在给定值“0.01%”与“0.1%”之间，左侧值、右侧值分别为“低值”、“低值×3”，计算过程为：

二氧化硫产排污系数 = 低值+（低值×3－低值）×（0.05%－0.01%）/（0.1%－0.01%）

= 低值×1.89

烧结矿工业粉尘排污系数选择规定如下：

工艺过程废气末端治理技术一致时按表选取；筛分或整粒采用静电除尘法，其余工艺过程采用过滤式除尘法，按“静电除尘法”和“过滤式除尘法”的平均值核算排污系数；筛分或整粒采用多管旋风除尘法，其余工艺过程采用过滤式除尘法，按“多管旋风除尘法”和“过滤式除尘法”的平均值核算排污系数。

（2）球团矿生产

球团矿生产工艺分为竖炉法、带式焙烧法和链箅机-回转窑法。竖炉法分为大、中小两种规模，依据单台竖炉的公称面积进行规模划分，当生产负荷低于设计负荷的 80%时，按单台竖炉日产量重新校核生产规模，对于大、中、小规模，单台竖炉日产量校核标准分别为：≥1 200 吨、<1 200 吨，其余两种工艺不分规模。

球团生产过程产生废气主要为燃烧废气（焙烧和烘干），对于链箅机-回转窑法，还有一定量工艺过程废气产生（主要为窑尾出料时产生的废气），对应的所含颗粒物分别为烟尘和粉尘，总废气量应为两者之和。球团生产废水主要为湿法除尘水，由于绝大部分球团厂采用干法除尘工艺，故没有列出废水类污染指标。

生产球团矿所产生废气中二氧化硫的产排污系数均采用区间表示。由于废气中二氧化硫的产生量取决于原料中铁矿的含硫量高低，区间取值规定如下表：

球团矿二氧化硫产排污系数区间选取表

铁矿含硫量	≤0.03%	0.1%	0.25%	≥0.5%
系数取值	低值	低值×3.5	低值×8.5	高值

当铁矿含硫量不为表格中给定值时，二氧化硫产排污系数按插值法进行计算，插值法计算方法与烧结矿相同。

当焙烧燃料为煤粉时，二氧化硫的产排污系数在“球团矿二氧化硫产排污系数区间选取表”的基础上再增加 0.4 千克/吨球团矿。

（3）高炉法炼铁生产

炼铁企业主要产生煤气洗涤水和高炉冲渣水两种类型的废水。当高炉煤气采用干法除尘时，不产生煤气洗涤水及相应污染物指标。

基本上所有企业的高炉冲渣水全部循环使用，因此其相关废水指标排污系数均为 0。

绝大多数企业的煤气洗涤水循环使用，当循环水不外排时，其相关废水指标排污系数为 0；当循环水部分外排时，此时废水量及相关污染因子值为表格中数值×废水外排率（废水外排率=外排水量/处理后总水量）。但也有少部分企业处理后直接排放，此时相关废水指标排污系数即为表格中数值。

对于系数表单中未列出的煤气洗涤水末端治理技术，取值规定如下：当采用沉淀分离法时，其排污系数按化学混凝沉淀法的 1.67 倍选取；反之，当采用化学混凝沉淀法时，其排污系数按沉淀分离法的 0.6 倍选取。

高炉法炼铁产生废气分为高炉荒煤气、热风炉烟气和工艺过程废气（工艺过程包括炉后配矿、炉顶上料、炉前出铁等），前两种所含颗粒物为烟尘，第三种所含颗粒物为工业粉尘。由于热风炉以高炉煤气为燃料，故总的工业废气产生系数应为这三种之和，再扣除热风炉消耗的煤气量。

工业粉尘排污系数选取规定如下：工艺过程废气末端治理技术一致时按表选取；出铁场采用静电除尘法，其余工艺过程采用过滤式除尘法，按“静电除尘法”和“过滤式除尘法”的平均值选取；其余情况按“静电除尘法”选取。

（4）无组织排放评估

对炼铁行业进行无组织排放评估后，其无组织排放环节及无组织排放系数如下表所示。

炼铁行业无组织排放主要污染物排放系数

行业	无组织排放环节	无组织排放系数/（千克/吨产品）
		工业粉尘
炼铁	烧结	0.15～2.0
	高炉配矿及输送	0.06～1.5
	出铁	0.12～1.5

无组织排放系数区间选取说明：

烧结：大规模生产线取低值，中规模生产线取低值的 3 倍，小规模生产线取高值。

高炉配矿及输送：大规模生产线取低值；中规模生产线取低值的 3 倍；小规模生产线取高值。

出铁：大规模生产线取低值；中规模生产线取低值的 3 倍；小规模生产线取高值。

3210 炼铁行业产排污系数表

产品名称	原料名称	工艺名称	规模等级	污染物指标	单位	产污系数	末端治理技术名称	排污系数
烧结矿	铁矿 石灰 焦粉 煤粉	带式烧结法	≥180 米²①	工业废气量	米³/吨烧结矿	2 900②	静电除尘法	2 900
						2 600③	静电除尘法/过滤式除尘法	2 600
				烟尘	千克/吨烧结矿	8.19②	静电除尘法	0.244
				工业粉尘	千克/吨烧结矿	16.65③	静电除尘法	0.192
							过滤式除尘法	0.123
				二氧化硫	千克/吨烧结矿	0.7～7.5⑤	直排	0.7～7.5
				氮氧化物	千克/吨烧结矿	0.522②	直排	0.522
			50～180 米²④	工业废气量	米³/吨烧结矿	3 246②	静电除尘法/多管旋风除尘法	3 246
						4 000③	静电除尘法/过滤式除尘法	4 000
				烟尘	千克/吨烧结矿	12.553②	静电除尘法	0.355
							多管旋风除尘法	0.82
				工业粉尘	千克/吨烧结矿	19.2③	静电除尘法	0.32
							过滤式除尘法	0.21

注：① 指单台烧结机的烧结面积，单台烧结机日产量校核标准为：≥5 600 吨。② 专指烧结机头、机尾产生的废气污染物指标，其中机头占到废气量的 2/3。③ 专指烧结机燃料及熔剂破碎系统、配料、混料、筛分（整粒）、转运等工艺过程产生的废气污染物指标。④ 单台烧结机日产量校核标准为 1 800～5 600 吨。⑤ 二氧化硫的区间取值见“2 注意事项”中的“2.4（1）”。

3210 炼铁行业产排污系数表（续 1）

产品名称	原料名称	工艺名称	规模等级	污染物指标	单位	产污系数	末端治理技术名称	排污系数
烧结矿	铁矿 石灰 焦粉 煤粉	带式烧结法	50～180 米^2	二氧化硫	千克/吨烧结矿	0.7～7.95①⑦	直排	0.65～7.953
				氮氧化物	千克/吨烧结矿	0.584①	直排	0.584
			<50 米^{2}②	工业废气量	米^3/吨烧结矿	3 400①	多管旋风除尘法/静电除尘法	3 400
						4 200③	多管旋风除尘法/静电除尘法/过滤式除尘法	4 200
				烟尘	千克/吨烧结矿	18.62①	多管旋风除尘法	1.08
							静电除尘法	0.483
				工业粉尘	千克/吨烧结矿	23.26③	多管旋风除尘法	1.22
							静电除尘法	0.43
							过滤式除尘法	0.308
				二氧化硫	千克/吨烧结矿	0.7～8.5①⑦	直排	0.7～8.5
				氮氧化物	千克/吨烧结矿	0.612①	直排	0.612
球团矿	铁精矿 膨润土	竖炉法	≥8 米^{2}④	工业废气量	米^3/吨球团矿	2 825⑤	多管旋风除尘法/静电除尘法	2 825
				烟尘⑥	千克/吨球团矿	9.45⑤	静电除尘法	0.295
							多管旋风除尘法	0.736

注：① 专指烧结机头、机尾产生的废气污染物指标，其中机头占到废气量的 2/3。② 单台烧结机日产量＜1 800 吨。③ 专指烧结机燃料及熔剂破碎系统、配料、混料、筛分（整粒）、转运等工艺过程产生的废气污染物指标。④ 指单台竖炉的公称面积，单台竖炉日产量校核标准为：≥1 200 吨。⑤ 专指竖炉焙烧及物料干燥产生的废气污染物指标。⑥ 烟尘指焙烧烟气及烘干烟气的颗粒物。⑦ 二氧化硫的区间取值见“2 注意事项”中的“2.4（2）”。

3210 炼铁行业产排污系数表（续 2）

产品名称	原料名称	工艺名称	规模等级	污染物指标	单位	产污系数	末端治理技术名称	排污系数
球团矿	铁精矿 膨润土	竖炉法	≥8 米 ^{2}	二氧化硫	千克/吨球团矿	0.4～7①③	直排	0.4～7
				氮氧化物	千克/吨球团矿	0.143①	直排	0.143
			<8 米 ^{2}②	工业废气量	米 ^{3}/吨球团矿	3 214①	多管旋风除尘法/静电除尘法	3 214
				烟尘	千克/吨球团矿	9.882①	静电除尘法	0.358
							多管旋风除尘法	0.951
				二氧化硫	千克/吨球团矿	0.42～7.2①③	直排	0.42～7.2
				氮氧化物	千克/吨球团矿	0.265①	直排	0.265
球团矿	铁精矿 膨润土	带式焙烧法	所有规模	工业废气量	米 ^{3}/吨球团矿	1 900④	静电除尘法	1 900
						1 300⑤	静电除尘法	1 300
				烟尘	千克/吨球团矿	6.27④	静电除尘法	0.32
				工业粉尘	千克/吨球团矿	2.65⑤	静电除尘法	0.123
				二氧化硫	千克/吨球团矿	0.35～7④⑥	直排	0.35～7
				氮氧化物	千克/吨球团矿	0.5④	直排	0.5
		链箅机- 回转窑法	所有规模	工业废气量	米 ^{3}/吨球团矿	2 650⑦	静电除尘法	2 650
						230⑧	直排	230

注：① 专指竖炉焙烧及物料干燥产生的废气污染物指标。② 单台竖炉日产量校核标准为：<1 200 吨。③ 二氧化硫的区间取值见“2 注意事项”中的“2.4（2）”。④专指带式焙烧机头、烘干产生的废气污染物指标。⑤ 专指带式焙烧机机尾出料及物料转运等工艺过程产生的废气污染物指标。⑥ 二氧化硫的区间取值见“2 注意事项”中的“2.4（2）”。⑦ 专指回转窑头、烘干产生的废气污染物指标。⑧ 专指回转窑窑尾排料、冷却等工艺过程产生的废气污染物指标。

3210 炼铁行业产排污系数表（续 3）

产品名称	原料名称	工艺名称	规模等级	污染物指标	单位	产污系数	末端治理技术名称	排污系数
球团矿	铁精矿 膨润土	链箅机- 回转窑法	所有规模	烟尘	千克/吨球团矿	9.44①	静电除尘法	0.263
				工业粉尘	千克/吨球团矿	0.053②	直排	0.053
				二氧化硫	千克/吨球团矿	0.4～7①③	直排	0.4～7
				氮氧化物	千克/吨球团矿	0.261①	直排	0.261
炼钢生铁	烧结矿 球团矿 焦炭 煤粉	高炉法	≥2 000 米^{3}④	工业废水量	吨/吨铁	8.12⑤	化学混凝沉淀	8.12
							循环使用	0
						6.5⑥	沉淀分离（循环使用）	0
				化学需氧量	克/吨铁	1 355⑤	化学混凝沉淀	325
							循环使用	0
				挥发酚	克/吨铁	33.5⑤	化学混凝沉淀	13.4
							循环使用	0
				氰化物	克/吨铁	10.6⑤	化学混凝沉淀	4.2
							循环使用	0
				工业废气量	米^3/吨铁	1 520⑦	单筒旋风除尘法+煤气回收	21⑩
						1 360⑧	直排	1 360
						5 200⑨	过滤式除尘法	5 200

注：① 专指回转窑头、烘干产生的废气污染物指标。② 专指回转窑窑尾出料等工艺过程产生的废气污染物指标。③ 二氧化硫的区间取值见“2 注意事项”中的“2.4（2）”。④ 指高炉炉容，单座高炉日产量校核标准为：≥3 800 吨。⑤ 煤气洗涤水产生的废水污染物指标。⑥ 高炉冲渣水产生的废水污染物指标，所有企业的高炉冲渣水全部循环使用，相关污染物指标排污系数为 0（以下类同）。⑦ 专指高炉产生荒煤气的废气污染物指标。⑧ 专指热风炉燃烧产生的废气污染物指标。⑨ 专指原料准备、出铁等过程产生的废气污染物指标。⑩ 按高炉荒煤气净化回收后的煤气放散量确定。

3210 炼铁行业产排污系数表（续 4）

产品名称	原料名称	工艺名称	规模等级	污染物指标	单位	产污系数	末端治理技术名称	排污系数
炼钢生铁	烧结矿 球团矿 焦炭 煤粉	高炉法	≥2 000 米^3	烟尘	千克/吨铁	25.13①	单筒旋风除尘法+煤气回收	0.075
						0.045②	直排	0.045
				工业粉尘	千克/吨铁	12.5③	过滤式除尘法	0.23
				二氧化硫	千克/吨铁	0.109②	直排	0.109
				氮氧化物	千克/吨铁	0.15②	直排	0.15
				工业固体废物（冶炼废渣）	吨/吨铁	0.296	—	—
			350～2 000 米^{3}⑥	工业废水量	吨/吨铁	9.25④	沉淀分离	9.25
							循环使用	0
						8.1⑤	沉淀分离（循环使用）	0
				化学需氧量	克/吨铁	1 540④	沉淀分离	554
							循环使用	0
				挥发酚	克/吨铁	39④	沉淀分离	18
							循环使用	0
				氰化物	克/吨铁	12④	沉淀分离	5.4
							循环使用	0

注：① 专指高炉产生荒煤气的废气污染物指标。② 专指热风炉燃烧产生的废气污染物指标。③ 专指原料准备、出铁等过程产生的废气污染物指标。④ 煤气洗涤水产生的废水污染物指标。⑤ 高炉冲渣水产生的废水污染物指标，所有企业的高炉冲渣水全部循环使用，相关污染物指标排污系数为 0。⑥ 单座高炉日产量为校核标准为：1 200～3 800 吨。

3210 炼铁行业产排污系数表（续 5）

产品名称	原料名称	工艺名称	规模等级	污染物指标	单位	产污系数	末端治理技术名称	排污系数
炼钢生铁	烧结矿 球团矿 焦炭 煤粉	高炉法	350～2 000 米³	工业废气量	米³/吨铁	1 670①	单筒旋风除尘法+煤气回收	133.6
						1 550②	直排	1 550
						6 200③	过滤式除尘法/静电除尘法	6 200
				烟尘	千克/吨铁	33.7①	单筒旋风除尘法+煤气回收	0.539
						0.07②	直排	0.07
				工业粉尘	千克/吨铁	15.3③	过滤式除尘法	0.322
							静电除尘法	0.52
				二氧化硫	千克/吨铁	0.131②	直排	0.131
				氮氧化物	千克/吨铁	0.17②	直排	0.17
				工业固体废物（冶炼废渣）	吨/吨铁	0.35	—	—
			＜350 米³⑥	工业废水量	吨/吨铁	11.2④	沉淀分离	11.2
							循环使用	0
						9.2⑤	沉淀分离+循环使用	0

注：① 专指高炉产生荒煤气的废气污染物指标。② 专指热风炉燃烧产生的废气污染物指标。③ 专指原料准备、出铁等过程产生的废气污染物指标。④ 煤气洗涤水产生的废水污染物指标。⑤ 高炉冲渣水产生的废水污染物指标，所有企业的高炉冲渣水全部循环使用，相关污染物指标排污系数为 0。⑥ 单座高炉日产量校核标准为：＜1 200 吨。

3210 炼铁行业产排污系数表（续6）

产品名称	原料名称	工艺名称	规模等级	污染物指标	单位	产污系数	末端治理技术名称	排污系数
炼钢生铁	烧结矿 球团矿 焦炭 煤粉	高炉法	<350 米^3	化学需氧量	克/吨铁	1 848①	沉淀分离	739.2
							循环使用	0
				挥发酚	克/吨铁	46①	沉淀分离	24
							循环使用	0
				氰化物	克/吨铁	14.2①	沉淀分离	6.2
							循环使用	0
				工业废气量	米^3/吨铁	1 850③	单筒旋风除尘法+煤气回收	370⑥
						1 750②	直排	1 750
						7 700⑤	过滤式除尘法/静电除尘法	7 700
				烟尘	千克/吨铁	35.2③	单筒旋风除尘法+煤气回收	1.06
							单筒旋风除尘法	7.04
						0.17④	直排	0.17
				工业粉尘	千克/吨铁	17.1⑤	过滤式除尘法	0.502
							静电除尘法	0.765

注：① 煤气洗涤水产生的废水污染物指标。② 专指高炉产生荒煤气的废气污染物指标。③ 专指高炉产生荒煤气的废气污染物指标。④ 专指热风炉燃烧产生的废气污染物指标。⑤ 专指原料准备、出铁等过程产生的废气污染物指标。⑥ 按高炉荒煤气净化回收后的煤气放散量确定。

3210 炼铁行业产排污系数表（续 7）

产品名称	原料名称	工艺名称	规模等级	污染物指标	单位	产污系数	末端治理技术名称	排污系数
炼钢生铁	烧结矿 球团矿 焦炭 煤粉	高炉法	<350 米^3	二氧化硫	千克/吨铁	0.168①	直排	0.168
				氮氧化物	千克/吨铁	0.192①	直排	0.192
				工业固体废物（冶炼废渣）	吨/吨铁	0.415	—	—
铸造生铁	烧结矿 球团矿 焦炭 煤粉	高炉法	<350 米^{3}②	工业废水量	吨/吨铁	12.1③	沉淀分离	12.1
							循环使用	0
						10.92④	沉淀分离（循环使用）	0
				化学需氧量	克/吨铁	2 013③	沉淀分离	805.2
							循环使用	0
				挥发酚	克/吨铁	51.5③	沉淀分离	24.5
							循环使用	0
				氰化物	克/吨铁	16.1③	沉淀分离	7.3
							循环使用	0
				工业废气量	米^3/吨铁	2 200⑤	单筒旋风除尘法+煤气回收	481⑦
						1 900①	直排	1 900
						8 000⑥	过滤式除尘法/静电除尘法	8 000

注：① 专指热风炉燃烧产生的废气污染物指标。② 单座高炉日产量校核标准为：<1 200 吨。③ 煤气洗涤水产生的废水污染物指标。④ 高炉冲渣水产生的废水污染物指标，所有企业的高炉冲渣水全部循环使用，相关污染物指标排污系数为 0。⑤ 专指高炉产生荒煤气的废气污染物指标。⑥ 专指原料准备、出铁等过程产生的废气污染物指标。⑦ 按高炉荒煤气净化回收后的煤气放散量确定。

3210　炼铁行业产排污系数表（续 8）

产品名称	原料名称	工艺名称	规模等级	污染物指标	单位	产污系数	末端治理技术名称	排污系数
铸造生铁	烧结矿 球团矿 焦炭 煤粉	高炉法	<350 米^3	烟尘	千克/吨铁	38.5①	单筒旋风除尘法+煤气回收	1.24
							单筒旋风除尘法	7.9
						0.2②	直排	0.2
				工业粉尘	千克/吨铁	17.6③	过滤式除尘法	0.585
							静电除尘法	0.845
				二氧化硫	千克/吨铁	0.175②	直排	0.175
				氮氧化物	千克/吨铁	0.209②	直排	0.209
				工业固体废物（冶炼废渣）	吨/吨铁	0.498	—	—
含钒生铁⑥	钒钛烧结矿 焦炭 煤粉	高炉法	所有规模	工业废水量	吨/吨铁	12.3④	沉淀分离	12.3
							循环使用	0
						15.102⑤	沉淀分离（循环使用）	0
				化学需氧量	克/吨铁	2 430④	沉淀分离	829
							循环使用	0
				挥发酚	克/吨铁	63④	沉淀分离	27
							循环使用	0

注：① 专指高炉产生荒煤气的废气污染物指标。② 专指热风炉燃烧产生的废气污染物指标。③ 专指原料准备、出铁等过程产生的废气污染物指标。④ 煤气洗涤水产生的废水污染物指标。⑤ 高炉冲渣水产生的废水污染物指标，所有企业的高炉冲渣水全部循环使用，相关污染物指标排污系数为 0。⑥ 含钒生铁仅在攀钢及承钢两家钢铁企业生产。

3210 炼铁行业产排污系数表（续 9）

产品名称	原料名称	工艺名称	规模等级	污染物指标	单位	产污系数	末端治理技术名称	排污系数
含钒生铁	钒钛烧结矿 焦炭 煤粉	高炉法	所有规模	氰化物	克/吨铁	17.6①	沉淀分离	8.3
							循环使用	0
				工业废气量	米³/吨铁	2 300②	单筒旋风除尘法+煤气回收	162⑤
						2 100③	直排	2 100
						6 700④	过滤式除尘法/静电除尘法	6 700
				烟尘	千克/吨铁	43.5②	单筒旋风除尘法+煤气回收	0.435
						0.202③	直排	0.202
				工业粉尘	千克/吨铁	15.5④	过滤式除尘法	0.37
							静电除尘法	0.535
				二氧化硫	千克/吨铁	0.189③	直排	0.189
				氮氧化物	千克/吨铁	0.232③	直排	0.232
				工业固体废物（冶炼废渣）	吨/吨铁	0.7	—	—
直接还原铁	铁矿 石灰 煤	回转窑法	所有规模	工业废气量	米³/吨铁	4 235⑥	过滤式除尘法	4 235
				烟尘	千克/吨铁	42⑥	过滤式除尘法	0.5
				二氧化硫	千克/吨铁	2.211⑥	直排	2.211
				氮氧化物	千克/吨铁	0.127⑥	直排	0.127

注：① 煤气洗涤水产生的废水污染物指标。② 专指高炉产生荒煤气的废气污染物指标。③ 专指热风炉燃烧产生的废气污染物指标。④ 专指原料准备、出铁等过程产生的废气污染物指标。⑤ 按高炉荒煤气净化回收后的煤气放散量确定。⑥ 专指回转窑产生废气污染物指标。

3210 炼铁行业产排污系数表（续 10）

产品名称	原料名称	工艺名称	规模等级	污染物指标	单位	产污系数	末端治理技术名称	排污系数
直接还原铁	铁矿 石灰 煤	隧道窑法	所有规模	工业废气量	米³/吨铁	7 049①	过滤式除尘法	7 049
						14 204②	直排	14 204
				烟尘	千克/吨铁	1①	直排	1
				工业粉尘	千克/吨铁	16.5②	过滤式除尘法	1.12
				二氧化硫	千克/吨铁	2.1①	直排	2.1
				氮氧化物	千克/吨铁	0.204①	直排	0.204

注：① 专指隧道窑产生废气污染物指标。② 专指筛分、破碎、磁选等原料准备系统产生的废气污染物指标。

3220
炼钢行业

1 适用范围

本手册给出了《统计上使用的产品分类目录》中黑色金属冶炼及压延产品的粗钢、轧制、锻造钢坯等产品的产污系数和排污系数，可用于第一次全国污染源普查炼钢行业工业污染源污染物产生量和排放量的核算。

本手册涉及的污染物包括：工业废水量、化学需氧量、石油类、工业废气量（指折算成标准状态的体积）、工业粉尘、二氧化硫、氮氧化物和工业固体废物（冶炼废渣）等。

2 注意事项

2.1 系数表中未涉及的产品产排污系数说明

本手册未覆盖的产品包括液态钢水和感应炉钢。液态钢水这种产品在市场上极少，其产排污系数可参照同类钢种及工艺选取，选用时须去掉连铸废水及其污染因子指标；模铸钢、感应炉钢主要存在于机械行业，其产排污系数可参照机械行业（3591）的铸钢件选取。

对于采用转炉法生产的低合金钢、合金钢，其产排污系数按碳钢选取；对于采用电炉法生产的碳钢、低合金钢，其产排污系数按合金钢选取。钢水浇铸工艺分为模铸法和连铸法，当前主要采用连铸法，本手册按连铸法给出产排污系数。对于模铸钢坯，其产排污系数按同钢种连铸坯产品选取，但需去掉连铸废水相关污染物指标。

2.2 工况未达到 75% 负荷的企业污染物产排量核算

当普查员在普查中遇到普查企业运行工况小于 75%的情况时，按照主体设备的实际年产量重新确定其规模划分，选取对应规模的产排污系数进行核算。

2.3 生产非单一产品企业污染物产排量核算

炼钢行业产品结构较为复杂，设备生产能力不同，普查时应按原料、生产工艺和主体设备进行统计，尤其是对拥有多套生产设备的钢铁企业，应该按照主体生产设备的生产能力确定各自的规模等级，分别统计污染物的产生量和排放量。主体生产设备规定如下：转炉法为转炉，电炉法为电炉，电渣法为电渣炉。

炼钢生产规模按单台主体设备的公称炉容选取。当生产负荷低于设计负荷的 80%时，按单台主体设备的日产量重新校核生产规模。对于转炉法炼钢，大、中、小规模的校核标准分别为：≥5 000 吨/日、

1 500～5 000 吨/日、<1 500 吨/日。对于电炉法炼钢，按原料特征分为电炉法（掺铁水）和电炉法两种工艺，前种工艺的原料中有生铁水，后者则无生铁水。电炉法按规模分为大中规模及小规模两种，对应校核标准分别为：≥750 吨/日、<750 吨/日。

2.4 其他需要说明的问题

（1）对于本手册未列出的连铸废水末端治理技术，其排污系数取值规定如下：当采用过滤法时，按化学混凝沉淀法的 40%选取；当采用化学混凝气浮法时，按化学混凝沉淀法的 70%选取；当采用沉淀分离法时，按化学混凝沉淀法的 200%选取。

（2）炼钢过程产生的废气分为两类：一次烟气和工艺过程废气，一次烟气指冶炼时产生的烟气，工艺过程废气指其他工艺操作产生的废气，工艺操作包括铁水预处理、上料、出钢、精炼等，废气总量应为一次烟气和工艺过程废气之和。对于转炉法，一次烟气的处理有两种方式：燃烧法和未燃法，应按对应处理方式选择一次烟气的产排污系数。对于电炉法，一般情况下，一次烟气和工艺过程废气进行合并后再净化，电炉工艺过程废气产生量受收集方式的影响很显著，故用区间值表示，区间值选择规定如下：采用“炉排罩+全密闭罩”时取低值；采用“导流板+屋顶罩”时取高值；采用“炉排罩+屋顶罩”或“炉排罩+半密闭罩”时取中值。

（3）一般情况下，炼钢废水处理后循环利用。当废水全部循环使用不外排时，其相应废水污染物指标均为 0；当处理后全部外排时，按表格中数值选取；当废水处理后部分外排时，此时废水量及相关污染因子等于表格中数值×废水外排率（废水外排率=外排水量/处理后总水量）。

（4）转炉一次烟气的末端治理技术有 LT 干法除尘和湿法除尘两种。当采用湿法除尘时，有煤气洗涤水产生，当采用干法除尘时，不产生煤气洗涤水；电炉烟气一般采用干法处理，故电炉法无煤气洗涤水产生。

（5）本手册中的主要固废为冶炼废渣，该冶炼废渣不仅包括电炉或转炉产生的钢渣，而且包括精炼炉产生的钢渣。

（6）对炼钢行业进行无组织排放评估后，其无组织排放环节及无组织排放系数如下表所示。

炼钢行业无组织排放主要污染物排放系数

行业	无组织排放环节	无组织排放系数/（千克/吨产品）
		工业粉尘
炼钢	铁水倒罐	0.1～1.0
	转炉冶炼及操作	0.15～1.0
	电炉冶炼及操作	0.3～2.0
	连铸	0.1～0.2

无组织排放系数区间选取说明：

铁水倒罐：大规模取低值；中规模取低值的 3 倍；小规模取高值。

转炉冶炼及操作：大规模取低值；中规模取低值的 3 倍；小规模取高值。

电炉冶炼及操作：大中规模取低值；小规模取高值。

连铸：大中规模取低值；小规模取高值。

3220 炼钢行业产排污系数表

产品名称	原料名称	工艺名称	规模等级	污染物指标	单位	产污系数	末端治理技术名称	排污系数
碳钢	生铁水 石灰 铁合金	转炉法	≥150 吨①	工业废水量	吨/吨钢	3.5②	化学混凝沉淀	3.5
							循环使用	0
						3.5③	化学混凝沉淀	3.5
							循环使用	0
				化学需氧量	克/吨钢	363③	化学混凝沉淀	100
							循环使用	0
				石油类	克/吨钢	38.5③	化学混凝沉淀	11
							循环使用	0
				工业废气量	米 ^{3}/吨钢	300④	LT 干法除尘/湿法除尘法+煤气回收	220⑥
						4 123⑤	直排	4 123
				工业粉尘	千克/吨钢	18.5④	LT 干法除尘	0.027
							湿法除尘法	0.025
						9.3⑤	过滤式除尘法	0.134
				工业固体废物（冶炼废渣）	吨/吨钢	0.105	—	—
			50～150 吨⑦	工业废水量	吨/吨钢	4.283②	化学混凝沉淀	4.283
							循环使用	0

注：① 指单台转炉的公称炉容，单台转炉日产量校核标准为：≥5 000 吨。② 专指洗涤煤气产生的废水污染物指标。③ 专指连铸机产生的废水污染物指标。④ 专指转炉一次烟气废气污染物指标。⑤ 专指铁水预处理、上料系统、转炉二次烟气、精炼炉等工艺过程产生的废气污染物指标。⑥ 按转炉煤气回收后的放散量确定。⑦ 单台转炉日产量校核标准为：1 500～5 000 吨。⑧ 如果转炉一次烟气采用 LT 干法除尘处理，则无煤气洗涤水产生，其相应污染物指标均为 0。

3220 炼钢行业产排污系数表（续 1）

产品名称	原料名称	工艺名称	规模等级	污染物指标	单位	产污系数	末端治理技术名称	排污系数
碳钢	生铁水 石灰 铁合金	转炉法	50～150 吨	工业废水量	吨/吨钢	6.733①	化学混凝沉淀/过滤	6.733
							循环使用	0
				化学需氧量	克/吨钢	475①	化学混凝沉淀	165.6
							过滤	70
							循环使用	0
				石油类	克/吨钢	55①	化学混凝沉淀	20.2
							过滤	8.5
							循环使用	0
				工业废气量	米 ^{3}/吨钢	350②	末燃法+湿法除尘法+煤气回收	300④
						650②	燃烧法+湿法除尘法	650
						5 233③	过滤式除尘法	5 233
				工业粉尘	千克/吨钢	22.7②	湿法除尘法	0.042
						11.5③	过滤式除尘法	0.225
				工业固体废物（冶炼废渣）	吨/吨钢	0.135	—	—
			<50 吨⑤	工业废水量	吨/吨钢	8.5⑥	化学混凝沉淀	8.5
							循环使用	0

注：① 专指连铸机产生的废水污染物指标。② 专指转炉一次烟气废气污染物指标。③ 专指铁水预处理、上料系统、转炉二次烟气、精炼炉等工艺过程产生的废气污染物指标。④ 按转炉煤气回收后的放散量确定。⑤ 单台转炉日产量校核标准为：<1 500 吨。⑥ 专指洗涤煤气产生的废水污染物指标。

3220 炼钢行业产排污系数表（续 2）

产品名称	原料名称	工艺名称	规模等级	污染物指标	单位	产污系数	末端治理技术名称	排污系数
碳钢	生铁水 石灰 铁合金	转炉法	＜50 吨	工业废水量	吨/吨钢	8.5①	化学混凝沉淀	8.5
							循环使用	0
				化学需氧量	克/吨钢	660①	化学混凝沉淀	230
							循环使用	0
				石油类	克/吨钢	105①	化学混凝沉淀	35
							循环使用	0
				工业废气量	米 ^{3}/吨钢	698②	湿法除尘法	698
						5 800③	过滤式除尘法	5 800
				工业粉尘	千克/吨钢	27.2②	湿法除尘法	0.087 5
						13.3③	过滤式除尘法	0.385
				工业固体废物（冶炼废渣）	吨/吨钢	0.175	—	—
合金钢	生铁水 废钢 铁合金 石灰	电炉法	≥50 吨④	工业废水量	吨/吨钢	5.143①	化学混凝沉淀	5.143
							循环使用	0
				化学需氧量	克/吨钢	484.3①	化学混凝沉淀	140
							循环使用	0

注：① 专指连铸机产生的废水污染物指标。② 专指转炉一次烟气废气污染物指标。③ 专指铁水预处理、上料系统、转炉二次烟气、精炼炉等工艺过程产生的废气污染物指标。④ 指单台电炉的公称炉容，单台电炉日产量校核标准为：≥750 吨。

3220 炼钢行业产排污系数表（续3）

产品名称	原料名称	工艺名称	规模等级	污染物指标	单位	产污系数	末端治理技术名称	排污系数
合金钢	生铁水 废钢 铁合金 石灰	电炉法	≥50吨	石油类	克/吨钢	60[①]	化学混凝沉淀	20
							循环使用	0
				工业废气量	米³/吨钢	1 050[②]	过滤式除尘法	1 050
						6 000～18 000[③④]	过滤式除尘法	6 000～18 000
				工业粉尘	千克/吨钢	17.2[②]	过滤式除尘法	0.361[⑤]
						6.53[③]		
				工业固体废物（冶炼废渣）	吨/吨钢	0.15	—	—
			<50吨[⑥]	工业废水量	吨/吨钢	8.12[①]	化学混凝沉淀	8.12
							循环使用	0
				化学需氧量	克/吨钢	650[①]	化学混凝沉淀	212.5
							循环使用	0
				石油类	克/吨钢	105[①]	化学混凝沉淀	36.5
							循环使用	0
				工业废气量	米³/吨钢	1 200[②]	过滤式除尘法	1 200
						9 000～23 000[③]	过滤式除尘法	9 000～23 000
				工业粉尘	千克/吨钢	19.5[②]	过滤式除尘法	0.82[⑤]
						8.42[③]		

注：① 专指连铸机产生的废水污染物指标。② 专指电炉一次烟气废气污染物指标。③ 专指上料系统、二次烟气、精炼炉等工艺过程产生的废气污染物指标。④ 当电炉烟气采用“炉排罩+全密闭罩”时取低值；采用“导流板+屋顶罩”时取高值；采用“炉排罩+屋顶罩”或“炉排罩+半密闭罩”时取中值。⑤ 电炉及其工艺过程的废气进入同一除尘系统处理，因此仅对应一个排污系数。⑥ 单台电炉日产量校核标准为：<750吨。

3220 炼钢行业产排污系数表（续 4）

产品名称	原料名称	工艺名称	规模等级	污染物指标	单位	产污系数	末端治理技术名称	排污系数
合金钢	生铁水/废钢 铁合金/石灰	电炉法	＜50 吨	固体废物（冶炼废渣）	吨/吨钢	0.19	—	—
合金钢	废钢 铁合金 石灰	电炉法	≥50 吨⑥	工业废水量	吨/吨钢	3.57①	化学混凝沉淀	3.57
							循环使用	0
				化学需氧量	克/吨钢	385①	化学混凝沉淀	86
							循环使用	0
				石油类	克/吨钢	33①	化学混凝沉淀	11
							循环使用	0
				工业废气量	米 ^{3}/吨钢	1 210②	过滤式除尘法	1 210
						6 000～18 000③④	过滤式除尘法	6 000～18 000
				工业粉尘	千克/吨钢	12.3②	过滤式除尘法	0.386⑤
						5.42③		
				工业固体废物（冶炼废渣）	吨/吨钢	0.14	—	—
			＜50 吨⑦	工业废水量	吨/吨钢	7.023①	化学混凝沉淀	7.023
							循环使用	0
				化学需氧量	克/吨钢	495①	化学混凝沉淀	142.8
							循环使用	0

注：① 专指连铸机产生的废水污染物指标。② 专指电炉一次烟气废气污染物指标。③ 专指上料系统、二次烟气、精炼炉等工艺过程产生的废气污染物指标。④ 当电炉烟气采用“炉排罩+全密闭罩”时取低值；采用“导流板+屋顶罩”时取高值；采用“炉排罩+屋顶罩”或“炉排罩+半密闭罩”时取中值。⑤ 电炉及其工艺过程的废气进入同一除尘系统处理，因此仅对应一个排污系数。⑥ 单台电炉日产量校核标准为：≥750 吨。⑦ 单台电炉日产量校核标准为：＜750 吨。

3220 炼钢行业产排污系数表（续 5）

产品名称	原料名称	工艺名称	规模等级	污染物指标	单位	产污系数	末端治理技术名称	排污系数
合金钢	废钢 铁合金 石灰	电炉法	<50 吨	石油类	克/吨钢	58[①]	化学混凝沉淀	25
							循环使用	0
				工业废气量	米^3/吨钢	1 450[②]	直排	1 450
						12 000～28 000[③④]	直排	12 000～28 000
				工业粉尘	千克/吨钢	15.5[②]	过滤式除尘法	0.853[⑤]
						7.25[③]		
				工业固体废物（冶炼废渣）	吨/吨钢	0.167	—	—
不锈钢	废钢 铬铁合金 造渣剂	电炉法	所有规模	工业废水量	吨/吨钢	5.694[①]	化学混凝沉淀	5.694
							循环使用	0
				化学需氧量	克/吨钢	495[①]	化学混凝沉淀	150
							循环使用	0
				石油类	克/吨钢	62[①]	化学混凝沉淀	21
							循环使用	0
				工业废气量	米^3/吨钢	1 550[⑥]	过滤式除尘法	1 550
						19 450[⑦]	过滤式除尘法	19 450

注：① 专指连铸机产生的废水污染物指标。② 专指电炉一次烟气废气污染物指标。③ 专指上料系统、二次烟气、精炼炉等工艺过程产生的废气污染物指标。④ 当电炉烟气采用“炉排罩+全密闭罩”时取低值；采用“导流板+屋顶罩”时取高值；采用“炉排罩+屋顶罩”或“炉排罩+半密闭罩”时取中值。⑤ 电炉及其工艺过程的废气进入同一除尘系统处理，因此仅对应一个排污系数。⑥ 专指电炉和精炼炉产生的废气污染物指标。⑦ 专指上料系统、二次烟气等工艺过程产生的废气污染物指标。

3220 炼钢行业产排污系数表（续 6）

产品名称	原料名称	工艺名称	规模等级	污染物指标	单位	产污系数	末端治理技术名称	排污系数
不锈钢	废钢 铬铁合金 造渣剂	电炉法	所有规模	工业粉尘	千克/吨钢	17.622①	过滤式除尘法	0.582③
						8.3②		
				工业固体废物（冶炼废渣）	吨/吨钢	0.137	—	—
	生铁水 铬铁合金 造渣剂	转炉法	所有规模	工业废水量	吨/吨钢	6④	化学混凝沉淀	6
							循环使用	0
						4.3⑤	化学混凝沉淀	4.3
							循环使用	0
				化学需氧量	克/吨钢	435④	化学混凝沉淀	104
							循环使用	0
				石油类	克/吨钢	50.4④	化学混凝沉淀	11
							循环使用	0
				工业废气量	米 ^{3}/吨钢	1 500⑥	LT 干法除尘/湿法除尘法	1 500
						6 400⑦	过滤式除尘法	6 400
				工业粉尘	千克/吨钢	23.4⑥	LT 干法除尘	0.027
							湿法除尘法	0.025
						9.53⑦	过滤式除尘法	0.244
				工业固体废物（冶炼废渣）	吨/吨钢	0.142	—	—

注：① 专指电炉和精炼炉产生的废气污染物指标。② 专指上料系统、二次烟气等工艺过程产生的废气污染物指标。③ 电炉、精炼炉及其工艺过程的废气进入同一除尘系统处理，因此仅对应一个排污系数。④ 专指连铸机产生的废水污染物指标。⑤ 专指洗涤煤气产生的废水污染物指标。⑥ 转炉一次烟气的废气污染物指标。⑦ 专指铁水预处理、上料系统、转炉二次烟气、精炼炉等工艺过程产生的废气污染物指标。

3220 炼钢行业产排污系数表（续 7）

产品名称	原料名称	工艺名称	规模等级	污染物指标	单位	产污系数	末端治理技术名称	排污系数
重熔钢	钢锭	电渣法	所有规模	工业废气量	米 ^{3}/吨钢	5 920①	过滤式除尘法	5 920
				工业粉尘	千克/吨钢	14.5①	过滤式除尘法	0.32
重熔钢	钢锭	真空自耗法	所有规模	工业废气量	米 ^{3}/吨钢	1 254②	吸附法	1 254
				工业粉尘	千克/吨钢	0.75②	吸附法	0.097

注：① 专指电渣炉产生烟气的废气污染物指标。② 专指真空自耗炉产生烟气的废气污染物指标。

3230
钢压延加工业

1 适用范围

本手册给出了《统计上使用的产品分类目录》中黑色金属冶炼及压延产品的钢压延产品的产污系数和排污系数，可用于第一次全国污染源普查钢压延加工工业污染源污染物产生量和排放量的核算。

本手册涉及的污染物包括：工业废水量、化学需氧量、石油类、工业废气量（指折算成标准状态的体积）、烟尘、工业粉尘、二氧化硫、氮氧化物、HW34 危险废物（废酸）、HW23 危险废物（锌渣）、HW12 危险废物（涂渣）等。

2 注意事项

2.1 系数表中未涉及的产品产排污系数说明

本手册未覆盖的产品包括电工板带、钢制管件、铁路道岔、轨枕、鱼尾板和镀锌钢管等。钢制管件、铁路道岔、轨枕和鱼尾板等钢制件的生产工艺较多，当采用锻造法时，按机械行业的锻件（3592）进行类比选取；当采用铸造法时，按机械行业的铸钢件（3591）进行类比选取；需进行机加工时，按机械行业的零部件加工（3583）进行类比选取；需进行表面抛丸及涂镀处理时，按机械行业的金属表面处理（3460）进行类比选取。电工板按合金钢板进行选取。镀锌钢管生产如有酸洗工序，酸洗工序相关污染物产排污系数按冷拔线棒材选取；当有退火工序时，退火炉产生的废气相关污染物指标按镀层板卷选取；当采用电镀锌时，其产排污系数按金属表面处理行业（3460）电镀法进行类比。

本手册未覆盖的生产工艺主要有电镀镀层板、炉焊钢管和电弧焊钢管三种生产工艺。对于电镀镀层板，其产排污系数按金属表面处理行业（3460）电镀法进行类比；对于炉焊钢管，其加热炉产生的废气相关污染物指标按热轧中小型钢的 75%选取；对于电焊钢管，其电焊过程产生的烟气基本呈无组织排放状态，本手册未将其列入产排污系数核算范围内，如有退火工序，其退火炉废气相关污染物指标按焊接钢管选取。

2.2 工况未达到 75% 负荷的企业污染物产排量核算

当普查员在普查中遇到普查企业运行工况小于 75%的情况时，仍旧按照本手册给出的产排污系数进行核算。

2.3 生产非单一产品企业污染物产排量核算

钢压延加工行业产品结构较为复杂，按大类分为热轧材、锻造材、冷轧材和焊接材。热轧材主要以连铸钢坯为原料，产品种类包括中厚板、热轧带钢、热轧大型材、热轧中小型材、热轧棒材、热轧钢筋、热轧高线材、热轧无缝管和叠轧板等，在未列出的热轧材中，厚板及特厚板归入中厚板类，热轧薄板归入热轧带钢类，铁道钢轨归入热轧大型材，普线材归入热轧钢筋类。锻造材主要以模铸坯为原料进行加工。冷轧材产品种类包括酸洗板卷、冷硬板卷、退火板卷、镀层板卷、涂层板卷、冷轧无缝管、冷拔线棒材、冷弯型材等。

在冷轧材中，酸洗板卷生产主要包含酸洗工艺过程，冷硬板卷主要包含冷轧工艺过程，退火板卷主要包含罩式退火及湿平整工艺过程，镀层板卷主要包含脱脂、退火、热镀锌及钝化工艺过程，涂层板卷主要包含清洗、辊涂及钝化工艺过程。冷轧材的原料及工艺过程各不相同，选取产排污系数时务必注意。

普查时应按产品及工艺进行分类统计，计算污染物的产生量和排放量。

2.4 其他需要说明的问题

（1）热轧材生产废水来源于热轧钢坯及设备的直接冷却，一般的末端治理技术有：“化学混凝沉淀法”、“化学混凝气浮法”、“过滤”和“沉淀分离”。对于本手册未列出的直接冷却水的末端治理技术，取值规定如下：当采用过滤法时，其排污系数按化学混凝沉淀法的 35%选取；当采用化学混凝气浮法时，其排污系数按化学混凝沉淀法的 70%选取；当采用沉淀分离法时，其排污系数按化学混凝沉淀法的 200%选取。

（2）本手册中，废气类污染物来自于加热炉或退火炉，其废气指标中的工业废气量、二氧化硫和氮氧化物受加热炉燃料种类的影响，均采用区间表示。

① 对于普碳钢材和低合金钢材，采用非蓄热式加热炉或热处理炉时，产生污染物的区间值选取规定如下表所示：

加热炉及退火炉废气污染物指标区间选取表

燃料名称	工业废气量	二氧化硫	氮氧化物
高炉煤气	高值	低值×28	低值
焦炉煤气	低值	低值×42	低值
高焦混合煤气	中值	低值×42	低值
发生炉煤气	中值	高值	低值
天然气	低值	低值	低值
柴油	低值	低值×70	高值
重油	低值	低值×140	高值
电加热	无	无	无

上表中“低值”对应着系数表单中区间范围的低值，“高值”对应着系数表单中区间范围的低值，“中值”对应着系数表单中区间范围的中位值。如系数表单中某污染物的区间范围为 A～B，则 A 为低值，B 为高值，（$A+B$）/2 为中值。

极少数企业加热炉或退火炉仍直接烧煤，此时加热炉或退火炉产排放污染物应按工业锅炉进行类比计算；对于煤气发生炉生产时产生的污染，则不属于本行业范围，应在燃气加工行业里查询。

② 对于合金钢材，采用非蓄热式加热炉或热处理炉时，废气类污染物指标取普碳钢的 1.1 倍；如果轧制后需进行常化退火，废气类污染物指标取普碳钢的 2 倍。对于不锈钢，采用非蓄热式加热炉或热处理炉时，废气类污染物指标取普碳钢的 1.2 倍；如果轧制后需进行固溶处理，废气类污染物指标取普碳钢的 2 倍。

③ 加热炉或热处理炉为蓄热式时，其污染物取值为非蓄热式的 80%。

④ 当钢坯采用热装热送方式时，其污染物取值为非蓄热式的 80%。

⑤ 当加热炉及退火炉为蓄热式且钢坯采用热装热送方式时，其污染物取值为非蓄热式的 65%。

（3）在一般情况下，热轧材生产废水处理后循环利用；而在多数情况下，冷轧材生产废水处理后直接排放。当废水全部循环使用不外排时，其相应废水污染物指标均为 0；处理后部分外排时，其废水量及相关污染因子等于表格中数值×废水外排率（废水外排率=外排水量/处理后总水量）；当废水处理后全部外排时，按表格中数值选取。

（4）冷硬板卷、退火板卷、冷弯型材三个组合中石油类的产排污系数按照乳化液调制原料分为动植物油和矿物油两种，原料不同石油类指标相差很大，因此分两种类型表达。

（5）乳化液废水一般采用化学混凝沉淀和超滤法处理，大型企业采用超滤法较多，处置效果也比化学混凝沉淀法好。当采用过滤法，而手册中未列出时，其排污系数按化学混凝沉淀法的 20%选取。

（6）含铬废水一般采用化学沉淀法处理。对采用电解—过滤法处理的，其排污系数按化学沉淀法的 30%选取。

（7）带钢及薄板精轧产生的粉尘、钢管轧制时芯棒产生的黑色烟气、火焰切割及清理产生的烟尘和锻打时产生的粉尘基本呈无组织排放状态，本手册未将这些工艺过程列入产排污系数的核算范围内。

对钢压延加工行业进行无组织排放评估后，其无组织排放环节及无组织排放系数如下表所示：

钢压延加工行业无组织排放主要污染物排放系数

行业	无组织排放环节	无组织排放系数/（千克/吨钢）			
		粉尘	烟尘	SO_2	酸雾（油雾）
钢压延加工	火焰清理、切割	—	0.1～0.6	0.002～0.004	—
	锤锻	3	—	—	—
	热轧	0.08～1.0	—	—	—
	酸洗	—	—	—	0.007～0.1
	冷轧	—	—	—	0.01～0.05

无组织排放系数区间选取说明：

火焰清理、切割：有收尘装置时取低值；无收尘装置时取高值。

热轧：板带材取低值的 3 倍；无缝管取高值；其余钢材取低值。

酸洗：板带材取低值；其他钢材取高值。

冷轧：连续式轧机取低值；可逆式轧机取高值。

3230　钢压延加工业产排污系数表

产品名称	原料名称	工艺名称	规模等级	污染物指标	单位	产污系数	末端治理技术名称	排污系数
中厚板	连铸板坯	热轧法	所有规模	工业废水量	吨/吨钢	15.25①	化学混凝沉淀	15.25
							循环使用	0
				化学需氧量	克/吨钢	1 330.6①	化学混凝沉淀	370
							循环使用	0
				石油类	克/吨钢	112①	化学混凝沉淀	30.4
							循环使用	0
				工业废气量	米^3/吨钢	500～1 000②③	直排	500～1 000
				烟尘	千克/吨钢	0.036②	直排	0.036
				二氧化硫	千克/吨钢	0.003～0.525②③	直排	0.003～0.525
				氮氧化物	千克/吨钢	0.075～0.3②③	直排	0.075～0.3
热轧带钢	连铸板坯	热轧法	所有规模	工业废水量	吨/吨钢	19①	化学混凝沉淀	19
							循环使用	0
				化学需氧量	克/吨钢	1 500①	化学混凝沉淀	410
							循环使用	0

注：① 专指直接冷却产生的废水污染物指标，对于未列出的末端治理技术各污染物指标的排污系数取值参照“2 注意事项”中的“2.4（1）”。② 专指加热炉燃烧产生的废气污染物指标。③ 工业废气量、二氧化硫、氮氧化物的区间取值见“2 注意事项”中的“2.4（2）”。

3230 钢压延加工业产排污系数表（续1）

产品名称	原料名称	工艺名称	规模等级	污染物指标	单位	产污系数	末端治理技术名称	排污系数
热轧带钢	连铸板坯	热轧法	所有规模	石油类	克/吨钢	119.6①	化学混凝沉淀	35
							过滤	16
							循环使用	0
				工业废气量	米³/吨钢	480～960②③	直排	480～960
				烟尘	千克/吨钢	0.034②	直排	0.034
				二氧化硫	千克/吨钢	0.002～0.504②③	直排	0.002～0.504
				氮氧化物	千克/吨钢	0.072～0.288②③	直排	0.072～0.288
热轧大型材	连铸方坯	热轧法	所有规模	工业废水量	吨/吨钢	15.5①	化学混凝沉淀	15.5
							循环使用	0
				化学需氧量	克/吨钢	1 438.4①	化学混凝沉淀	428.4
							循环使用	0
				石油类	克/吨钢	124.3①	化学混凝沉淀	31.2
							循环使用	0
				工业废气量	米³/吨钢	425～8 500②③	直排	425～8 500
				烟尘	千克/吨钢	0.03②	直排	0.03
				二氧化硫	千克/吨钢	0.002～0.446②③	直排	0.002～0.446
				氮氧化物	千克/吨钢	0.064～0.255②③	直排	0.064～0.255

注：① 专指直接冷却产生的废水污染物指标，对于未列出的末端治理技术各污染物指标的排污系数取值参照“2 注意事项”中的“2.4（1）”。② 专指加热炉燃烧产生的废气污染物指标。③ 工业废气量、二氧化硫、氮氧化物的区间取值见“2 注意事项”中的“2.4（2）”。

3230 钢压延加工业产排污系数表（续 2）

产品名称	原料名称	工艺名称	规模等级	污染物指标	单位	产污系数	末端治理技术名称	排污系数
热轧中小型材	连铸方坯	热轧法	所有规模	工业废水量	吨/吨钢	10.7①	化学混凝沉淀/沉淀分离	10.7
							循环使用	0
				化学需氧量	克/吨钢	1 169①	沉淀分离	507.4
							化学混凝沉淀	260.7
							循环使用	0
				石油类	克/吨钢	107.4①	沉淀分离	50.7
							化学混凝沉淀	26.2
							循环使用	0
				工业废气量	米^3/吨钢	360～720②③	直排	360～720
				烟尘	千克/吨钢	0.026②	直排	0.026
				二氧化硫	千克/吨钢	0.002～0.378②③	直排	0.002～0.378
				氮氧化物	千克/吨钢	0.054～0.216②③	直排	0.054～0.216
热轧棒材	连铸方坯	热轧法	所有规模	工业废水量	吨/吨钢	17.6①	化学混凝沉淀	17.6
							循环使用	0
				化学需氧量	克/吨钢	1 610①	化学混凝沉淀	420.7
							循环使用	0

注：① 专指直接冷却产生的废水污染物指标，对于未列出的末端治理技术各污染物指标的排污系数取值参照“2 注意事项”中的“2.4（1）”。② 专指加热炉燃烧产生的废气污染物指标。③ 工业废气量、二氧化硫、氮氧化物的区间取值见“2 注意事项”中的“2.4（2）”。

3230 钢压延加工业产排污系数表（续 3）

产品名称	原料名称	工艺名称	规模等级	污染物指标	单位	产污系数	末端治理技术名称	排污系数
热轧棒材	连铸方坯	热轧法	所有规模	石油类	克/吨钢	161①	化学混凝沉淀	40.5
							循环使用	0
				工业废气量	米³/吨钢	400～800②③	直排	400～800
				烟尘	千克/吨钢	0.028 8②	直排	0.028
				二氧化硫	千克/吨钢	0.002 4～0.42②③	直排	0.002 4～0.42
				氮氧化物	千克/吨钢	0.06～0.24②③	直排	0.06～0.24
热轧钢筋	连铸方坯	热轧法	所有规模	工业废水量	吨/吨钢	9.5①	化学混凝沉淀	9.5
							循环使用	0
				化学需氧量	克/吨钢	1 400①	化学混凝沉淀	405
							循环使用	0
				石油类	克/吨钢	130①	化学混凝沉淀	39
							循环使用	0
				工业废气量	米³/吨钢	350～700②③	直排	350～700
				烟尘	千克/吨钢	0.026②	直排	0.026
				二氧化硫	千克/吨钢	0.002～0.368②③	直排	0.002～0.368
				氮氧化物	千克/吨钢	0.053～0.21②③	直排	0.053～0.21

注：① 专指直接冷却产生的废水污染物指标，对于未列出的末端治理技术各污染物指标的排污系数取值参照“2 注意事项”中的“2.4（1）”。② 专指加热炉燃烧产生的废气污染物指标。③ 工业废气量、二氧化硫、氮氧化物的区间取值见“2 注意事项”中的“2.4（2）”。

3230 钢压延加工业产排污系数表（续 4）

产品名称	原料名称	工艺名称	规模等级	污染物指标	单位	产污系数	末端治理技术名称	排污系数
热轧高线材	连铸方坯	热轧法	所有规模	工业废水量	吨/吨钢	13.3①	化学混凝沉淀	13.3
							循环使用	0
				化学需氧量	克/吨钢	1 162.5①	化学混凝沉淀	378.7
							循环使用	0
				石油类	克/吨钢	121.2①	化学混凝沉淀	33.6
							循环使用	0
				工业废气量	米^3/吨钢	350～700②③	直排	350～700
				烟尘	千克/吨钢	0.026②	直排	0.026
				二氧化硫	千克/吨钢	0.002～0.316②③	直排	0.002～0.316
				氮氧化物	千克/吨钢	0.053～0.21②③	直排	0.053～0.21
热轧无缝管	连铸管坯	热轧法	所有规模	工业废水量	吨/吨钢	20①	化学混凝沉淀	20
							循环使用	0
				化学需氧量	克/吨钢	1 675①	化学混凝沉淀	454.1
							循环使用	0
				石油类	克/吨钢	177.5①	化学混凝沉淀	45.2
							循环使用	0

注：① 专指直接冷却产生的废水污染物指标，对于未列出的末端治理技术各污染物指标的排污系数取值参照“2 注意事项”中的“2.4（1）”。② 专指加热炉燃烧产生的废气污染物指标。③ 工业废气量、二氧化硫、氮氧化物的区间取值见“2 注意事项”中的“2.4（2）”。

3230 钢压延加工业产排污系数表（续 5）

产品名称	原料名称	工艺名称	规模等级	污染物指标	单位	产污系数	末端治理技术名称	排污系数
热轧无缝管	连铸管坯	热轧法	所有规模	工业废气量	米^3/吨钢	550～1 100①②	直排	550～1 100
				烟尘	千克/吨钢	0.04①	直排	0.04
				二氧化硫	千克/吨钢	0.003～0.578①②	直排	0.003～0.578
				氮氧化物	千克/吨钢	0.083～0.33①②	直排	0.083～0.33
酸洗板卷	热轧板卷	酸洗法	所有规模	工业废水量	吨/吨钢	0.5③	化学混凝沉淀	0.5
							循环使用	0
				化学需氧量	克/吨钢	344③	中和法+化学沉淀法	34.4
							循环使用	0
				HW34 危险废物（废酸）	吨/吨钢	0.02	—	—
冷硬板卷	酸洗板卷	冷轧法	所有规模	工业废水量	吨/吨钢	0.007④	化学混凝沉淀/超滤法	0.007
							循环使用	0
				化学需氧量	克/吨钢	381.9④	超滤法	0.5
							化学混凝沉淀	1.5
							循环使用	0
				石油类	克/吨钢	0.864⑤	超滤法	0.032
							化学混凝沉淀	0.097
							循环使用	0

注：① 专指加热炉燃烧产生的废气污染物指标。② 工业废气量、二氧化硫、氮氧化物的区间取值见“2 注意事项”中的“2.4（2）”。③ 专指酸洗产生的废水污染物指标。④ 专指乳化液废水污染物指标。⑤ 专指用动植物油调制的乳化液产生废水污染物指标。

3230 钢压延加工业产排污系数表（续 6）

产品名称	原料名称	工艺名称	规模等级	污染物指标	单位	产污系数	末端治理技术名称	排污系数
冷硬板卷	酸洗板卷	冷轧法	所有规模	石油类	克/吨钢	54.4①	超滤法	0.1
							化学混凝沉淀	0.6
							循环使用	0
退火板卷	冷硬板卷	罩式退火法	所有规模	工业废水量	吨/吨钢	0.003②	化学混凝沉淀	0.003
							循环使用	0
				化学需氧量	克/吨钢	112.1②	化学混凝沉淀	1
							循环使用	0
				石油类	克/吨钢	0.733③	化学混凝沉淀	0.033
							循环使用	0
						10.466①	化学混凝沉淀	0.133
							循环使用	0
				工业废气量	米^3/吨钢	160～333④⑤	直排	160～333
				烟尘	千克/吨钢	0.012④	直排	0.012
				二氧化硫	千克/吨钢	0.001～0.175④⑤	直排	0.001～0.175
				氮氧化物	千克/吨钢	0.025～0.1④⑤	直排	0.025～0.1

注：① 指用矿物油调制的乳化液产生废水污染物指标。② 专指湿平整产生的乳化液废水污染物指标。③ 专指用动植物油调制的乳化液产生废水污染物指标。④ 专指退火炉燃烧产生的废气污染物指标。⑤ 工业废气量、二氧化硫、氮氧化物的区间取值见“2 注意事项”中的“2.4（2）”。

3230　钢压延加工业产排污系数表（续7）

产品名称	原料名称	工艺名称	规模等级	污染物指标	单位	产污系数	末端治理技术名称	排污系数
镀层板卷	冷硬板卷	热镀法	所有规模	工业废水量	吨/吨钢	0.153①	中和法+化学混凝沉淀	0.153
							循环使用	0
						0.025②	化学沉淀去	0.025
							循环使用	0
				化学需氧量	克/吨钢	205①	化学混凝沉淀	12.5
							循环使用	0
				石油类	克/吨钢	20①	中和法+化学混凝沉淀	4
							循环使用	0
				六价铬	克/吨钢	1②	化学沉淀	0.002
							循环使月	0
				工业废气量	米³/吨钢	160～333③④	直排	160～333
				烟尘	千克/吨钢	0.012③	直排	0.012
				二氧化硫	千克/吨钢	0.001～0.175③④	直排	0.001～0.175
				氮氧化物	千克/吨钢	0.025～0.1③④	直排	0.025～0.1
				HW23 危险废物（锌渣）	吨/吨钢	0.003	综合利月	—
涂层板卷	镀锌板卷	辊涂法	所有规模	工业废水量	吨/吨钢	0.091①	中和法+化学混凝沉淀	0.091
							循环使用	0

注：① 专指清洗脱脂产生的废水污染物指标。② 专指钝化材漂洗产生的废水污染物指标。③ 专指退火炉燃烧产生的废气污染物指标。④ 工业废气量、二氧化硫、氮氧化物的区间取值见“2 注意事项”中的“2.4（2）”。

3230 钢压延加工业产排污系数表（续 8）

产品名称	原料名称	工艺名称	规模等级	污染物指标	单位	产污系数	末端治理技术名称	排污系数
涂层板卷	镀锌板卷	辊涂法	所有规模	化学需氧量	克/吨钢	72.6①	中和法+化学混凝沉淀	4.5
							循环使用	0
				石油类	千克/吨钢	2.4①	中和法+化学混凝沉淀	0.5
							循环使用	0
				工业废气量	米³/吨钢	2 143②	直排	2 143
				烟尘	千克/吨钢	0.123②	直排	0.123
				二氧化硫	千克/吨钢	0.154②	直排	0.154
				氮氧化物	千克/吨钢	0.595②	直排	0.595
				HW12 危险废物（涂渣）	吨/吨钢	0.000 4	—	—
冷轧无缝管	热轧管材	冷轧法	所有规模	工业废水量	吨/吨钢	1.8③	中和法+化学混凝沉淀	1.8
							循环使用	0
				化学需氧量	克/吨钢	1 190③	中和法+化学混凝沉淀	170
							循环使用	0
				工业废气量	米³/吨钢	160～333④⑤	直排	160～333
				烟尘	千克/吨钢	0.012④	直排	0.012
				二氧化硫	千克/吨钢	0.001～0.175④⑤	直排	0.001～0.175
				氮氧化物	千克/吨钢	0.025～0.1④⑤	直排	0.025～0.1
				HW34 危险废物（废酸）	吨/吨钢	0.02	—	—

注：① 专指清洗产生的废水污染物指标，如果不采用酸洗工艺，则不产生酸洗废水及相关污染物以及废酸。② 专指焚烧炉燃烧产生的废气污染物指标。③ 专指酸洗产生的废水污染物指标。④ 专指退火炉燃烧产生的废气污染物指标。⑤ 工业废气量、二氧化硫、氮氧化物的区间取值见“2 注意事项”中的“2.4（2）”。

3230 钢压延加工业产排污系数表（续 9）

产品名称	原料名称	工艺名称	规模等级	污染物指标	单位	产污系数	末端治理技术名称	排污系数
冷拔线棒材	热轧棒材	冷拔法	所有规模	工业废水量	吨/吨钢	2.562①	中和法+化学混凝沉淀	2.562
							循环使用	0
				化学需氧量	克/吨钢	633①	中和法+化学混凝沉淀	130
							循环使用	0
				工业废气量	米 ^{3}/吨钢	500～1 000②③	直排	500～1 000
				烟尘	千克/吨钢	0.036②	直排	0.036
				二氧化硫	千克/吨钢	0.003～0.525②③	直排	0.003～0.525
				氮氧化物	千克/吨钢	0.075～0.3②③	直排	0.075～0.3
				HW34 危险废物（废酸）	吨/吨钢	0.02	—	—
冷弯型材	带钢	辊压法	所有规模	工业废水量	吨/吨钢	0.003④	化学混凝沉淀法	0.003
							循环使用	0
				化学需氧量	克/吨钢	84.9④	化学混凝沉淀法	0.3
							循环使用	0
				石油类	克/吨钢	0.495⑤	化学混凝沉淀法	0.066
							循环使用	0
						28.1⑥	化学混凝沉淀法	0.1
							循环使用	0

注：① 专指酸洗废水产生的废水污染物指标，如果不采用酸洗工艺，则不产生酸洗废水及相关污染物以及废酸。② 专指退火炉燃烧产生的废气污染物指标。③ 工业废气量、二氧化硫、氮氧化物的区间取值见“2 注意事项”中的“2.4（2）”。④ 专指乳化液废水污染物指标。⑤ 专指用动植物油调制的乳化液产生废水污染物指标。⑥ 专指用矿物油调制的乳化液产生废水污染物指标。

3230 钢压延加工业产排污系数表（续 10）

产品名称	原料名称	工艺名称	规模等级	污染物指标	单位	产污系数	末端治理技术名称	排污系数
焊接钢管	带钢	高频焊法	所有规模	工业废水量	吨/吨钢	11.699①	沉淀分离法	11.699
							循环使用	0
				工业废气量	米³/吨钢	160～333②③	直排	160～333
				烟尘	千克/吨钢	0.012②	直排	0.012
				二氧化硫	千克/吨钢	0.001～0.175②③	直排	0.001～0.175
				氮氧化物	千克/吨钢	0.025～0.1②③	直排	0.025～0.1
锻造材	模铸坯	锻造法	所有规模	工业废气量	米³/吨钢	650～1 300④③	直排	650～1 300
				烟尘	千克/吨钢	0.047④	直排	0.047
				二氧化硫	千克/吨钢	0.003～0.683④③	直排	0.003～0.683
				氮氧化物	千克/吨钢	0.098～0.39④③	直排	0.098～0.39
叠轧薄板	连铸板坯	叠轧法	所有规模	工业废水量	吨/吨钢	3.2①	沉淀分离法	3.2
							循环使用	0
				化学需氧量	克/吨钢	352①	沉淀分离	128
							循环使用	0
				石油类	克/吨钢	27.5①	沉淀分离	13.4
							循环使用	0

注：① 专指直接冷却水产生的废水污染物指标。② 专指退火炉燃烧产生的废气污染物指标。③ 工业废气量、二氧化硫、氮氧化物的区间取值见“2 注意事项”中的“2.4（2）”。④ 专指加热炉燃烧产生的废气污染物指标。

3230 钢压延加工业产排污系数表（续 11）

产品名称	原料名称	工艺名称	规模等级	污染物指标	单位	产污系数	末端治理技术名称	排污系数
叠轧薄板	连铸板坯	叠轧法	所有规模	工业废气量	米³/吨钢	640①	直排	640
				烟尘	千克/吨钢	0.014①	直排	0.014
				二氧化硫	千克/吨钢	0.275①	直排	0.275
				氮氧化物	千克/吨钢	0.043①	直排	0.043

注：① 专指加热炉燃烧产生的废气污染物指标。

3240
铁合金行业

1 适用范围

本手册给出了《统计上使用的产品分类目录》中黑色金属冶炼及压延加工业—铁合金冶炼业的硅铁、锰硅合金、硅钙合金、高碳锰铁、中低碳锰铁、氮化锰铁、高碳铬铁、中低碳铬铁、微碳铬铁、硅铬铁、氮化铬铁、钨铁、钼铁、钒铁、钛铁、磷铁、硼铁、镍铁、硅铝合金、稀土硅铁、稀土硅镁等的产污系数和排污系数；同时基于铁合金行业的生产现状，本手册还给出了富锰渣、铝锰合金、铁合金粉末、工业硅、金属锰、金属铬六种产品的产污系数和排污系数，可用于第一次全国污染源普查铁合金冶炼业工业污染源污染物产生量和排放量的核算。

本手册涉及的污染物包括：工业废水量、化学需氧量、氨氮、石油类、挥发酚、六价铬、氰化物、工业废气量（指折算成标准状态的体积）、烟尘、工业粉尘、二氧化硫、氮氧化物、工业固体废物（冶炼废渣、铬渣、锰渣）等。

2 注意事项

2.1 系数表中未涉及的产品产排污系数说明

铁合金行业产品多、生产工艺复杂，一种产品可以由多种工艺生产。本手册已给出了主要铁合金产品按主流工艺生产的产、排污系数，从产能角度考虑，产品覆盖率已达到 95%以上。对于铌铁、锆铁、钴铁等小类铁合金产品，硅钡合金、硅钙钡合金、硅钡铝合金、硅钙钡铝合金等复合铁合金以及用中频炉法生产的镍铁、钛铁、稀土硅铁、硅铝合金等的产、排污系数，可参照本手册已给出的同类工艺生产线选取，选取方法按类比生产线解释的办法执行。未覆盖产品及工艺产排污系数类比表如下。

未覆盖产品及工艺产排污系数类比表

产品	原料	工艺	规模	类比组合
镍铁	废镍、钢屑	中频炉	所有规模	中频炉法铝锰合金
钛铁	废纯钛、钢屑	中频炉	所有规模	中频炉法铝锰合金
铌铁	氧化铌、铁矿石、铝粒、石灰	铝热法	所有规模	铝热法硼铁
锆铁	锆精矿、石英、木炭（焦炭）	矿热炉	所有规模	矿热炉法镍铁
钴铁	含钴氧化矿、石灰、焦炭	矿热炉	所有规模	矿热炉法镍铁
稀土硅铁	硅铁、稀土合金	中频炉	所有规模	中频炉法稀土硅镁
硅铝合金	硅铁、铝锭	中频炉	所有规模	中频炉法铝锰合金
硅钡合金	硅石、碳酸钡矿、焦炭、钢屑	矿热炉	所有规模	硅铁（<1 万千伏安）

产品	原料	工艺	规模	类比组合
硅钙钡合金	硅石、重晶石、焦炭、石灰	矿热炉	所有规模	硅铁（<1 万千伏安）
硅钡铝合金	硅石、铝矿石、钡矿	矿热炉	所有规模	硅铁（<1 万千伏安）
硅钙钡铝合金	硅石、铝矿石、生石灰、钡矿	矿热炉	所有规模	硅铁（<1 万千伏安）

2.2 工况未达到 75% 负荷的企业污染物产排量核算

本手册给出的产、排污系数均是针对工况达到 75%以上负荷的生产线，对于工况未达到 75%负荷的生产线（或企业），按该生产线（或企业）的实际生产能力核定生产规模，以核定的实际生产规模类比同一组合下规模对应的生产线，选取产、排污系数。

2.3 生产非单一产品企业污染物产排量核算

目前，铁合金产品和生产工艺众多，先进生产工艺和落后生产工艺共存，生产设备及规模大小不一。同一铁合金企业存在生产不同产品和同一产品在不同规模生产线下生产的情况，在大中型企业这一现象较普遍。普查时应以产品结构为重点，根据生产工艺和规模进行统计。尤其是对拥有不同产品生产线和不同生产规模的铁合金企业，应按产品生产线和生产规模分别统计污染物的产生量和排放量。

2.4 无组织排放的说明

本行业无组织排放现象较严重，已编制了无组织排放评估报告。本手册系数表单只给出了有组织排放污染物的产、排污系数，不包括无组织排放污染物的产、排污系数。

铁合金行业无组织排放的主要污染物是粉尘，其次是二氧化硫。产污环节主要在原料破碎、转运、配料、出铁口以及工业炉窑烟气外逸等环节。铁合金行业无组织排放主要产污环节及产污系数见下表。

铁合金行业无组织排放主要产污环节及产污系数 单位：千克/吨产品

指标	原料破碎、转运、配料	高炉、矿热炉出铁口	炉窑烟气外逸
粉尘	5.614～21.135	2.078～19.377	4.315～17.484
二氧化硫	—	—	0.256

说明：

（1）若企业购进原料粒度基本符合冶炼要求，无须大量破碎，皮带转运和配料有半密闭条件，其粉尘无组织排放系数取下限；企业购进原料需大量破碎，破碎设备无除尘装置，转运、配料密闭条件差，其粉尘无组织排放系数取上限；其他按平均值选取。

（2）出铁口有侧吸罩，且抽吸条件较好的，粉尘无组织排放系数取下限；出铁口有防尘措施，如挡板、半密闭或有侧吸罩，但抽风条件较差，粉尘无组织排放系数取平均值；出铁口无任何防尘措施，粉尘无组织排放系数取上限。

（3）冶炼炉窑烟气外逸粉尘无组织排放：中频炉、矮烟罩矿热炉取下限；精炼炉取平均值；其他矿热炉、熔炼炉取上限。

（4）普查时，普查员可根据企业具体情况，如除尘设施维护较好、运行率较高，产尘点密闭措施适当等，而本说明未提及的情况下，对产污系数在 30%范围内自行调节。

2.5 工业炉窑污染物与工艺过程污染物说明

铁合金行业是以工业炉窑为主体生产设备的行业，工艺过程大气污染物大多为无组织排放。本手册所给定的产排污系数，除已标注“工艺过程”的组合之外，其他大气污染物均为工业炉窑产、排污系数。

2.6 生产规模等级说明

铁合金产品主要由高炉、矿热炉、精炼炉等工业炉窑生产，矿热炉产品量占本行业产品总量的 80%～90%。本手册仅对高炉和矿热炉生产工艺进行了规模等级划分。高炉生产工艺划分成两种规模等级：≥150 米^{3}和<150 米^3；矿热炉生产工艺也划分为两种规模等级：≥1 万千伏安和<1 万千伏安，其他生产工艺不分规模等级。本手册给出的规模等级仅指生产线的规模等级，不代表企业的生产规模等级，普查时应加以区别。

2.7 存在的特殊情况与处理办法

（1）铁合金行业冲渣水和湿法除尘水大多循环利用，废水循环利用率大于 95%。本手册给出了部分组合的废水排放系数，在普查中，若企业冲渣水和湿法除尘水循环利用，则与之对应的组合废水及污染因子排放系数均取 0；若企业无冲渣水和湿法除尘废水，则此部分废水产排污指标不统计。

（2）当前铁合金行业废气治理的主要方法是过滤式除尘法，部分企业用湿法除尘和单筒旋风除尘。本手册中组合的末端治理技术是根据现场调查所得到的，基本代表了目前的行业现状。若普查中，企业用湿法除尘，而本手册对应组合未给出产排污系数，按如下办法处理：以生产工艺为主线，矿热炉法生产工艺均参照硅铁（<1 万千伏安）湿法除尘废水污染物指标选取；电硅热法生产工艺均参照电硅热法中低碳锰铁湿法除尘废水污染物指标选取；高炉法生产工艺均参照高炉法高碳锰铁（<150 米^3）湿法除尘废水污染物指标选取。

（3）锰硅合金、高碳锰铁、高碳铬铁（≥1 万千伏安）等生产线存在封闭式矿热炉煤气净化回收工艺，煤气净化回收分干法和湿法，矿热炉废气主要是指“荒煤气”，与半封闭式矿热炉废气量相比相差十余倍。不同炉型以及煤气净化方法不同，对应的粉尘排放量也不同。本手册系数表中，对有封闭炉和半封闭炉的生产线，已分别给出了封闭炉和半封闭炉的大气污染物产排污系数；对干法和湿法两种煤气净化回收工艺，也分别给出了粉尘排放系数。普查时应注意区别矿热炉炉型和煤气净化回收工艺，对于封闭炉，在对应的系数表中全部选用封闭炉指标；对于半封闭炉，在对应的系数表中全部选用半封闭炉指标。并注意与煤气净化回收工艺相对应。未标注炉型的大气污染物指标，适用所有炉型。

（4）由于不同的原材料含硫率差别较大，使得部分组合 SO_2 排放浓度有较大差异，对这类组合 SO_2 产排污系数采用区间值表达更为合适。手册中当 SO_2 采用区间值表达时，取值原则为：原材料含硫量小于 0.5%、在 0.5%～1.5%、大于 1.5%，二氧化硫产排污系数分别取下限、加权平均值、上限。

3240 铁合金行业产排污系数表

产品名称	原料名称	工艺名称	规模等级	污染物指标	单位	产污系数	末端治理技术名称	排污系数
硅铁	硅石 焦炭 钢屑	矿热炉法	≥1 万千伏安	工业废气量	米 ^{3}/吨硅铁	27 053[①]	单筒旋风除尘法+过滤式除尘法	27 053
				工业粉尘	千克/吨硅铁	55.59[①]	单筒旋风除尘法+过滤式除尘法	1.414
				二氧化硫	千克/吨硅铁	0.125[①]	直排	0.125
				工业固体废物（冶炼废渣）	吨/吨硅铁	0.013	—	—
			<1 万千伏安	工业废水量	吨/吨硅铁	18[②]	沉淀分离（循环利用）	0
				化学需氧量	克/吨硅铁	559.3[②]	沉淀分离（循环利用）	0
				工业废气量	米 ^{3}/吨硅铁	29 335[①]	单筒旋风除尘法+湿法除尘法/过滤式除尘法；重力沉降法+湿法除尘法/过滤式除尘法	29 335
				工业粉尘	千克/吨硅铁	57.703[①]	单筒旋风除尘法+湿法除尘法	5.342
							单筒旋风除尘法+过滤式除尘法	1.483
							重力沉降法+湿法除尘法	6.121
							过滤式除尘法	1.558
				二氧化硫	千克/吨硅铁	0.206[①]	其他烟气脱硫法（湿法洗涤）	0.143
							直排	0.206
				工业固体废物（冶炼废渣）	吨/吨硅铁	0.014	—	—

注：① 矿热炉污染物指标。② 湿法除尘废水污染物指标；若干法除尘，则无生产废水。

说明：矿热炉≥1 万千伏安的硅铁生产线若有湿法除尘水，其废水污染物产、排污系数参照矿热炉<1 万千伏安的硅铁生产线选取。

3240 铁合金行业产排污系数表（续 1）

产品名称	原料名称	工艺名称	规模等级	污染物指标	单位	产污系数	末端治理技术名称	排污系数
锰硅合金	锰矿（富锰渣）焦炭 硅石	矿热炉法	≥1 万千伏安	工业废水量	吨/吨锰硅	16①	沉淀分离	16
						12②	沉淀分离（循环利用）	0
				化学需氧量	克/吨锰硅	825①	沉淀分离	508.4
						344.8②	沉淀分离（循环利用）	0
				挥发酚	克/吨锰硅	2.5①	沉淀分离	1.4
				氰化物	克/吨锰硅	55①	沉淀分离	38.7
				工业废气量	米 ^{3}/吨锰硅	1 196③	单筒旋风除尘+过滤式除尘法/湿法除尘法	1 196
						24 347④		24 347
				工业粉尘	千克/吨锰硅	54.397⑤	单筒旋风除尘+过滤式除尘法	0.324③
								2.181④
							湿法除尘法	0.486③
								4.177④
				二氧化硫	千克/吨锰硅	1.245⑤	其他烟气脱硫法（湿法洗涤）	0.697
							直排	1.245
				工业固体废物（冶炼废渣）	吨/吨锰硅	1.249	—	—

注：① 封闭式矿热炉煤气净化回收洗涤水污染物指标。若该部分废水循环利用，其排污系数均取 0。② 冲渣水污染物指标。若无冲渣水，此项废水污染物指标不统计。③ 封闭式矿热炉大气污染物指标。④ 半封闭式矿热炉大气污染物指标。⑤ 矿热炉（所有炉型）污染物指标。

说明：硅锰合金生产线存在封闭炉煤气净化回收工艺，煤气净化回收分干法和湿法。普查时应注意炉型和煤气净化回收工艺类别，产排污系数指标应一一对应。

3240 铁合金行业产排污系数表（续 2）

产品名称	原料名称	工艺名称	规模等级	污染物指标	单位	产污系数	末端治理技术名称	排污系数
锰硅合金	锰矿（富锰渣）焦炭 硅石	矿热炉法	<1 万千伏安	工业废水量	吨/吨锰硅	17①	沉淀分离（循环利用）	0
						13②	沉淀分离	13
				化学需氧量	克/吨锰硅	859.9①	沉淀分离（循环利用）	0
						494.8②	沉淀分离	357.7
				工业废气量	米 ^{3}/吨锰硅	26 912③	过滤式除尘法/湿法除尘法/单筒旋风除尘法	26 912
				工业粉尘	千克/吨锰硅	62.127③	过滤式除尘法	2.231
							湿法除尘法	4.365
							单筒旋风除尘法	5.269
				二氧化硫	千克/吨锰硅	1.6③	其他烟气脱硫法（湿法洗涤）	0.972
							直排	1.6
				工业固体废物（冶炼废渣）	吨/吨锰硅	1.328	综合利用	—
硅钙合金	硅石 焦炭 石灰	矿热炉法	所有规模	工业废水量	吨/吨硅钙	14①	沉淀分离（循环利用）	0
				化学需氧量	克/吨硅钙	937.3①	沉淀分离（循环利用）	0
				工业废气量	米 ^{3}/吨硅钙	30 723③	单筒旋风除尘+过滤式除尘法/湿法除尘法	30 723
				工业粉尘	千克/吨硅钙	53.985③	单筒旋风除尘+过滤式除尘法	2.124
							湿法除尘法	9.283
				二氧化硫	千克/吨硅钙	0.937③	其他烟气脱硫法（湿法洗涤）	0.615
							直排	0.937
				工业固体废物（冶炼废渣）	吨/吨硅钙	0.729	—	—

注：① 湿法除尘废水污染物指标。② 冲渣水污染物指标。若该部分废水循环利用，其排污系数均取 0。③ 矿热炉污染物指标。

3240 铁合金行业产排污系数表（续3）

产品名称	原料名称	工艺名称	规模等级	污染物指标	单位	产污系数	末端治理技术名称	排污系数
高碳锰铁	锰矿 焦炭	高炉法	≥150米^3	工业废水量	吨/吨高碳锰铁	36①	沉淀分离	36
						12②	沉淀分离（循环利用）	0
				化学需氧量	克/吨高碳锰铁	1 087.9①	沉淀分离	652.7
						365②	沉淀分离（循环利用）	0
				挥发酚	克/吨高碳锰铁	17①	沉淀分离	11.9
				氰化物	克/吨高碳锰铁	405.8①	沉淀分离	324.6
				工业废气量	米^3/吨高碳锰铁	4 650③	单筒旋风除尘法/过滤式除尘法/湿法除尘法	4 650
						2 305④		2 305
				烟尘	千克/吨高碳锰铁	66.983③	单筒旋风除尘法+过滤式除尘法	0.33
							过滤式除尘法	0.553
							湿法除尘法	0.652
						0.095④	直排	0.095
				二氧化硫	千克/吨高碳锰铁	0.811③	其他烟气脱硫法（湿法洗涤）	0.488
							直排	0.811
						0.115④	直排	0.115
				氮氧化物	千克/吨高碳锰铁	0.228④	直排	0.228
				工业固体废物（冶炼废渣）	吨/吨高碳锰铁	1.523	—	—

注：① 煤气净化洗涤水污染物指标。若该部分废水循环利用，其排污系数均取 0；若干法净化，则此项废水污染物指标不统计。② 冲渣水污染物指标。③ 高炉污染物指标。④ 热风炉污染物指标。

3240 铁合金行业产排污系数表（续4）

产品名称	原料名称	工艺名称	规模等级	污染物指标	单位	产污系数	末端治理技术名称	排污系数
高碳锰铁	锰矿 焦炭	高炉法	＜150 米 ^{3}	工业废水量	吨/吨高碳锰铁	38①	沉淀分离	38
						13②	沉淀分离（循环利用）	0
				化学需氧量	克/吨高碳锰铁	1 289.3①	沉淀分离	758.3
						654.8②	沉淀分离（循环利用）	0
				挥发酚	克/吨高碳锰铁	20.5①	沉淀分离	14.3
				氰化物	克/吨高碳锰铁	435.6①	沉淀分离	348.4
				工业废气量	米 ^{3}/吨高碳锰铁	4 758③	过滤式除尘法/湿法除尘法	4 758
						2 503④		2 503
				烟尘	千克/吨高碳锰铁	72.631③	过滤式除尘法	0.649
							湿法除尘法	0.829
						0.132④	直排	0.132
				二氧化硫	千克/吨高碳锰铁	1.06③	其他烟气脱硫法（湿法洗涤）	0.611
							直排	1.06
						0.165④	直排	0.165
				氮氧化物	千克/吨高碳锰铁	0.388④	直排	0.388
				工业固体废物（冶炼废渣）	吨/吨高碳锰铁	2.073	—	—

注：① 煤气净化洗涤水污染物指标。② 冲渣水污染物指标。③ 高炉污染物指标。④ 热风炉污染物指标。废水污染物产排污系数选取原则同续表 3。

3240　铁合金行业产排污系数表（续 5）

产品名称	原料名称	工艺名称	规模等级	污染物指标	单位	产污系数	末端治理技术名称	排污系数
高碳锰铁	锰矿 焦炭 石灰	矿热炉法	≥1 万千伏安	工业废水量	吨/吨高碳锰铁	15①	沉淀分离	15
						14②	沉淀分离（循环利用）	0
				化学需氧量	克/吨高碳锰铁	1 277.8①	沉淀分离	978
						849.1②	沉淀分离（循环利用）	0
				挥发酚	克/吨高碳锰铁	25①	沉淀分离	20.6
				氰化物	克/吨高碳锰铁	550①	沉淀分离	385.8
				工业废气量	米 ^{3}/吨高碳锰铁	1 280③	单筒旋风除尘+过滤式除尘法/湿法除尘法	1 280③
						27 821④		27 821④
				工业粉尘	千克/吨高碳锰铁	62.537⑤	单筒旋风除尘+过滤式除尘法	0.357③
								2.157④
							湿法除尘法	0.448③
								4.848④
				二氧化硫	千克/吨高碳锰铁	0.46⑤（0.166～0.95）⑤	其他烟气脱硫法（湿法洗涤）	0.322（0.116～0.665）
							直排	0.46（0.166～0.95）
				工业固体废物（冶炼废渣）	吨/吨高碳锰铁	1.425	—	—

注：① 封闭炉煤气净化洗涤水污染物指标。若该部分废水循环利用，其排污系数均取 0。② 冲渣水污染物指标。③ 封闭炉大气污染物指标。④ 半封闭炉大气污染物指标。⑤ 矿热炉（所有炉型）污染物指标。

说明：高碳锰铁生产线存在封闭炉煤气净化回收工艺，煤气净化回收分干法和湿法。普查时应注意炉型和煤气净化回收工艺类别，产排污系数指标应一一对应。

二氧化硫产排污系数用区间值表示，取值原则为：原材料含硫量小于 0.5%、在 0.5%～1.5%之间、大于 1.5%，产排污系数分别取下限、加权平均值、上限。

3240 铁合金行业产排污系数表（续 6）

产品名称	原料名称	工艺名称	规模等级	污染物指标	单位	产污系数	末端治理技术名称	排污系数
高碳锰铁	锰矿 焦炭 石灰	矿热炉法	<1 万千伏安	工业废气量	米 ^{3}/吨高碳锰铁	36 565①	过滤式除尘法	36 565
				工业粉尘	千克/吨高碳锰铁	74.497①	过滤式除尘法	2.451
				二氧化硫	千克/吨高碳锰铁	1.237①	直排	1.237
				固体废物（冶炼废渣）	吨/吨高碳锰铁	1.433	综合利用	—
中低 碳锰铁	锰矿 硅锰合金 石灰	电硅热法	所有规模	工业废水量	吨/吨中低碳锰铁	14②	沉淀分离	14
				化学需氧量	克/吨中低碳锰铁	631.2②	沉淀分离	498.9
				工业废气量	米 ^{3}/吨中低碳锰铁	15 873③	单筒旋风除尘法/湿法除尘法/过滤式除尘法	15 873
				工业粉尘	千克/吨中低碳锰铁	39.373③	单筒旋风除尘法	6.815
							湿法除尘法	4.154
							过滤式除尘法	1.256
				二氧化硫	千克/吨中低碳锰铁	0.459③	其他烟气脱硫法（湿法洗涤）	0.279
							直排	0.459
				固体废物（冶炼废渣）	吨/吨中低碳锰铁	1.66	—	—

注：① 矿热炉污染物指标。② 湿法除尘废水污染物指标。若该部分废水循环利用，其排污系数均取 0。③ 精炼炉污染物指标。

3240　铁合金行业产排污系数表（续 7）

产品名称	原料名称	工艺名称	规模等级	污染物指标	单位	产污系数	末端治理技术名称	排污系数
中低碳锰铁	锰矿 硅锰合金 石灰	摇炉-电炉法	所有规模	工业废气量	米 ^{3}/吨中低碳锰铁	11 056①	过滤式除尘法	11 056
				工业粉尘	千克/吨中低碳锰铁	34.647①	过滤式除尘法	1.008
				二氧化硫	千克/吨中低碳锰铁	0.401①	直排	0.401
				工业固体废物（冶炼废渣）	吨/吨中低碳锰铁	1.175	综合利用	—
富锰渣	锰矿 焦炭	高炉法	所有规模	工业废气量	米 ^{3}/吨富锰渣	4 305②	重力沉降法/单筒旋风除尘法/过滤式除尘法	4 305
						2 877③	直排	2 877
				烟尘	千克/吨富锰渣	78.866②	重力沉降法+单筒旋风除尘法	3.69
							重力沉降法+过滤式除尘法	0.247
						1.317③	直排	1.317
				二氧化硫	千克/吨富锰渣	1.098②	直排	1.098
						1.117③	直排	1.117
		矿热炉法	所有规模	工业废气量	米 ^{3}/吨富锰渣	32 496④	过滤式除尘法	32 496
				工业粉尘	千克/吨富锰渣	82.748④	过滤式除尘法	2.219
				二氧化硫	千克/吨富锰渣	1.314④	直排	1.314
氮化锰	中低碳锰铁 氮气	真空电阻炉法	所有规模	工业废气量	米 ^{3}/吨氮化锰	3 101⑤	过滤式除尘法	3 101
				工业粉尘	千克/吨氮化锰	3.43⑤	过滤式除尘法	0.17

注：① 电炉污染物指标。② 高炉污染物指标。③ 热风炉污染物指标。④ 矿热炉污染物指标。⑤ 电阻炉污染物指标。

3240　铁合金行业产排污系数表（续 8）

产品名称	原料名称	工艺名称	规模等级	污染物指标	单位	产污系数	末端治理技术名称	排污系数
高碳铬铁	铬矿 焦炭 硅石	矿热炉法	≥1 万千伏安	工业废水量	吨/吨高碳铬铁	21①	沉淀分离	21
						12②	沉淀分离（循环利用）	0
				化学需氧量	克/吨高碳铬铁	1 387.9①	沉淀分离	741.4
						1 046.8②	沉淀分离（循环利用）	0
				挥发酚	克/吨高碳铬铁	15.3①	沉淀分离	12.2
				六价铬	克/吨高碳铬铁	99.5①	沉淀分离	86
						57.9②	沉淀分离（循环利用）	0
				氰化物	克/吨高碳铬铁	642.5①	沉淀分离	511.9
				工业废气量	米 ^{3}/吨高碳铬铁	1 860③	单筒旋风除尘+过滤式除尘法/湿法除尘法	1 860
						25 857④		25 857
				工业粉尘	千克/吗高碳铬铁	56.426⑤	单筒旋风除尘+过滤式除尘法	0.288③
								0.788④
							湿法除尘法	0.442③
								1.548④
				二氧化硫	千克/吨高碳铬铁	1.273⑤ （0.287～2.319）⑤	其他烟气脱硫法（湿法洗涤）	0.169 （0.23～1.391）
							直排	1.273 （0.287～2.319）
				工业固体废物（冶炼废渣）（含铬废物）	吨/吨高碳铬铁	1.285	—	—

注：① 封闭炉煤气净化洗涤水污染物指标。若该部分废水循环利用，其排污系数均取 0。② 冲渣水污染物指标。③ 封闭式矿热炉污染物指标。④ 半封闭式矿热炉污染物指标。⑤ 矿热炉（所有炉型）污染物指标。

说明：高碳铬铁生产线存在封闭炉煤气净化回收工艺，煤气净化回收分干法和湿法。普查时应注意炉型和煤气净化回收工艺类别，产排污系数指标应一一对应。

二氧化硫产排污系数用区间值表示。取值原则为：原材料含硫量小于 0.5%、在 0.5%～1.5%、大于 1.5%，产排污系数分别取下限、加权平均值、上限。

3240 铁合金行业产排污系数表（续 9）

产品名称	原料名称	工艺名称	规模等级	污染物指标	单位	产污系数	末端治理技术名称	排污系数
高碳铬铁	铬矿 焦炭 硅石	矿热炉法	<1 万千伏安	工业废气量	米 ^{3}/吨高碳铬铁	30 315①	单筒旋风除尘法+过滤式除尘法/过滤式除尘法	30 315
				工业粉尘	千克/吨高碳铬铁	62.285①	单筒旋风除尘法+过滤式除尘法	1.209
							过滤式除尘法	1.483
				二氧化硫	千克/吨高碳铬铁	1.377① （1.096～1.81）①	直排	1.377 （1.096～1.81）
				HW20 危险废物（含铬废物）	吨/吨高碳铬铁	1.709	—	—
中低碳铬铁	铬矿 石灰 硅铬	电硅热法	所有规模	工业废气量	米 ^{3}/吨中低碳铬铁	22 880②	过滤式除尘法	22 880
				工业粉尘	千克/吨中低碳铬铁	41.198②	过滤式除尘法	0.835
				二氧化硫	千克/吨中低碳铬铁	0.342②	直排	0.342
				HW20 危险废物（含铬废物）	吨/吨中低碳铬铁	1.53	—	—
微碳铬铁	铬矿 石灰 硅铬	电硅热法	所有规模	工业废气量	米 ^{3}/吨微碳铬铁	25 967②	过滤式除尘法	25 967
				工业粉尘	千克/吨微碳铬铁	37.523②	过滤式除尘法	1.768
				二氧化硫	千克/吨微碳铬铁	0.325②	直排	0.325
				HW20 危险废物（含铬废物）	吨/吨微碳铬铁	1.525	—	—

注：① 矿热炉污染物指标。② 精炼炉污染物指标。

说明：二氧化硫产排污系数用区间值表示。取值原则为：原材料含硫量小于 0.5%、在 0.5%～1.5%、大于 1.5%，产排污系数分别取下限、加权平均值、上限。

3240 铁合金行业产排污系数表（续10）

产品名称	原料名称	工艺名称	规模等级	污染物指标	单位	产污系数	末端治理技术名称	排污系数
硅铬铁	硅石 焦炭 碳铬	矿热炉法	所有规模	工业废气量	米 ^{3}/吨硅铬铁	40 253①	过滤式除尘法	40 253
				工业粉尘	千克/吨硅铬铁	40.967①	过滤式除尘法	1.858
				二氧化硫	千克/吨硅铬铁	1.059①	直排	1.059
				工业固体废物（冶炼废渣）	吨/吨硅铬铁	0.076	综合利用	—
氮化铬	高碳铬铁 氮气	真空电阻炉法	所有规模	工业废气量	米 ^{3}/吨氮化铬	5 785②	过滤式除尘法	5 785
				工业粉尘	千克/吨氮化铬	3.417②	过滤式除尘法	0.298
钨铁	钨精矿 硅铁 焦炭	积块法	所有规模	工业废气量	米 ^{3}/吨钨铁	21 827③	单筒旋风除尘法+过滤式除尘法	21 827
				工业粉尘	千克/吨钨铁	39.469③	单筒旋风除尘法+过滤式除尘法	1.544
				二氧化硫	千克/吨钨铁	1.438③	直排	1.438
				工业固体废物（冶炼废渣）	吨/吨钨铁	0.704	—	—
钼铁	钼精矿 硅铁粉 铝粒	焙烧+铝热法	所有规模	工业废水量	吨/吨钼铁	234	中和法+沉淀分离	0
				化学需氧量	克/吨钼铁	1 799.4	中和法+沉淀分离	0
				工业废气量	米 ^{3}/吨钼铁	21 657④	过滤式除尘法	21 657
						2 605⑤		2 605
						17 155⑥		17 155
				烟尘	千克/吨钼铁	33.893④	过滤式除尘法	2.408

注：① 矿热炉污染物指标。② 电阻炉污染物指标。③ 精炼电炉污染物指标。④ 焙烧窑污染物指标。⑤ 熔炼炉污染物指标。⑥ 工艺过程污染物指标。

3240 铁合金行业产排污系数表（续 11）

产品名称	原料名称	工艺名称	规模等级	污染物指标	单位	产污系数	末端治理技术名称	排污系数
钼铁	钼精矿 硅铁粉 铝粒	焙烧+铝热法	所有规模	工业粉尘	千克/吨钼铁	56.177①	过滤式除尘法	0.443
						6.427②	过滤式除尘法	1.058
				二氧化硫	千克/吨钼铁	83.356③	烟气脱硫法	13.244
						0.904①	直排	0.904
				氮氧化物	千克/吨钼铁	3.965③	直排	3.965
				工业固体废物（冶炼废渣）	吨/吨钼铁	0.396	—	—
钒铁	五氧化二钒 硅铁 铝粒	焙烧+电硅热法	所有规模	工业废水量	吨/吨钒铁	40	还原中和+蒸发浓缩	0
				化学需氧量	克/吨钒铁	1 813.8	还原中和+蒸发浓缩	0
				六价铬	克/吨钒铁	352.8	还原中和+蒸发浓缩	0
				工业废气量	米^3/吨钒铁	30 552③	静电除尘法/过滤式除尘法	30 552
						23 479④		23 479
						18 936②		18 936
				烟尘	千克/吨钒铁	51.012③	静电除尘法	2.605

注：① 熔炼炉污染物指标。② 工艺过程污染物指标。③ 焙烧窑污染物指标。④ 精炼炉污染物指标。

3240 铁合金行业产排污系数表（续 12）

产品名称	原料名称	工艺名称	规模等级	污染物指标	单位	产污系数	末端治理技术名称	排污系数
钒铁	五氧化二钒 硅铁 铝粒	焙烧+电硅热法	所有规模	工业粉尘	千克/吨钒铁	39.723①	过滤式除尘法	1.547
						35.747②	过滤式除尘法	2.079
				二氧化硫	千克/吨钒铁	25.455③	直排	25.455
				氮氧化物	千克/吨钒铁	2.204③	直排	2.204
				工业固体废物（冶炼废渣）	吨/吨钒铁	4.759	—	—
钛铁	钛精矿 硅铁粉 铁矿粉 铝粒	焙烧+铝热法	所有规模	工业废气量	米 ^{3}/吨钛铁	21 763③	过滤式除尘法	21 763
						3 268④		3 268
						14 944②		14 944
				烟尘	千克/吨钛铁	39.862③	过滤式除尘法	1.583
				工业粉尘	千克/吨钛铁	41.274④	过滤式除尘法	0.496
						15.191②	过滤式除尘法	1.317
				二氧化硫	千克/吨钛铁	5.746③	直排	5.746
				氮氧化物	千克/吨钛铁	2.241③	直排	2.241
				工业固体废物（冶炼废渣）	吨/吨钛铁	1.131	—	—

注：① 精炼炉污染物指标。② 工艺过程污染物指标。③ 焙烧窑污染物指标。④ 熔炼炉污染物指标。

3240 铁合金行业产排污系数表（续13）

产品名称	原料名称	工艺名称	规模等级	污染物指标	单位	产污系数	末端治理技术名称	排污系数
磷铁	磷灰石 钢屑 硅石	矿热炉法	所有规模	工业废水量	吨/吨磷铁	23①	沉淀分离	6
				化学需氧量	克/吨磷铁	590.9①	沉淀分离	161.4
				工业废气量	米³/吨磷铁	1 355②	湿法除尘法	1 355
				工业粉尘	千克/吨磷铁	38.625②	湿法除尘法	0.158
				二氧化硫	千克/吨磷铁	0.673②	其他烟气脱硫法（湿法洗涤）	0.45
				工业固体废物（冶炼废渣）	吨/吨磷铁	1.304	—	—
硼铁	硼酸 铝粒 铁鳞	铝热法	所有规模	工业废气量	米³/吨硼铁	7 245③	过滤式除尘法	7 563
						867④		867
						13 917⑤		13 917
				烟尘	千克/吨硼铁	31.982③	过滤式除尘法	0.681
				工业粉尘	千克/吨硼铁	47.402④	过滤式除尘法	0.197
						8.611⑤	过滤式除尘法	0.801

注：① 湿法除尘水污染物指标。若该部分废水循环利用，其排污系数均取0。② 矿热炉污染物指标。③ 反射炉污染物指标。④ 熔炼炉污染物指标。⑤ 工艺过程污染物指标。

3240 铁合金行业产排污系数表（续 14）

产品名称	原料名称	工艺名称	规模等级	污染物指标	单位	产污系数	末端治理技术名称	排污系数
硼铁	硼酸 铝粒 铁鳞	铝热法	所有规模	二氧化硫	千克/吨硼铁	1.094①	直排	1.094
				氮氧化物	千克/吨硼铁	0.521①	直排	0.521
				工业固体废物（冶炼废渣）	吨/吨硼铁	1.311	—	—
镍铁	镍矿 氧化钙 焦炭	矿热炉法	所有规模	工业废水量	吨/吨镍铁	17②	沉淀分离	17
				化学需氧量	克/吨镍铁	1 630.3②	沉淀分离	882.6
				工业废气量	米^3/吨镍铁	23 321③	单筒旋风除尘法+过滤式除尘法	23 321
				工业粉尘	千克/吨镍铁	75.08③	单筒旋风除尘法+过滤式除尘法	1.835
				二氧化硫	千克/吨镍铁	1.377③	直排	1.377
				工业固体废物（冶炼废渣）	吨/吨镍铁	1.658	—	—
硅铝合金	铝土矿 硅石 焦炭	矿热炉法	所有规模	工业废气量	米^3/吨硅铝合金	31 869③	单筒旋风除尘法+过滤式除尘法	31 869
				工业粉尘	千克/吨硅铝合金	42.077③	单筒旋风除尘法+过滤式除尘法	2.175
				二氧化硫	千克/吨硅铝合金	0.916③	直排	0.916
				工业固体废物（冶炼废渣）	吨/吨硅铝合金	0.239	—	—

注：① 反射炉污染物指标。② 冲渣水污染物指标。若该部分废水循环利用，其排污系数均取 0。③ 矿热炉污染物指标。

3240 铁合金行业产排污系数表（续 15）

产品名称	原料名称	工艺名称	规模等级	污染物指标	单位	产污系数	末端治理技术名称	排污系数
铝锰合金	废钢 中碳锰铁 铝锭	中频炉法	所有规模	工业废水量	吨/吨铝锰合金	9①	沉淀分离（循环利用）	0
				化学需氧量	克/吨铝锰合金	273.8①	沉淀分离（循环利用）	0
				工业废气量	米 ^{3}/吨铝锰合金	7 046②	单筒旋风除尘法+湿法除尘法/过滤式除尘法	7 046
				工业粉尘	千克/吨铝锰合金	11.631②	单筒旋风除尘法+湿法除尘法	1.678
							过滤式除尘法	0.779
				工业固体废物（冶炼废渣）	吨/吨铝锰合金	0.009	—	—
稀土硅镁	硅铁 稀土 金属镁	中频炉法	所有规模	工业废水量	吨/吨稀土硅镁	7①	沉淀分离（循环利用）	0
				化学需氧量	克/吨稀土硅镁	215.4①	沉淀分离（循环利用）	0
				工业废气量	米 ^{3}/吨稀土硅镁	5 668②	单筒旋风除尘法/过滤式除尘法/湿法除尘法	5 668
				工业粉尘	千克/吨稀土硅镁	12.808②	单筒旋风除尘法+过滤式除尘法	0.535
							单筒旋风除尘法+湿法除尘法	1.785
				工业固体废物（冶炼废渣）	吨/吨稀土硅镁	0.008	—	—

注：① 湿法除尘废水污染物指标。② 中频炉污染物指标。

3240 铁合金行业产排污系数表（续 16）

产品名称	原料名称	工艺名称	规模等级	污染物指标	单位	产污系数	末端治理技术名称	排污系数
稀土硅铁	硅铁 稀土富渣 石灰	电硅热法	所有规模	工业废水量	吨/吨稀土硅铁	11①	沉淀分离（循环利用）	0
				化学需氧量	克/吨稀土硅铁	1 635.9①	沉淀分离（循环利用）	0
				工业废气量	米^3/吨稀土硅铁	18 087②	单筒旋风除尘法/过滤式除尘法/湿法除尘法	18 087
				工业粉尘	千克/吨稀土硅铁	46.559②	单筒旋风除尘法+湿法除尘法	5.744
							单筒旋风除尘法+过滤式除尘法	1.312
				工业固体废物（冶炼废渣）	吨/吨稀土硅铁	1.41	—	—
铁合 金粉末	铁合 金成品	破碎法	所有规模	工业废水量	吨/吨铁合金粉末	18①	沉淀分离（循环利用）	0
				化学需氧量	克/吨铁合金粉末	365.5①	沉淀分离（循环利用）	0
				工业废气量	米^3/吨铁合金粉末	18 561③	单筒旋风除尘法+湿法除尘法	18 561
				工业粉尘	千克/吨铁合金粉末	33.136③	单筒旋风除尘法+湿法除尘法	3.621
工业硅	硅石 碳质还原剂	矿热炉法	所有规模	工业废气量	米^3/吨工业硅	74 670④	单筒旋风除尘法+过滤式除尘法	74 670
				工业粉尘	千克/吨工业硅	298.6④	单筒旋风除尘法+过滤式除尘法	5.97
				工业固体废物（冶炼废渣）	吨/吨工业硅	1.23	—	—

注：① 湿法除尘废水污染物指标。② 电弧炉污染物指标。③ 工艺过程污染物指标。④ 矿热炉污染物指标。

3240 铁合金行业产排污系数表（续 17）

产品名称	原料名称	工艺名称	规模等级	污染物指标	单位	产污系数	末端治理技术名称	排污系数
金属铬	铬矿 纯碱 白云石 铝锭	铝热法	所有规模	工业废水量	吨/吨金属铬	90	化学沉淀法	90
				六价铬	克/吨金属铬	4 950	化学沉淀法	30
				工业废气量	米 ^{3}/吨金属铬	254 000①	电除尘法	254 000
						62 200②	过滤式除尘法	62 200
				工业粉尘	千克/吨金属铬	190①	电除尘法	20.5
						112②		3.73
				二氧化硫	千克/吨金属铬	2.03①	直排	2.03
						0.765②	直排	0.765
				HW21 危险废物（铬渣）	吨/吨金属铬	2.724	—	—
金属锰	菱锰矿粉 硫酸 二氧化锰	电解法	所有规模	工业废水量	吨/吨金属锰	3	化学沉淀法+过滤法	3
				化学需氧量	克/吨金属锰	540	化学沉淀法+过滤法	135
				氨氮	克/吨金属锰	174	化学沉淀法+过滤法	70.8
				石油类	克/吨金属锰	3	化学沉淀法+过滤法	0.96
				六价铬	克/吨金属锰	2.8	化学沉淀法+过滤法	0.63
				工业废气量	米 ^{3}/吨金属锰	2 500③	吸收法	2 500
				工业粉尘	千克/吨金属锰	0.46③	吸收法	0.087
				工业固体废物	吨/吨金属锰	5	—	—

注：① 干燥窑+焙烧窑+煅烧窑污染物指标。② 熔炼炉污染物指标。③ 工艺过程污染物指标。

33

有色金属冶炼及压延加工业

3311
铜冶炼行业

1 适用范围

本手册给出了《统计上使用的产品分类目录》中有色金属冶炼及压延加工业类的铜冶炼行业精炼铜、粗铜、阳极铜及铜锍等产品的产污系数和排污系数，可用于第一次全国污染源普查铜冶炼行业工业污染源污染物产生量和排放量的核算。

本手册涉及的污染物包括：工业废水量、化学需氧量、镉、铅、砷、工业废气量（指折算成标准状态的体积）、烟尘、工业粉尘、二氧化硫、固体废物、危险固体废物。

2 注意事项

2.1 系数表中未涉及的产品产排污系数说明

（1）本手册未涉及使用反射炉、小电炉以及沸腾炉等设备进行熔炼的企业。使用这些工艺的铜冶炼企业可参照鼓风炉熔炼组合产排污系数，并根据其生产原料，使用相应系数表中产排污系数进行核算。

（2）对于产品为铜锍的企业，应将铜锍产品量折算为铜金属量，再使用本手册所提供相应的产排污系数计算企业产、排污量。

2.2 使用系数表中未涉及末端治理技术的企业排污量计算

对于采用本系数表中未涉及末端处理技术的小冶炼企业，可根据该企业废气污染物产生量及所使用的末端治理技术计算系数（K），通过以下公式计算各污染物排放量。

$$污染物排放量 = 污染物产生量 \times K$$

铜冶炼废气常用末端治理技术计算系数（K）见下表。

铜冶炼废气常用末端处理设施计算系数（K）表

分类	编号	治理技术（设备）名称	效率/%	K
废气治理技术	G-1	旋风+静电除尘法	98.5	0.015
	G-2-1	湿式除尘法（喷淋塔）	90.0	0.10
	G-2-2	湿式除尘法（文丘里）	98.0	0.02
	G-2-1	湿式除尘法（泡沫塔）	97.0	0.03
	G-2-1	湿式除尘法（动力波）	99.5	0.005

分类	编号	治理技术（设备）名称	效率/%	K
废气治理技术	G-3	过滤除尘法（布袋除尘器）	99.0	0.01
	G-4-1	烟气制酸（一转一吸）无尾气吸收	96.0	0.04
	G-4-2	烟气制酸（一转一吸）有尾气吸收	98.5	0.015
	G-5	烟气制酸（二转二吸）	98.5	0.015
	G-6	湿法脱硫（石灰石膏法）	90.0	0.10
	G-7	旋风收尘	65.0	0.35
	G-0	直排	0	1.0

本手册废水污染因子中均未涉及工业排放废水回用问题，如企业对排放废水部分回用，应先调查其废水回用率，根据以下公式计算工业废水量、化学需氧量、镉、铅、砷、汞等的排污系数：

$$k_1=k\times（1-C）$$

式中：k_1——废水部分回用后企业排污系数；

k——手册中相应的排污系数；

C——废水回用率，%。

对于实施生产废水“零排放”工程的冶炼企业，废水中各项污染物排放量为 0。

2.3 生产非单一产品企业污染物产排量核算

如企业同时生产不同金属产品，应按相应金属产品的产排污系数，分别计算污染物的产生量、排放量，各金属产品生产过程产生、排放的污染物量之和为该企业产生及排放的污染物总量。

2.4 废气中污染物无组织排放的说明

本手册只给出本行业工业废气量、烟尘、二氧化硫、工业粉尘等污染物的有组织排放的产排污系数，不包括无组织排放的产排污系数。

2.5 其他需要说明的问题

（1）本表中“工业废气量、烟尘、工业粉尘、二氧化硫”四项污染物产、排污系数属于工业窑炉废气及排放的污染物，其工业炉窑类别为：“有色金属熔炼炉（014）”。

（2）冶炼企业工业废气量为各烟囱（排气筒）所排放废气量之和，因各烟囱（排气筒）所使用末端治理技术不同，所以系数表中未指定末端治理技术。

（3）对于部分同时使用铜精矿和杂铜为原料的企业，在使用以铜精矿为原料的产排污系数计算其 SO_2 和烟尘的产污量时，需要根据铜精矿中含铜量占总原料铜量百分数进行修正。

（4）企业工业固体废物和危险固废产生量与其生产原料成分有关，普查时应采用实际调查值填入相关调查表；在个别企业不能提供实际产生量的情况下，可使用产排污系数表中固体废物和危险废物的产污系数计算固体废物和危险固废的产生量。

铜冶炼所产生的危险固废主要有含砷废物、含铅废物等，包括酸泥（铅滤饼，砷滤饼），烟尘（砷烟尘、铅烟尘、白烟尘），含重金属水处理污泥等。

3311　铜冶炼行业产排污系数

产品名称	原料名称	工艺名称	规模等级	污染物指标	单位	产污系数	末端治理技术名称	排污系数
精炼铜（阴极铜）	铜精矿[①]	闪速熔炼—吹炼—火法精炼—电解精炼	所有规模	工业废水量	吨/吨产品	24.65	中和法+化学沉淀法	24.33
				化学需氧量	克/吨产品	5 456	中和法+化学沉淀法	1 496
				镉	克/吨产品	125.1	中和法+化学沉淀法	1.711
				铅	克/吨产品	80.89	中和法+化学沉淀法	3.761
				砷	克/吨产品	1 163	中和法+化学沉淀法	7.059
				工业废气量	米 ^{3}/吨产品	22 820	注②	23 350
				烟尘	千克/吨产品	349.4	静电除尘法/过滤式除尘法	10.25
				二氧化硫	千克/吨产品	2 124	静电除尘法+烟气制酸	18.32
				工业固体废物（冶炼渣）	吨/吨产品	1.988	—	—
				HW24 危险废物（含砷废物等）	吨/吨产品	0.022	—	—
		熔池熔炼—吹炼—火法精炼—电解精炼	所有规模	工业废水量	吨/吨产品	29.56	中和法+化学沉淀法	29.22
				化学需氧量	克/吨产品	1 259	中和法+化学沉淀法	773.2
				镉	克/吨产品	264.3	中和法+化学沉淀法	0.532

注：① 同时使用铜精矿和杂铜为原料应根据铜精矿中含铜量占总原料铜量百分数对 SO_2 和烟尘的产污量进行修正。② 治理技术为：过滤式除尘法、湿法除尘法、静电除尘法、静电除尘法+烟气制酸，直排。

3311 铜冶炼行业产排污系数（续 1）

产品名称	原料名称	工艺名称	规模等级	污染物指标	单位	产污系数	末端治理技术名称	排污系数
精炼铜（阴极铜）	铜精矿①	熔池熔炼③—吹炼—火法精炼—电解精炼	所有规模	铅	克/吨产品	194.7	中和法+化学沉淀法	1.367
				砷	克/吨产品	1 157	中和法+化学沉淀法	3.478
				工业废气量	米³/吨产品	20 450	注②	20 410
				烟尘	千克/吨产品	93.08	静电除尘法/过滤式除尘法	2.5
				二氧化硫	千克/吨产品	1 888	静电除尘法+烟气制酸	18.31
				工业固体废物（冶炼渣）	吨/吨产品	3.116	—	—
				HW24 危险废物（含砷废物等）	吨/吨产品	0.035	—	—
		鼓风炉熔炼—吹炼—火法精炼—电解精炼	所有规模	工业废水量	吨/吨产品	80.2	中和法	75.62
				化学需氧量	克/吨产品	6 272	中和法	4 851
				镉	克/吨产品	372.6	中和法	23.30
				铅	克/吨产品	601.5	中和法	128.8
				砷	克/吨产品	1 145	中和法	68.25
				工业废气量	米³/吨产品	25 930	注②	26 590

注：① 同时使用铜精矿和杂铜为原料应根据铜精矿中含铜量占总原料铜量百分数对 SO_2 和烟尘的产污量进行修正。② 治理技术为：过滤式除尘法、湿法除尘法、静电除尘法、静电除尘法+烟气制酸，直排。③ 熔池熔炼炉包括：艾萨炉、奥斯麦特炉、白银炉、诺兰达炉、水口山（SKS）炉。

3311　铜冶炼行业产排污系数（续 2）

产品名称	原料名称	工艺名称	规模等级	污染物指标	单位	产污系数	末端治理技术名称	排污系数
精炼铜（阴极铜）	铜精矿①	鼓风炉熔炼—吹炼—火法精炼—电解精炼	所有规模	烟尘	千克/吨产品	160.8	静电除尘法/过滤式除尘法	9.08
				二氧化硫	千克/吨产品	1 969	静电除尘法+烟气制酸	47.95
				工业固体废物（冶炼渣）	吨/吨产品	3.282	—	—
				HW24 危险废物（含砷废物等）	吨/吨产品	0.286	—	—
粗铜	铜精矿①	鼓风炉熔炼—吹炼	所有规模	工业废水量	吨/吨产品	77.19	中和法	72.61
				化学需氧量	克/吨产品	5 732	中和法	4 696
				镉	克/吨产品	370.5	直排	370.5
							中和法	23.24
				铅	克/吨产品	582.1	直排	582.1
							中和法	128.2
				砷	克/吨产品	1 137	直排	1 137
							中和法	67.77
				工业废气量	米^3/吨产品	20 420	注②	21 080

注：① 同时使用铜精矿和杂铜为原料应根据铜精矿中含铜量占总原料铜量百分数对 SO_2 和烟尘的产污量进行修正。② 治理技术为：过滤式除尘法、湿法除尘法、静电除尘法、静电除尘法+烟气制酸，直排。

3311 铜冶炼行业产排污系数（续 3）

产品名称	原料名称	工艺名称	规模等级	污染物指标	单位	产污系数	末端治理技术名称	排污系数
粗铜	铜精矿[①]	鼓风炉熔炼—吹炼	所有规模	烟尘	千克/吨产品	160.5	静电除尘法/过滤式除尘法	8.828
				二氧化硫	千克/吨产品	1 967	静电除尘法+烟气制酸	45.95
				工业固体废物（冶炼渣）	吨/吨产品	3.282	—	—
				HW24 危险废物（含砷废物等）	吨/吨产品	0.286	—	—
粗铜	含铜废料	火法熔炼（鼓风炉、反射炉等）	所有规模	工业废水量	吨/吨产品	1.41	中和法	1.41
				化学需氧量	克/吨产品	275.1	中和法	201.1
				镉	克/吨产品	1.609	直排	1.609
							中和法	0.046
				铅	克/吨产品	14.73	直排	14.73
							中和法	0.445
				砷	克/吨产品	6.436	直排	6.436
							中和法	0.364
				工业废气量	米^3/吨产品	4 025	直排	4 025

注：① 同时使用铜精矿和杂铜为原料应根据铜精矿中含铜量占总原料铜量百分数对 SO_2 和烟尘的产污量进行修正。

3311 铜冶炼行业产排污系数（续 4）

产品名称	原料名称	工艺名称	规模等级	污染物指标	单位	产污系数	末端治理技术名称	排污系数
粗铜	含铜废料	火法熔炼（鼓风炉、反射炉等）	所有规模	烟尘	千克/吨产品	0.252	直排	0.252
				二氧化硫	千克/吨产品	1.966	直排	1.966
				工业固体废物（冶炼渣）	吨/吨产品	0.021	—	—
阳极铜	铜精矿[①]	鼓风炉熔炼—吹炼—火法精炼	所有规模	工业废水量	吨/吨产品	78.6	中和法	72.02
				化学需氧量	克/吨产品	6 007	中和法	4 774
				镉	克/吨产品	372.1	直排	372.1
							中和法	23.28
				铅	克/吨产品	596.8	直排	596.8
							中和法	128.6
				砷	克/吨产品	1 143	直排	1 143
							中和法	68.13
				工业废气量	米^3/吨产品	24 450	注②	25 100
				烟尘	千克/吨产品	160.5	静电除尘法/过滤式除尘法	9.08

注：① 同时使用铜精矿和杂铜为原料应根据铜精矿中含铜量占总原料铜量百分数对 SO_2 和烟尘的产污量进行修正。② 治理技术为：过滤式除尘法、湿法除尘法、静电除尘法、静电除尘法+烟气制酸，直排。

3311　铜冶炼行业产排污系数（续 5）

产品名称	原料名称	工艺名称	规模等级	污染物指标	单位	产污系数	末端治理技术名称	排污系数
阳极铜	铜精矿①	鼓风炉熔炼—吹炼—火法精炼	所有规模	二氧化硫	千克/吨产品	1 969	静电除尘法+烟气制酸	47.95
				工业固体废物（冶炼渣）	吨/吨产品	3.282	—	—
				HW24 危险废物（含砷废物等）	吨/吨产品	0.286	—	—
	粗铜、杂铜	火法精炼	所有规模	工业废水量	吨/吨产品	1.41	中和法	1.41
				化学需氧量	克/吨产品	275.1	中和法	92.08
				镉	克/吨产品	1.609	直排	1.609
							中和法	0.045
				铅	克/吨产品	14.73	直排	14.73
							中和法	0.445
				砷	克/吨产品	6.436	直排	6.436
							中和法	0.364
				工业废气量	米 ^{3}/吨产品	4 025	注②	4 025
				烟尘	千克/吨产品	0.252	直排	0.252
							湿法除尘法	0.025
				二氧化硫	千克/吨产品	1.966	直排	1.966

注：① 同时使用铜精矿和杂铜为原料应根据铜精矿中含铜量占总原料铜量百分数对 SO_2 和烟尘的产污量进行修正。② 治理技术为：过滤式除尘法、湿法除尘法、静电除尘法、静电除尘法+烟气制酸，直排。

3311　铜冶炼行业产排污系数（续6）

产品名称	原料名称	工艺名称	规模等级	污染物指标	单位	产污系数	末端治理技术名称	排污系数
精炼铜（阴极铜）	粗铜、杂铜	火法精炼—电解精炼	所有规模	工业废水量	吨/吨产品	3.01	中和法	3.01
				化学需氧量	克/吨产品	361.5	中和法	155.3
				镉	克/吨产品	2.115	直排	2.115
							中和法	0.06
				铅	克/吨产品	19.36	直排	19.36
							中和法	0.585
				砷	克/吨产品	8.458	直排	8.458
							中和法	0.478
				工业废气量	米^3/吨产品	5 510	注①	5 510
				烟尘	千克/吨产品	0.252	过滤式除尘法	0.003
							湿法除尘法	0.025
				二氧化硫	千克/吨产品	1.966	直排	1.966
	阳极铜	电解精炼	所有规模	工业废水量	吨/吨产品	1.6	中和法	1.6
				化学需氧量	克/吨产品	86.4	中和法	86.4
				镉	克/吨产品	0.506	直排	0.506
							中和法	0.014

注：① 治理技术为：过滤式除尘法、湿法除尘法、静电除尘法、直排。

3311 铜冶炼行业产排污系数（续 7）

产品名称	原料名称	工艺名称	规模等级	污染物指标	单位	产污系数	末端治理技术名称	排污系数
精炼铜（阴极铜）	阳极铜	电解精炼	所有规模	铅	克/吨产品	4.628	直排	4.628
							中和法	0.14
				砷	克/吨产品	2.022	直排	2.022
							中和法	0.114
				工业废气量	米 ^{3}/吨产品	1 485	直排	1 485
铜锍（冰铜）	铜精矿[①]	鼓风炉熔炼（反射炉）	所有规模	工业废水量	吨/吨折铜量	41.67	中和法	37.10
				化学需氧量	克/吨产品（折铜量）	1 114	中和法	1 046
				镉	克/吨产品（折铜量）	139.2	中和法	11.67
				铅	克/吨产品（折铜量）	418.6	中和法	122.5
				砷	克/吨产品（折铜量）	996.8	中和法	59.36
				工业废气量	米 ^{3}/吨产品（折铜量）	13 170	注②	13 830
				烟尘	千克/吨产品（折铜量）	78.79	静电除尘法/过滤式除尘法	2.889
				二氧化硫	千克/吨产品（折铜量）	1 158	静电除尘法+烟气制酸	17.65

注：① 同时使用铜精矿和杂铜为原料应根据铜精矿中含铜量占总原料铜量百分数对 SO_2 和烟尘的产污量进行修正。② 治理技术为：过滤式除尘法、湿法除尘法、静电除尘法、静电除尘法+烟气制酸，直排。

3311　铜冶炼行业产排污系数（续 8）

产品名称	原料名称	工艺名称	规模等级	污染物指标	单位	产污系数	末端治理技术名称	排污系数
铜锍（冰铜）	铜精矿[①]	鼓风炉熔炼（反射炉）	所有规模	工业固体废物（冶炼渣）	吨/吨产品（折铜量）	3.282	—	—
				HW24 危险废物（含砷废物等）	吨/吨产品（折铜量）	0.151	—	—
粗铜	含铜废料（含铜锍冶炼渣）	吹炼	所有规模	工业废水量	吨/吨产品	11.99	直排	11.99
				化学需氧量	克/吨产品	246.4	直排	246.4
				镉	克/吨产品	2.536	直排	2.536
				铅	克/吨产品	15.18	直排	15.18
				砷	克/吨产品	24.69	直排	24.69
				工业废气量	米 ^{3}/吨产品	37 220	过滤式除尘法+石灰石膏法脱硫	42 620
				烟尘	千克/吨产品	224.1	过滤式除尘法+石灰石膏法脱硫	1.864
				二氧化硫	千克/吨产品	61.48	过滤式除尘法+石灰石膏法脱硫	21.87
				工业固体废物（冶炼渣）	吨/吨产品	0.96	—	—
	含铜污泥（含废液处理系统污泥）	铜熔炼	所有规模	工业废水量	吨/吨产品	43.09	直排	43.09
				镉	克/吨产品	52.14	直排	52.14
				铅	克/吨产品	17.24	直排	17.24
				砷	克/吨产品	48.34	直排	48.34
				工业废气量	米 ^{3}/吨产品	346 100	注①	346 100

注：① 治理技术为：过滤式除尘法、湿法除尘法、直排。

3311　铜冶炼行业产排污系数（续9）

产品名称	原料名称	工艺名称	规模等级	污染物指标	单位	产污系数	末端治理技术名称	排污系数
粗铜	含铜污泥（含废液处理系统污泥）	铜熔炼	所有规模	烟尘	千克/吨产品	60.92	湿法除尘法	16.93
				二氧化硫	千克/吨产品	951.9	湿法除尘法	254.0
				工业固体废物（冶炼渣）	吨/吨产品	160.5	—	—
精炼铜（阴极铜）	铜矿石或含铜采矿废石	湿法冶炼（堆浸—萃取—电积）	所有规模	工业废水量	吨/吨产品	2 466	循环利用	122.1
				化学需氧量	克/吨产品	862 000	中和法	49 020
				镉	克/吨产品	390.4	中和法	5.154
				铅	克/吨产品	2 217	中和法	48.63
				砷	克/吨产品	30.40	中和法	3.057
	含铜废料（冶炼渣）	焙烧—浸出—电积	所有规模	工业废水量	吨/吨产品	1.641	中和法	1.641
				化学需氧量	克/吨产品	303.3	中和法	85.40
				镉	克/吨产品	0.067	中和法	0.002
				铅	克/吨产品	0.64	中和法	0.016
				工业废气量	米^3/吨产品	4 832	注①	4 832
				烟尘	千克/吨产品	197.7	静电除尘法+烟气制酸	0
				二氧化硫	千克/吨产品	703.1	静电除尘法+烟气制酸	3.354
				工业固体废物（冶炼渣）	吨/吨产品	0.131	—	—
粗铜	铜锍	转炉吹炼	所有规模	工业废水量	吨/吨产品	35.52	中和法	35.52
				化学需氧量	克/吨产品	4 618	中和法	3 650
				镉	克/吨产品	231.3	中和法	11.57
				铅	克/吨产品	163.5	中和法	5.723
				砷	克/吨产品	140.2	中和法	8.412
				工业废气量	米^3/吨产品	7 253	注①	6 151
				烟尘	千克/吨产品	81.72	静电除尘法+烟气制酸	0
							静电除尘法	1.226
							湿法除尘法	8.172
				二氧化硫	千克/吨产品	808.6	静电除尘法+烟气制酸	32.3
				工业固体废物（冶炼渣）	吨/吨产品	0.632	—	—
				HW24 危险废物（含砷废物等）	吨/吨产品	0.135	—	—

注：① 治理技术为：湿法除尘法、静电除尘法、静电除尘法+烟气制酸。

3312
铅锌冶炼行业

1 适用范围

本手册给出了《统计上使用的产品分类目录》中有色金属冶炼及压延（其中的铅锌冶炼行业）粗铅、电解铅、粗锌、电解锌、精锌、商品蒸馏锌、锌粉、焙砂等产品的产污系数和排污系数，可用于第一次全国污染源普查铅锌冶炼行业工业污染源污染物产生量和排放量的核算。

本手册涉及的污染物包括：工业废水量、化学需氧量、镉、铅、砷、工业废气量（指折算成标准状态的体积）、烟尘、二氧化硫、工业粉尘、一般固废、危险固废等。

2 注意事项

2.1 系数表中未涉及的产品产排污系数说明

（1）对于采用艾萨法、卡尔多法等熔池熔炼工艺炼铅的企业，其产排污系数可以采用水口山炼铅工艺进行计算；

（2）对于采用土制马弗炉、马槽炉、横罐等落后方式炼锌的企业，其产排污系数可以参照竖罐炼锌工艺。

2.2 使用系数表中未涉及末端治理技术的企业排污量计算

对于采用本系数表中未涉及末端处理技术的小冶炼企业，可根据该企业废气污染物产生量及所使用的末端治理技术计算系数（K），通过以下公式计算各污染物排放量。

$$污染物排放量=污染物产生量\times K$$

铅锌冶炼废气常用末端治理技术计算系数（K）见下表。

铅锌冶炼废气常用末端处理设施计算系数表

分类	编号	治理技术（设备）名称	效率/%	K
废气治理技术	G-1	旋风+静电除尘法	98.5	0.015
	G-2-1	湿式除尘法（喷淋塔）	90.0	0.10
	G-2-2	湿式除尘法（文丘里）	98.0	0.02
	G-2-1	湿式除尘法（泡沫塔）	97.0	0.03
	G-2-1	湿式除尘法（动力波）	99.5	0.005
	G-3	过滤除尘法（布袋除尘器）	99.0	0.01

分类	编号	治理技术（设备）名称	效率/%	K
废气治理技术	G-4-1	烟气制酸（一转一吸）无尾气吸收	96.0	0.04
	G-4-2	烟气制酸（一转一吸）有尾气吸收	98.5	0.015
	G-5	烟气制酸（二转二吸）	98.5	0.015
	G-6	湿法脱硫（石灰石膏法）	90.0	0.10
	G-7	旋风收尘	65.0	0.35
	G-0	直排	0	1.0

对于实施生产废水“零排放”工程的冶炼企业，废水中各项污染物排放量为0。

2.3 生产非单一产品企业污染物产排量核算

如企业同时生产不同金属产品，应按相应金属产品的产排污系数，分别计算污染物的产生量、排放量，各金属产品生产过程产生、排放的污染物量之和为该企业产生及排放的污染物总量。

2.4 无组织排放的说明

本手册只给出本行业工业废气量、烟尘、二氧化硫、工业粉尘等污染物的有组织排放的产排污系数，不包括无组织排放的产排污系数。

2.5 其他需要说明的问题

（1）某些铅冶炼企业既使用铅精矿为原料生产电解铅，同时也购买部分粗铅进行精炼，此种情况应先调查该企业自身粗铅产量，根据系数表单中相应条件的产排污系数计算生产粗铅的产排污量，再根据企业电解铅产量，根据系数表单中 “电解铅+粗铅+粗铅精炼工艺+所有规模”的产排污系数计算精炼过程的产排污量，两者相加得到该企业的总产排污量。

（2）对于以锌精矿为原料采用电炉工艺生产精锌的企业，其污染物产排系数为：“粗锌+锌精矿+电炉炼锌工艺+所有规模” + “精锌+粗锌+锌精馏工艺+所有规模”。

（3）企业工业固体废物和危险固废产生量与其生产原料成分有关，普查时应采用实际调查值填入相关调查表；在个别企业不能提供实际产生量的情况下，可使用产排污系数表中固体废物和危险废物的产污系数计算固体废物和危险固废的产生量。

铅锌冶炼所产生的危险固废有：含铅废物（铅冶炼污水处理渣、铅滤饼、铅烟尘、铅银渣、阳极泥、锡渣、碱洗净化渣等）、含锌废物（锌冶炼污水处理渣、电尘、铁矾渣、阳极泥、锌渣、锌冶炼净化渣等）、含砷废物（砷滤饼等）、含铜废物（铜锍、黄渣、铜镉渣等）、含镉废物（镉尘、铜镉渣等）。

（4）本手册废水污染因子中均未涉及回用问题，如企业对排放废水部分回用，应先调查其废水回用率，根据以下公式计算工业废水量、化学需氧量、镉、铅、砷等的排污系数：

$$k_1=k\times（1-C）$$

式中：k_1——废水部分回用后企业排污系数；

k——手册中相应的排污系数；

C——废水回用率，%。

3312 铅锌冶炼行业产排污系数表

产品名称	原料名称	工艺名称	规模等级	污染物指标	单位	产污系数	末端治理技术名称	排污系数
粗铅	铅精矿	烧结机—鼓风炉工艺	≥5 万吨/年	工业废水量	吨/吨产品	14.81	中和法	14.81
				化学需氧量	克/吨产品	931.9	中和法	501.3①
							中和法	774.2②
				镉	克/吨产品	166.9	中和法	1.053①
							中和法	3.162②
				铅	克/吨产品	162.6	中和法	3.541①
							中和法	13.76②
				砷	克/吨产品	46.46	中和法	1.046①
							中和法	1.774②
				工业废气量	米³/吨产品	51 910	注③	51 910
				烟尘	千克/吨产品	383.1	过滤式除尘法/静电除尘法	13.73
				二氧化硫	千克/吨产品	502.4	烟气制酸	60.29
				工业固体废物（冶炼废渣）	吨/吨产品	1.218	—	—
				HW26 危险废物（含镉废物） HW31 危险废物（含铅废物）	吨/吨产品	0.136	—	—
			<5 万吨/年	工业废水量	吨/吨产品	16.14	中和法	16.14
				化学需氧量	克/吨产品	999.4	中和法	558.8①
							中和法	807.3②

注：① 全厂废水统一处理。② 只处理制酸废水，其余直接外排。③ 治理设施包括过滤式除尘法、静电除尘法、湿法除尘法、烟气制酸、直排等。

3312 铅锌冶炼行业产排污系数表（续 1）

产品名称	原料名称	工艺名称	规模等级	污染物指标	单位	产污系数	末端治理技术名称	排污系数
粗铅	铅精矿	烧结机—鼓风炉工艺	<5 万吨/年	镉	克/吨产品	165.3	中和法	2.437[①]
							中和法	6.731[②]
				铅	克/吨产品	183.5	中和法	5.321[①]
							中和法	19.22[②]
				砷	克/吨产品	49.14	中和法	2.207[①]
							中和法	5.862[②]
				工业废气量	米^3/吨产品	50 080	注③	55 340
				烟尘	千克/吨产品	415.8	过滤式除尘法/静电除尘法	17.37
				二氧化硫	千克/吨产品	544.8	烟气制酸	81.72
				工业固体废物（冶炼废渣）	吨/吨产品	1.247	—	—
				HW26 危险废物（含镉废物） HW31 危险废物（含铅废物）	吨/吨产品	0.134	—	—
电解铅	铅精矿	烧结机—鼓风炉—电解工艺	≥5 万吨/年	工业废水量	吨/吨产品	17.52	中和法	17.52
				化学需氧量	克/吨产品	1 169	中和法	638.5[①]
							中和法	876.7[②]
				镉	克/吨产品	568.8	中和法	1.086[①]
							中和法	6.154[②]
				铅	克/吨产品	203.6	中和法	3.697[①]
							中和法	54.78[②]

注：① 全厂废水统一处理。② 只处理制酸废水，其余直接外排。③ 治理设施包括过滤式除尘法、静电除尘法、湿法除尘法、烟气制酸、直排等。

3312 铅锌冶炼行业产排污系数表（续 2）

产品名称	原料名称	工艺名称	规模等级	污染物指标	单位	产污系数	末端治理技术名称	排污系数
电解铅	铅精矿	烧结机—鼓风炉—电解工艺	≥5 万吨/年	砷	克/吨产品	47.19	中和法	1.059①
							中和法	2.502②
				工业废气量	米³/吨产品	70 550	注③	70 550
				烟尘	千克/吨产品	399.3	过滤式除尘法/静电除尘法	14.81
				二氧化硫	千克/吨产品	502.4	烟气制酸	60.29
				工业固体废物（冶炼废渣）	吨/吨产品	1.218	—	—
				HW26 危险废物（含镉废物） HW31 危险废物（含铅废物）	吨/吨产品	0.17	—	—
			<5 万吨/年	工业废水量	吨/吨产品	18.85	中和法	18.85
				化学需氧量	克/吨产品	1 201	中和法	698.5①
							中和法	883.6②
				镉	克/吨产品	168.3	中和法	2.47①
							中和法	8.323②
				铅	克/吨产品	224.5	中和法	5.477①
							中和法	60.24②
				砷	克/吨产品	49.59	中和法	2.213①
							中和法	5.883②
				工业废气量	米³/吨产品	68 720	注③	68 720
				烟尘	千克/吨产品	421.8	过滤式除尘法/静电除尘法	18.46

注：① 全厂废水统一处理。② 只处理制酸废水，其余直接外排。③ 治理设施包括过滤式除尘法、静电除尘法、湿法除尘法、烟气制酸、直排等.

3312 铅锌冶炼行业产排污系数表（续 3）

产品名称	原料名称	工艺名称	规模等级	污染物指标	单位	产污系数	末端治理技术名称	排污系数
电解铅	铅精矿	烧结机—鼓风炉—电解工艺	<5 万吨/年	二氧化硫	千克/吨产品	544.8	烟气制酸	81.72
				工业固体废物（冶炼废渣）	吨/吨产品	1.247	—	—
				HW24 危险废物（含砷废物） HW31 危险废物（含铅废物）	吨/吨产品	0.168	—	—
粗铅	铅精矿	水口山法炼铅	所有规模	工业废水量	吨/吨产品	5.314	中和法	5.314
				化学需氧量	克/吨产品	375.6	中和法	215.8
				镉	克/吨产品	141.1	中和法	0.216
				铅	克/吨产品	186.2	中和法	0.651
				砷	克/吨产品	52.66	中和法	0.411
				工业废气量	米 ^{3}/吨产品	32 660	注①	32 660
				烟尘	千克/吨产品	320	过滤式除尘法/静电除尘法	1.196
				二氧化硫	千克/吨产品	530.8	烟气制酸	5.911
				工业固体废物（冶炼废渣）	吨/吨产品	0.597	—	—
				HW24 危险废物（含砷废物） HW31 危险废物（含铅废物）	吨/吨产品	0.087	—	—
电解铅	铅精矿	水口山法炼铅—电解工艺	所有规模	工业废水量	吨/吨产品	8.019	中和法	8.019
				化学需氧量	克/吨产品	445	中和法	262.1
				镉	克/吨产品	144.1	中和法	0.249
				铅	克/吨产品	227.2	中和法	0.807

注：① 治理设施包括过滤式除尘法、静电除尘法、烟气制酸、直排等。

3312　铅锌冶炼行业产排污系数表（续 4）

产品名称	原料名称	工艺名称	规模等级	污染物指标	单位	产污系数	末端治理技术名称	排污系数
电解铅	铅精矿	水口山法炼铅—电解工艺	所有规模	砷	克/吨产品	53.39	中和法	0.424
				工业废气量	米 ^{3}/吨产品	51 300	注①	51 300
				烟尘	千克/吨产品	356.3	过滤式除尘法/静电除尘法	2.383
				二氧化硫	千克/吨产品	530.8	烟气制酸	5.911
				工业固体废物（冶炼废渣）	吨/吨产品	0.597	—	—
				HW24 危险废物（含砷废物） HW31 危险废物（含铅废物）	吨/吨产品	0.101	—	—
电解铅	铅锌混合精矿	密闭鼓风炉工艺炼铅（ISP 工艺）—电解	所有规模	工业废水量	吨/吨产品	6.02	中和法	6.02
				化学需氧量	克/吨产品	268.4	中和法	151.9
				镉	克/吨产品	52.45	中和法	0.403
				铅	克/吨产品	79.50	中和法	0.789
				砷	克/吨产品	10.56	中和法	0.116
				工业废气量	米 ^{3}/吨产品	28 040	注①	30 080
				烟尘	千克/吨产品	182.5	过滤式除尘法/静电除尘法	2.302
				二氧化硫	千克/吨产品	558.5	烟气制酸	9.63
				一般固废（冶炼渣）	吨/吨产品	0.513	—	—
				HW23 危险废物（含锌废物） HW31 危险废物（含铅废物）	吨/吨产品	0.051	—	—

注：① 治理设施包括过滤式除尘法、静电除尘法、烟气制酸、直排等。

3312 铅锌冶炼行业产排污系数表（续 5）

产品名称	原料名称	工艺名称	规模等级	污染物指标	单位	产污系数	末端治理技术名称	排污系数
粗铅	铅精矿	烧结锅—鼓风炉炼铅	所有规模	工业废水量	吨/吨产品	28.37	中和法	28.37
				化学需氧量	克/吨产品	428	中和法	274.9
				镉	克/吨产品	17.53	中和法	4.201
				铅	克/吨产品	142.6	中和法	43.92
				砷	克/吨产品	27.83	中和法	10.49
				工业废气量	米 ^{3}/吨产品	57 220	注①	63 380
				烟尘	千克/吨产品	227.2	过滤式除尘法/湿法除尘法	23.77
				二氧化硫	千克/吨产品	504.6	直排	504.6
				工业固体废物（冶炼废渣）	吨/吨产品	1.004	—	—
				HW31 危险废物（含铅废物）	吨/吨产品	0.102	—	—
粗铅	废铅蓄电池	再生铅冶炼工艺	所有规模	工业废水量	米 ^{3}/吨产品	1.509	中和法	1.509
				化学需氧量	克/吨产品	132.3	中和法	92.6
				镉	克/吨产品	0.009	中和法	0.009
				铅	克/吨产品	0.905	中和法	0.362
				砷	克/吨产品	0.005	中和法	0.005
				工业废气量	米 ^{3}/吨产品	7 156	湿法除尘法	8 587
				烟尘	千克/吨产品	107.3	湿法除尘法	0.442
				二氧化硫	千克/吨产品	46.08	石灰石膏法	5.53
				工业固体废物（冶炼废渣）	吨/吨产品	0.302	—	—

注：① 治理设施包括过滤式除尘法、静电除尘法、烟气制酸、直排等。

3312　铅锌冶炼行业产排污系数表（续6）

产品名称	原料名称	工艺名称	规模等级	污染物指标	单位	产污系数	末端治理技术名称	排污系数
粗铅	废铅蓄电池	再生铅冶炼工艺	所有规模	HW31 危险废物（含铅废物）	吨/吨产品	0.173	—	—
粗铅	废铅泥、铅精矿	烧结锅/烧结机—鼓风炉工艺	所有规模	工业废水量	吨/吨产品	9.286	中和法	9.286
				化学需氧量	克/吨产品	337.1	中和法	195.9
				镉	克/吨产品	7.893	中和法	2.229
				铅	克/吨产品	52	中和法	13.46
				砷	克/吨产品	3.436	中和法	2.749
				工业废气量	米 ^{3}/吨产品	16 010	注①	19 200
				烟尘	千克/吨产品	343.3	过滤式除尘法/湿法除尘法	5.071
				二氧化硫	千克/吨产品	204.2	石灰石膏法	23.92
				工业固体废物（冶炼废渣）	吨/吨产品	1.505	—	—
				HW31 危险废物（含铅废物）	吨/吨产品	0.352	—	—
粗铅	冰铜渣	鼓风炉—反射炉工艺	所有规模	工业废水量	吨/吨产品	1.028	中和法	1.028
				化学需氧量	克/吨产品	29.8	中和法	20.9
				镉	克/吨产品	0.051	中和法	0.036
				铅	克/吨产品	0.586	中和法	0.041
				砷	克/吨产品	0.288	中和法	0.021
				工业废气量	米 ^{3}/吨产品	17 210	注①	20 640
				烟尘	千克/吨产品	188.7	过滤式除尘法/湿法除尘法	0.974

注：① 治理设施包括过滤式除尘法、静电除尘法、烟气制酸、直排等。

3312　铅锌冶炼行业产排污系数表（续 7）

产品名称	原料名称	工艺名称	规模等级	污染物指标	单位	产污系数	末端治理技术名称	排污系数
粗铅	冰铜钪	鼓风炉—反射炉工艺	所有规模	二氧化硫	千克/吨产品	17.24	石灰石膏法	4.53
				工业固体废物（冶炼废渣）	吨/吨产品	0.626	—	—
				HW31 危险废物（含铅废物）	吨/吨产品	0.045	—	—
电解铅	粗铅	粗铅精炼工艺	所有规模	工业废水量	吨/吨产品	2.705	中和法	2.705
				化学需氧量	克/吨产品	269.4	中和法	146.3
				镉	克/吨产品	2.99	中和法	0.033
				铅	克/吨产品	41.02	中和法	0.156
				砷	克/吨产品	0.728	中和法	0.013
				工业废气量	米 ^{3}/吨产品	18 640	过滤式除尘法/湿法除尘法	21 950
				烟尘	千克/吨产品	36.26	过滤式除尘法/湿法除尘法	1.087
				HW31 危险废物（含铅废物）	吨/吨产品	0.034	—	—
电锌	铅锌混合精矿	密闭鼓风炉工艺炼锌（ISP 工艺）—电解	所有规模	工业废水量	吨/吨产品	12.04	中和法	12.04
				化学需氧量	克/吨产品	536.8	中和法	303.8
				镉	克/吨产品	104.9	中和法	0.807
				铅	克/吨产品	159	中和法	1.577
				砷	克/吨产品	21.12	中和法	0.231
				工业废气量	米 ^{3}/吨产品	56 080	注①	60 160
				烟尘	千克/吨产品	365.1	过滤式除尘法/静电除尘法	3.665

注：① 治理设施包括过滤式除尘法、静电除尘法、烟气制酸、直排等。

3312 铅锌冶炼行业产排污系数表（续 8）

产品名称	原料名称	工艺名称	规模等级	污染物指标	单位	产污系数	末端治理技术名称	排污系数
电锌	铅锌混合精矿	密闭鼓风炉工艺炼锌（ISP 工艺）—电解	所有规模	二氧化硫	千克/吨产品	1 117	烟气制酸	19.26
				工业固体废物（冶炼废渣）	吨/吨产品	1.026	—	—
				HW23 危险废物（含锌废物） HW31 危险废物（含铅废物）	吨/吨产品	0.101	—	—
蒸馏锌	锌精矿	竖罐炼锌	所有规模	工业废水量	吨/吨产品	18.33	中和法	18.33
				化学需氧量	克/吨产品	933.1	中和法	598.3
				镉	克/吨产品	178.6	中和法	2.139
				铅	克/吨产品	141.8	中和法	9.862
				砷	克/吨产品	100.4	中和法	4.937
				工业废气量	米 ^{3}/吨产品	29 500	注①	35 480
				烟尘	千克/吨产品	322.9	过滤式除尘法/静电除尘法	4.605
				二氧化硫	千克/吨产品	1 439	烟气制酸 二转二吸	20.39
							烟气制酸 一转一吸	53.05
				工业固体废物（冶炼废渣）	吨/吨产品	1.029	—	—
				HW23 危险废物（含锌废物） HW31 危险废物（含铅废物）	吨/吨产品	0.147	—	—
电锌	锌精矿	湿法炼锌—电解工艺	≥10 万吨/年	工业废水量	吨/吨产品	17.18	中和法	17.18
				化学需氧量	克/吨产品	1 836	中和法	938
				镉	克/吨产品	121.5	中和法	1.351

注：① 治理设施包括过滤式除尘法、静电除尘法、烟气制酸、直排等。

3312 铅锌冶炼行业产排污系数表（续9）

产品名称	原料名称	工艺名称	规模等级	污染物指标	单位	产污系数	末端治理技术名称		排污系数
电锌	锌精矿	湿法炼锌—电解工艺	≥10 万吨/年	铅	克/吨产品	90.42	中和法		1.62
				砷	克/吨产品	105.1	中和法		1.358
				工业废气量	米 ^{3}/吨产品	10 060	注①		11 040
				烟尘	千克/吨产品	296.5	过滤式除尘法/静电除尘法		0.853
				二氧化硫	千克/吨产品	1 186	烟气制酸	二转二吸	15.12
								一转一吸	42.98
				工业固体废物（冶炼废渣）	吨/吨产品	0.601	—		—
				HW23 危险废物（含锌废物） HW31 危险废物（含铅废物）	吨/吨产品	0.185	—		—
			<10 万吨/年	工业废水量	吨/吨产品	19.29	中和法		19.29
				化学需氧量	克/吨产品	2 128	中和法		937.5
				镉	克/吨产品	135.1	中和法		2.122
				铅	克/吨产品	120.4	中和法		3.405
				砷	克/吨产品	105.1	中和法		1.868
				工业废气量	米 ^{3}/吨产品	12 030	注①		14 070
				烟尘	千克/吨产品	311.3	过滤式除尘法/静电除尘法		2.031
				二氧化硫	千克/吨产品	1 201	烟气制酸	二转二吸	18.02
								一转一吸	47.71

注：① 治理设施包括过滤式除尘法、静电除尘法、烟气制酸、直排等。

3312　铅锌冶炼行业产排污系数表（续 10）

产品名称	原料名称	工艺名称	规模等级	污染物指标	单位	产污系数	末端治理技术名称	排污系数
电锌	锌精矿	湿法炼锌—电解工艺	<10 万吨/年	工业固体废物（冶炼废渣）	吨/吨产品	0.586	—	—
				HW23 危险废物（含锌废物） HW31 危险废物（含铅废物）	吨/吨产品	0.23	—	—
粗锌	焙砂	电炉炼锌工艺	所有规模	工业废水量	吨/吨产品	1.498	中和法	1.498
				化学需氧量	克/吨产品	199.7	中和法	123.4
				镉	克/吨产品	0.479	中和法	0.104
				铅	克/吨产品	0.745	中和法	0.505
				砷	克/吨产品	0.599	中和法	0.487
				工业废气量	米 ^{3}/吨产品	5 618	注①	6 741
				烟尘	千克/吨产品	129.3	过滤式除尘法	4.4
				二氧化硫	千克/吨产品	3.341	直排	3.341
				工业固体废物（冶炼废渣）	吨/吨产品	1.142	—	—
				HW23 危险废物（含锌废物） HW24 危险废物（含砷废物）	吨/吨产品	0.069	—	—
粗锌	锌精矿	电炉炼锌工艺	所有规模	工业废水量	吨/吨产品	7.952	中和法	7.952
				化学需氧量	克/吨产品	413.2	中和法	236.4
				镉	克/吨产品	66.96	中和法	0.73
				铅	克/吨产品	103.4	中和法	5.199
				砷	克/吨产品	113.1	中和法	1.243

注：① 治理设施包括过滤式除尘法、静电除尘法、烟气制酸、直排等。

3312 铅锌冶炼行业产排污系数表（续 11）

产品名称	原料名称	工艺名称	规模等级	污染物指标	单位	产污系数	末端治理技术名称		排污系数
粗锌	锌精矿	电炉炼锌工艺	所有规模	工业废气量	米 ³/吨产品	12 700	注①		14 530
				烟尘	千克/吨产品	364.7	过滤式除尘法/静电除尘法		4.564
				二氧化硫	千克/吨产品	1 147	烟气制酸	二转二吸	16.75
								一转一吸	53.08
				工业固体废物（冶炼废渣）	吨/吨产品	0.841	—		—
				HW23 危险废物（含锌废物）	吨/吨产品	0.103	—		—
氧化锌	焙砂	电炉工艺或维氏炉还原挥发工艺	所有规模	工业废水量	吨/吨产品	1.605	中和法		1.605
				化学需氧量	克/吨产品	193	中和法		134.2
				镉	克/吨产品	0.514	中和法		0.301
				铅	克/吨产品	0.802	中和法		0.512
				砷	克/吨产品	0.642	中和法		0.53
				工业废气量	米 ³/吨产品	6 022	注①		6 978
				烟尘	千克/吨产品	135.7	过滤式除尘法		5.064
				二氧化硫	千克/吨产品	0.649	直排		0.649
				工业固体废物（冶炼废渣）	吨/吨产品	1.116	—		—
				HW23 危险废物（含锌废物）	千克/吨产品	6.319	—		—

注：① 治理设施包括过滤式除尘法、静电除尘法、烟气制酸、直排等。

3312 铅锌冶炼行业产排污系数表（续 12）

产品名称	原料名称	工艺名称	规模等级	污染物指标	单位	产污系数	末端治理技术名称		排污系数
焙砂	锌精矿	焙烧炉工艺	所有规模	工业废水量	吨/吨产品	3.227①	中和法		3.227
				化学需氧量	克/吨产品	206.5①	中和法		90.35
							直排		206.5②
				镉	克/吨产品	51.31①	中和法		0.112
							直排		51.31②
				铅	克/吨产品	56.24①	中和法		2.356
							直排		56.24②
				砷	克/吨产品	33.24①	中和法		0.313
							直排		33.24②
				工业废气量	米 ^{3}/吨产品	3 539	烟气制酸		3 226③
							过滤式除尘法		3 893④
				烟尘	千克/吨产品	117.7	过滤式除尘法/静电除尘法		0③
							过滤式除尘法		1.797④
				二氧化硫	千克/吨产品	621.8	烟气制酸	二转二吸	6.706
								一转一吸	24.87
				HW23 危险废物（含锌废物）	吨/吨产品	0.053	—		—
电解锌	次氧化锌	湿法电解工艺	所有规模	工业废水量	吨/吨产品	1.65	中和法		1.65
				化学需氧量	克/吨产品	431.5	中和法		253
				镉	克/吨产品	17.89	中和法		0.105
				铅	克/吨产品	4.944	中和法		0.332

注：① 无制酸工艺情况下，废水相关污染因子的产排污系数均为 0。② 有制酸工艺，无废水处理设施。③ 烟气制酸。④ 烟气没制酸，只经袋式收尘。

3312　铅锌冶炼行业产排污系数表（续 13）

产品名称	原料名称	工艺名称	规模等级	污染物指标	单位	产污系数	末端治理技术名称	排污系数
电解锌	次氧化锌	湿法电解工艺	所有规模	砷	克/吨产品	1.102	中和法	0.05
				工业废气量	米 ^{3}/吨产品	5 431	湿法除尘法	5 431
				工业固体废物（冶炼废渣）	吨/吨产品	0.78	—	—
				HW23 危险废物（含锌废物）	吨/吨产品	0.147	—	—
精锌	粗锌	锌精馏工艺	所有规模	工业废水量	吨/吨产品	2.237	中和法	2.237
				化学需氧量	克/吨产品	181.9	中和法	86.6
				镉	克/吨产品	1.313	中和法	0.048
				铅	克/吨产品	9.027	中和法	0.619
				砷	克/吨产品	0.013	中和法	0.004
				工业废气量	米 ^{3}/吨产品	9 748	过滤式除尘法/直排	10 280
				烟尘	千克/吨产品	20.39	过滤式除尘法	1.362
				HW23 危险废物（含锌废物） HW26 危险废物（含镉废物）	吨/吨产品	0.073	—	—

3313
镍钴冶炼行业

1 适用范围

本手册给出了《统计上使用的产品分类目录》中有色金属冶炼及压延（其中的镍钴冶炼行业）的高冰镍、电镍、钴盐、电钴等产品的产污系数和排污系数，可用于第一次全国污染源普查镍钴冶炼行业工业污染源污染物产生量和排放量的核算。

本手册涉及的污染物包括：工业废水量、化学需氧量、镉、铅、砷、工业废气量（指折算成标准状态的体积）、烟尘、二氧化硫、工业固体废物、危险废物等。

2 注意事项

2.1 系数表中未涉及的产品产排污系数说明

（1）对于氧化钴、四氧化三钴产品，其工业废气污染物烟尘产生系数为54千克/吨产品，排放系数根据“冶炼企业常用末端治理技术计算系数表”计算；工业废水污染物产排系数参考“钴盐”的产排污系数。

（2）对于以钴精矿为原料生产电钴的产品，其污染物产排系数为：“钴盐”+“电钴”的产排系数。

（3）硫酸镍产品参考电镍产品的产排污系数。

2.2 使用系数表中未涉及末端治理技术的企业排污量计算

对于采用其他末端处理技术的小冶炼企业，可根据该企业污染物产生量及所使用的末端治理技术，通过公式（2-1）计算污染物排放量。

污染物排放量 = 污染物产生量×末端治理技术计算系数　　（2-1）

冶炼企业常用末端治理技术计算系数见下表。

冶炼企业常用末端治理技术计算系数表

分类	编号	治理技术（设备）名称	效率/%	计算系数
废气治理技术	G-1	旋风+静电除尘法	98.5	0.015
	G-2-1	湿式除尘法（喷淋塔）	90.0	0.10
	G-2-2	湿式除尘法（文丘里）	98.0	0.02
	G-2-3	湿式除尘法（泡沫塔）	97.0	0.03
	G-2-4	湿式除尘法（动力波）	99.5	0.005

分类	编号	治理技术（设备）名称	效率/%	计算系数
废气治理技术	G-3	过滤除尘法（布袋除尘器）	99.0	0.01
	G-4	旋风收尘	65.0	0.35
	G-5	直排	0	1.0
废水治理技术	W-1	沉淀分离	0	1.0
	W-2	实施工业废水“零”排放工程	100.0	0
	W-3	直排	0	1.0

2.3 生产非单一产品企业污染物产排量核算

如企业同时生产不同金属产品，应按相应金属产品的产排污系数，分别计算污染物的产生量、排放量，各金属产品生产过程产生、排放的污染物量之和为该企业产生及排放的污染物总量。

2.4 无组织排放的说明

本手册只给出本行业工业废气量、烟尘、二氧化硫等污染物的有组织排放的产排污系数，不包括无组织排放的产排污系数。

2.5 其他需要说明的问题

（1）在本次普查中，生产过程所产生的颗粒物统一按烟尘统计，核算数据填入 G109 表“一、燃烧过程”。

（2）钴盐产品的固体废物产生量采用公式（2-2）计算：

$$W_{渣}=W_{矿}（1-A/0.95） \quad （2-2）$$

式中：$W_{渣}$——固体废物产生的渣量，吨；

$W_{矿}$——企业所用原料量，吨；

A——原料中钴矿的品位。

（3）本手册中高冰镍产品、钴盐产品的产排污系数是以产品中镍、钴的单位金属含量为单位，调查中应该注意调查高冰镍产品中的含镍量。

（4）表中所列各种末端治理设施所对应污染物排放系数，为该治理设施正常工作状态下的排污系数。对于不正常工作的治理设施，应按无治理设施的系数计算（或根据其目前处理效率计算）。没有治理设施的排污系数等同于产污系数。

（5）企业工业固体废物和危险废物产生量与其生产原料成分有关，普查时应采用实际调查值填入相关调查表；在个别企业不能提供实际产生量的情况下，可使用产排污系数表中工业固体废物和危险废物的产污系数计算工业固体废物和危险废物的产生量。

镍冶炼所产生的危险废物主要有含砷废物、含铅废物等，包括酸泥（铅滤饼，砷滤饼），烟尘（砷烟尘、铅烟尘），含重金属水处理污泥等。

（6）本手册废水污染因子中均未涉及回用问题，如企业对排放废水进行部分回用，应先调查其废水回用率，根据公式（2-3）计算工业废水量、化学需氧量、镉、铅、砷等的排污系数：

$$k_1=k\times（1-C） \quad （2-3）$$

式中：k_1——废水部分回用后企业排污系数；

k——手册中相应的排污系数；

C——废水回用率，%。

3313 镍钴冶炼行业产排污系数表

产品名称	原料名称	工艺名称	规模等级	污染物指标	单位	产污系数	末端治理技术名称	排污系数
高冰镍含镍量	镍精矿	电炉工艺	≥20 000 吨/年	工业废水量	吨/吨产品	13.38	中和法	13.38
				化学耗氧量	克/吨产品	1 785	中和法	820.4
				镉	克/吨产品	1.573	中和法	0.085
				铅	克/吨产品	3.613	中和法	0.723
				砷	克/吨产品	22.53	中和法	0.234
				工业废气量	米 ^{3}/吨产品	92 570	注①	94 560
				烟尘	千克/吨产品	977.2	注①	5.103
				二氧化硫②（硫镍比 3.4）	千克/吨产品	5 706	烟气制酸	760.0
				二氧化硫②（硫镍比 2.4）	千克/吨产品	1 935	烟气制酸	257.4
				二氧化硫②（硫镍比 8.3）	千克/吨产品	12 440	烟气制酸	1 655
				工业固体废物（冶炼废渣）	吨/吨产品	14.77	—	—
				HW24 危险废物（含砷废物）	吨/吨产品	0.25	—	—
			<20 000 吨/年	工业废水量	吨/吨产品	15.84	中和法	15.84
				化学需氧量	克/吨产品	1 909	中和法	855.4
				镉	克/吨产品	1.679	中和法	0.158
				砷	克/吨产品	31.90	中和法	0.412
				工业废气量	米 ^{3}/吨产品	106 900	静电除尘法	128 300

注：① 治理技术为：过滤式除尘法、湿法除尘法、静电除尘法、静电除尘法+烟气制酸，直排。② 调查企业的二氧化硫产污系数取与表中硫镍比相接近的数值。

3313 镍钴冶炼行业产排污系数表（续 1）

产品名称	原料名称	工艺名称	规模等级	污染物指标	单位	产污系数	末端治理技术名称	排污系数
高冰镍含镍量	镍精矿	电炉工艺	＜20 000 吨/年	烟尘	千克/吨产品	672.9	静电除尘法	13.75
				二氧化硫[①]（硫镍比 3.4）	千克/吨产品	5 706	烟气制酸	1 469
				二氧化硫[①]（硫镍比 2.4）	千克/吨产品	1 935	烟气制酸	498.3
				二氧化硫[①]（硫镍比 8.3）	千克/吨产品	12 440	烟气制酸	3 203
				工业固体废物（冶炼废渣）	吨/吨产品	18.69	—	—
				HW24 危险废物（含砷废物）	吨/吨产品	0.27	—	—
		闪速炉工艺	所有规模	工业废水量	吨/吨产品	8.376	中和法	8.376
				化学需氧量	克/吨产品	764.7	中和法	352.2
				镉	克/吨产品	1.295	中和法	0.035
				铅	克/吨产品	2.572	中和法	0.337
				砷	克/吨产品	11.53	中和法	0.124
				工业废气量	米 ^{3}/吨产品	43 470	过滤式除尘/静电除尘法	49 200
				烟尘	千克/吨产品	925.3	静电除尘法	3.863
				二氧化硫[①]（硫镍比 3.0）	千克/吨产品	4 957	烟气制酸	147.3
				二氧化硫[①]（硫镍比 2.4）	千克/吨产品	1 935	烟气制酸	57.5
				二氧化硫[①]（硫镍比 8.3）	千克/吨产品	12 440	烟气制酸	369.5
				工业固体废物（冶炼废渣）	吨/吨产品	12.95	—	—
				HW24 危险废物（含砷废物）	吨/吨产品	0.108	—	—

注：① 调查企业的二氧化硫产污系数取与表中硫镍比相接近的数值。

3313 镍钴冶炼行业产排污系数表（续2）

产品名称	原料名称	工艺名称	规模等级	污染物指标	单位	产污系数	末端治理技术名称	排污系数
高冰镍含镍量	镍精矿	鼓风炉工艺	所有规模	工业废气量	米^3/吨产品	188 200	多管旋风收尘	225 900
				烟尘	千克/吨产品	1 327	多管旋风收尘	433.2
				二氧化硫①（硫镍比 8.3）	千克/吨产品	12 440	直排	12 280
				二氧化硫①（硫镍比 2.4）	千克/吨产品	1 935	直排	1 935
				二氧化硫①（硫镍比 3.0）	千克/吨产品	4 957	直排	4 957
				工业固体废物（冶炼废渣）	吨/吨产品	20.12	—	—
电镍	高冰镍	反射炉-电解工艺	所有规模	工业废水量	吨/吨产品	6.265	中和法	6.265
				化学需氧量	克/吨产品	8 898	中和法	1 142
				镉	克/吨产品	2.243	中和法	0.063
				铅	克/吨产品	2.862	中和法	0.349
				砷	克/吨产品	1.63	中和法	0.189
				工业废气量	吨/吨产品	5 670	过滤式除尘/静电除尘法	5 670
				烟尘	千克/吨产品	23.82	过滤式除尘/静电除尘法	1.58
				二氧化硫	千克/吨产品	24.25	直排	22.23
				工业固体废物（冶炼废渣）	吨/吨产品	1	—	—
电镍	高冰镍	浸出-电解工艺	所有规模	工业废水量	吨/吨产品	11.77	中和法	11.77
				化学需氧量	克/吨产品	1 270	中和法	975
				镉	克/吨产品	1.916	中和法	0.633
				砷	克/吨产品	36.4	中和法	0.199
				工业固体废物（冶炼废渣）	吨/吨产品	1.595	—	—

注：① 调查企业的二氧化硫产污系数取与表中硫镍比相接近的数值。

3313　镍钴冶炼行业产排污系数表（续 3）

产品名称	原料名称	工艺名称	规模等级	污染物指标	单位	产污系数	末端治理技术名称	排污系数
电钴	含钴渣或钴盐	浸出-萃取-电解工艺	所有规模	工业废水量	吨/吨产品	180.4	中和法	180.4
				化学需氧量	克/吨产品	106 400	中和法	10 690
							沉淀分离	76 230
				镉	克/吨钴	8.374	中和法	1.224
				铅	克/吨产品	19.42	中和法	3.671
				砷	克/吨产品	7.695	中和法	1.224
				工业固体废物（冶炼废渣）	吨/吨产品	1.819	—	—
钴盐（草酸钴、碳酸钴、氯化钴等）含钴量	钴矿	浸出-萃取-除杂工艺	所有规模	工业废水量	吨/吨产品	101.4	中和法	101.4
				化学需氧量	克/吨产品	403 700	中和法	194 500
				镉	克/吨产品	82.36	中和法	3.089
				铅	克/吨产品	11.73	中和法	6.439
				砷	克/吨产品	1.149	中和法	0.639
				工业固体废物（冶炼废渣）	吨/吨产品	根据公式（2-2）计算	—	—

3314
锡冶炼行业

1 适用范围

本手册给出了《统计上使用的产品分类目录》中锡冶炼行业精锡产品的产污系数和排污系数，可用于第一次全国污染源普查锡冶炼行业工业污染源污染物产生量和排放量的核算。

本手册涉及的污染物包括：工业废水量、汞、镉、铅、砷、六价铬、工业废气量（指折算成标准状态的体积）、烟尘、二氧化硫、冶炼废渣、含砷危险废物。

在本次普查中，生产过程所产生的颗粒物统一按烟尘统计，核算数据填入 G109 表“一、燃烧过程”。

2 注意事项

2.1 系数表中未涉及的产品产排污系数说明

本手册已基本涵盖采用各种原料、冶炼工艺及生产规模的锡冶炼产品，对可能遇到的使用罕见或特殊的冶炼工艺的生产线，可以按照原料品位属于锡精矿或锡中矿，分别采用相应生产规模的还原熔炼-硫化挥发法工艺的产排污系数。

当被调查的冶炼生产线没有采用《末端治理技术代码表》中给出的治理方法，但有其他污染物处理方法（《末端治理技术代码表》以外的方法）时，首先调查是否有当地环保部门的验收监测报告，如果有，可以以验收监测报告为准。如果没有，对于采用其他物理法废水处理技术的，排污系数为产污系数的 40%，采用其他化学法废水处理技术的，其排污系数为产污系数的 60%；对于采用其他烟尘处理技术的，其排污系数为产污系数的 60%；采用其他二氧化硫处理技术的，其排污系数为产污系数的 60%。

2.2 其他需要说明的问题

（1）对于目前少数地方存在个别小型锡冶炼企业继续使用短道窑和鼓风炉等属于国家明令淘汰的落后设备进行生产，计算采用短道窑工艺的产排污系数时，应对其大气污染物中工业废气量、烟尘乘以系数 2；计算采用鼓风炉工艺的产排污系数时，应对其大气污染物中工业废气量、烟尘乘以系数 1.5。

（2）目前由于企业兼并整合、大型冶炼企业采用更经济的来料加工生产方式等原因，还出现了锡冶炼中的粗炼与精炼分开的情况。此种情况下，对于上下游企业的污染物产排污系数，可以根据粗炼和精炼的原料中污染元素的转换关系，按照粗炼占 80%、精炼占 20%的比例分别计算污染物的产生量和排放量。

（3）当面对手册中没有规定的末端治理技术时，则根据污染治理技术的原理，选择接近的排污系数。例如对于烟气中的二氧化硫，绝大多数有色冶金企业使用石灰石-石膏脱硫技术，也有少数企业根据自己的资源条件，使用氧化镁、氧化锌作为碱性物料进行脱硫，此时可以使用条件相同，采用石灰石-石膏脱硫治理技术的排污系数。

（4）当对应生产线的排水经过处理或未经处理后全部回用时，该情况下只计算产污系数，不计算排污系数。当对应的生产线的排水经过处理或未经处理后部分用于其他生产线时，该情况下排污系数按（1－用于其他生产线的废水比例）×（排污系数）计算，产污系数计算方法不变。

（5）对于废水中重金属离子主要采用化学沉淀法处理，本手册给出的排污系数是以碱性石灰乳中和处理的结果。若采用硫化钠等硫化物作沉淀剂，其排污系数为一般化学沉淀法的 40%。

3314 锡冶炼行业产排污系数表

产品名称	原料名称	工艺名称	规模等级	污染物指标	单位	产污系数	末端治理技术名称	排污系数
精锡	锡精矿	还原熔炼-硫化挥发法	≥8 000 吨/年	工业废水量	吨/吨产品	8.2	化学沉淀法	1.646①
				汞	毫克/吨产品	966	化学沉淀法	43.1
				镉	克/吨产品	0.52	化学沉淀法	0.025
				铅	克/吨产品	6.27	化学沉淀法	0.066
				砷	克/吨产品	244.4	化学沉淀法	0.275 3
				六价铬	克/吨产品	0.52	化学沉淀法	0.034
				工业废气量	米 ^{3}/吨产品	38 740	—	38 740
				烟尘	千克/吨产品	353.7	过滤式除尘法	4.095
				二氧化硫	千克/吨产品	36.1	石灰石膏法	3.519
							其他烟气脱硫法（动力波）	1.805
				工业固体废物（冶炼废渣）	吨/吨产品	1.05	—	—
				HW24 危险废物（含砷废物）	吨/吨产品	0.000 265	—	—
			3 000～8 000 吨/年	工业废水量	吨/吨产品	17.55	化学沉淀法	3.527①
							直排	17.55
				汞	毫克/吨产品	1 026	化学沉淀法	45.8
							直排	1 026
				镉	克/吨产品	4.86	化学沉淀法	0.340
							直排	4.86
				铅	克/吨产品	5.85	化学沉淀法	0.248
							直排	5.85
				砷	克/吨产品	312.7	化学沉淀法	1.42
							直排	312.7
				六价铬	克/吨产品	4.82	化学沉淀法	0.425
							直排	4.82
				工业废气量	米 ^{3}/吨产品	76 200	—	76 200
				烟尘	千克/吨产品	326	过滤式除尘法	6.48
							直排	326
				二氧化硫	千克/吨产品	45.8	石灰石膏法	6.637
							直排	45.8
				工业固体废物（冶炼废渣）	吨/吨产品	1.270	—	—
				HW24 危险废物（含砷废物）	吨/吨产品	0.000 36	—	—

注：① 此处工业废水量的 80%循环利用，20%外排。对于其他循环利用率下的工业废水量排污系数=产污系数×（1－循环利用率）。

3314　锡冶炼行业产排污系数表（续 1）

产品名称	原料名称	工艺名称	规模等级	污染物指标	单位	产污系数	末端治理技术名称	排污系数
精锡	锡精矿	还原熔炼-硫化挥发法	≤3 000 吨/年	工业废水量	吨/吨产品	19.25	化学沉淀法	3.860①
							直排	19.25
				汞	毫克/吨产品	926	化学沉淀法	51.2
							直排	926
				镉	克/吨产品	4.86	化学沉淀法	0.972
							直排	4.86
				铅	克/吨产品	5.85	化学沉淀法	1.17
							直排	5.85
				砷	克/吨产品	289.4	化学沉淀法	0.498 5
							直排	289.4
				六价铬	克/吨产品	2.82	化学沉淀法	0.564
							直排	2.82
				工业废气量	米 ^{3}/吨产品	105 000	—	115 500
				烟尘	千克/吨产品	567.1	过滤式除尘法	7.975
							直排	567.1
				二氧化硫	千克/吨产品	75	石灰石膏法	14.237
							直排	75
				工业固体废物（冶炼废渣）	吨/吨产品	1.11	—	—
				HW24 危险废物（含砷废物）	吨/吨产品	0.000 31	—	—

注：① 此处工业废水量的 80%循环利用，20%外排。对于其他循环利用率下的工业废水量排污系数=产污系数×（1－循环利用率）。

3314 锡冶炼行业产排污系数表（续 2）

产品名称	原料名称	工艺名称	规模等级	污染物指标	单位	产污系数	末端治理技术名称	排污系数
精锡	锡精矿	两段熔炼法	所有规模	工业废水量	吨/吨产品	7.26	化学沉淀法	1.46①
							直排	7.26
				汞	毫克/吨产品	486	化学沉淀法	51.1
							直排	486
				镉	克/吨产品	5.85	化学沉淀法	0.135
							直排	5.85
				铅	克/吨产品	4.82	化学沉淀法	0.355
							直排	4.82
				砷	克/吨产品	305.7	化学沉淀法	0.68
							直排	305.7
				六价铬	克/吨产品	1.27	化学沉淀法	0.32
							直排	1.27
				工业废气量	米 ^{3}/吨产品	73 200	—	73 200
				烟尘	千克/吨产品	169.2	过滤式除尘法	5.322
							直排	169.2
				二氧化硫	千克/吨产品	39.2	石灰石膏法	4.085
							直排	39.2
				工业固体废物（冶炼废渣）	吨/吨产品	0.96	—	—
				HW24 危险废物（含砷废物）	吨/吨产品	0.000 32	—	—

注：① 此处工业废水量的 80%循环利用，20%外排。对于其他循环利用率下的工业废水量排污系数=产污系数×（1－循环利用率）。

3314 锡冶炼行业产排污系数表（续 3）

产品名称	原料名称	工艺名称	规模等级	污染物指标	单位	产污系数	末端治理技术名称	排污系数
精锡	锡中矿	硫化挥发-还原熔炼法	所有规模	工业废水量	吨/吨产品	5.76	化学沉淀法	1.54①
							直排	5.76
				汞	毫克/吨产品	446	化学沉淀法	51
							直排	446
				镉	克/吨产品	5.62	化学沉淀法	0.127
							直排	5.62
				铅	克/吨产品	4.72	化学沉淀法	0.505
							直排	4.72
				砷	克/吨产品	322	化学沉淀法	0.67
							直排	322
				六价铬	克/吨产品	1.3	化学沉淀法	0.342
							直排	1.3
				工业废气量	米 ^{3}/吨产品	95 100	—	95 070
				烟尘	千克/吨产品	1 067	过滤式除尘法	11.9
							直排	1 067
				二氧化硫	千克/吨产品	134.7	石灰石膏法	13.47
							直排	134.7
				工业固体废物（冶炼废渣）	吨/吨产品	2.55	—	—
				HW24 危险废物（含砷废物）	吨/吨产品	0.000 35	—	—

注：① 此处工业废水量的 80%循环利用，20%外排。对于其他循环利用率下的工业废水量排污系数=产污系数×（1－循环利用率）。

3315
锑冶炼行业

1 适用范围

本手册给出了《统计上使用的产品分类目录》中锑冶炼行业的金属锑、金属锑+铅锭、金属锑+有色料副产金、锑白（产品目录之外）的产污系数和排污系数，可用于第一次全国污染源普查锑冶炼行业工业污染源污染物产生量和排放量的核算。

本手册涉及的污染物包括：工业废水量、汞、镉、铅、砷、六价铬、工业废气量（指折算成标准状态的体积）、烟尘、二氧化硫、冶炼废渣、含砷危险废物。

在本次普查中，生产过程所产生的颗粒物统一按烟尘统计，核算数据填入 G109 表"一、燃烧过程"。

2 注意事项

2.1 系数表中未涉及的产品产排污系数说明

本手册已基本涵盖各种原料、工艺及规模的锑冶炼产品，对系数表单中未涉及的末端治理技术，首先调查是否有当地环保部门的验收监测报告，如果有，可以以验收监测报告为准。如果没有，对于采用其他物理法废水处理技术的，排污系数为产污系数的 40%，采用其他化学法废水处理技术的，其排污系数为产污系数的 60%；对于采用其他烟尘处理技术的，其排污系数为产污系数的 60%；采用其他二氧化硫处理技术的，其排污系数为产污系数的 60%。

2.2 生产非单一产品企业污染物产排量核算

锑冶炼行业中选用的原料不同，冶炼后得到的产品不同。以锑精矿为原料最终的产品为金属锑或锑白；以铅锑精矿为原料最终的产品为金属锑和铅锭；以锑金精矿为原料最终的产品为金属锑和有色料副产金。对于同一类型的原料，品位不同，产品的产量、污染物的产生和排放量也不一样。由于金属锑是锑冶炼最主要的产品，伴生的铅锭产量仅为金属锑的 10%左右，伴生的黄金产量仅为金属锑的 0.01%以下，而且污染物是多产品共同产生，因此普查过程中统一根据原料折金属锑的量，计算污染物的产生量和排放量。

2.3 其他需要说明的问题

（1）锑冶炼采用的冶金窑炉的类型较多，企业在挥发熔炼过程中可能采用鼓风炉、回转窑、多膛炉、闪速炉、平炉或直井炉，还原熔炼时可能采用电炉或反射炉，无论是哪种炉型，均属于工业窑炉中的有色金属熔炼炉，其产排污系数根据在冶金炉内物料转化和污染物迁移转化的规律，都参照选用

“挥发熔炼—还原熔炼法”工艺的组合。

（2）本手册只需考虑企业原料的折金属量，力求简单、清楚，易于使用。制定本手册时已充分考虑全国的平均水平，使用本手册计算得出的产排污量可能与单个调查企业有一定出入，但总体符合全行业水平。

（3）当对应生产线的生产排水经过处理或未经处理后全部回用时，该情况下只计算产污系数，不计算排污系数。当对应的生产线的排水经过处理或未经处理后部分用于其他生产线时，该情况下排污系数按（1－用于其他生产线的废水比例）×（排污系数）计算，产污系数计算方法不变。

（4）对于废水中重金属离子主要采用化学沉淀法处理，本手册给出的排污系数是以碱性石灰乳中和处理的结果。若采用硫化钠等硫化物作沉淀剂，其排污系数按照一般化学沉淀法的40%计算。

3315 锑冶炼行业产排污系数表

产品名称	原料名称	工艺名称	规模等级	污染物指标	单　位	产污系数	末端治理技术名称	排污系数
金属锑	锑精矿	挥发熔炼-还原熔炼	≥5 000 吨/年	工业废水量	吨/吨原料（折金属锑）	56.5	化学沉淀法	13.32①
				汞	毫克/吨原料（折金属锑）	216	化学沉淀法	51
				镉	克/吨原料（折金属锑）	1.452	化学沉淀法	0.377
				铅	克/吨原料（折金属锑）	3.95	化学沉淀法	0.505
				砷	克/吨原料（折金属锑）	1.2	化学沉淀法	0.255
				六价铬	克/吨原料（折金属锑）	0.41	化学沉淀法	0.087
				工业废气量	米³/吨原料（折金属锑）	61 100	—	61 100
				烟尘	千克/吨原料（折金属锑）	230.6	过滤式除尘法	3.8
				二氧化硫	千克/吨原料（折金属锑）	1 764.7	石灰石膏法	55.7
				工业固体废物（冶炼废渣）	吨/吨原料（折金属锑）	1.15	—	—
				HW24 危险废物（含砷废物）	吨/吨原料（折金属锑）	0.110	—	—
			<5 000 吨/年	工业废水量	吨/吨原料（折金属锑）	63	化学沉淀法	12.7①
							直排	63
				汞	毫克/吨原料（折金属锑）	225	化学沉淀法	32
							直排	225
				镉	克/吨原料（折金属锑）	1.47	化学沉淀法	0.36
							直排	1.47
				铅	克/吨原料（折金属锑）	4.1	化学沉淀法	0.612
							直排	4.1
				砷	克/吨原料（折金属锑）	5.4	化学沉淀法	1.45
							直排	5.4
				六价铬	克/吨原料（折金属锑）	0.36	化学沉淀法	0.095
							直排	0.36
				工业废气量	米³/吨原料（折金属锑）	65 500	—	65 500
				烟尘	千克/吨原料（折金属锑）	344.2	过滤式除尘法	14.53
				二氧化硫	千克/吨原料（折金属锑）	2 103.2	石灰石膏法	68.6
							直排	2 103.2
				工业固体废物（冶炼废渣）	吨/吨原料（折金属锑）	1.15	—	—
				HW24 危险废物（含砷废物）	吨/吨原料（折金属锑）	0.145	—	—

注：① 此处工业废水量的 80%循环利用，20%外排。对于其他循环利用率下的工业废水排污系数=产污系数×（1－实际循环利用率）。

3315 锑冶炼行业产排污系数表（续 1）

产品名称	原料名称	工艺名称	规模等级	污染物指标	单位	产污系数	末端治理技术名称	排污系数
金属锑+铅锭	铅锑精矿	沸腾炉焙烧-还原熔炼法	所有规模	工业废水量	吨/吨原料（折金属锑）	128.3	化学沉淀法	25.8①
							直排	128.3
				汞	毫克/吨原料（折金属锑）	385	化学沉淀法	42
							直排	385
				镉	克/吨原料（折金属锑）	2.37	化学沉淀法	0.595
							直排	2.37
				铅	克/吨原料（折金属锑）	6.8	化学沉淀法	1.49
							直排	6.8
				砷	克/吨原料（折金属锑）	11.9	化学沉淀法	2.85
							直排	11.9
				六价铬	克/吨原料（折金属锑）	0.535	化学沉淀法	0.135
							直排	0.535
				工业废气量	米 ^{3}/吨原料（折金属锑）	69 770	—	69 770
				烟尘	千克/吨原料（折金属锑）	662.6	过滤式除尘法	8.86
				二氧化硫	千克/吨原料（折金属锑）	2 416	石灰石膏法	78.3
							直排	2 416
				工业固体废物（冶炼废渣）	吨/吨原料（折金属锑）	1.49	—	—
				HW24 危险废物（含砷废物）	吨/吨原料（折金属锑）	0.120	—	—

注：① 此处工业废水量的 80%循环利用，20%外排。对于其他循环利用率下的工业废水排污系数=产污系数×（1－实际循环利用率）。

3315 锑冶炼行业产排污系数表（续 2）

产品名称	原料名称	工艺名称	规模等级	污染物指标	单位	产污系数	末端治理技术名称	排污系数
金属锑+有色料副产金	锑金精矿	鼓风炉挥发熔炼-选择性氯化提金法	所有规模	工业废水量	吨/吨原料（折金属锑）	156	化学沉淀法	31.44①
							直排	156
				汞	毫克/吨原料（折金属锑）	355	化学沉淀法	16
							直排	355
				镉	克/吨原料（折金属锑）	2.03	化学沉淀法	0.095
							直排	2.03
				铅	克/吨原料（折金属锑）	4.8	化学沉淀法	0.275
							直排	4.8
				砷	克/吨原料（折金属锑）	9.15	化学沉淀法	0.372
							直排	9.15
				六价铬	克/吨原料（折金属锑）	0.545	化学沉淀法	0.028
							直排	0.545
				工业废气量	米^3/吨原料（折金属锑）	127 000	—	127 000
				烟尘	千克/吨原料（折金属锑）	244.1	过滤式除尘法	4.6
				二氧化硫	千克/吨原料（折金属锑）	1 891.5	石灰石膏法	59.3
							直排	1 891.5
				工业固体废物（冶炼废渣）	吨/吨原料（折金属锑）	1.6	—	—
				HW24 危险废物（含砷废物）	吨/吨原料（折金属锑）	0.112	—	—

注：① 此处工业废水量的 80%循环利用，20%外排。对于其他循环利用率下的工业废水排污系数=产污系数×（1－实际循环利用率）。

3315 锑冶炼行业产排污系数表（续3）

产品名称	原料名称	工艺名称	规模等级	污染物指标	单位	产污系数	末端治理技术名称	排污系数
锑白	锑精矿	熔化-氧化挥发法	所有规模	工业废水量	吨/吨原料（折金属锑）	28.3	化学沉淀法	5.72①
							直排	28.3
				汞	毫克/吨原料（折金属锑）	770	化学沉淀法	27.1
							直排	770
				镉	克/吨原料（折金属锑）	4.32	化学沉淀法	0.645
							直排	4.32
				铅	克/吨原料（折金属锑）	10.36	化学沉淀法	0.976
							直排	10.36
				砷	克/吨原料（折金属锑）	22.375	化学沉淀法	2.615
							直排	22.375
				六价铬	克/吨原料（折金属锑）	0.942	化学沉淀法	0.156
							直排	0.942
				工业废气量	米^3/吨原料（折金属锑）	76 300	—	76 300
				烟尘	千克/吨原料（折金属锑）	266.7	过滤式除尘法	4.49
				二氧化硫	千克/吨原料（折金属锑）	1 355	石灰石膏法	57.7
							直排	1 355
				工业固体废物（冶炼废渣）	吨/吨原料（折金属锑）	1.54	—	—
				HW24 危险废物（含砷废物）	吨/吨原料（折金属锑）	0.102 5	—	—

注：① 此处工业废水量的80%循环利用，20%外排。对于其他循环利用率下的工业废水排污系数=产污系数×（1－实际循环利用率）。

3316
铝冶炼行业

1 适用范围

本手册给出了《统计上使用的产品分类目录》中有色金属冶炼及压延加工业类铝冶炼行业的氧化铝、原铝（电解铝）生产的产污系数和排污系数，而不包括再生铝部分，可用于第一次全国污染源普查中铝冶炼行业对应产品生产过程中工业污染源污染物产生量和排放量的核算。

本手册涉及的污染物包括：工业废水量、化学需氧量、石油类、氨氮、挥发酚、工业废气量（指折算成标准状态的体积）、二氧化硫、工业粉尘、氟化物、固体废物（赤泥、电解槽大修渣）等。

2 注意事项

2.1 普查时应以产品、原料、生产工艺和规模等级为主线进行统计，对拥有多个不同生产线的企业应分别统计污染物的产生和排放量，而后汇总求和作为该企业总的污染物产生量、排放量。

2.2 表中所列大气污染物主要指铝冶炼行业工业窑炉产生的大气污染物，其中：氧化铝企业对应的是熟料窑（工业炉窑类别代码：080）、气态悬浮焙烧炉（工业炉窑类别代码：014）烟气；电解铝企业对应的是电解槽（工业炉窑类别代码：022）烟气。

2.3 其他说明

（1）氧化铝行业选取二氧化硫产排污系数时，应根据熟料窑、焙烧炉使用的燃料种类来确定。熟料窑使用的燃料是煤，低硫煤指含硫率＜1%的煤，中硫煤指含硫率在 1%～2%的煤，高硫煤指含硫率在 2%以上的煤。氢氧化铝焙烧炉使用的燃料有天然气、重油、发生炉煤气等，二氧化硫产排污系数选取时注意与其对应。

（2）氧化铝企业近年来积极进行工艺技术改造，采取各种治理措施，执行“清污分流、一水多用”后，做到了工业用水和排水封闭循环不外排，则此时工业废水可按照“零排放”计算；但如果废水未经处理就直接排放，那么排污量就等于产污量；若处理后水没有 100%回用，则排污量=产污量－实际回用量。

（3）电解铝企业的工业废水产污量为电解铝生产系统（含配套碳素厂）排入污水处理站的总废水量，但不包括配套电厂、煤气站的生产废水量，该类水量与水质产排污量应参照电力、燃气生产和供应行业的产排污系数手册；对于无循环水系统和污水处理站的电解铝生产企业，排污量就等于产污量。

（4）根据污普办要求，表中所列电解铝企业的氟化物排污量反映的是有末端处理设施的、有组织排放的电解槽烟气中氟化物的排放量，对于通过天窗无组织排放的氟化物量未作统计。（而电解铝企业排放的总氟量应等于有组织和无组织排放量之和）

（5）对于投产 3 年以上电解铝企业，才会有电解槽大修渣产生，因此对投产 3 年以下的该类企业此项可不做统计。

3316 铝冶炼行业产排污系数表

产品名称	原料名称	工艺名称	规模等级	污染物指标	单位	产污系数			末端治理技术名称	排污系数
氧化铝	铝土矿	联合法	所有规模	工业废水量	吨/吨产品	4			循环利用	0①
				化学需氧量	克/吨产品	800			物理+化学	0①
				石油类	克/吨产品	40			物理+化学	0①
				工业废气量	米³/吨产品	6 200			静电除尘法	6 800
				工业粉尘	千克/吨产品	235			静电除尘法	1.36
				二氧化硫	千克/吨产品	熟料窑	低硫煤②	0.125	直排	0.125
							中硫煤②	0.375	直排	0.375
							高硫煤②	0.75	直排	0.75
						氢氧化铝焙烧炉	天然气②	0.137	直排	0.137
							重油②	3.5	直排	3.5
							低硫煤煤气或脱硫煤气②	0.81	直排	0.81
							中硫煤煤气②	1.97	直排	1.97
							高硫煤煤气②	4.4	直排	4.4
				工业固体废物（尾矿）	吨/吨产品	0.85			—	—

注：① 废水全部循环利用不外排。② 表示该设备使用的燃料类型。

3316　铝冶炼行业产排污系数表（续 1）

产品名称	原料名称	工艺名称	规模等级	污染物指标	单位	产污系数			末端治理技术名称	排污系数
氧化铝	铝土矿	烧结法	所有规模	工业废水量	吨/吨产品	4.5			循环利用	0①
				化学需氧量	克/吨产品	1 125			物理+化学	0①
				石油类	克/吨产品	67.5			物理+化学	0①
				工业废气量	米 ^{3}/吨产品	20 000			静电除尘法	22 000
				工业粉尘	千克/吨产品	500			静电除尘法	2.2
				二氧化硫	千克/吨产品	熟料窑	低硫煤②	0.35	直排	0.35
							中硫煤②	1.05	直排	1.05
							高硫煤②	2.1	直排	2.1
						氢氧化铝焙烧炉	天然气②	0.137	直排	0.137
							重油②	3.5	直排	3.5
							低硫煤煤气或脱硫煤气②	0.81	直排	0.81
							中硫煤煤气②	1.97	直排	1.97
							高硫煤煤气②	4.4	直排	4.4
				工业固体废物（尾矿）	吨/吨产品	1.5			—	—

注：① 废水全部循环利用不外排。② 表示该设备使用的燃料类型。

3316 铝冶炼行业产排污系数表（续 2）

产品名称	原料名称	工艺名称	规模等级	污染物指标	单位	产污系数			末端治理技术名称	排污系数
氧化铝	铝土矿	拜耳法	所有规模	工业废水量	吨/吨产品	0.5			循环利用	0[①]
				化学需氧量	克/吨产品	50			物理+化学	0[①]
				石油类	克/吨产品	2.5			物理+化学	0[①]
				工业废气量	米³/吨产品	2 200			静电除尘法	2 400
				工业粉尘	千克/吨产品	51			静电除尘法	0.135
				二氧化硫	千克/吨产品	氢氧化铝焙烧炉	天然气[②]	0.137	直排	0.137
							重油[②]	3.5	直排	3.5
							低硫煤煤气或脱硫煤气[②]	0.81	直排	0.81
							中硫煤煤气[②]	1.97	直排	1.97
							高硫煤煤气[②]	4.4	直排	4.4
				工业固体废物（尾矿）	吨/吨产品	1.6			—	—

注：① 废水全部循环利用不外排。② 表示该设备使用的燃料类型。

3316 铝冶炼行业产排污系数表（续 3）

产品名称	原料名称	工艺名称	规模等级	污染物指标	单位	产污系数	末端治理技术名称	排污系数
原铝（电解铝）	氧化铝 氟化盐	熔盐电解法	≥160 千安	工业废水量	吨/吨产品	7	循环利用	1.05
				化学需氧量	克/吨产品	700	物理+化学	73.5
				氨氮	克/吨产品	70	物理+化学	5.25
				石油类	克/吨产品	70	物理+化学	5.25
				挥发酚	克/吨产品	3.5	物理+化学	0.42
				工业废气量	米 ^{3}/吨产品	100 000	氧化铝干法吸附+过滤式除尘	115 000
				工业粉尘	千克/吨产品	100	氧化铝干法吸附+过滤式除尘	2
				二氧化硫	千克/吨产品	7.5	氧化铝干法吸附+过滤式除尘	6
				氟化物	克/吨产品	23 000	氧化铝干法吸附+过滤式除尘	345
				HW32 危险废物（无机氟化物废物）	吨/吨产品	0.026	—	—
			<160 千安	工业废水量	吨/吨产品	8	循环利用	1.6
				化学需氧量	克/吨产品	800	物理+化学	112
				氨氮	克/吨产品	80	物理+化学	8
				石油类	克/吨产品	80	物理+化学	8
				挥发酚	克/吨产品	4	物理+化学	0.64
			<160 千安	工业废气量	米 ^{3}/吨产品	130 000	氧化铝干法吸附+过滤式除尘	160 000
				工业粉尘	千克/吨产品	100	氧化铝干法吸附+过滤式除尘	2.5
				二氧化硫	千克/吨产品	8	氧化铝干法吸附+过滤式除尘	6.4
				氟化物	克/吨产品	19 500	氧化铝干法吸附+过滤式除尘	345
				HW32 危险废物（无机氟化物废物）	吨/吨产品	0.035	—	—

3317
镁冶炼行业

1 适用范围

本手册给出了《统计上使用的产品分类目录》中有色金属冶炼及压延加工业类采用皮江法生产金属镁的镁冶炼企业的产污系数和排污系数，而不包括以镁粉、镁废碎料和镁锉屑、车屑及颗粒为产品的生产企业。可用于第一次全国污染源普查中镁冶炼行业对应产品生产过程中工业污染源污染物产生量和排放量的核算。

本手册涉及的污染物包括：工业废水量、化学需氧量、石油类、六价铬、工业废气量（指折算成标准状态的体积）、工业粉尘、二氧化硫、固体废物（冶炼渣）等。

2 注意事项

2.1 普查时应以产品、原料、生产工艺和规模等级为主线进行统计。

2.2 镁冶炼企业主要按规模划分为 3 类，即≥1 万吨/年，0.5 万～1 万吨/年和＜0.5 万吨/年的“金属镁-白云石-皮江法”生产企业。

2.3 表中所列大气污染物主要指镁冶炼行业工业窑炉产生的大气污染物，对应的是镁冶炼企业的煅烧炉（工业炉窑类别代码：014）、还原炉（工业炉窑类别代码：052）和精炼炉（工业炉窑类别代码：014）烟气。

2.4 其他说明

（1）表中工艺废水主要指有镁锭表面处理的镁冶炼企业不定期向外排放的酸洗废水。若被调查企业无该道生产工序，则废水量为零。

（2）无末端治理技术的企业，排污系数即为产污系数。

（3）表中所列各种末端治理设施所对应的污染物排放系数，为该治理设施正常工作状态下的排污系数。对于不正常工作的治理设施，应按无治理设施的系数计算（或根据其目前处理效率计算）。

3317 镁冶炼行业产排污系数表

产品名称	原料名称	工艺名称	规模等级	污染物指标	单位	产污系数	末端治理技术名称	排污系数
金属镁	白云石	皮江法	≥1 万吨/年	工业废水量	吨/吨产品	1	中和法	1
				化学需氧量	克/吨产品	100	中和法	50
				石油类	克/吨产品	5	中和法	2.5
				六价铬	克/吨产品	5	中和法	0.5
				工业废气量	米 ^{3}/吨产品	75 000	湿法收尘/旋风收尘	85 000
				工业粉尘	千克/吨产品	45		8.5
				二氧化硫	千克/吨产品	187.5		51
				工业固体废物（冶炼渣）	吨/吨产品	6	—	—
			0.5 万～1 万吨/年	工业废水量	吨/吨产品	1	中和法	1
				化学需氧量	克/吨产品	100	中和法	50
				石油类	克/吨产品	5	中和法	2.5
				六价铬	克/吨产品	5	中和法	0.5
				工业废气量	米 ^{3}/吨产品	160 000	湿法收尘/旋风收尘	165 000
				工业粉尘	千克/吨产品	72		15
				二氧化硫	千克/吨产品	285		120
				工业固体废物（冶炼渣）	吨/吨产品	6	—	—
			<0.5 万吨/年	工业废水量	吨/吨产品	1	中和法	1
				化学需氧量	克/吨产品	100	中和法	50
				石油类	克/吨产品	5	中和法	2.5
				六价铬	克/吨产品	5	中和法	0.5
				工业废气量	米 ^{3}/吨产品	215 000	湿法收尘/旋风收尘	225 000
				工业粉尘	千克/吨产品	120		40
				二氧化硫	千克/吨产品	270		170
				工业固体废物（冶炼渣）	吨/吨产品	6	—	—

3319
其他常用有色金属冶炼
3322
银冶炼行业

1 使用说明

本手册给出了《统计上使用的产品分类目录》中有色金属冶炼及压延加工业类的“3319 镉、钛、铋及其他常用有色金属行业”中镉、钛、铋、汞金属冶炼和“3322 银冶炼行业”中白银产品的产污系数和排污系数，可用于第一次全国污染源普查镉、钛、铋、汞、银等金属冶炼行业工业污染源污染物产生量和排放量的核算。

本手册涉及的污染物包括：工业废水量、化学需氧量、镉、铅、砷、汞、石油类、工业废气量（指折算成标准状态的体积）、烟尘、工业粉尘、二氧化硫、氮氧化物、烟气中汞、固体废物和危险废物。

2 注意事项

2.1 系数表中未涉及的产品和生产工艺的产排污系数说明

（1）本手册未涉及银矿产银和金矿副产银两种产品，这两种产品生产过程所产生及排放的污染物量已包含在该企业黄金产品的产、排污量中，不可重复计算。

（2）再生银生产过程产、排污系数见“废弃资源和废旧材料回收加工业”相应系数。

（3）土法炼汞工艺生产过程产生的废水和废气污染物的产、排污系数，可参照汞金属蒸馏法冶炼工艺相关系数。

2.2 生产非单一产品企业污染物产排量核算

如企业同时生产不同金属产品，应按相应金属产品的产排污系数，分别计算污染物的产生量、排放量，各金属产品生产过程产生、排放的污染物量之和为该企业产生及排放的污染物总量。

2.3 其他需要说明的问题

（1）本表中以表注方式分别标明工业窑炉废气量及工艺废气量，以及所用工业炉窑类别和工艺名称。

（2）各冶炼企业工业固体废物为冶炼渣（可作为其他产品原料），其产生量与其原料（精矿、含金属废料、阳极泥等）成分有关，有时相同产品相同工艺的固废产生量会相差很大，普查时应采用实际调查值填入相关调查表，在企业无法提供实际产渣量时可使用本手册提供的系数计算工业固体废物产生量。

（3）使用系数表中未涉及末端治理技术的企业排污量计算

对于采用其他末端处理技术的小冶炼企业，可根据该企业污染物产生量及所使用的末端治理技术，通过以下公式计算污染物排放量：

污染物排放量=污染物产生量×末端治理技术计算系数

冶炼企业常用末端治理技术计算系数见下表。

冶炼企业常用末端治理技术计算系数表

分类	编号	治理技术（设备）名称	污染物指标	效率/%	计算系数
废气治理技术	G-1-1	湿式除尘法（喷淋塔）	烟尘	90.0	0.10
	G-1-2	湿式除尘法（文丘里）	烟尘	98.0	0.02
	G-1-3	湿式除尘法（泡沫塔）	烟尘	97.0	0.03
	G-1-4	湿式除尘法（动力波）	烟尘	99.5	0.005
	G-2	过滤除尘法（布袋除尘器）	烟尘	99.0	0.01
	G-3	旋风收尘	烟尘	65.0	0.35
	G-4	直排	烟尘	0	1.0
废水治理技术	W-1	沉淀分离	废水各项指标	0	1.0
	W-2	实施工业废水“零排放”工程	废水各项指标	100.0	0
	W-3	直排	废水各项指标	0	1.0

（4）本手册中各金属工业废水量中的产、排污系数均不包含生活污水。

（5）本手册废水污染因子中均未涉及工业排放废水回用问题。如企业对排放废水进行部分回用，应先调查其废水回用率，根据以下公式计算工业废水量、化学需氧量、镉、铅、砷、汞等的排污系数：

$$k_1=k\times(1-C)$$

式中：k_1——废水部分回用后企业排污系数；

k——手册中相应的排污系数；

C——废水回用率，%。

对于实施生产废水“零排放”工程的冶炼企业，废水中各项污染物排放量为0。

3319 镉冶炼行业产排污系数表

产品名称	原料名称	工艺名称	规模等级	污染物指标	单位	产污系数	末端治理技术名称	排污系数
镉	有色冶炼中间产物	湿法—火法熔炼工艺	各种规模	工业废水量	吨/吨镉	7.26	化学沉淀法、直排	7.26
				镉	克/吨镉	25.66	直排	25.66
							化学沉淀法	0.304
				铅	克/吨镉	14.17	直排	14.17
							化学沉淀法	0.607
				砷	克/吨镉	0.43	直排	0.43
							化学沉淀法	0.111
				工业废气量	万米 ^{3}/吨镉	6.4	注①	6.4
				烟尘	千克/吨镉	82.6	湿法除尘法	11.12
				HW22 危险废物（含铜废物） HW26 危险废物（含镉废物）	吨/吨镉	7.377	—	—

注：①治理技术包括过滤式除尘法、湿法除尘法、石灰石膏法、直排等。

3319 钛冶炼行业产排污系数表

产品名称	原料名称	工艺名称	规模等级	污染物指标	单位	产污系数	末端治理技术名称	排污系数
海绵钛	富钛料②	沸腾氯化—镁还原	各种规模	工业废水量	吨/吨海绵钛	96.16	化学沉淀法、直排	96.16
				工业废气量	万米 ^{3}/吨海绵钛	8.68	注①	8.68
				烟尘	千克/吨海绵钛	442.2	过滤式除尘法、湿法除尘法	10.19
				二氧化硫	千克/吨海绵钛	10.69	直排	10.69
							石灰石膏法	2.95
				工业固体废物（冶炼渣）	吨/吨海绵钛	1.432	—	—
		熔盐氯化—镁还原	各种规模	工业废水量	吨/吨海绵钛	91.58	化学沉淀法	91.58
				工业废气量	万米 ^{3}/吨海绵钛	8.46	注①	8.46
				烟尘	千克/吨海绵钛	413.7	过滤式除尘法、湿法除尘法	9.351
				二氧化硫	千克/吨海绵钛	9.69	直排	9.69
							石灰石膏法	2.53
				工业固体废物（冶炼渣）	吨/吨海绵钛	1.45	—	—
四氯化钛	富钛料②	沸腾氯化	各种规模	工业废水量	吨/吨四氯化钛	20.4	化学沉淀法、直排	20.4
				工业废气量	万米 ^{3}/吨四氯化钛	0.79	注①	0.79
				烟尘	千克/吨四氯化钛	87.2	直排	87.2
							湿法除尘法	1.73
				二氧化硫	千克/吨四氯化钛	2.49	直排	2.49
							石灰石膏法	0.272
				工业固体废物（冶炼渣）	吨/吨四氯化钛	0.19	—	—

注：①治理技术包括过滤式除尘法、湿法除尘法、石灰石膏法、直排等。② 富钛料包括高钛渣和金红石。

3319 钛冶炼行业产排污系数表（续表）

产品名称	原料名称	工艺名称	规模等级	污染物指标	单位	产污系数	末端治理技术名称	排污系数
四氯化钛	富钛料[②]	熔盐氯化	各种规模	工业废水量	吨/吨四氯化钛	19.33	化学沉淀法、直排	19.33
				工业废气量	万米^3/吨四氯化钛	0.751	注①	0.751
				烟尘	千克/吨四氯化钛	85.9	直排	85.9
							湿法除尘法	1.68
				二氧化硫	千克/吨四氯化钛	2.25	直排	2.25
							石灰石膏法	0.225
				工业固体废物（冶炼渣）	吨/吨四氯化钛	0.18	—	—
海绵钛	四氯化钛	镁还原	各种规模	工业废水量	吨/吨海绵钛	8.44	化学沉淀法、直排	8.44
				工业废气量	万米^3/吨海绵钛	4.17	注①	4.17
				烟尘	千克/吨海绵钛	93.6	直排	93.6
							过滤式除尘法	1.35
				工业固体废物（冶炼渣）	吨/吨海绵钛	0.672	—	—

注：①治理技术包括过滤式除尘法、湿法除尘法、石灰石膏法、直排等。② 富钛料包括高钛渣和金红石。

3319 铋冶炼行业产排污系数表

产品名称	原料名称	工艺名称	规模等级	污染物指标	单位	产污系数	末端治理技术名称	排污系数
铋	铋精矿及其他金属冶炼中间产物	火法粗炼—火法精炼	各种规模	工业废水量	吨/吨铋	13.6	化学沉淀法、直排	13.6
				镉	克/吨铋	13	直排	13
							化学沉淀法	0.18
				铊	克/吨铋	32.06	直排	32.06
							化学沉淀法	0.72
				砷	克/吨铋	5.004	直排	5.004
							化学沉淀法	0.36
				工业废气量	万米 ^{3}/吨铋	68.38	注①	68.38
				烟尘	千克/吨铋	321.9	过滤式除尘法、湿法除尘法	22.64
				二氧化硫	千克/吨铋	149.6	石灰石膏法	41.6
				HW22 危险废物（含铜废物） HW27 危险废物（含锑废物）	吨/吨铋	4.6	—	—
		湿法冶炼—火法精炼	各种规模	工业废水量	吨/吨铋	39.06	化学沉淀法、直排	39.06
				镍	克/吨铋	145.1	直排	145.1
							化学沉淀法	2.353
				铅	克/吨铋	519	直排	519
							化学沉淀法	6.97
				砷	克/吨铋	144.8	直排	144.8
							化学沉淀法	3.697
				工业废气量	万米 ^{3}/吨铋	18.53	注①	18.53

注：①治理技术包括过滤式除尘法、湿法除尘法、石灰石膏法、直排等。

3319 铋冶炼行业产排污系数表（续表）

产品名称	原料名称	工艺名称	规模等级	污染物指标	单位	产污系数	末端治理技术名称	排污系数
铋	铋精矿及其他金属冶炼中间产物	湿法冶炼—火法精炼	各种规模	烟尘	千克/吨铋	198.6	湿法除尘法	10.88
				二氧化硫	千克/吨铋	29.61	石灰石膏法	10.88
				HW24 危险废物（含砷废物） HW27 危险废物（含锑废物）	吨/吨铋	3.875	—	—
粗铋	铋精矿及其他金属冶炼中间产物	火法粗炼	各种规模	工业废水量	吨/吨铋	4.7	化学沉淀法、直排	4.7
				镉	克/吨铋	1.32	直排	1.32
							化学沉淀法	0.1
				铅	克/吨铋	12.7	直排	12.7
							化学沉淀法	0.18
				砷	克/吨铋	1.03	直排	1.03
							化学沉淀法	0.27
				工业废气量	万米 ^{3}/吨粗铋	45.16	注①	45.16
				烟尘	千克/吨粗铋	116.3	过滤式除尘法	6.96
				二氧化硫	千克/吨粗铋	120		120
				HW22 危险废物（含铜废物等）	吨/吨粗铋	3.63	—	
铋	粗铋	火法精炼	各种规模	工业废水量	吨/吨铋	8.8	化学沉淀法、直排	8.8
				镉	克/吨铋	10.8	直排	10.8
							化学沉淀法	0.28
				铅	克/吨铋	20.06	直排	20.06
							化学沉淀法	0.72
				砷	克/吨铋	4.083	直排	4.083
							化学沉淀法	0.36
				工业废气量	万米 ^{3}/吨铋	18.53	注①	18.53
				烟尘	千克/吨铋	198.6	湿法除尘法	10.88
				二氧化硫	千克/吨铋	29.61	湿法除尘法	5.92
				HW22 危险废物（含铜废物） HW27 危险废物（含锑废物）	吨/吨铋	0.94	—	—

注：①治理技术包括过滤式除尘法、湿法除尘法、石灰石膏法、直排等。

3319 汞冶炼行业产排污系数表

产品名称	原料名称	工艺名称	规模等级	污染物指标	单位	产污系数	末端治理技术名称	排污系数
汞	汞矿及含汞废料	高炉法	各种规模	工业废水量	吨/吨汞	3.6	化学沉淀法、直排	3.6
				镉	克/吨汞	0.396	直排	0.396
							化学沉淀法	0.010 8
				铅	克/吨汞	5.58	直排	5.58
							化学沉淀法	0.648
				砷	克/吨汞	13	直排	13
							化学沉淀法	0.792
				汞	克/吨汞	1.332	直排	1.332
							化学沉淀法	0.054
				工业废气量	万米 ^{3}/吨汞	90	注①	90
				烟尘	千克/吨汞	5 496	过滤式除尘法	91.8
				二氧化硫	千克/吨汞	1 050	石灰石膏法	177.3
				汞	克/吨汞	26.45	吸收法	0.108
				HW29 危险废物（含汞废物）	吨/吨汞	95.4	—	—
		流态化焙烧法	各种规模	工业废水量	吨/吨汞	5.02	化学沉淀法、直排	5.02
				镉	克/吨汞	1.663	直排	1.663
							化学沉淀法	0.084
				铅	克/吨汞	4.644	直排	4.644
							化学沉淀法	0.100 4
				砷	克/吨汞	6.945	直排	6.945
							化学沉淀法	0.267 1
				汞	克/吨汞	21.95	直排	21.95
							化学沉淀法	0.031 2
				工业废气量	万米 ^{3}/吨汞	120.8	注①	120.8
				烟尘	千克/吨汞	3 858	过滤式除尘法	92.39
				二氧化硫	千克/吨汞	1 108	石灰石膏法	248.7
				汞	克/吨汞	21.89	吸收法	0.328 4
				HW29 危险废物（含汞废物）	吨/吨汞	126	—	—

注：①治理技术包括过滤式除尘法、湿法除尘法、石灰石膏法、直排等。

3319 汞冶炼行业产排污系数表（续表）

产品名称	原料名称	工艺名称	规模等级	污染物指标	单位	产污系数	末端治理技术名称	排污系数
汞	汞精矿	蒸馏法冶炼工艺	各种规模	工业废水量	吨/吨汞	2.632	化学沉淀法、直排	2.632
				镉	克/吨汞	2.895	直排	2.895
							化学沉淀法	0.131 6
				铅	克/吨汞	14.79	直排	14.79
							化学沉淀法	0.763 2
				砷	克/吨汞	4.763	直排	4.763
							化学沉淀法	0.552 6
				汞	克/吨汞	2.158	直排	2.158
							化学沉淀法	0.105 3
				工业废气量	米 ^{3}/吨汞	1 895	注①	1 895
				烟尘	千克/吨汞	14.49	过滤式除尘法	0.250 1
				二氧化硫	千克/吨汞	24.06	石灰石膏法	1.307
				汞	克/吨汞	145.9	直排	145.9
							吸收法	0.095
				HW29 危险废物（含汞废物）	吨/吨汞	6.22	—	—

注：①治理技术包括过滤式除尘法、湿法除尘法、石灰石膏法、直排等。

3322 银冶炼行业产排污系数表

产品名称	原料名称	工艺名称	规模等级	污染物指标	单位	产污系数	末端治理技术名称	排污系数
白银	阳极泥	蒸硒—湿法分银—电解精炼	各种规模	工业废水量	吨/吨白银	526.7	化学沉淀法、直排	526.7
				化学需氧量	千克/吨白银	1 089	直排	1 089
							化学沉淀法	25.81
				石油类	克/吨白银	737.4	直排	737.4
							化学沉淀法	421.4
				镉	克/吨白银	160.9	直排	160.9
							化学沉淀法	25.3
				铅	克/吨白银	3 692	直排	3 692
							化学沉淀法	268.7
				砷	克/吨白银	15.9	直排	15.9
							化学沉淀法	4.0
				工业废气量	万米^3/吨白银	284.9①	注②	284.9①
				烟尘	千克/吨白银	23.88	过滤式除尘法	0.893
							湿法除尘法	2.388
				二氧化硫	千克/吨白银	2 991	直排	2 991
							石灰石膏法	256.7
				HW24 危险废物（含砷废物等）	吨/吨白银	11.4	—	—

注：① 工业废气产生量、排放量中包括工业炉窑烟气 119.1 万米^3/吨产品，窑炉类型为有色金属熔炼炉（014）；工艺废气 165.8 万米^3/吨产品，为湿法工艺废气。② 治理技术包括过滤式除尘法、湿法除尘法、石灰石膏法、直排等。

3322　银冶炼行业产排污系数表（续1）

产品名称	原料名称	工艺名称	规模等级	污染物指标	单位	产污系数	末端治理技术名称	排污系数
白银	阳极泥	火法熔炼—电解精炼	各种规模	工业废水量	吨/吨白银	60.56	化学沉淀法、直排	60.56
				镉	克/吨白银	32.35	直排	32.35
							化学沉淀法	1.505
				铅	克/吨白银	38.53	直排	38.53
							化学沉淀法	2.764
				砷	克/吨白银	45.12	直排	45.12
							化学沉淀法	7.06
				工业废气量	万米³/吨白银	38.25①	注②	38.25①
				二氧化硫	千克/吨白银	171.2	直排	171.2
							石灰石膏法	17.12
				氮氧化物	千克/吨白银	3.84	直排	3.84
							干法吸收法	0.115
							湿法吸收法	0.845
				烟尘	千克/吨白银	54.65	过滤式除尘法	2.57
							湿法除尘法	5.465
				HW31 危险废物（含铅废物等）	吨/吨白银	8.683	—	—
		火法熔炼—吹炼	各种规模	工业废气量	万米³/吨白银	8.274	注②	8.274
				二氧化硫	千克/吨白银	442.1	直排	442.1
							石灰石膏法	44.21
				烟尘	千克/吨白银	96.74	过滤式除尘法	0.97
							湿法除尘法	9.674
				HW31 危险废物（含铅废物等）	吨/吨白银	8.683	—	—

注：① 工业废气产生量、排放量中包括工业炉窑烟气 119.1 万米³/吨产品，窑炉类型为有色金属熔炼炉（014）；工艺废气 165.8 万米³/吨产品，为湿法工艺废气。② 治理技术包括过滤式除尘法、湿法除尘法、石灰石膏法、直排等。

3322　银冶炼行业产排污系数表（续 2）

产品名称	原料名称	工艺名称	规模等级	污染物指标	单位	产污系数	末端治理技术名称	排污系数
白银	阳极泥	选冶联合法	各种规模	工业废水量	吨/吨白银	763.2	化学沉淀法、直排	763.2
				镉	克/吨白银	4 036	直排	4 036
							化学沉淀法	44.81
				铅	克/吨白银	9 841	直排	9 841
							化学沉淀法	437.5
				砷	克/吨白银	4 541	直排	4 541
							化学沉淀法	103.4
				工业废气量[①]	万米 ^{3}/吨白银	22.52	注②	22.52
				烟尘	千克/吨白银	1 324	过滤式除尘法	2.65
				二氧化硫	千克/吨白银	37.85	直排	37.85
				HW24 危险废物（含砷废物等）	吨/吨白银	10.4	—	—
		硫代硫酸钠还原法	各种规模	工业废水量	吨/吨白银	380	化学沉淀法、直排	380
				镉	克/吨白银	32.93	直排	32.93
							化学沉淀法	0.493 9
				铅	克/吨白银	323	直排	323
							化学沉淀法	6.46
				砷	克/吨白银	23.89	直排	23.89
							化学沉淀法	0.836
				HW31 危险废物（含铅废物等）	吨/吨白银	17.51	—	—

注：① 工业废气量为工业炉窑烟气，窑炉类型为有色金属熔炼炉（014）。② 治理技术包括过滤式除尘法、湿法除尘法、石灰石膏法、直排等。

3321
金冶炼行业

1 适用说明

本手册给出了《统计上使用的产品分类目录》中金冶炼行业金矿料产金、有色料副产金的产污系数和排污系数，可用于第一次全国污染源普查金冶炼行业工业污染源污染物产生量和排放量的核算。

本手册涉及的污染物包括：工业废水量、汞、镉、铅、砷、六价铬、氰化物、工业废气量（指折算成标准状态的体积）、烟尘、二氧化硫、冶炼废渣、含氰或砷危险废物。

在本次普查中，生产过程所产生的颗粒物统一按烟尘统计，核算数据填入 G109 表“一、燃烧过程”。

2 注意事项

2.1 系数表中未涉及的产品产排污系数说明

本手册已基本涵盖各种原料、冶炼工艺及规模的金产品。手册表单中列出的各种情况基本涵盖了国内金冶炼企业目前实际存在的各种产品、原料、规模、生产工艺等生产条件。其中生产工艺氰化法中包含了氰化浸出锌粉置换法和氰化炭浆法。对可能遇到的国家明令禁止的混汞法浸出炼金，其产排污系数可以参照氰化法工艺、年产 5 吨以下企业，但废水中的汞因子的产污和排污系数均要乘以 10。

当被调查的冶炼生产线没有《末端治理技术代码表》列出的治理方法，但有其他治理方法（《末端治理技术代码表》以外的方法），首先调查是否有当地环保部门的验收监测报告，如果有，排污系数可以以验收监测报告为准。如果没有，对于采用其他物理法废水处理技术的，排污系数为产污系数的 40%，采用其他化学法废水处理技术的，其排污系数为产污系数的 60%；对于采用其他烟尘、粉尘处理技术的，其排污系数为产污系数的 60%；采用其他二氧化硫处理技术的，其排污系数为产污系数的 60%。

2.2 其他需要说明的问题

（1）对于一些产金地区存在的不经过金矿石选矿，直接对原生金矿进行堆浸，然后对载金矿进行冶炼的金冶炼企业，其大气和废水污染物产排污系数可以利用相同规模的“金矿料产金+金精矿+氰化法”的产排污系数，但是对于 HW33 危险废物（无机氰化物废物），由于金矿选矿的金元素富集比为 20～30，因此直接氰化浸出法的 HW33 危险废物（无机氰化物废物）产生系数应在表单所列数据的基础上乘以 20～30，其中原矿品位在 4 克/吨以上的乘以 20，原矿品位在 4 克/吨以下的乘以 30。

（2）对于废水中重金属离子主要采用化学沉淀法处理，本手册给出的排污系数是以碱性石灰乳中和处理的结果。若采用硫化钠等硫化物作沉淀剂，其排污系数为石灰乳法的 40%。

（3）金矿料产金的冶炼是在黄金冶炼企业进行，有色料副产金的冶炼是在有色金属铜、铅、锌等冶炼企业进行，应作为一个企业生产多种产品时的产污量和排污量的一部分进行累加。

3321 金冶炼行业产排污系数表

产品名称	原料名称	工艺名称	规模等级	污染物指标	单位	产污系数	末端治理技术名称	排污系数
金矿料产金	金精矿	氰化法	≥5 吨/年	工业废水量	吨/吨产品	7 395	化学沉淀法	1 485①
				汞	毫克/千克产品	1 110	化学沉淀法	91
				镉	克/千克产品	6.68	化学沉淀法	0.475
				铅	克/千克产品	60.8	化学沉淀法	1.102
				砷	克/千克产品	2.84	化学沉淀法	0.286
				六价铬	克/千克产品	4.225	化学沉淀法	0.41
				氰化物	克/千克产品	3.136	化学沉淀法	0.087
				工业废气量	米 ^{3}/吨产品	4 740 000	—	4 740 000
				烟尘	千克/千克产品	90.05	过滤除尘法	0.53
							直排	90.05
				二氧化硫	千克/千克产品	40.15	石灰石膏法	3.987
							直排	40.15
				工业固体废物（冶炼废渣）	吨/千克产品	13.35	—	—
				HW33 危险废物（无机氰化物废物）	克/千克产品	12.9	—	—

注：① 此处工业废水量的 80%循环利用，20%外排。对于其他循环利用率下的工业废水排污系数=产污系数×（1－实际循环利用率）。

3321 金冶炼行业产排污系数表（续 1）

产品名称	原料名称	工艺名称	规模等级	污染物指标	单位	产污系数	末端治理技术名称	排污系数
金矿料产金	金精矿	氰化法	＜5 吨/年	工业废水量	吨/吨产品	8 520	化学沉淀法	1 712①
							直排	8 520
				汞	毫克/千克产品	1 123	化学沉淀法	137
							直排	1 123
				镉	克/千克产品	6.7	化学沉淀法	0.525
							直排	6.7
				铅	克/千克产品	62.43	化学沉淀法	0.953
							直排	62.43
				砷	克/千克产品	2.96	化学沉淀法	0.311
							直排	2.96
				六价铬	克/千克产品	5.665	化学沉淀法	0.583
							直排	5.665
				氰化物	克/千克产品	3.589	化学沉淀法	0.154
							直排	3.589
				工业废气量	米 ^{3}/吨产品	4 925 000	—	4 925 000
				烟　尘	千克/千克产品	104.6	过滤式除尘法	0.587
							直排	104.6
				二氧化硫	千克/千克产品	43.17	石灰石膏法	4.405
							直排	43.17
				工业固体废物（冶炼废渣）	吨/千克产品	14.57	—	—
				HW33 危险废物（无机氰化物废物）	克/千克产品	13.65	—	—

注：① 此处工业废水量的 80%循环利用，20%外排。对于其他循环利用率下的工业废水排污系数=产污系数×（1－实际循环利用率）。

3321 金冶炼行业产排污系数表（续 2）

产品名称	原料名称	工艺名称	规模等级	污染物指标	单位	产污系数	末端治理技术名称	排污系数
金矿料产金	金精矿	预氧化焙烧-氰化法	所有规模	工业废水量	吨/吨产品	4 930	化学沉淀法	1 006[①]
							直排	4 930
				汞	毫克/千克产品	855	化学沉淀法	138
							直排	855
				镉	克/千克产品	8.68	化学沉淀法	0.816
							直排	8.68
				铅	克/千克产品	61.25	化学沉淀法	0.931
							直排	61.25
				砷	克/千克产品	2.82	化学沉淀法	0.294
							直排	2.82
				六价铬	克/千克产品	5.685	化学沉淀法	0.582
							直排	5.685
				氰化物	克/千克产品	2.846	化学沉淀法	0.064
							直排	2.846
				工业废气量	米^3/吨产品	5 580 000	—	5 580 000
				烟　尘	千克/千克产品	81.6	过滤式除尘法	0.527
							直排	81.6
				二氧化硫	千克/千克产品	74.52	石灰石膏法	4.741
							直排	74.52
				工业固体废物（冶炼废渣）	吨/千克产品	11.48	—	—
				HW33 危险废物（无机氰化物废物）	克/千克产品	14.2	—	—

注：① 此处工业废水量的 80%循环利用，20%外排。对于其他循环利用率下的工业废水排污系数=产污系数×（1－实际循环利用率）。

3321 金冶炼行业产排污系数表（续 3）

产品名称	原料名称	工艺名称	规模等级	污染物指标	单位	产污系数	末端治理技术名称	排污系数
有色料副产金	阳极泥	阳极泥处理法	所有规模	工业废水量	吨/吨产品	297	化学沉淀法	60.5①
							直排	297
				汞	毫克/千克产品	377	化学沉淀法	45
							直排	377
				镉	克/千克产品	3.52	化学沉淀法	0.019
							直排	3.52
				铅	克/千克产品	21.352	化学沉淀法	0.149
							直排	21.352
				砷	克/千克产品	13.915	化学沉淀法	0.119
							直排	13.915
				六价铬	克/千克产品	1.65	化学沉淀法	0.125
							直排	1.65
				氰化物	克/千克产品	0.688②	化学沉淀法	0.138
							直排	0.688
				工业废气量	米 ^{3}/吨产品	2 281 000	—	2 281 000
				烟　尘	千克/千克产品	13.81	过滤式除尘法	0.157
							直排	13.81
				二氧化硫	千克/千克产品	5.37	石灰石膏法	0.913
							直排	5.37
				工业固体废物（冶炼废渣）	吨/千克产品	0.208	—	—
				HW24 危险废物（含砷废物）	克/千克产品	23.767	—	—

注：① 此处工业废水量的 80%循环利用，20%外排。对于其他循环利用率下的工业废水排污系数=产污系数×（1 – 实际循环利用率）。② 因原料不同，部分企业废水中无氰化。

3331
钨钼冶炼行业

1 适用范围

本手册给出了《统计上使用的产品分类目录》中钨钼冶炼行业的仲钨酸铵、仲钨酸铵+三氧化钨、硬质合金、钨粉+碳化钨、氧化钼、氧化钼+钼铁、钼酸铵等的产污系数和排污系数，可用于第一次全国污染源普查钨钼冶炼行业工业污染源污染物产生量和排放量的核算。

本手册涉及的污染物包括：工业废水量、汞、镉、铅、砷、六价铬、工业废气量（指折算成标准状态的体积）、烟尘、二氧化硫、冶炼废渣、危险废物等。

在本次普查中，生产过程所产生的颗粒物统一按烟尘统计，核算数据填入 G109 表“一、燃烧过程”。

2 注意事项

2.1 系数表中未涉及的产品产排污系数说明

本手册已基本涵盖各种原料、冶炼方法及规模的钨钼冶炼产品。对污染源普查中可能遇到的使用罕见或特殊的冶炼方法和生产线，可以按照钨钼金属盐产品和其他钨钼产品的分类，对含钨金属盐产品参照仲钨酸铵产品的产排污系数，对于含钼金属盐产品参照钼酸铵产品的产排污系数；对于含钨钼的金属氧化物、金属粉和粉末冶金产品，分别参照三氧化钨和氧化钼的产排污系数。

2.2 生产非单一产品企业污染物产排量核算

当同一企业既有钨钼冶炼行业的产品，又有其他冶炼行业的产品时，本手册的产排污系数只针对钨钼冶炼行业的生产线使用，其他行业的产排污系数请参见该行业的产排污系数使用手册。当其废水集中处理时，该末端治理技术仍适用于本手册。

2.3 其他需要说明的问题

（1）钨钼冶炼企业的产品较多，分为钨系列和钼系列，属于钨冶金产品系列的有仲钨酸铵、三氧化钨、钨粉、碳化钨、硬质合金共 5 种；属于钼冶金产品系列的有氧化钼、氧化钼加钼铁、钼酸铵共计 3 种，合计共 8 种。

冶炼精钨钼的原料相应也分为钨系列和钼系列，属于钨系列的钨精矿和作为原料的仲钨酸铵 2 种；属于钼系列的钼精矿 1 种。由于国内黑钨矿资源已将近枯竭，少量黑钨精矿也是与白钨精矿混合使用，因此对于钨冶炼的原料黑钨精矿和白钨精矿统一合并为钨精矿。

部分钨钼企业产品种类多种多样，本手册力求简单、清楚，易于使用，是以消耗的原料量折合成金属钨和金属钼的量来计算产排污系数，其中生产钨粉和碳化钨是以仲钨酸铵为原料，不能混淆。

制定本手册时已充分考虑全国的平均水平，使用本手册计算得出的产排污量可能与单个调查企业有一定出入，但总体符合全行业水平。

（2）钨钼冶炼行业原料复杂、产品众多，设备及技术水平参差不齐，一些规模较大的企业已经或已开始投资废水处理设施。一批规模很小的企业没有兴建正规的废水处理设施，或没有废水处理设施，排污系数按照直排选取。

（3）当对应生产线的排水经过处理或未经处理后全部回用或用于其他生产线时，该情况下只计算产污系数，不计算排污系数。当对应的生产线的排水经过处理或未经处理后部分用于其他生产线（循环冷却水）时，该情况下产污系数不变，排污系数=（1－该企业循环用水比例）×（产污系数）。

（4）对于废水中重金属离子主要采用化学沉淀法处理，本手册给出的排污系数是以碱性石灰乳中和处理的结果。若采用硫化钠等硫化物作沉淀剂，其排污系数为石灰乳中和法的40%。

3331 钨钼冶炼行业产排污系数表

产品名称	原料名称	工艺名称	规模等级	污染物指标	单位	产污系数	末端治理技术名称	排污系数
仲钨酸铵	钨精矿	碱压煮-离子交换法	≥8 000 吨/年	工业废水量	吨/吨原料（折金属钨）	31.4	化学沉淀法	6.31[①]
				汞	毫克/吨原料（折金属钨）	256	化学沉淀法	28.7
				镉	克/吨原料（折金属钨）	1.383	化学沉淀法	0.156
				铅	克/吨原料（折金属钨）	43.52	化学沉淀法	4.825
				砷	克/吨原料（折金属钨）	37.9	化学沉淀法	4.174
				六价铬	克/吨原料（折金属钨）	0.669	化学沉淀法	0.078
				工业废气量	米 ^{3}/吨原料（折金属钨）	5 370	—	5 370
				烟尘	千克/吨原料（折金属钨）	14.68	过滤式除尘法	0.063 2
				二氧化硫	千克/吨原料（折金属钨）	4.24	石灰石膏法	0.921
							直排	4.24
				工业固体废物（冶炼废渣）	吨/吨原料（折金属钨）	0.48	—	—
				HW24 危险废物（含砷废物）	吨/吨原料（折金属钨）	0.001 9	—	—

注：① 废水循环利用率为 80%，循环利用率不同时，排污系数=产污系数×（1－实际循环利用率）。

3331 钨钼冶炼行业产排污系数表（续 1）

产品名称	原料名称	工艺名称	规模等级	污染物指标	单位	产污系数	末端治理技术名称	排污系数
仲钨酸铵	钨精矿	碱压煮-离子交换法	＜8 000 吨/年	工业废水量	吨/吨原料（折金属钨）	33.36	化学沉淀法	6.672①
							直排	33.36
				汞	毫克/吨原料（折金属钨）	267	化学沉淀法	34.8
							直排	267
				镉	克/吨原料（折金属钨）	1.388	化学沉淀法	0.153
							直排	1.388
				铅	克/吨原料（折金属钨）	41.7	化学沉淀法	6.28
							直排	41.7
				砷	克/吨原料（折金属钨）	35.15	化学沉淀法	5.63
							直排	35.15
				六价铬	克/吨原料（折金属钨）	0.682	化学沉淀法	0.056 2
							直排	0.682
				工业废气量	米 ^{3}/吨原料（折金属钨）	6 750	—	6 750
				烟尘	千克/吨原料（折金属钨）	16.53	过滤式除尘法	0.083 9
							直排	16.53
				二氧化硫	千克/吨原料（折金属钨）	4.52	石灰石膏法	0.938
							直排	4.52
				工业固体废物（冶炼废渣）	吨/吨原料（折金属钨）	0.521	—	—
				HW24 危险废物（含砷废物）	吨/吨原料（折金属钨）	0.002 2	—	—

注：① 废水循环利用率为 80%，循环利用率不同时，排污系数=产污系数×（1－实际循环利用率）。

3331 钨钼冶炼行业产排污系数表（续2）

产品名称	原料名称	工艺名称	规模等级	污染物指标	单位	产污系数	末端治理技术名称	排污系数
硬质合金	钨精矿	酸解/萃取/煅烧法	所有规模	工业废水量	吨/吨原料（折金属钨）	33.36	化学沉淀法	6.742①
							直排	33.36
				汞	毫克/吨原料（折金属钨）	251	化学沉淀法	31.4
							直排	251
				镉	克/吨原料（折金属钨）	1.39	化学沉淀法	0.157
							直排	1.39
				铅	克/吨原料（折金属钨）	40.63	化学沉淀法	6.187
							直排	40.63
				砷	克/吨原料（折金属钨）	36.24	化学沉淀法	4.155
							直排	36.24
				六价铬	克/吨原料（折金属钨）	0.682	化学沉淀法	0.081
							直排	0.682
				工业废气量	米^3/吨原料（折金属钨）	8 750	—	8 750
				烟尘	千克/吨原料（折金属钨）	29.4	过滤式除尘法	0.162
							直排	29.4
				二氧化硫	千克/吨原料（折金属钨）	6.52	石灰石膏法	1.33
							直排	6.52
				工业固体废物（冶炼废渣）	吨/吨原料（折金属钨）	0.521	—	—
				HW24 危险废物（含砷废物）	吨/吨原料（折金属钨）	0.002 2	—	—

注：① 废水循环利用率为 80%，循环利用率不同时，排污系数=产污系数×（1－实际循环利用率）。

3331 钨钼冶炼行业产排污系数表（续 3）

产品名称	原料名称	工艺名称	规模等级	污染物指标	单位	产污系数	末端治理技术名称	排污系数
硬质合金	钨精矿	酸解/萃取/压制/烧结法	所有规模	工业废水量	吨/吨原料（折金属钨）	43.6	化学沉淀法	8.74[①]
							直排	43.6
				汞	毫克/吨原料（折金属钨）	246	化学沉淀法	27.5
							直排	246
				镉	克/吨原料（折金属钨）	1.358	化学沉淀法	0.156
							直排	1.358
				铅	克/吨原料（折金属钨）	37.56	化学沉淀法	5.98
							直排	37.56
				砷	克/吨原料（折金属钨）	33.56	化学沉淀法	6.47
							直排	33.56
				六价铬	克/吨原料（折金属钨）	0.687	化学沉淀法	0.079 6
							直排	0.682
				工业废气量	米^3/吨原料（折金属钨）	12 800	—	12 800
				烟尘	千克/吨原料（折金属钨）	32.78	过滤式除尘法	0.177
							直排	32.78
				二氧化硫	千克/吨原料（折金属钨）	3.83	石灰石膏法	0.727
							直排	3.83
				工业固体废物（冶炼废渣）	吨/吨原料（折金属钨）	0.52	—	—
				HW24 危险废物（含砷废物）	吨/吨原料（折金属钨）	0.002 2	—	—

注：① 废水循环利用率为 80%，循环利用率不同时，排污系数=产污系数×（1－实际循环利用率）。

3331 钨钼冶炼行业产排污系数表（续 4）

产品名称	原料名称	工艺名称	规模等级	污染物指标	单位	产污系数	末端治理技术名称	排污系数
钨粉+碳化钨	仲钨酸铵	煅烧还原法	所有规模	工业废水量	吨/吨原料	52.9	化学沉淀法	10.61①
							直排	52.9
				汞	毫克/吨原料	66	化学沉淀法	7
							直排	66
				镉	克/吨原料	1.282	化学沉淀法	0.097
							直排	1.282
				铅	克/吨原料	1.21	化学沉淀法	0.155
							直排	1.21
				砷	克/吨原料	1.72	化学沉淀法	0.18
							直排	1.72
				六价铬	克/吨原料	0.126	化学沉淀法	0.015
							直排	0.126
				工业废气量	米^3/吨原料	8 350	—	8 350
				烟尘	千克/吨原料	5.62	过滤式除尘法	0.029 3
							直排	5.62
				二氧化硫	千克/吨原料	4.45	石灰石膏法	0.941
							直排	4.45
				工业固体废物（冶炼废渣）	吨/吨原料	0.78	—	—

注：① 废水循环利用率为 80%，循环利用率不同时，排污系数=产污系数×（1－实际循环利用率）。

3331 钨钼冶炼行业产排污系数表（续5）

产品名称	原料名称	工艺名称	规模等级	污染物指标	单位	产污系数	末端治理技术名称	排污系数
氧化钼	钼精矿	回转窑氧化焙烧法	所有规模	工业废水量	吨/吨原料（折金属钼）	46.53	化学沉淀法	9.32①
							直排	46.53
				汞	毫克/吨原料（折金属钼）	382	化学沉淀法	40
							直排	382
				镉	克/吨原料（折金属钼）	0.861	化学沉淀法	0.105
							直排	0.861
				铅	克/吨原料（折金属钼）	2.16	化学沉淀法	0.251
							直排	2.16
				砷	克/吨原料（折金属钼）	1.55	化学沉淀法	0.163
							直排	1.55
				六价铬	克/吨原料（折金属钼）	1.327	化学沉淀法	0.135
							直排	1.327
				工业废气量	米^3/吨原料（折金属钼）	26 800	—	26 800
				烟尘	千克/吨原料（折金属钼）	78.7	过滤式除尘法	0.403
							直排	78.7
				二氧化硫	千克/吨原料（折金属钼）	196	石灰石膏法	33.72
							直排	196
				工业固体废物（冶炼废渣）	吨/吨原料（折金属钼）	0.45	—	—

注：① 废水循环利用率为80%，循环利用率不同时，排污系数=产污系数×（1－实际循环利用率）。

3331 钨钼冶炼行业产排污系数表（续 6）

产品名称	原料名称	工艺名称	规模等级	污染物指标	单位	产污系数	末端治理技术名称	排污系数
氧化钼+钼铁	钼精矿	反射炉氧化焙烧法	所有规模	工业废水量	吨/吨原料（折金属钼）	28.6	化学沉淀法	5.77①
							直排	28.6
				汞	毫克/吨原料（折金属钼）	710	化学沉淀法	73
							直排	710
				镉	克/吨原料（折金属钼）	0.65	化学沉淀法	0.067
							直排	0.65
				铅	克/吨原料（折金属钼）	2.12	化学沉淀法	0.216
							直排	2.12
				砷	克/吨原料（折金属钼）	1.254	化学沉淀法	0.128
							直排	1.254
				六价铬	克/吨原料（折金属钼）	1.37	化学沉淀法	0.145
							直排	1.37
				工业废气量	米^3/吨原料（折金属钼）	23 600	—	23 600
				烟尘	千克/吨原料（折金属钼）	73.92	过滤式除尘法	0.382
							直排	73.92
				二氧化硫	千克/吨原料（折金属钼）	186.5	石灰石膏法	37.8
							直排	186.5
				工业固体废物（冶炼废渣）	吨/吨原料（折金属钼）	0.455	—	—

注：① 废水循环利用率为 80%，循环利用率不同时，排污系数=产污系数×（1－实际循环利用率）。

3331　钨钼冶炼行业产排污系数表（续 7）

产品名称	原料名称	工艺名称	规模等级	污染物指标	单位	产污系数	末端治理技术名称	排污系数
钼酸铵	钼精矿	碱压煮-离子交换法	所有规模	工业废水量	吨/吨原料（折金属钼）	33.16	化学沉淀法	6.712①
							直排	33.16
				汞	毫克/吨原料（折金属钼）	843	化学沉淀法	91
							直排	843
				镉	克/吨原料（折金属钼）	1.26	化学沉淀法	0.122
							直排	1.26
				铅	克/吨原料（折金属钼）	82.26	化学沉淀法	6.861
							直排	82.26
				砷	克/吨原料（折金属钼）	33.5	化学沉淀法	3.712
							直排	33.5
				六价铬	克/吨原料（折金属钼）	1.272	化学沉淀法	0.136
							直排	1.272
				工业废气量	米 ^{3}/吨原料（折金属钼）	6 350	—	6 350
				烟尘	千克/吨原料（折金属钼）	3.689	过滤式除尘法	0.060 4
							直排	3.689
				二氧化硫	千克/吨原料（折金属钼）	2.17	石灰石膏法	0.438
							直排	2.17
				工业固体废物（冶炼废渣）	吨/吨原料（折金属钼）	0.277	—	—

注：① 废水循环利用率为 80%，循环利用率不同时，排污系数=产污系数×（1 − 实际循环利用率）。

3332
稀土金属冶炼行业

1 适用范围

本手册给出了《统计上使用的产品分类目录》中稀土金属冶炼行业的单一稀土氧化物/单一稀土碳酸盐/单一稀土氯化物、混合碳酸稀土/混合氯化稀土/混合稀土氧化物、稀土金属及合金等产品生产过程中的产污系数和排污系数，适用于稀土冶炼行业中的稀土矿分解与提取、稀土分离提纯、稀土金属及合金生产过程所产生的大气污染物、水污染物及固体废物的产排，可用于第一次全国污染源普查稀土金属冶炼行业的工业污染源污染物产生量和排放量的核算，包括：

（1）以稀土化合物（包括稀土氧化物、稀土碳酸盐、稀土氯化物）为产品的企业：即以包头混合型稀土精矿、南方离子型稀土矿、氟碳铈矿为原料，经过矿物分解、冶炼提取、分离提纯生产稀土化合物的所有企业。

（2）以稀土金属及合金为产品的企业：即以稀土氧化物为原料经过熔盐电解制备稀土金属及合金的所有企业。

本行业涉及的污染物包括：工业废水量、化学需氧量、氨氮、总磷、铅、氟化物（液）、工业废气量（指折算成标准状态的体积）、烟尘、二氧化硫、氟化物（气）、工业固体废物（冶炼废渣）、HW14危险废物（新化学品废物）。

2 注意事项

2.1 系数表中未涉及的产品或原料产排污系数说明

（1）直接以混合碳酸稀土、氯化稀土为原料，采用非氨皂化P507萃取分离提纯制备稀土化合物的企业，使用以南方离子型稀土矿为原料生产稀土化合物的系数；如果采用氨皂化P507萃取分离提纯制备稀土化合物的企业，则氨氮产污系数为963 670克/吨产品，经过蒸发结晶回收氨氮，排污系数为18 630克/吨产品。

（2）以独居石、磷钇矿为原料采用碱法生产稀土化合物的所有规模企业，使用以包头混合型稀土精矿为原料用碱法生产稀土化合物的系数，其工业废水产排量均为45吨/吨产品；化学需氧量产污系数为112 300克/吨产品，排污系数为6 210克/吨产品；氟化物（液）的产排污系数均为0；总磷的产污系数为505 050克/吨产品，经过蒸发结晶处理后的排污系数为24 790克/吨产品。

如果生产的稀土化合物为混合氯化稀土，未经过萃取分离，氨氮产排污系数均为0；如果生产的稀土化合物为混合碳酸稀土，未经过萃取分离，氨氮产污系数为362 500克/吨产品，排污系数为7 343克/吨产品。

（3）对于采用稀土氯化物熔盐电解法生产稀土金属的所有规模的企业，参照以稀土氧化物熔盐电解法生产稀土金属及合金的系数，其氟化物产排污系数均为 0；增加氯气产污系数为 757 800 克/吨产品，经过碱水喷淋吸收处理后，其排污系数为 7 542 克/吨产品。

（4）对于采用还原蒸馏的方法生产稀土金属及合金的所有规模的企业，参照以稀土氧化物为原料熔盐电解法生产稀土金属的系数，其固体废物（冶炼废渣）的产污系数为 1.86 吨/吨产品；其他污染物的产排污系数均为 0。

（5）对于采用 NdFeB 废料为原料生产稀土化合物的所有规模的企业，参照以氟碳铈矿为原料氧化焙烧-盐酸浸出-萃取分离工艺生产单一稀土氧化物/单一稀土碳酸盐/单一稀土氯化物的系数，其产排污系数均取表中的 1/2，其中固体废弃物（冶炼废渣）的产污系数为 2.33 吨/吨产品；污染物铅、氟化物（液）、总磷和 HW14 危险废物（新化学品废物）产排污系数均为 0。

2.2 工况未达到 75% 负荷的企业污染物产排量核算

稀土金属冶炼行业中的污染物的产生与排放情况与工况负荷率的关系不大，可以直接使用系数表中正常工况下的产排污系数，进行污染物产排量核算。

2.3 生产非单一产品企业污染物产排量核算

对于包含稀土萃取分离工序的所有规模企业，单一稀土元素分离量的多少主要影响氨氮和化学需氧量的产排污系数值，取值的计算方法为：产排污系数值×单一稀土产品所占总稀土产品的百分比。

如果一个厂采用两种不同的原料，或采用不同的工艺，或生产不同的产品，应分别计算产排污量后进行加和。

2.4 其他需要说明的问题

（1）稀土化合物产品均以 REO（稀土氧化物）计算，稀土金属及合金均以 RE（稀土金属）计算。

（2）工业固体废物为干渣，不包括处理废水得到的副产品。

（3）对用硫酸焙烧法分解包头混合型稀土矿的所有企业，其废气中二氧化硫的产排污系数为废气中硫酸酸雾折合成二氧化硫的量与二氧化硫量的总和。

（4）采用氨皂化有机相萃取分离稀土或采用碳酸氢铵沉淀稀土的所有企业，如果没有回收氨的设备，或有设备未运行的，其氨氮和化学需氧量排污系数等于产污系数。

（5）废气处理技术为湿法处理的都可采用喷淋除尘的系数，采用干法处理技术的采用过滤除尘的系数。

3332 稀土金属冶炼行业产排污系数表

产品名称	原料名称	工艺名称	规模等级	污染物指标	单位	产污系数	末端处理技术名称	排污系数
单一稀土氧化物/单一稀土碳酸盐/单一稀土氯化物	包头混合型稀土矿	硫酸焙烧-萃取转型-萃取分离	≥10 000 吨/年	工业废水量	吨/吨产品	78.82	化学沉淀法+蒸发结晶法	78.82
				化学需氧量	克/吨产品	91 530～152 450①	化学沉淀法	5 817～7 819①
				氨氮	克/吨产品	648 600～992 730①	蒸发结晶法	10 308～18 254①
				铅	克/吨产品	73.9	化学沉淀法	31.9
				氟化物（液）	克/吨产品	146 790	化学沉淀法	1 538
				总磷	克/吨产品	568.2	化学沉淀法	33.2
				工业废气量	米 ^{3}/吨产品	157 700	湿法除尘法+吸收法	157 700
				烟尘	克/吨产品	96 000	湿法除尘法	6 935
				二氧化硫	克/吨产品	502 920	吸收法	29 590
				氟化物（气）	克/吨产品	150 950	吸收法	3 074
				工业固体废物（冶炼废渣）	吨/吨产品	0.770 8	—	—
				HW14 危险废物（新化学品废物）	吨/吨产品	1.375	—	—

注：① 全部产品采用草酸沉淀或浓缩结晶取下限，全部用碳酸氢铵沉淀取上限，50%的产品用碳酸氢铵取中值。计算公式为：下限+（上限－下限）×用碳酸氢铵沉淀产品的百分比。

3332　稀土金属冶炼行业产排污系数表（续 1）

产品名称	原料名称	工艺名称	规模等级	污染物指标	单位	产污系数	末端处理技术名称	排污系数
单一稀土氧化物/单一稀土碳酸盐/单一稀土氯化物	包头混合型稀土矿	硫酸焙烧-萃取转型-萃取分离	＜10 000 吨/年	工业废水量	吨/吨产品	82.36	化学沉淀法+蒸发结晶法	82.36
				化学需氧量	克/吨产品	102 340～162 530①	化学沉淀法	6 026～8 317①
				氨氮	克/吨产品	653 710～997 620①	蒸发结晶法	10 627～19 334①
				铅	克/吨产品	89.1	化学沉淀法	39.1
				氟化物（液）	克/吨产品	15 1520	化学沉淀法	1 971
				总磷	克/吨产品	826.4	化学沉淀法	37
				工业废气量	米 ^{3}/吨产品	162 400	湿法除尘法+吸收法	162 400
				烟尘	克/吨产品	102 440	湿法除尘法	7 642
				二氧化硫	克/吨产品	534 120	吸收法	33 620
				氟化物（气）	克/吨产品	156 620	吸收法	3 510
				工业固体废物（冶炼废渣）	吨/吨产品	0.804 9	—	—
				HW14 危险废物（新化学品废物）	吨/吨产品	1.392	—	—

注：① 全部产品采用草酸沉淀或浓缩结晶取下限，全部用碳酸氢铵沉淀取上限，50%的产品用碳酸氢铵取中值。计算公式为：下限+（上限－下限）×用碳酸氢铵沉淀产品的百分比。

3332 稀土金属冶炼行业产排污系数表（续 2）

产品名称	原料名称	工艺名称	规模等级	污染物指标	单位	产污系数	末端处理技术名称	排污系数
单一稀土氧化物/单一稀土碳酸盐/单一稀土氯化物	包头混合型稀土矿	硫酸焙烧-碳铵转型-萃取分离	所有规模	工业废水量	吨/吨产品	84.72	化学沉淀法+蒸发结晶法	84.72
				化学需氧量	克/吨产品	123 600～227 720①	化学沉淀法	6 115～8 554①
				氨氮	克/吨产品	994 730～1 379 120①	蒸发结晶法	18 137～22 220①
				铅	克/吨产品	51.3	化学沉淀法	31.3
				氟化物（液）	克/吨产品	153 930	化学沉淀法	1 725
				总磷	克/吨产品	722.2	化学沉淀法	21.7
				工业废气量	米 ^{3}/吨产品	156 500	湿法除尘法+吸收法	156 500
				烟尘	克/吨产品	97 560	湿法除尘法	6 898
				二氧化硫	克/吨产品	504 410	吸收法	30 870
				氟化物（气）	克/吨产品	157 520	吸收法	3 492
				工业固体废物（冶炼废渣）	吨/吨产品	0.807 9	—	—
				HW14 危险废物（新化学品废物）	吨/吨产品	1.328	—	—

注：① 全部产品采用草酸沉淀或浓缩结晶取下限，全部用碳酸氢铵沉淀取上限，50%的产品用碳酸氢铵取中值。计算公式为：下限+（上限－下限）×用碳酸氢铵沉淀产品的百分比。

3332 稀土金属冶炼行业产排污系数表（续 3）

产品名称	原料名称	工艺名称	规模等级	污染物指标	单位	产污系数	末端处理技术名称	排污系数
混合氯化稀土/混合碳酸稀土/混合稀土氧化物	包头混合型稀土矿	硫酸焙烧-碳铵沉淀或盐酸优溶	所有规模	工业废水量	吨/吨产品	47.85	化学沉淀法+蒸发结晶法	47.85
				化学需氧量	克/吨产品	73 740	化学沉淀法	4 180
				氨氮	克/吨产品	368 730	蒸发结晶法	6 772
				铅	克/吨产品	62.7	化学沉淀法	24.1
				氟化物（液）	克/吨产品	149 470	化学沉淀法	1 153
				总磷	克/吨产品	733.4	化学沉淀法	31.7
				工业废气量	米 ^{3}/吨产品	158 500	湿法除尘法+吸收法	158 500
				烟尘	克/吨产品	97 810	湿法除尘法	6 857
				二氧化硫	克/吨产品	513 740	吸收法	31 780
				氟化物（气）	克/吨产品	156 900	吸收法	3 502
				工业固体废物（冶炼废渣）	吨/吨产品	0.807 9	—	—
				HW14 危险废物（新化学品废物）	吨/吨产品	1.328	—	—

注：① 全部产品采用草酸沉淀或浓缩结晶取下限，全部用碳酸氢铵沉淀取上限，50%的产品用碳酸氢铵取中值。计算公式为：下限+（上限－下限）×用碳酸氢铵沉淀产品的百分比。

3332 稀土金属冶炼行业产排污系数表（续 4）

产品名称	原料名称	工艺名称	规模等级	污染物指标	单位	产污系数	末端处理技术名称	排污系数
单一稀土氧化物/单一稀土碳酸盐/单一稀土氯化物	包头混合型稀土矿	碱优分解-盐酸优溶-萃取分离	所有规模	工业废水量	吨/吨产品	61.67	化学沉淀法+蒸发结晶法	61.67
				化学需氧量	克/吨产品	84 360～227 720①	化学沉淀法	5 542～8 554①
				氨氮	克/吨产品	631 730～1 379 120①	蒸发结晶法	10 632～22 220①
				铅	克/吨产品	75.8	化学沉淀法	25.8
				氟化物（液）	克/吨产品	167 420	化学沉淀法	1 882
				总磷	克/吨产品	95 560	化学沉淀法	1 965
				工业固体废物（冶炼废渣）	吨/吨产品	0.535 9	—	—
				HW14 危险废物（新化学品废物）	吨/吨产品	0.535 6	—	—
	氟碳铈矿	氧化焙烧-盐酸浸出-萃取分离	所有规模	工业废水量	吨/吨产品	37.11	化学沉淀法+蒸发结晶法	37.11
				化学需氧量	克/吨产品	57 030～141 530①	化学沉淀法	1 897～3 964①
				氨氮	克/吨产品	403 800～817 400①	蒸发结晶法	4 615～12 274①
				铅	克/吨产品	133	化学沉淀法	16.4
				氟化物（液）	克/吨产品	145 970	化学沉淀法	1 016
				总磷	克/吨产品	178.4	化学沉淀法	11.1

注：① 全部产品采用草酸沉淀或浓缩结晶取下限，全部用碳酸氢铵沉淀取上限，50%的产品用碳酸氢铵取中值。计算公式为：下限+（上限－下限）× 用碳酸氢铵沉淀产品的百分比。

3332　稀土金属冶炼行业产排污系数表（续 5）

产品名称	原料名称	工艺名称	规模等级	污染物指标	单位	产污系数	末端处理技术名称	排污系数
单一稀土氧化物/单一稀土碳酸盐/单一稀土氯化物	氟碳铈矿	氧化焙烧-盐酸浸出-萃取分离	所有规模	工业废气量	米^3/吨产品	33 630	湿法除尘法+吸收法	33 630
				烟尘	克/吨产品	116 070	湿法除尘法	3 192
							过滤式除尘法	2 460
				二氧化硫	克/吨产品	6 761	直排	6 761
							吸收法	2 765
				工业固体废物（冶炼废渣）	吨/吨产品	0.337 1	—	—
				HW14 危险废物（新化学品废物）	吨/吨产品	0.370 5	—	—
	南方离子稀土矿	盐酸溶解-P507/环烷酸（非氨皂）萃取分离	所有规模	工业废水量	吨/吨产品	35.75	化学沉淀法	35.75
				化学需氧量	克/吨产品	42 170	化学沉淀法	1 474
				氨氮	克/吨产品	57.8①	直排	57.8①
				铅	克/吨产品	46.6	化学沉淀法	16.5
				氟化物（液）	克/吨产品	128.5	化学沉淀法	60.2
				总磷	克/吨产品	157.3	化学沉淀法	12
				工业固体废物（冶炼废渣）	吨/吨产品	0.104 8	—	—

注：① 产品的沉淀方式为轻稀土用碳酸钠沉淀，中重稀土采用草酸沉淀或产品全部用草酸沉淀；如果轻稀土用碳酸氢铵沉淀，则氨氮产污系数为 113 200 克/吨产品，经过蒸发结晶回收处理后，排污系数为 2 260 克/吨产品。

3332 稀土金属冶炼行业产排污系数表（续6）

产品名称	原料名称	工艺名称	规模等级	污染物指标	单位	产污系数	末端处理技术名称	排污系数
单一稀土氧化物/单一稀土碳酸盐/单一稀土氯化物	南方离子稀土矿	盐酸溶解-P507/环烷酸（氨皂）萃取分离	所有规模	工业废水量	吨/吨产品	36.45	化学沉淀法+蒸发结晶法	36.45
				化学需氧量	克/吨产品	177 720	化学沉淀法	3 145
				氨氮	克/吨产品	1 443 120①	蒸发结晶法	28 230①
				铅	克/吨产品	44.7	化学沉淀法	16.3
				氟化物（液）	克/吨产品	109.8	化学沉淀法	51.8
				总磷	克/吨产品	161	化学沉淀法	17.7
				工业固体废物（冶炼废渣）	吨/吨产品	0.113 1	—	—
稀土金属及合金	稀土氧化物	熔盐电解	所有规模	工业废气量	米^3/吨产品	26 050	湿法除尘法	26 050
							过滤式除尘法	
				烟尘	克/吨产品	15 420	湿法除尘法	1 716
							过滤式除尘法	1 012
				氟化物（气）	克/吨产品	7 342	吸收法	132.1
							过滤式除尘法	262.5
				工业固体废物（冶炼废渣）	吨/吨产品	0.006 9	—	—

注：① 产品的沉淀方式为轻稀土用碳酸氢铵沉淀，中重稀土采用草酸沉淀；如果产品全部用草酸沉淀，氨氮产污系数为 1 275 000 克/吨产品，排污系数为 25 450 克/吨产品；如果钇不分离，氨氮产污系数为 878 470 克/吨产品，排污系数为 17 450 克/吨产品。

3340
有色金属合金制造业

1 适用范围

本手册给出了《统计上使用的产品分类目录》中有色金属合金制造业的铜合金、铝合金、锡合金、铅合金、锌合金等的产污系数和排污系数，可用于第一次全国污染源普查有色金属合金制造业工业污染源污染物产生量和排放量的核算。

本手册涉及的污染物包括：工业废水量、铅、工业废气量（指折算成标准状态的体积）、二氧化硫、烟尘、工业粉尘、固体废物（冶炼废渣、危险废物）等共 8 项。工业废气量分为燃烧过程产生的烟气量和工艺过程产生的工艺废气量两部分。

2 注意事项

2.1 系数表中未涉及的产品产排污系数说明

有色金属合金种类很多，如铜合金国家标准就有青铜、黄铜两大类共计 28 个产品牌号；仅铸造铝合金国家标准就有 26 个牌号；其他合金也有多种产品，总数达到数百上千种。在合金的成分组成上既有简单的二元合金，也有复杂的多元合金。面对如此众多的有色合金制造产品，根据有色金属合金制造属于金属材料加工制造的行业特点，影响其污染物产生的主要环节是熔炼，而添加元素的绝大多数加入量均低于 10%，且化学性质相近，添加元素变化对污染物产生量带来的影响很小，因此对于所有未在本手册表单中列出产品的产排污系数，均可以依据合金的主要基材成分，归入相应的有色金属合金产品，找到相应的产排污系数。

对于镍合金制造可以参照铜合金制造的产排污系数。

工业粉尘有三种基本机械除尘方式：过滤式除尘、多管旋风除尘和单筒旋风除尘，当调查企业采用的工业粉尘除尘技术与表单中给出的不一致时，按照除尘效率换算：过滤式除尘技术除尘效率为 99%，多管旋风除尘技术的效率为 85%，单筒旋风除尘技术的效率为 78%。

2.2 工况未达到 75% 负荷的企业污染物产排量核算

为充分利用热能，一般情况下合金熔炼炉均要达到 75%以上的负荷工况，生产才经济合理。当原料或市场不能满足全负荷生产时，企业一般采用集中一段时间生产的方式，以保证经济性和效率。对于特殊情况下未能达到 75%负荷的企业（或某一制造时段），污染物产排量的核算可以按照 75%以上负荷时污染物产排量的 120%计算。因低于 50%负荷，企业和设备都无法继续正常生产。

2.3 生产非单一产品企业污染物产排量核算

有色金属合金制造行业每个企业制造的产品品种不尽相同，每种产品的装置生产能力也不相同，普查时须以产品为依据，然后按照每种产品的生产工艺和规模分别进行统计。在同一个企业一种产品可能同时有几套装置生产，每套装置的规模和生产工艺也可能不尽相同，统计时须严格区分，分装置统计单套生产装置的污染物产生量和排放量。

2.4 其他需要说明的问题

（1）有色金属合金制造是有色工业冶炼企业的组成部分，最终以有色金属合金锭材的方式向社会提供有色金属合金材料。该类型的专业合金制造企业或有色联合冶炼企业生产有色金属合金的产排污系数核算可以利用本手册。

（2）有些有色材料加工行业和机械行业的企业，为生产有色金属合金产品，如为压延加工铝型材、浇铸轴承轴瓦等，也自行制造有色金属合金，但不是以有色金属合金产品的形式而是以原材料的形式进行制造，在生产过程中仅仅是中间产品，因此不能单独利用本手册计算其产排污系数。

对于这类企业或生产线（车间），应结合有色金属压延加工行业和机械加工制造行业的产排污系数综合计算污染物产生量或排放量，考察污染普查登记的生产过程是否包括原料生产，既要避免重复计算，又不要出现间断缺失。

3340 有色金属合金制造业产排污系数表

产品名称	原料名称	工艺名称	规模等级	污染物指标		单位	产污系数	末端治理技术名称	排污系数
铜锡合金（青铜）	电解铜+精锡	有色金属熔化炉[②]（电炉）	＞3 000 吨/年	工业废水量		吨/吨产品	2.48	物理沉淀	0.245
				工业废气量	烟气量	米 ^{3}/吨产品	1 250	—	1 250
					工艺废气量		2 280		2 280
				烟尘		千克/吨产品	1.24	过滤式除尘	0.006 03
				工业粉尘[①]		千克/吨产品	2.35	多管旋风除尘	0.358
								过滤式除尘	0.010 5
				工业固体废物（冶炼废渣）		吨/吨产品	2.18	—	—
			≤3 000 吨/年	工业废水量		吨/吨产品	2.52	物理沉淀	0.255
				工业废气量	烟气量	米 ^{3}/吨产品	1 320	—	1 320
					工艺废气量		2 330		2 330
				烟尘		千克/吨产品	1.28	过滤式除尘	0.006 11
				工业粉尘[①]		千克/吨产品	2.38	多管旋风除尘	0.365
				工业固体废物（冶炼废渣）		吨/吨产品	0.002 25	—	—

注：① 工业粉尘若采用过滤式除尘法处理，其除尘效率按 99%～99.5%计，以下同。② 有色金属合金制造均采用有色金属熔化炉熔制，采用电炉时没有二氧化硫产生和排放。

3340 有色金属合金制造业产排污系数表（续 1）

产品名称	原料名称	工艺名称	规模等级	污染物指标		单位	产污系数	末端治理技术名称	排污系数
铜锡合金（青铜）	电解铜+精锡	有色金属熔化炉（反射炉）	＞3 000 吨/年	工业废水量		吨/吨产品	3.12	物理沉淀	0.323
				工业废气量	烟气量	米 ^{3}/吨产品	3 520	—	3 520
					工艺废气量		3 720		3 720
				烟　尘		千克/吨产品	2.63	过滤式除尘	0.011 8
				工业粉尘		千克/吨产品	2.83	多管旋风除尘	0.435
				二氧化硫①		千克/吨产品	1.58	石灰石膏法	0.293
								直排	1.58
				工业固体废物（冶炼废渣）		吨/吨产品	0.002 16	—	—
			≤3 000 吨/年	工业废水量		吨/吨产品	3.26	物理沉淀	0.327
				工业废气量	烟气量	米 ^{3}/吨产品	3 880	—	3 880
					工艺废气量		4 080		4 080
				烟尘		千克/吨产品	2.72	过滤除尘	0.013 1
				工业粉尘		千克/吨产品	2.86	多管旋风式除尘	0.441
				二氧化硫		千克/吨产品	1.60	石灰石膏法	0.298
								直排	1.60
				工业固体废物（冶炼废渣）		吨/吨产品	0.002 18	—	—

注：① 有色金属熔炼炉采用反射炉时，二氧化硫产生量与所用燃料有关。表中为使用工业煤气作燃料，以中低硫煤（含硫 1.0%～2.0%，平均以 1.5%计）为制气原料的二氧化硫产生系数，采用天然气时乘以 0.05；采用低硫煤（含硫 1.0%以下）时乘以 0.5；采用中高硫煤（含硫 2.0%～3.0%）时乘以 1.5。

3340 有色金属合金制造业产排污系数表（续 2）

产品名称	原料名称	工艺名称	规模等级	污染物指标		单　位	产污系数	末端治理技术名称	排污系数
铜锌合金（黄铜）	电解铜+锌锭	有色金属熔化炉（电炉）	所有规模	工业废水量		吨/吨产品	2.47	物理沉淀	0.246
				工业废气量	烟气量	米 ^{3}/吨产品	1 280	—	1 280
					工艺废气量		2 340		2 340
				烟尘		千克/吨产品	1.26	过滤式除尘	0.006 18
				工业粉尘		千克/吨产品	2.47	多管旋风式除尘	0.369
				工业固体废物（冶炼废渣）		吨/吨产品	0.002 26	—	—
	铜废杂料+锌锭	有色金属熔炼炉（电炉）	所有规模	工业废水量		吨/吨产品	2.81	化学混凝	0.285
				铅		克/吨产品	1.24	化学混凝	0.227
				工业废气量	烟气量	米 ^{3}/吨产品	2 250	—	2 250
					工艺废气量		2 480		2 480
				烟尘		千克/吨产品	2.77	过滤式除尘	0.119
				工业粉尘		千克/吨产品	3.12	多管旋风除尘	0.477
				工业固体废物（冶炼废渣）		吨/吨产品	0.038 5	—	—

3340 有色金属合金制造业产排污系数表（续 3）

产品名称	原料名称	工艺名称	规模等级	污染物指标		单位	产污系数	末端治理技术名称	排污系数
铜锌合金（黄铜）	电解铜+锌锭	有色金属熔化炉（反射炉）	>6 000 吨/年	工业废水量		吨/吨产品	3.17	物理沉淀	0.319
				工业废气量	烟气量	米 ^{3}/吨产品	3 620	—	3 620
					工艺废气量		3 960		3 960
				烟尘		千克/吨产品	2.67	过滤式除尘	0.011 9
				工业粉尘		千克/吨产品	2.85	多管旋风除尘	0.436
				二氧化硫		千克/吨产品	1.56	石灰石膏法	0.240
								直排	1.56
				工业固体废物（冶炼废渣）		吨/吨产品	0.003 21	—	—
			≤6 000 吨/年	工业废水量		吨/吨产品	3.84	物理沉淀	0.465
				工业废气量	烟气量	米 ^{3}/吨产品	3 810	—	3 810
					工艺废气量		4 030		4 030
				烟尘		千克/吨产品	2.69	过滤式除尘	0.012 1
				工业粉尘		千克/吨产品	2.94	多管旋风除尘	0.375
				二氧化硫		千克/吨产品	1.59	石灰石膏法	0.261
								直排	1.59
				工业固体废物（冶炼废渣）		吨/吨产品	0.003 35	—	—

3340 有色金属合金制造业产排污系数表（续 4）

产品名称	原料名称	工艺名称	规模等级	污染物指标		单位	产污系数	末端治理技术名称	排污系数
铜锌合金	铜废杂料+锌锭	有色金属熔炼炉（反射炉）	＞6 000 吨/年	工业废水量		吨/吨产品	4.12	化学沉淀	0.417
				铅		克/吨产品	1.53	化学沉淀	0.065 2
				工业废气量	烟气量	米 ^{3}/吨产品	4 460	—	4 460
					工艺废气量		4 480		4 480
				烟尘		千克/吨产品	3.47	过滤除尘	0.014 4
				工业粉尘		千克/吨产品	3.62	多管旋风除尘	0.511
				二氧化硫		千克/吨产品	1.64	石灰石膏法	0.305
								直排	1.64
				工业固体废物（冶炼废渣）		吨/吨产品	0.024 5	—	—
				HW31 危险废物（含铅废物）		吨/吨产品	0.000 785	—	—
			≤6 000 吨/年	工业废水量		吨/吨产品	4.21	化学沉淀	0.422
				铅		克/吨产品	1.53	化学沉淀	0.418
				工业废气量	烟气量	米 ^{3}/吨产品	4 520	—	4 520
					工艺废气量		4 470		4 470
				烟尘		千克/吨产品	3.68	过滤除尘	0.014 7
				工业粉尘		千克/吨产品	3.64	多管旋风除尘	0.554
				二氧化硫		千克/吨产品	1.65	石灰石膏法	0.306
								直排	1.65
				工业固体废物（冶炼废渣）		吨/吨产品	0.025 6	—	—
				HW31 危险废物（含铅废物）		吨/吨产品	0.000 812	—	—

3340　有色金属合金制造业产排污系数表（续 5）

产品名称	原料名称	工艺名称	规模等级	污染物指标		单位	产污系数	末端治理技术名称	排污系数
铜镍合金	电解铜+电解镍	有色金属熔化炉（电炉）	＞5 000 吨/年	工业废水量		吨/吨产品	2.82	物理沉淀	0.286
				工业废气量	烟气量	米 ³/吨产品	1 820	—	1 820
					工艺废气量		2 240		2 240
				烟尘		千克/吨产品	2.72	过滤除尘	0.012 2
				工业粉尘		千克/吨产品	3.18	多管旋风除尘	0.472
				工业固体废物（冶炼废渣）		吨/吨产品	0.002 52	—	—
			≤5 000 吨/年	工业废水量		吨/吨产品	2.92	物理沉淀	0.293
				工业废气量	烟气量	米 ³/吨产品	2 050	—	2 050
					工艺废气量		2 510		2 510
				烟尘		千克/吨产品	2.82	过滤除尘	0.012 4
				工业粉尘		千克/吨产品	3.25	多管旋风除尘	0.476
				工业固体废物（冶炼废渣）		吨/吨产品	0.002 67	—	—

3340 有色金属合金制造业产排污系数表（续 6）

产品名称	原料名称	工艺名称	规模等级	污染物指标		单位	产污系数	末端治理技术名称	排污系数
铜镍合金	铜废杂料+电解镍	有色金属熔炼炉（电炉）	所有规模	工业废水量		吨/吨产品	3.13	化学沉淀	0.295
				铅		克/吨产品	3.44	化学沉淀	0.143
				工业废气量	烟气量	米 ^{3}/吨产品	3 980	—	3 980
					工艺废气量		2 650		2 650
				烟尘		千克/吨产品	3.76	过滤除尘	0.016 1
				工业粉尘		千克/吨产品	3.22	多管旋风除尘	0.506
				工业固体废物（冶炼废渣）		吨/吨产品	0.038 7	—	—
				HW31 危险废物（含铅废物）		吨/吨产品	0.000 785	—	—
铝硅合金	铝锭+结晶硅	有色金属熔化炉（圆形炉）①	>5 000 吨/年	工业废水量		吨/吨产品	2.45	物理沉淀	0.250
				工业废气量	烟气量	米 ^{3}/吨产品	3 450	—	3 450
					工艺废气量		2 820		2 820
				烟尘		吨/吨产品	2.82	过滤式除尘	0.013 1
				粉尘		千克/吨产品	2.47	多管旋风除尘	0.401
				二氧化硫		千克/吨产品	1.88	石灰石膏法	0.342
				工业固体废物（冶炼废渣）		吨/吨产品	0.003 75	—	—

注：① 圆形炉属于较先进的大中型有色金属熔化炉型，生产能力均在 20 吨/日以上，折合年产量 5 000 吨/年以上。

3340　有色金属合金制造业产排污系数表（续 7）

产品名称	原料名称	工艺名称	规模等级	污染物指标		单位	产污系数	末端治理技术名称	排污系数
铝硅合金	铝锭+结晶硅	有色金属熔化炉（反射炉）	＞5 000 吨/年	工业废水量		吨/吨产品	2.48	物理沉淀	0.253
				工业废气量	烟气量	米 ^{3}/吨产品	5 080	—	5 080
					工艺废气量		3 360		3 360
				烟尘		千克/吨产品	3.28	过滤式除尘	0.015 1
				工业粉尘		千克/吨产品	3.17	多管旋风除尘	0.516
				二氧化硫		千克/吨产品	1.84	石灰石膏法	0.337
				工业固体废物（冶炼废渣）		吨/吨产品	0.003 85	—	—
			≤5 000 吨/年	工业废水量		吨/吨产品	2.50	物理沉淀	0.254
				工业废气量	烟气量	米 ^{3}/吨产品	5 120	—	5 120
					工艺废气量		3 430		3 430
				烟尘		千克/吨产品	3.38	过滤式除尘	0.025 4
				工业粉尘		千克/吨产品	3.26	多管旋风除尘	0.520
				二氧化硫		千克/吨产品	1.86	石灰石膏法	0.339
								直排	1.86
				工业固体废物（冶炼废渣）		吨/吨产品	0.004 02	—	—

3340　有色金属合金制造业产排污系数表（续 8）

产品名称	原料名称	工艺名称	规模等级	污染物指标		单位	产污系数	末端治理技术名称	排污系数
铝硅合金	铝锭+结晶硅	有色金属熔化炉（电炉）	＞5 000 吨/年	工业废水量		吨/吨产品	2.10	物理沉淀	0.220
				工业废气量	烟气量	米 ^{3}/吨产品	1 230	—	1 230
					工艺废气量		1 850		1 850
				烟尘		千克/吨产品	2.10	过滤式除尘	0.010 1
				工业粉尘		千克/吨产品	3.45	多管旋风除尘	0.593
				工业固体废物（冶炼废渣）		吨/吨产品	0.003 72	—	—
			≤5 000 吨/年	工业废水量		吨/吨产品	2.12	物理沉淀	0.216
				工业废气量	烟气量	米 ^{3}/吨产品	1 260	—	1 260
					工艺废气量		1 890		1 890
				烟尘		千克/吨产品	2.16	过滤式除尘	0.020 9
				工业粉尘		千克/吨产品	3.47	多管旋风除尘	0.630
				工业固体废物（冶炼废渣）		吨/吨产品	0.003 86	—	—
铝硅合金	铝废杂料+结晶硅	有色金属熔炼炉（电炉）	＞5 000 吨/年	工业废水量		吨/吨产品	2.06	化学混凝	0.210
				铅		克/吨产品	1.25	化学混凝	0.062 2
				工业废气量	烟气量	米 ^{3}/吨产品	2 380	—	2 380
					工艺废气量		660		660
				烟尘		千克/吨产品	21.2	过滤式除尘	0.098 8
				工业粉尘		千克/吨产品	4.12	多管旋风除尘	0.713
				工业固体废物（冶炼废渣）		吨/吨产品	0.012 5	—	—
				HW31 危险废物（含铅废物）		吨/吨产品	0.000 211	—	—
			≤5 000 吨/年	工业废水量		吨/吨产品	2.14	化学混凝	0.216
				铅		克/吨产品	1.27	化学混凝	0.064 3
				工业废气量	烟气量	米 ^{3}/吨产品	2 880	—	2 880
					工艺废气量		710		710
				烟尘		千克/吨产品	23.40	过滤式除尘	0.102
				工业粉尘		千克/吨产品	4.64	多管旋风除尘	0.754
				工业固体废物（冶炼废渣）		吨/吨产品	0.014 38	—	—
				HW31 危险废物（含铅废物）		吨/吨产品	0.000 225	—	—

3340 有色金属合金制造业产排污系数表（续 9）

产品名称	原料名称	工艺名称	规模等级	污染物指标		单位	产污系数	末端治理技术名称	排污系数
铝镁合金	铝锭+金属镁	有色金属熔化炉（圆形炉）	＞5 000 吨/年	工业废水量		吨/吨产品	1.22	物理沉淀	0.122
				工业废气量	烟气量	米 ^{3}/吨产品	3 460	—	3 460
					工艺废气量		3 720		3 720
				烟尘		千克/吨产品	2.85	过滤式除尘	0.031 7
				工业粉尘		千克/吨产品	3.16	多管旋风除尘	0.492
				二氧化硫		千克/吨产品	1.25	石灰石膏法	0.231
								直排	0.825
				工业固体废物（冶炼废渣）		吨/吨产品	0.002 28	—	—
		有色金属熔化炉（反射炉）	＞5 000 吨/年	工业废水量		吨/吨产品	1.38	物理沉淀	0.140
				工业废气量	烟气量	米 ^{3}/吨产品	3 620	—	3 620
					工艺废气量		4 380		4 380
				烟尘		千克/吨产品	3.74	过滤式除尘	0.017 5
				工业粉尘		千克/吨产品	5.22	多管旋风除尘	0.679
				二氧化硫		千克/吨产品	1.18	石灰石膏法	0.213
				工业固体废物（冶炼废渣）		吨/吨产品	0.003 24	—	—
			≤5 000 吨/年	工业废水量		千克/吨产品	1.54	物理沉淀	0.216
				工业废气量	烟气量	米 ^{3}/吨产品	2 630	—	2 630
					工艺废气量		5 810		5 810
				烟尘		千克/吨产品	3.98	过滤除尘	0.018 1
				工业粉尘		千克/吨产品	5.32	多管旋风除尘	0.703
				二氧化硫		千克/吨产品	1.22	石灰石膏法	0.227
								直排	1.22
				工业固体废物（冶炼废渣）		吨/吨产品	0.003 67	—	—
	铝废杂料+金属镁	有色金属熔炼炉（反射炉）	＞5 000 吨/年	工业废水量		吨/吨产品	3.26	化学混凝	0.327
				铅		克/吨产品	1.84	化学混凝	0.228
				工业废气量	烟气量	米 ^{3}/吨产品	5 860	—	5 860
					工艺废气量		2 340		2 340
				烟尘		千克/吨产品	20.5	过滤除尘	0.097 7
				工业粉尘		千克/吨产品	7.25	多管旋风除尘	1.23
				二氧化硫		千克/吨产品	2.45	石灰石膏法	0.446
				工业固体废物（冶炼废渣）		吨/吨产品	0.026 2	—	—
				HW31 危险废物（含铅废物）		吨/吨产品	0.001 45	—	—

3340 有色金属合金制造业产排污系数表（续 10）

产品名称	原料名称	工艺名称	规模等级	污染物指标		单位	产污系数	末端治理技术名称	排污系数
铝镁合金	铝废杂料+金属镁	有色金属熔炼炉（反射炉）	≤5 000 吨/年	工业废水量		吨/吨产品	3.66	化学混凝	0.384
				铅		克/吨产品	1.85	化学混凝	0.232
				工业废气量	烟气量	米 ^{3}/吨产品	6 100	—	6 100
					工艺废气量		2 730		2 730
				烟尘		千克/吨产品	21.6	过滤除尘	0.989
				工业粉尘		千克/吨产品	8.16	多管旋风除尘	1.52
				二氧化硫		千克/吨产品	2.62	石灰石膏法	0.485
								直排	2.62
				工业固体废物（冶炼废渣）		吨/吨产品	0.026 4	—	—
				HW31 危险废物（含铅废物）		吨/吨产品	0.001 53	—	—
		有色金属熔炼炉（电炉）	＞5 000 吨/年	工业废水量		吨/吨产品	2.85	化学混凝	0.286
				铅		克/吨产品	1.57	化学混凝	0.246
				工业废气量	烟气量	米 ^{3}/吨产品	2 860	—	2 860
					工艺废气量		1 350		1 350
				烟尘		千克/吨产品	15.6	过滤除尘	0.073 2
				工业粉尘		千克/吨产品	4.86	多管旋风除尘	0.774
				工业固体废物（冶炼废渣）		吨/吨产品	0.025 8	—	—
				HW31 危险废物（含铅废物）		吨/吨产品	0.000 82	—	—

3340 有色金属合金制造业产排污系数表（续 11）

产品名称	原料名称	工艺名称	规模等级	污染物指标		单位	产污系数	末端治理技术名称	排污系数
铝镁合金	铝废杂料+金属镁	有色金属熔炼炉（电炉）	≤5 000 吨/年	工业废水量		吨/吨产品	3.13	化学混凝	0.310
				铅		克/吨产品	1.67	化学混凝	0.286
				工业废气量	烟气量	米 ^{3}/吨产品	3 490	—	3 490
					工艺废气量		1 360		1 360
				烟尘		千克/吨产品	17.8	过滤除尘	0.076 1
				工业粉尘		千克/吨产品	5.32	旋风除尘	0.868
				工业固体废物（冶炼废渣）		吨/吨产品	0.026 4	—	—
				HW31 危险废物（含铅废物）		吨/吨产品	0.000 85	—	—
锡铅合金	精锡+精铅	有色金属熔化炉（电炉）	所有规模①	工业废水量		吨/吨产品	1.45	化学混凝	0.150
				铅		克/吨产品	1.24	化学混凝	0.002 32
				工业废气量	烟气量	米 ^{3}/吨产品	990	—	990
					工艺废气量		670		670
				烟尘		千克/吨产品	2.42	过滤除尘	0.010 3
				工业粉尘		千克/吨产品	1.75	单筒旋风除尘	0.611
				工业固体废物（冶炼废渣）		吨/吨产品	0.002 75	—	—
				HW31 危险废物（含铅废物）		吨/吨产品	0.000 346	—	—

注：① 锡铅合金均为小规模生产，年产量数百吨至数千吨。

3340 有色金属合金制造业产排污系数表（续 12）

产品名称	原料名称	工艺名称	规模等级	污染物指标		单位	产污系数	末端治理技术名称	排污系数
锡锑合金	精锡+金属锑	有色金属熔化炉（电炉）	所有规模[1]	工业废水量		吨/吨产品	2.37	物理沉淀	0.248
				工业废气量	烟气量	米³/吨产品	2 060	—	2 060
					工艺废气量		1 370		1 370
				烟尘		千克/吨产品	2.45	过滤除尘	0.024 2
				工业粉尘		千克/吨产品	1.54	单筒旋风除尘	0.323
				工业固体废物（冶炼废渣）		吨/吨产品	0.002 68	—	—
	粗锡+金属锑	有色金属熔炼炉（电炉）	所有规模	工业废水量		吨/吨产品	2.53	化学混凝	0.255
				铅		克/吨产品	1.46	化学混凝	0.227
				工业废气量	烟气量	米³/吨产品	1 120	—	1 120
					工艺废气量		1 310		1 310
				烟尘		千克/吨产品	3.24	过滤除尘	0.013 5
				工业粉尘		千克/吨产品	3.77	多管旋风除尘	0.591
				工业固体废物（冶炼废渣）		吨/吨产品	0.006 75	—	—
				HW31 危险废物（含铅废物）		吨/吨产品	0.000 856	—	—

注：① 锡锑合金主要用于制造滑动轴承，均为小规模生产。

3340 有色金属合金制造业产排污系数表（续 13）

产品名称	原料名称	工艺名称	规模等级	污染物指标		单位	产污系数	末端治理技术名称	排污系数
铅锑合金	铅锭+金属锑	有色金属熔化炉（反射炉）	＞5 000 吨/年	工业废水量		吨/吨产品	3.46	化学混凝	0.536
				铅		克/吨产品	4.33	化学混凝	0.123
				工业废气量	烟气量	米 ^{3}/吨产品	3 480	—	3 480
					工艺废气量		2 150		2 150
				烟尘		千克/吨产品	2.45	过滤除尘	0.036 8
				工业粉尘		千克/吨产品	1.55	单筒旋风除尘	0.327
				二氧化硫		米 ^{3}/吨产品	1.57	石灰石膏法	0.291
								直排	1.57
				工业固体废物（冶炼废渣）		吨/吨产品	0.002 88	—	—
				HW31 危险废物（含铅废物）		吨/吨产品	0.000 564	—	—
			≤5 000 吨/年	工业废水量		吨/吨产品	3.55	化学混凝	0.335
				铅		克/吨产品	2.20	化学混凝	0.312
				工业废气量	烟气量	米 ^{3}/吨产品	3 530	—	3 530
					工艺废气量		2 380		2 380
				烟尘		千克/吨产品	2.26	过滤除尘	0.016 8
				工业粉尘		千克/吨产品	1.62	单筒旋风除尘	0.451
				二氧化硫		米 ^{3}/吨产品	1.58	石灰石膏法	0.293
								直排	1.58
				工业固体废物（冶炼废渣）		吨/吨产品	0.002 92	—	—
				HW31 危险废物（含铅废物）		吨/吨产品	0.000 585	—	—

3340 有色金属合金制造业产排污系数表（续14）

产品名称	原料名称	工艺名称	规模等级	污染物指标		单位	产污系数	末端治理技术名称	排污系数
铅锑合金	铅锭+金属锑	感应电炉	所有规模	工业废水量		吨/吨产品	2.35	化学混凝	0.343
				铅		克/吨产品	3.37	化学混凝	0.137
				工业废气量	烟气量	米³/吨产品	1 620	—	1 620
					工艺废气量		860		860
				烟尘		千克/吨产品	2.45	过滤除尘	0.024 2
				工业粉尘		千克/吨产品	1.53	多管旋风除尘	0.234
				二氧化硫		千克/吨产品	0.355	直排	0.355
				工业固体废物（冶炼废渣）		吨/吨产品	0.002 82	—	—
				HW31 危险废物（含铅废物）		吨/吨产品	0.000 550	—	—
	铅废杂料+金属锑	有色金属熔炼炉（反射炉）	>6 000 吨/年	工业废水量		吨/吨产品	3.47	化学混凝	0.352
				铅		克/吨产品	3.22	化学混凝	0.129
				工业废气量	烟气量	米³/吨产品	4 730	—	4 730
					工艺废气量		3 160		3 160
				烟尘		千克/吨产品	2.45	过滤除尘	0.010 5
				工业粉尘		千克/吨产品	1.46	多管旋风除尘	0.229
				二氧化硫		千克/吨产品	3.28	石灰石膏法	0.609
				工业固体废物（冶炼废渣）		吨/吨产品	0.025 2	—	—
				HW31 危险废物（含铅废物）		吨/吨产品	0.002 56	—	—
			≤6 000 吨/年	工业废水量		吨/吨产品	3.52	化学混凝	0.435
				铅		克/吨产品	3.25	化学混凝	0.133
				工业废气量	烟气量	米³/吨产品	4 880	—	4 880
					工艺废气量		3 260		3 260
				烟尘		千克/吨产品	5.45	过滤除尘	0.027 3
				工业粉尘		千克/吨产品	2.34	多管旋风除尘	0.827

3340 有色金属合金制造业产排污系数表（续 15）

产品名称	原料名称	工艺名称	规模等级	污染物指标		单位	产污系数	末端治理技术名称	排污系数
铅锑合金	铅废杂料+金属锑	有色金属熔炼炉（反射炉）	≤6 000 吨/年	二氧化硫		米 ³/吨产品	4.27	石灰石膏法	0.790
								直排	4.27
				工业固体废物（冶炼废渣）		吨/吨产品	0.025 7	—	—
				HW31 危险废物（含铅废物）		吨/吨产品	0.002 68	—	—
		有色金属熔炼炉（电炉）	所有规模	工业废水量		吨/吨产品	2.43	化学混凝	0.246
				铅		克/吨产品	3.32	化学混凝	0.134
				工业废气量	烟气量	米 ³/吨产品	1 370	—	1 370
					工艺废气量		1 180		1 180
				烟尘		千克/吨产品	3.46	过滤除尘	0.017 4
				工业粉尘		千克/吨产品	2.68	多管旋风除尘	0.407
				二氧化硫		千克/吨产品	4.22	石灰石膏法	0.781
								直排	4.22
				工业固体废物（冶炼废渣）		吨/吨产品	0.021 8	—	—
				HW31 危险废物（含铅废物）		吨/吨产品	0.002 26	—	—
铅锡合金	铅废杂料+精锡	有色金属熔炼炉	所有规模	工业废水量		吨/吨产品	3.46	化学混凝	0.422
				铅		克/吨产品	2.53	化学混凝	0.151
				工业废气量	烟气量	米 ³/吨产品	4 570	—	4 570
					工艺废气量		1 960		1 960
				烟尘		千克/吨产品	6.22	过滤式除尘	0.031 6
				工业粉尘		千克/吨产品	2.85	多管旋风除尘	0.462
				二氧化硫		千克/吨产品	2.27	石灰石脱硫	0.395
								直排	2.27
				工业固体废物（冶炼废渣）		吨/吨产品	0.022 7	—	—
				HW31 危险废物（含铅废物）		吨/吨产品	0.002 35	—	—
		有色金属熔炼炉（电炉）	所有规模	工业废水量		吨/吨产品	2.27	化学混凝	0.235
				铅		克/吨产品	2.46	化学混凝	0.148
				工业废气量	烟气量	米 ³/吨产品	1 770	—	1 770
					工艺废气量		760		760
				烟尘		千克/吨产品	6.45	过滤除尘	0.033 7
				工业粉尘		千克/吨产品	1.62	多管旋风除尘	0.246

3340 有色金属合金制造业产排污系数表（续 16）

产品名称	原料名称	工艺名称	规模等级	污染物指标		单位	产污系数	末端治理技术名称	排污系数
铅锡合金	铅废杂料+精锡	有色金属熔炼炉（电炉）	所有规模	工业固体废物（冶炼废渣）		吨/吨产品	0.023 3	—	—
				HW31 危险废物（含铅废物）		吨/吨产品	0.002 50	—	—
锌铝合金	锌锭+铝锭	有色金属熔化炉（反射炉）	＞20 000 吨/年	工业废水量		吨/吨产品	4.22	物理沉淀	0.635
				工业废气量	烟气量	米 ^{3}/吨产品	4 550	—	4 550
					工艺废气量		3 010		3 010
				烟尘		千克/吨产品	2.36	过滤除尘	0.012 6
				工业粉尘		千克/吨产品	1.87	单筒旋风除尘	0.538
				二氧化硫		千克/吨产品	1.53	石灰石膏法	0.161
								直排	1.53
				工业固体废物（冶炼废渣）		吨/吨产品	0.002 46	—	—
			≤20 000 吨/年	工业废水量		吨/吨产品	3.86	物理沉淀	0.582
				工业废气量	烟气量	米 ^{3}/吨产品	4 570	—	4 570
					工艺废气量		3 050		3 050
				烟尘		千克/吨产品	2.47	过滤除尘	0.012 9
				工业粉尘		千克/吨产品	1.92	多管旋风除尘	0.358

3340　有色金属合金制造业产排污系数表（续 17）

产品名称	原料名称	工艺名称	规模等级	污染物指标		单位	产污系数	末端治理技术名称	排污系数
锌铝合金	锌锭+铝锭	有色金属熔化炉（反射炉）	≤20 000 吨/年	二氧化硫		千克/吨产品	1.57	石灰石膏法	0.164
								直排	1.57
				工业固体废物（冶炼废渣）		吨/吨产品	0.002 48	—	—
		有色金属熔化炉（电炉）	＞3 000 吨/年	工业废水量		吨/吨产品	2.98	物理沉淀	0.306
				工业废气量	烟气量	米 ^{3}/吨产品	970	—	970
					工艺废气量		1 190		1 190
				烟尘		千克/吨产品	2.35	过滤除尘	0.013 2
				工业粉尘		千克/吨产品	2.52	多管旋风除尘	0.417
				工业固体废物（冶炼废渣）		吨/吨产品	0.001 31	—	—
			≤3 000 吨/年	工业废水量		吨/吨产品	3.23	物理沉淀	0.446
				工业废气量	烟气量	米 ^{3}/吨产品	1 150	—	1 150
					工艺废气量		1 410		1 410
				烟尘		千克/吨产品	2.48	过滤除尘	0.013 2
				工业粉尘		千克/吨产品	2.68	多管旋风除尘	0.442
				工业固体废物（冶炼废渣）		吨/吨产品	0.001 34	—	—

3351

常用有色金属压延加工业

1 适用范围

本手册给出了《统计上使用的产品分类目录》中常用有色金属压延加工业的铜材压延加工、铝材压延加工、锡材压延加工和镍材压延加工等行业的产污系数和排污系数，可用于第一次全国污染源普查对常用有色金属压延加工业工业污染源污染物产生量和排放量的核算。

本手册涉及的污染物包括：工业废水量、化学需氧量、石油类、工业废气量（指折算成标准状态的体积）、烟尘、工业粉尘、固体废物中的危险废物等 7 项。工业废气量分为燃烧过程产生的烟气量和工艺过程产生的工艺废气量两部分。

常用有色金属压延加工包括从金属及合金熔铸开始的长流程工艺和从有色金属冶炼企业产品压延坯材开始的短流程工艺，后者的代表是铝压延行业中使用铝冶炼厂高温电解铝液熔铸的大板坯。手册对两种情况都给出了系数表。

2 注意事项

2.1 系数表中未涉及的产品产排污系数说明

常用有色金属种类很多，包括铜、铝、锡、铅、镍、锌、锑、镁等，以这些常用有色金属为原料压延加工出的常用有色金属材料品种和形状就更多样化，仅矩形断面的压延材就有板材、带材、箔材；圆形断面的压延材就有棒材、线材、盘条、丝材等。在材料的组成上既有简单的纯合金，也有复杂的二元及多元合金。根据常用有色金属压延加工属于以有色冶炼与合金制造产品为原料再加工的行业特点，影响污染物产生的主要环节是酸洗、加热（熔铸、热轧、热挤压、退火等）、润滑、冷却等外部物质和能量因素，原料成分和产品形状变化的影响很小，因此对系数表中未涉及产品的产排污系数，可将镁压延加工归入铝材，铅材、锌压延加工归入锡材，再根据产品形状找到相应的产排污系数。

2.2 工况未达到 75% 负荷的企业污染物产排量核算

为充分利用热能和设备产能，一般压延加工均要达到 75%以上的负荷工况才经济合理。当原料或市场不能满足全负荷生产时，企业一般采用集中时间生产的方式开机，仍保持正常负荷以保证经济效率。对于特殊情况下仅能达到 50%～75%负荷的企业（或某一时段），污染物的产排量可以按照 75%以上负荷时污染物产排量的 120%计算。因此时未利用能量和资源会成为“过剩”污染物，但固体废物仅与产品量有关，与工况无关。低于 50%负荷，企业和设备都无法继续正常生产。

2.3 生产非单一产品企业污染物产排量核算

常用有色金属压延加工行业每个企业制造的产品品种不尽相同，每种产品的不同生产装置（生产线）的能力也不相同，污染源普查时须以产品为依据，按照每种产品的生产工艺和规模分别进行统计。在同一个企业一种产品可能同时有几套装置（生产线）生产，每套装置（生产线）也可能不尽相同，统计时须严格区分，分装置统计单套生产装置（生产线）的污染物产生量和排放量。

2.4 有色金属压延加工产生的固体废物主要是用容器贮存的工业废酸，属于 HW34危险废物（废酸），核算中工业固体废物数量等于危险废物数量

2.5 其他需要说明的问题

常用有色金属压延加工是有色金属产业链的下游组成，常用有色金属压延产品也是有色金属产品链的下游组成。凡提供常用有色金属压延产品的专业企业或有色联合企业生产常用有色金属型材时均可以利用本手册核算产排污系数。

3351 常用有色金属压延加工业产排污系数表

产品名称	原料名称	工艺名称	规模等级	污染物指标		单位	产污系数	末端治理技术名称	排污系数
铜板材①	电解铜/铜合金②	熔铸+热轧+冷轧	所有规模	工业废水量		吨/吨产品	25.8	混凝-气浮	2.57
				化学需氧量		克/吨产品	366	混凝-气浮	14.6
				石油类		克/吨产品	96.4	混凝-气浮	1.78
				工业废气量	烟气量	米 ^{3}/吨产品	3 410	—	3 410
					工艺废气量		1 450		1 450
				烟尘		千克/吨产品	2.46	多管旋风除尘	0.493
				工业粉尘		千克/吨产品	1.83	过滤式除尘	0.008 27
				HW34 危险废物（废酸）③		吨/吨产品	0.000 565	—	—
铜带材	电解铜/铜合金②	熔铸+连轧	所有规模	工业废水量		吨/吨产品	22.4	混凝-气浮	2.26
				化学需氧量		克/吨产品	315	混凝-气浮	10.3
				石油类		克/吨产品	82.3	混凝-气浮	1.82
				工业废气量	烟气量	米 ^{3}/吨产品	2 040	—	2 040
					工艺废气量		1 360		1 360
				烟尘		千克/吨产品	2.12	多管旋风除尘	0.325
				工业粉尘		千克/吨产品	1.93	过滤式除尘	0.009 4
				HW34 危险废物（废酸）③		吨/吨产品	0.000 332	—	—

注：① 铜板材分为厚板、中板和薄板，系数表中为厚板的产排污系数，对工业废水量、化学需氧量、石油类三项指标，中板产品乘以 1.3，薄板产品乘以 1.5。废气和固体废物类的数值不变。② 对于以废杂铜为原料，通过熔铸、轧制生产铜板的企业和生产线，其产排污系数可采用本表数值乘以 1.2，并增加固体废物产生系数 45.0 千克/吨产品。③ 此处指用容器储存的工业废酸。

3351　常用有色金属压延加工业产排污系数表（续 1）

产品名称	原料名称	工艺名称	规模等级	污染物指标		单位	产污系数	末端治理技术名称	排污系数
铜管材	电解铜/铜合金②	熔铸+热轧+挤压/冷拔	所有规模	工业废水量		吨/吨产品	25.6	混凝-气浮	2.55
				化学需氧量		克/吨产品	363	混凝-气浮	14.3
				石油类		克/吨产品	92.1	混凝-气浮	1.59
				工业废气量	烟气量	米 ^{3}/吨产品	2 880	—	2 880
					工艺废气量		2 370		2 370
				烟尘		千克/吨产品	2.35	多管旋风除尘	0.352
				工业粉尘		千克/吨产品	1.74	过滤式除尘	0.008 26
				HW34 危险废物（废酸）③		吨/吨产品	0.000 585	—	—
	铜废碎料	熔铸+热轧+挤压/冷拔	所有规模	工业废水量		吨/吨产品	26.3	混凝-气浮	2.61
				化学需氧量		克/吨产品	369	混凝-气浮	12.1
				石油类		克/吨产品	96.6	混凝-气浮	1.94
				工业废气量	烟气量	米 ^{3}/吨产品	1 870	—	1 870
					工艺废气量		2 280		2 280
				烟尘		千克/吨产品	3.94	多管旋风除尘	0.591
				工业粉尘		千克/吨产品	4.23	过滤式除尘	0.019 2
				工业固体废物（冶炼废渣）		吨/吨产品	0.045 7	—	—
				HW34 危险废物（废酸）③		吨/吨产品	0.000 388	—	—

注：② 对于以废杂铜为原料，通过熔铸、轧制生产铜板的企业和生产线，其产排污系数可采用本表数值乘以 1.2，并增加固体废物产生系数 45.0 千克/吨产品。③ 此处指用容器储存的工业废酸。

3351 常用有色金属压延加工业产排污系数表（续 2）

产品名称	原料名称	工艺名称	规模等级	污染物指标		单位	产污系数	末端治理技术名称	排污系数
铜盘条	电解铜/铜合金②	熔铸+开坯+轧制	所有规模	工业废水量		吨/吨产品	22.6	混凝-气浮	2.26
				化学需氧量		克/吨产品	295	混凝-气浮	11.7
				石油类		克/吨产品	93.7	混凝-气浮	1.86
				工业废气量	烟气量	米 ^{3}/吨产品	2 830	—	2 830
					工艺废气量		1 890		1 890
				烟尘		千克/吨产品	2.41	多管旋风除尘	0.367
				工业粉尘		千克/吨产品	1.62	过滤式除尘	0.007 42
				HW34 危险废物（废酸）③		吨/吨产品	0.000 560	—	—
铜线材④	电解铜/铜合金②	光亮铜杆连铸连轧	所有规模	工业废水量		吨/吨产品	25.4	混凝-气浮	2.48
				化学需氧量		克/吨产品	327	混凝-气浮	12.5
				石油类		克/吨产品	113	混凝-气浮	1.67
				工业废气量	烟气量	米 ^{3}/吨产品	1 810	—	1 810
					工艺废气量		1 660		1 660
				烟尘		千克/吨产品	1.86	多管旋风除尘	0.284
				工业粉尘		千克/吨产品	1.57	过滤式除尘	0.006 47
				HW34 危险废物（废酸）③		吨/吨产品	0.000 316	—	—

注：② 对于以废杂铜为原料，通过熔铸、轧制生产铜板的企业和生产线，其产排污系数可采用本表数值乘以 1.2，并增加固体废物产生系数 45.0 千克/吨产品。③ 此处指用容器储存的工业废酸。④ 铜丝属于小直径圆形线材，主要用于生产电线、漆包线，其产排污系数可采用铜线材的产排污系数乘以 1.2。

3351 常用有色金属压延加工业产排污系数表（续 3）

产品名称	原料名称	工艺名称	规模等级	污染物指标		单位	产污系数	末端治理技术名称	排污系数
铜箔	电解铜/铜合金②	熔铸+开坯+冷轧	所有规模	工业废水量		吨/吨产品	40.2	物理沉淀+隔油	4.05
				化学需氧量		克/吨产品	563	物理沉淀+隔油	15.8
				石油类		克/吨产品	158	物理沉淀+隔油	2.33
				工业废气量	烟气量	米 ^{3}/吨产品	2 190	—	2 190
					工艺废气量		1 460		1 460
				烟尘		千克/吨产品	2.52	多管旋风除尘	0.384
				工业粉尘		千克/吨产品	1.71	过滤式除尘	0.008 24
				HW34 危险废物（废酸）③		吨/吨产品	0.000 565	—	—
铝板①	电解铝/铝合金锭	熔铸+热轧	所有规模	工业废水量		吨/吨产品	24.3	混凝-气浮	2.42
				化学需氧量		克/吨产品	334	混凝-气浮	11.4
				石油类		克/吨产品	91.5	混凝-气浮	1.88
				工业废气量	烟气量	米 ^{3}/吨产品	1 490	—	1 490
					工艺废气量		1 580		1 580
				烟尘		千克/吨产品	2.64	多管旋风除尘	0.404
				工业粉尘		千克/吨产品	1.88	过滤式除尘	0.008 57
				二氧化硫③		千克/吨产品	0.240	石灰石膏法	0.049 2

注：① 铝板的厚度规格分为厚板、中板和薄板，表中所列数据为厚板产品的产排污系数，对于废水类产排污系数，中板乘以 1.2，薄板乘以 1.3。② 对于以废杂铜为原料，通过熔铸、轧制生产铜板的企业和生产线，其产排污系数可采用本表数值乘以 1.2，并增加固体废物产生系数 45.0 千克/吨产品。③ 燃料为工业煤气时增加本指标。表中为中硫煤制气的数据，采月低硫煤制气（含硫＜1%）乘以 0.5，采用高硫煤制气（含硫＞2%）乘以 1.5。下同。

3351 常用有色金属压延加工业产排污系数表（续 4）

产品名称	原料名称	工艺名称	规模等级	污染物指标		单位	产污系数	末端治理技术名称	排污系数
铝板	大板坯⑤	热轧	所有规模	工业废水量		吨/吨产品	18.5	混凝-气浮	1.85
				化学需氧量		克/吨产品	256	混凝-气浮	9.16
				石油类		克/吨产品	85.5	混凝-气浮	1.67
				工业废气量	烟气量	米 ^{3}/吨产品	1 730	—	1 730
					工艺废气量		1 150		1 150
				烟尘		千克/吨产品	2.17	多管旋风除尘	0.343
				工业粉尘		千克/吨产品	1.34	过滤式除尘	0.006 12
铝管	电解铝⑤/铝合金锭	熔铸+热轧+冷拔	所有规模	工业废水量		千克/吨产品	25.8	混凝-气浮	2.58
				化学需氧量		克/吨产品	289	混凝-气浮	14.1
				石油类		克/吨产品	84.7	混凝-气浮	1.62
				工业废气量	烟气量	米 ^{3}/吨产品	1 890	—	1 890
					工艺废气量		1 260		1 260
				烟尘		千克/吨产品	2.14	多管旋风除尘	0.326
				工业粉尘		千克/吨产品	1.32	过滤式除尘	0.006 52

注：⑤ 大板坯来自电解铝生产厂，凡利用电解铝厂直接熔铸提供的板坯或其他坯材时，产排污系数乘以 80%。

3351 常用有色金属压延加工业产排污系数表（续 5）

产品名称	原料名称	工艺名称	规模等级	污染物指标		单位	产污系数	末端治理技术名称	排污系数
铝管	铝废碎料	熔铸+热轧+冷拔	所有规模	工业废水量		千克/吨产品	25.7	混凝-气浮	2.58
				化学需氧量		克/吨产品	442	混凝-气浮	15.1
				石油类		克/吨产品	92.5	混凝-气浮	1.94
				工业废气量	烟气量	米 ^{3}/吨产品	1 860	—	1 860
					工艺废气量		2 290		2 290
				烟尘		千克/吨产品	2.88	多管旋风除尘	0.423
				工业粉尘		千克/吨产品	3.62	过滤式除尘	0.017 5
				工业固体废物（冶炼废渣）		吨/吨产品	0.038 3	—	—
铝型材	电解铝⑤/铝合金锭	熔铸+挤压	所有规模	工业废水量		千克/吨产品	24.4	混凝-气浮	2.45
				化学需氧量		克/吨产品	283	混凝-气浮	0.985
				石油类		克/吨产品	81.5	混凝-气浮	1.59
				工业废气量	烟气量	米 ^{3}/吨产品	1 710	—	1 710
					工艺废气量		1 150		1 150
				烟尘		千克/吨产品	1.88	多管旋风除尘	0.276
				工业粉尘		千克/吨产品	1.31	过滤式除尘	0.006 47

注：⑤ 大板坯来自电解铝生产厂，凡利用电解铝厂直接熔铸提供的板坯或其他坯材时，产排污系数乘以 80%。

3351 常用有色金属压延加工业产排污系数表（续6）

产品名称	原料名称	工艺名称	规模等级	污染物指标		单位	产污系数	末端治理技术名称	排污系数
铝型材	铝废碎料	熔铸+挤压	所有规模	工业废水量		千克/吨产品	25.3	混凝-气浮	2.54
				化学需氧量		克/吨产品	423	混凝-气浮	14.9
				石油类		克/吨产品	88.7	混凝-气浮	1.87
				工业废气量	烟气量	米³/吨产品	1 720	—	1 720
					工艺废气量		2 110		2 110
				烟尘		千克/吨产品	2.65	多管旋风除尘	0.416
				工业粉尘		千克/吨产品	3.19	过滤式除尘	0.015 8
				工业固体废物（冶炼废渣）		吨/吨产品	0.040 5	—	—
铝盘条	电解铝⑤	熔铸+热轧	所有规模	工业废水量		吨/吨产品	18.4	混凝-气浮	1.92
				化学需氧量		克/吨产品	285	混凝-气浮	9.81
				石油类		克/吨产品	81.5	混凝-气浮	1.57
				工业废气量	烟气量	米³/吨产品	2 160	—	2 160
					工艺废气量		1 440		1 440
				烟尘		千克/吨产品	2.15	多管旋风除尘	0.334
				工业粉尘		千克/吨产品	1.32	过滤式除尘	0.006 65

注：⑤ 大板坯来自电解铝生产厂，凡利用电解铝厂直接熔铸提供的板坯或其他坯材时，产排污系数乘以 80%。

3351 常用有色金属压延加工业产排污系数表（续 7）

产品名称	原料名称	工艺名称	规模等级	污染物指标		单位	产污系数	末端治理技术名称	排污系数
铝线材	电解铝[⑤]	熔铸+开坯+冷拔	所有规模	工业废水量		吨/吨产品	21.7	混凝-气浮	2.20
				化学需氧量		克/吨产品	314	混凝-气浮	10.8
				石油类		克/吨产品	81.2	混凝-气浮	1.56
				工业废气量	烟气量	米 ^{3}/吨产品	2 110	—	2 110
					工艺废气量		1 710		1 710
				烟尘		千克/吨产品	2.15	多管旋风除尘	0.336
				工业粉尘		千克/吨产品	1.46	过滤式除尘	0.007 07
铝箔材	电解铝[⑤]	熔铸+热轧+冷轧	所有规模	工业废水量		吨/吨产品	32.8	混凝-气浮	3.30
				化学需氧量		克/吨产品	446	混凝-气浮	15.2
				石油类		克/吨产品	121	混凝-气浮	2.16
				工业废气量	烟气量	米 ^{3}/吨产品	1 930	—	1 930
					工艺废气量		1 380		1 380
				烟尘		千克/吨产品	2.55	多管旋风除尘	0.383
				工业粉尘		千克/吨产品	1.86	过滤式除尘	0.008 49

注：⑤ 大板坯来自电解铝生产厂，凡利用电解铝厂直接熔铸提供的板坯或其他坯材时，产排污系数乘以 80%。

3351 常用有色金属压延加工业产排污系数表（续 8）

产品名称	原料名称	工艺名称	规模等级	污染物指标		单位	产污系数	末端治理技术名称	排污系数
锡板材	锡金属锭	开坯+热轧	所有规模	工业废水量		吨/吨产品	18.5	混凝-气浮	1.86
				化学需氧量		克/吨产品	268	混凝-气浮	9.63
				石油类		克/吨产品	71.3	混凝-气浮	1.54
				工业废气量	烟气量	米^3/吨产品	1 260	—	1 260
					工艺废气量		850		850
				烟尘		千克/吨产品	1.86	多管旋风除尘	0.285
				工业粉尘		千克/吨产品	1.34	过滤式除尘	0.006 73
锡条材	锡金属锭	开坯+热轧	所有规模	工业废水量		吨/吨产品	14.5	混凝-气浮	1.46
				化学需氧量		克/吨产品	258	混凝-气浮	9.62
				石油类		克/吨产品	74.4	混凝-气浮	1.57
				工业废气量	烟气量	米^3/吨产品	1 280	—	1 280
					工艺废气量		880		880
				烟尘		千克/吨产品	1.86	多管旋风除尘	0.285
				工业粉尘		千克/吨产品	1.36	过滤式除尘	0.006 78
镍板材	电解镍/电积镍	熔铸+开坯+热轧	所有规模	工业废水量		吨/吨产品	26.7	混凝-气浮	2.68
				化学需氧量		克/吨产品	375	混凝-气浮	11.8
				石油类		克/吨产品	91.6	混凝-气浮	1.88
				工业废气量	烟气量	米^3/吨产品	2 260	—	2 260
					工艺废气量		1 510		1 510
				烟尘		千克/吨产品	2.54	多管旋风除尘	0.386
				工业粉尘		千克/吨产品	1.46	过滤式除尘	0.007 08
镍型材	电解镍/电积镍	熔铸+开坯+热轧+挤压	所有规模	工业废水量		吨/吨产品	23.5	混凝-气浮	2.36
				化学需氧量		克/吨产品	378	混凝-气浮	11.6
				石油类		克/吨产品	92.8	混凝-气浮	1.91
				工业废气量	烟气量	米^3/吨产品	2 040	—	2 040
					工艺废气量		1 440		1 440
				烟尘		千克/吨产品	2.24	多管旋风除尘	0.364
				工业粉尘		千克/吨产品	1.38	过滤式除尘	0.067 5

3352
贵有色金属压延加工业

1 适用范围

本手册给出了《统计上使用的产品分类目录》中贵有色金属压延加工业的金压延材、铂压延材、银压延材等加工行业的产污系数和排污系数，可用于第一次全国污染源普查对贵有色金属压延加工业工业污染源主要污染物产生量和排放量的核算。

本手册涉及的污染物包括：工业废水量、化学需氧量、石油类 3 项。

2 注意事项

2.1 系数表中未涉及的产品产排污系数说明

贵有色金属种类很少，压延加工产品的品种也很少，因此本手册可以较全面覆盖本产业门类的各种产排污系数。对于特殊的产品品种，可以根据从原料到产品的变形程度，分别在大、中、小断面的板、带、丝、箔产品中找到对应的产排污系数。

2.2 工况未达到 75% 负荷的企业污染物产排量核算

贵金属压延加工属于小批量、小规模生产，因此一般不存在低负荷下的加工生产情况。

2.3 生产非单一产品企业污染物产排量核算

贵金属压延加工行业每个企业的产品品种不尽相同，普查时须以产品为依据，然后按照每种产品的规模分别进行统计。同一个企业同一种产品可能有几套装置同时生产，每套装置的规模和生产工艺也可能不尽相同，统计时须严格区分装置，统计单套生产装置的污染物产生量和排放量。

2.4 其他需要说明的问题

贵金属的产量低，压延加工产品量也低，因此产排污系数的表达均采用产品量为计算基数，计算单位为千克。注意由于产量以千克计，相应的废水中化学需氧量和石油类污染物产生和排放的单位均为克污染物/千克产品。

3352 贵有色金属压延加工业产排污系数表

产品名称	原料名称	工艺名称	规模等级	污染物指标	单位	产污系数	末端治理技术名称	排污系数
金带材	金金属锭	开坯+冷轧	所有规模	工业废水量[①]	吨/千克产品	0.236	隔油+物理沉淀	0.236
				化学需氧量	克/千克产品	0.426	隔油+物理沉淀	0.170
				石油类	克/千克产品	0.014 5	隔油+物理沉淀	0.005 1
金丝材	金金属锭	开坯+冷拔	所有规模	工业废水量	吨/千克产品	0.313	隔油+物理沉淀	0.313
				化学需氧量	克/千克产品	0.659	隔油+物理沉淀	0.263
				石油类	克/千克产品	0.022 4	隔油+物理沉淀	0.006 25
金箔材	金金属锭	开坯+冷轧+叠轧	所有规模	工业废水量	吨/千克产品	0.395	隔油+物理沉淀	0.395
				化学需氧量	克/千克产品	0.827	隔油+物理沉淀	0.341
				石油类	克/千克产品	0.026 6	隔油+物理沉淀	0.006 88
铂带材	铂金属锭	开坯+冷轧	所有规模	二业废水量	吨/千克产品	0.387	隔油+物理沉淀	0.387
				化学需氧量	克/千克产品	0.512	隔油+物理沉淀	0.211
				石油类	克/千克产品	0.014 6	隔油+物理沉淀	0.003 24
铂丝材	铂金属锭	热轧开坯+冷拔	所有规模	工业废水量	吨/千克产品	0.435	隔油+物理沉淀	0.435
				化学需氧量	克/千克产品	0.828	隔油+物理沉淀	0.318
				石油类	克/千克产品	0.026 7	隔油+物理沉淀	0.006 92
银板材	银金属锭	热轧开坯+冷轧	所有规模	工业废水量	吨/千克产品	0.256	隔油+物理沉淀	0.256
				化学需氧量	克/千克产品	0.433	隔油+物理沉淀	0.178
				石油类	克/千克产品	0.013 2	隔油+物理沉淀	0.003 4
银带材	银金属锭	热轧开坯+冷轧	所有规模	工业废水量	吨/千克产品	0.285	隔油+物理沉淀	0.285
				化学需氧量	克/千克产品	0.516	隔油+物理沉淀	0.214
				石油类	克/千克产品	0.017 5	隔油+物理沉淀	0.004 58
银丝材	银金属锭	热轧开坯+冷轧	所有规模	工业废水量	吨/千克产品	0.323	隔油+物理沉淀	0.323
				化学需氧量	克/千克产品	0.538	隔油+物理沉淀	0.226
				石油类	克/千克产品	0.018 8	隔油+物理沉淀	0.004 87
银箔材	银金属锭	热轧开坯+冷拔	所有规模	工业废水量	吨/千克产品	0.425	隔油+物理沉淀	0.425
				化学需氧量	克/千克产品	0.612	隔油+物理沉淀	0.248
				石油类	克/千克产品	0.021 3	隔油+物理沉淀	0.005 71

注：① 贵金属压延加工属于小型金属压延加工，独立企业的工业废水排入城市污水管网，联合企业的工业废水排入工业废水处理系统，均不单独处理。

3353

稀有稀土金属压延加工业

1 适用范围

本手册给出了《统计上使用的产品分类目录》中稀有稀土金属压延加工业的钨压延加工、钼压延加工、钛压延加工、钽压延加工 4 个行业的产污系数和排污系数，可用于第一次全国污染源普查稀有稀土金属压延加工业污染源污染物产生量和排放量的核算。

由于有色金属压延加工的行业特点，对于稀有稀土金属压延加工业，均采用产品作为表征产污系数和排污系数的单位。

本手册涉及的污染物包括：工业废水量、化学需氧量、工业废气量（指折算成标准状态的体积）、烟尘、粉尘、固体废物。工业废气量分为燃烧过程产生的烟气量和工艺过程产生的工艺废气量两部分。

对使用酸洗—碱洗工艺表面处理的钛材压延生产，在同一产品、同一原料、同一工艺、同一规模条件和表单中增加酸碱危险废物项目。

2 注意事项

2.1 系数表中未涉及的产品产排污系数说明

稀有稀土有色金属种类很多，包括钨、钼、钛、钽、铌、锆、铵、镨、镧等数十种，但形成规模，并在工业、国防、科研中常用的稀有金属压延产品仅有钨、钼、钛、钽、铌、锆等几种，目前还没有稀土金属压延加工制品。从服务第一次工业污染源普查的具体目的和本次核算工作的实际条件出发，并根据稀有稀土金属压延加工制造属于高科技、多工序加工的行业特点，产生污染物的主要环节是成型、烧结、开坯，锻造、轧制等工艺因素，因此对于所有未在本手册表单中列出产品的产排污系数，可以类比采用的工艺找到相应的产排污系数。

2.2 工况未达到 75% 负荷的企业污染物产排量核算

为充分利用设备产能，一般情况下压延加工均要达到 75%以上的负荷工况，生产才经济合理。当原料或市场不能满足全负荷生产时，企业一般采用集中一段时间生产的方式，以保证经济性和设备效率。对于特殊情况下负荷超过 50%但未能达到 75%负荷的企业（或某一制造时段），污染物产排量的核算可以按照 75%以上负荷时污染物产排量的 120%计算。由于低负荷运行造成无效排放，因而低于 50%负荷，企业和设备都无法继续正常生产。

2.3 生产非单一产品企业污染物产排量核算

稀有稀土有色金属压延加工行业每个企业制造的产品品种不尽相同，每种产品的装置生产能力也不相同，普查时须以产品为依据，然后按照每种产品的生产工艺和规模分别进行统计。在同一个企业一种产品可能同时有几套装置生产，每套装置的规模和生产工艺也可能不尽相同，统计时须严格区分，分装置统计单套生产装置的污染物产生量和排放量。

2.4 其他需要说明的问题

稀有稀土金属压延加工是有色金属工业的组成部分，最终以稀有金属成型材料的方式为社会提供产品。该类型的专业稀有金属材料制造企业或稀有金属冶炼加工联合企业生产稀有金属型材时的产排污系数核算可以利用本手册。

3353 稀有稀土金属压延加工业产排污系数表

产品名称	原料名称	工艺名称	规模等级	污染物指标		单位	产污系数	末端治理技术名称	排污系数
钨丝材	氧化钨	还原+烧结+熔炼+热轧+拔丝	所有规模	工业废水量		吨/吨产品	326	物理沉淀①	32.5
				化学需氧量		克/吨产品	22 400	物理沉淀②	806
				工业废气量	烟气量	米 ^{3}/吨产品	5 370	—	5 370
					工艺废气量		3 580		3 580
				烟尘		千克/吨产品	2.37	过滤式除尘	0.010 8
				工业粉尘		千克/吨产品	1.47	单筒旋风除尘	0.412
				工业固体废物（冶炼废渣）		吨/吨产品	0.001 65	—	—
钨条材	氧化钨	还原+烧结+熔炼+热轧	所有规模	工业废水量		吨/吨产品	188	物理沉淀①	19.2
				化学需氧量		克/吨产品	13 400	物理沉淀②	384
				工业废气量	烟气量	米 ^{3}/吨产品	3 800	—	3 800
					工艺废气量		2 350		2 350
				烟尘		千克/吨产品	2.14	过滤式除尘	0.010 2
				工业粉尘		千克/吨产品	1.25	单筒旋风除尘	0.355
				工业固体废物（冶炼废渣）		吨/吨产品	0.001 46	—	—

注：① 工业废水循环利用指冷却水、冲洗水等，经沉淀后重复使用。② 此处是未参与循环利用外排废水中的化学需氧量。以下各表相同。

3353 稀有稀土金属压延加工业产排污系数表（续 1）

产品名称	原料名称	工艺名称	规模等级	污染物指标		单位	产污系数	末端治理技术名称	排污系数
钨杆材	氧化钨	还原+烧结+熔炼+热轧	所有规模	工业废水量		吨/吨产品	172	物理沉淀	17.5
				化学需氧量		克/吨产品	14 200	物理沉淀	406
				工业废气量	烟气量	米 ³/吨产品	3 330	—	3 330
					工艺废气量		1 790		1 790
				烟尘		千克/吨产品	1.95	多管旋风除尘	0.302
				工业粉尘		千克/吨产品	0.983	单筒旋风除尘	0.279
				工业固体废物（冶炼废渣）		吨/吨产品	0.001 12	—	—
钼丝材	金属钼粉	烧结+熔炼+热轧+拉拔	所有规模	工业废水量		吨/吨产品	293	物理沉淀	29.6
				化学需氧量		克/吨产品	20 500	物理沉淀	863
				工业废气量	烟气量	米 ³/吨产品	4 520	—	6 650
					工艺废气量		2 130		
				烟尘		千克/吨产品	3.36	过滤式除尘	0.017 5
				工业粉尘		千克/吨产品	1.51	单筒旋风除尘	0.432
				工业固体废物（冶炼废渣）		吨/吨产品	0.001 65	—	—
钼条材	氧化钼	还原烧结+熔炼+热轧	所有规模	工业废水量		吨/吨产品	256	物理沉淀	26.2
				化学需氧量		克/吨产品	17 300	物理沉淀	1 170
				工业废气量	烟气量	米 ³/吨产品	2 670	—	2 670
					工艺废气量		1 780		1 780
				烟尘		千克/吨产品	2.10	过滤式除尘	0.325
				工业粉尘		千克/吨产品	1.46	单筒旋风除尘	0.311
				工业固体废物（冶炼废渣）		吨/吨产品	0.001 12	—	—
钼棒材	氧化钼	还原烧结	所有规模	工业废水量		吨/吨产品	242	物理沉淀	24.6
				化学需氧量		克/吨产品	14 500	物理沉淀	986
				工业废气量	烟气量	米 ³/吨产品	2 630	—	2 630
					工艺废气量		1 620		1 620
				烟尘		千克/吨产品	1.85	过滤式除尘	0.008 36
				工业粉尘		千克/吨产品	1.13	单筒旋风除尘	0.279
				工业固体废物（冶炼废渣）		吨/吨产品	0.000 98	—	—

3353　稀有稀土金属压延加工业产排污系数表（续 2）

产品名称	原料名称	工艺名称	规模等级	污染物指标		单位	产污系数	末端治理技术名称	排污系数
钛板材	海绵钛	熔铸+真空熔炼+锻造+热轧	所有规模	工业废水量		吨/吨产品	92.5	物理沉淀+气浮	9.06
				化学需氧量		克/吨产品	18 500	物理沉淀+气浮	376
				工业废气量	烟气量	米 ^{3}/吨产品	41 400	—	41 400
					工艺废气量		22 300		22 300
				烟尘		千克/吨产品	4.65	过滤式除尘	0.021 7
				工业粉尘		千克/吨产品	2.53	单筒旋风除尘	0.724
				工业固体废物（冶炼废渣）		吨/吨产品	0.003 45	—	—
				HW34 危险废物（废酸）		吨/吨产品	0.002 55	—	—
钛管材	海绵钛	熔铸+真空熔炼+锻造+热轧+挤压	所有规模	工业废水量		吨/吨产品	69.7	化学混凝气浮法	6.86
				化学需氧量		克/吨产品	13 100	化学混凝气浮法	1 480
				工业废气量	烟气量	米 ^{3}/吨产品	29 100	—	29 100
					工艺废气量		15 600		15 600
				烟尘		千克/吨产品	4.44	过滤式除尘	0.025 3
				工业粉尘		千克/吨产品	2.28	单筒旋风除尘	0.706
				工业固体废物（冶炼废渣）		吨/吨产品	0.002 58	—	—
				HW34 危险废物（废酸）		吨/吨产品	0.001 83	—	—
钛型材	海绵钛	熔铸+真空熔炼+锻造+热轧+挤压	所有规模	工业废水量		吨/吨产品	70.2	化学混凝气浮法	7.15
				化学需氧量		克/吨产品	13 200	化学混凝气浮法	594
				工业废气量	烟气量	米 ^{3}/吨产品	29 500	—	29 500
					工艺废气量		15 800		15 800
				烟尘		千克/吨产品	4.66	过滤式除尘	0.019 8
				工业粉尘		千克/吨产品	2.31	单筒旋风除尘	0.657
				工业固体废物（冶炼废渣）		吨/吨产品	0.002 55	—	—
				HW34 危险废物（废酸）		吨/吨产品	0.001 85	—	—
钛丝材	海绵钛	熔铸+真空熔炼+热轧+拉拔	所有规模	工业废水量		吨/吨产品	85.6	化学混凝气浮法	8.73
				化学需氧量		克/吨产品	33 600	化学混凝气浮法	1 270
				工业废气量	烟气量	米 ^{3}/吨产品	29 700	—	29 700
					工艺废气量		12 500		12 500
				烟尘		千克/吨产品	4.72	过滤式除尘	0.031 2
				工业粉尘		千克/吨产品	2.37	单筒旋风除尘	0.503
				工业固体废物（冶炼废渣）		吨/吨产品	0.003 23	—	—
				HW34 危险废物（废酸）		吨/吨产品	0.002 77	—	—

3353 稀有稀土金属压延加工业产排污系数表（续3）

产品名称	原料名称	工艺名称	规模等级	污染物指标		单位	产污系数	末端治理技术名称	排污系数
钽板材	金属钽粉	电子束精炼+真空压延	所有规模	工业废水量		吨/千克产品	86.3	化学混凝气浮法	8.42
				化学需氧量		克/千克产品	1.22	化学混凝气浮法	0.048 7
				工业废气量	烟气量	米 ^{3}/千克产品	610	—	610
					工艺废气量		240		240
				烟尘		千克/千克产品	0.003 15	过滤式除尘	0.000 016 2
				工业粉尘		千克/千克产品	0.001 63	多管旋风除尘	0.000 336
				工业固体废物（冶炼废渣）		吨/吨产品	0.001 44	—	—
钽箔	金属钽粉	电子束精炼+真空压延	所有规模	工业废水量		吨/千克产品	136.7	化学混凝气浮法	13.5
				化学需氧量		克/千克产品	1.75	化学混凝气浮法	0.074 7
				工业废气量	烟气量	米 ^{3}/千克产品	425	—	425
					工艺废气量		240		240
				烟尘		千克/千克产品	0.003 41	过滤式除尘	0.000 018 3
				工业粉尘		千克/千克产品	0.001 83	多管旋风除尘	0.000 377
				工业固体废物（冶炼废渣）		吨/吨产品	0.001 65	—	—

编辑说明

《第一次全国污染源普查资料文集》（以下简称《文集》）是一套系列丛书。这套《文集》共 8 卷，包括之一《污染源普查公报与大事记》、之二《污染源普查文献汇编》、之三《污染源普查工作总结》、之四《污染源普查技术报告》、之五《污染源普查数据集》、之六《污染源普查图集》、之七《污染源普查产排污系数手册》、之八《污染源普查培训教材》。这套《文集》所用各地的数据资料，均来源于 2009 年 5 月（工业源、生活源和集中式污染治理设施）和 2009 年 7 月（农业源）各地普查办报送的最终数据。

参与这项工作的人员比较多且变动大，为客观反映每位同志的工作，现将有关情况说明如下。

1. 关于编委成员。《文集》的编写以“第一次全国污染源普查工作办公室”的同志为主，但有些同志在办公室的工作时间比较短，而《文集》编委又不宜过多，经研究，编委成员只将在污染源普查工作办公室全职工作两年以上者列入，其他参与与《文集》编写有关工作的同志在相关章节执笔人中体现。

2.《污染源普查公报与大事记》由隋筱婵、张治忠、高嵘、刘艳青同志执笔，集体讨论修改成稿。

3.《污染源普查文献汇编》由陈斌、赵建中、陈善荣、朱建平、佟羽、张治忠、高嵘同志整理、编辑。毛玉如、江希流二位同志分别参与了有关部分编写工作。沈阳市环保局骆虹同志、济南市环保局付军华同志和青岛市环保局谢依民同志分别参与了其中“9 项普查技术规定”和“5 项工作细则”的编写工作。

4.《污染源普查工作总结》由隋筱婵、张珺、叶琛同志执笔，集体讨论修改成稿。地方工作总结由各省（自治区、直辖市）污染源普查办公室提供。

5.《污染源普查技术报告》共分 9 章：第一章至第三章由孔益民、潘文、马晓溪、谢依民同志执笔；第四章由景立新、罗建军、安海蓉、骆虹同志执笔；第五章由曹东、江希流、高月香同志执笔；第六章由沈鹏、佟羽、毛玉如同志执笔；第七章由王利强、刘艳青、付军华同志执笔；第八章由张战胜、张治忠、姬刚同志执笔；第九章由陈斌、赵建中、陈善荣、朱建平同志执笔，集体讨论修改成稿。

6.《污染源普查数据集》由陈斌、赵建中、陈善荣、朱建平、曹东、孔益民、景立新、佟羽、张治忠、隋筱婵、张战胜、沈鹏、王利强同志主要参与，北京联盈同创信息技术有限公司为技术支持单位共同编制。

7.《污染源普查图集》由陈斌、赵建中、陈善荣、朱建平、曹东、孔益民、张治忠、沈鹏、佟羽、景立新、隋筱婵同志主要参与，北京联盈同创信息技术有限公司为技术支持单位共同编制。

8.《污染源普查产排污系数手册》由中国环境科学研究院（负责工业源产排污系数）、环境保护部华南环境科学研究所（负责生活源和集中式污染治理设施产排污系数）牵头，联合相关行业协会共同编制，具体参加单位及人员见“手册”的说明。

9.《污染源普查培训教材》共分 6 部分，分别由以下同志执笔：

工业源普查教材：景立新、骆虹、罗建军、佟羽、刘艳青、安海蓉、周涛；

农业源普查教材：刘宏斌、江希流、刘东生、陈永杏、高月香、成振华、李绪兴；

生活源普查教材：毛玉如、陈志良、安海蓉、张治忠、潘文；

集中式污染治理设施普查教材：付军华、谢依民、吴彩霞、高嵘；

普查员和普查指导员工作细则：隋筱婵、张珺、马晓溪、叶琛；

数据处理教材：曹东、孔益民、张战胜、沈鹏、王利强。

10. 农业部科教司的王衍亮和方放同志，虽然没有具体参与《文集》编辑工作，但《文集》中大量农业源普查资料的获取与他们三年多时间的辛勤工作分不开，需要特别加以说明。

11. 污染源普查工作基本结束后，普查办大多数同志回到原单位工作。赵建中、张治忠同志为《文集》后期的编辑出版作了大量组织协调工作，需要特别加以感谢。

12. 特别要提出的是，国务院第一次全国污染源普查领导小组办公室主任王玉庆同志，在文集审核、定稿、编辑、出版全过程中倾注了大量心血，为文集最终出版作出了突出贡献，在此深表敬意。

编　者

二〇一一年六月

后　　记

《第一次全国污染源普查资料文集》是污染源普查工作成果的具体体现。这一成果是全国环保、农业、统计及有关部门和几十万普查工作人员，在国务院与地方各级人民政府领导下，历经3年时间，不懈努力、辛勤劳动获得的。及时整理、编辑出版这些成果资料，使政府有关部门、广大人民群众、科研人员及社会各界了解普查情况、开发利用普查成果，是十分必要又非常有意义的一件大事。

在普查资料编纂委员会指导下，《文集》的编纂工作主要由第一次全国污染源普查工作办公室的同志完成，他们为此付出了很多心血。在此过程中，得到了环境保护部领导及相关司、局的关心和支持。中国环境科学出版社许多同志不辞辛劳，为《文集》的出版作了大量的编辑工作。北京联盈同创信息技术有限公司参与并大力支持了《污染源普查数据集》、《污染源普查图集》的编制。测绘出版社为编制《污染源普查图集》做了很多工作。在此一并表示由衷的感谢！

至《文集》出版这项工作历时4年半，相关数据、资料收集整理过程中会有不尽人意之处，希望读者谅解指正。

王玉庆

二〇一一年六月